주기율표 Periodic Table of the Elements

원소 기호 → C 6 ← 원자 번호
영어명 → Carbon
한글명 → 탄소
원자량 → 12.011

금속 (Metal)
준금속 (Semimetal)
비금속 (Nonmetal)

주기 \ 족	1	2	3	4	5	6	7	8	9	10	11	12	13	14	15	16	17	18
1	H 1 Hydrogen 수소 1.007																	He 2 Helium 헬륨 4.0026
2	Li 3 Lithium 리튬 6.941	Be 4 Beryllium 베릴륨 9.0122											B 5 Boron 붕소 10.811	C 6 Carbon 탄소 12.011	N 7 Nitrogen 질소 14.0067	O 8 Oxygen 산소 15.9994	F 9 Fluorine 플루오린 18.9984	Ne 10 Neon 네온 20.1797
3	Na 11 Sodium 소듐(나트륨) 22.9898	Mg 12 Magnesium 마그네슘 24.305											Al 13 Aluminium 알루미늄 26.9815	Si 14 Silicon 규소 28.0855	P 15 Phosphorus 인 30.9738	S 16 Sulfur 황 32.0650	Cl 17 Chlorine 염소 35.4533	Ar 18 Argon 아르곤 39.948
4	K 19 Potassium 포타슘(칼륨) 39.0983	Ca 20 Calcium 칼슘 40.078	Sc 21 Scandium 스칸듐 44.9559	Ti 22 Titanium 타이타늄 47.867	V 23 Vanadium 바나듐 50.9415	Cr 24 Chromium 크로뮴 51.9961	Mn 25 Manganese 망가니즈 54.938	Fe 26 Iron 철 55.845	Co 27 Cobalt 코발트 58.9332	Ni 28 Nickel 니켈 58.6934	Cu 29 Copper 구리 63.546	Zn 30 Zinc 아연 65.409	Ga 31 Gallium 갈륨 69.723	Ge 32 Germanium 저마늄 72.64	As 33 Arsenic 비소 74.9216	Se 34 Selenium 셀레늄 78.96	Br 35 Bromine 브로민 79.904	Kr 36 Krypton 크립톤 83.798
5	Rb 37 Rubidium 루비듐 85.4678	Sr 38 Strontium 스트론튬 87.62	Y 39 Yttrium 이트륨 88.9059	Zr 40 Zirconium 지르코늄 91.224	Nb 41 Niobium 나이오븀 92.9064	Mo 42 Molybdenum 몰리브데넘 95.94	Tc 43 Technetium 테크네튬 98.9063	Ru 44 Ruthenium 루테늄 101.07	Rh 45 Rhodium 로듐 102.9055	Pd 46 Palladium 팔라듐 106.42	Ag 47 Silver 은 107.8682	Cd 48 Cadmium 카드뮴 112.411	In 49 Indium 인듐 114.818	Sn 50 Tin 주석 118.71	Sb 51 Antimony 안티모니 121.76	Te 52 Tellurium 텔루륨 127.6	I 53 Iodine 아이오딘 126.9045	Xe 54 Xenon 제논 131.293
6	Cs 55 Cesium 세슘 132.9055	Ba 56 Barium 바륨 137.327		Hf 72 Hafnium 하프늄 178.49	Ta 73 Tantalum 탄탈럼 180.9479	W 74 Tungsten 텅스텐 183.84	Re 75 Rhenium 레늄 186.207	Os 76 Osmium 오스뮴 190.23	Ir 77 Iridium 이리듐 192.217	Pt 78 Platinum 백금 195.078	Au 79 Gold 금 196.9666	Hg 80 Mercury 수은 200.59	Tl 81 Thallium 탈륨 204.3833	Pb 82 Lead 납 207.2	Bi 83 Bismuth 비스무트 208.9804	Po 84 Polonium 폴로늄 208.9824	At 85 Astatine 아스타틴 209.9871	Rn 86 Radon 라돈 222.0176
7	Fr 87 Francium 프랑슘 223.0197	Ra 88 Radium 라듐 226.0254		Rf 104 Rutherfordium 러더포듐 261.1088	Db 105 Dubnium 더브늄 262.1142	Sg 106 Seaborgium 시보귬 266.1219	Bh 107 Bohrium 보륨 264.1247	Hs 108 Hassium 하슘 269.13	Mt 109 Meitnerium 마이트너륨 268.1388	Ds 110 Darmstadtium 다름스타튬 271.15	Rg 111 Roentgenium 뢴트게늄 272.1535	Cn 112 Copernicium 코페르니슘 (277)	Nh 113 Nihonium 니호늄 (284.18)	Fl 114 Flerovium 플레로븀 (289.19)	Mc 115 Moscovium 모스코븀 (288.19)	Lv 116 Livermorium 리버모륨 (293)	Ts 117 Tennessine 테네신 (294)	Og 118 Oganesson 오가네손 (294)

란타넘족 (Lanthanides)	6	La 57 Lanthanum 란타넘 138.9055	Ce 58 Cerium 세륨 140.116	Pr 59 Praseodymium 프라세오디뮴 140.9077	Nd 60 Neodymium 네오디뮴 144.24	Pm 61 Promethium 프로메튬 146.9151	Sm 62 Samarium 사마륨 150.36	Eu 63 Europium 유로퓸 151.964	Gd 64 Gadolinium 가돌리늄 157.25	Tb 65 Terbium 터븀 158.9	Dy 66 Dysprosium 디스프로슘 162.5	Ho 67 Holmium 홀뮴 164.93	Er 68 Erbium 어븀 167.259	Tm 69 Thulium 툴륨 168.9342	Yb 70 Ytterbium 이터븀 173.04	Lu 71 Lutetium 루테튬 174.967
악티늄족 (Actinides)	7	Ac 89 Actinium 악티늄 227.0278	Th 90 Thorium 토륨 232.0381	Pa 91 Protactinium 프로트악티늄 231.0359	U 92 Uranium 우라늄 238.0289	Np 93 Neptunium 넵투늄 237.0482	Pu 94 Plutonium 플루토늄 244.0642	Am 95 Americium 아메리슘 243.0614	Cm 96 Curium 퀴륨 247.0703	Bk 97 Berkelium 버클륨 247.0703	Cf 98 Californium 캘리포늄 251.0796	Es 99 Einsteinium 아인슈타이늄 252.083	Fm 100 Fermium 페르뮴 257.0951	Md 101 Mendelevium 멘델레븀 258.0984	No 102 Nobelium 노벨륨 259.101	Lr 103 Lawrencium 로렌슘 262.1097

제2판

유기화학실험

윤효재 · 윤용진 지음

Organic Chemistry Experiment

자유아카데미

/ 머 / 리 / 말 /

오늘날 물질과학은 놀라운 속도로 발전하고 있으며, 그에 맞춰 첨단 물질과학 분야에서는 다양한 종류의 유기물을 필요로 하고 있다. 특정 분야에서는 매우 높은 순도의 유기물을 요구하기도 한다. 따라서 이러한 유기물을 합성하거나 천연에서 분리하여 순수하게 정제하고 확인하는 기초 실험기술들이 매우 중요해졌다.

유기화학실험에서는 화합물을 합성하거나 혼합물 또는 천연물로부터 순수한 유기물을 분리 및 정제하고 확인하는 전 과정을 다룬다. 이에 따라 학부 유기실험 과정에서는 목표로 하는 유기물과 관련된 이론 및 방법을 이해하고 습득한다.

이 책은 이전 판보다 실험 간의 연관성을 높였으며, 흥미 있는 소재를 추가하였고, 기초 유기실험 기술과 합성 지식 및 능력을 함양할 수 있도록 구성하였다. 아울러 실험의 시간을 단축하고, 실험 과정에서의 오류를 줄여 편리하게 수행할 수 있도록 새롭게 편집하였다. 즉, 실험의 흐름도, 실험 장치 그림, 준비할 시약과 장치를 별도로 구분해서 나타내었다.

교재에서 다루어지는 유기화학 이론은 지면상 간략하게 서술한 부분도 있으니, 보완이 필요한 부분은 유기화학 전공서를 통해 보충하면 더 좋을 것이다. 또한 학생들의 수준이나 교육과정, 지도하시는 분들의 강의 주관에 맞춰 준비하는 것이 더 효과적이라 보이기에 별도의 연습문제 및 실험결과 보고서도 지면상 생략하였다.

최선을 다했으나 부족한 점이 나올 수 있다. 이 점은 독자 여러분의 양해를 바라며, 추후 발견되는 수정사항 등은 자유아카데미 홈페이지(www.freeaca.com) 자료실을 통해 제공할 예정이니 참고하길 바란다. 끝으로 출판을 맡아 주신 자유아카데미 출판사 여러분께 감사의 말을 전한다.

2023년 6월

저자

CHAPTER 01 유기화학 실험

CHAPTER 02 실험실 안전과 실험의 기초

CHAPTER 03 유기화학 기초 실험

CHAPTER 01

유기화학 실험

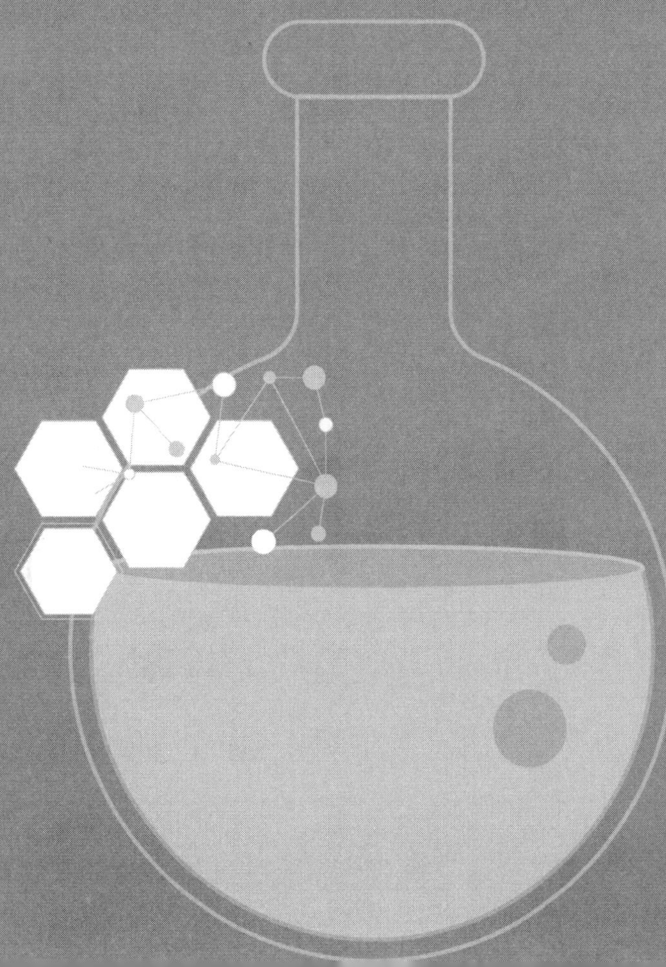

1.1 유기화학 실험에서는 무엇을 다루나?

자연에 존재하거나 합성된 유기물은 모두 탄소를 중심으로 하는 화합물들이다. 즉 유기화학(organic chemistry)은 탄소 화합물 화학이다. 유기물은 공유 결합으로 이루어져 있어, 물리적 성질, 결합의 세기 및 반응성 등이 독특하다. 유기화학은 이런 공유 결합 물질을 다루므로 여러 과학 분야 중에서도 매우 특별한 학문 분야이다. 따라서 유기물을 다루는 유기화학 실험 또한 특별하다.

그렇다면 대학 학부 과정에서 이수하게 되는 유기화학 실험에서는 무엇을 다룰까? 유기 화합물을 합성하거나 혼합물 또는 천연물로부터 순수한 화합물을 분리하여 확인하는 전 과정을 다룬다. 즉 유기 화합물을 합성하는 방법, 혼합물로부터 순수한 물질을 분리하는 방법, 그리고 순수한 유기 분자의 구조를 확인하는 방법들을 이해하고 습득하는 과정을 망라한다. 아울러, 이런 목적 달성을 위해 사용해야 하는 실험 이론과 기술, 장비의 원리와 조작 방법 및 활용 기술도 습득해야 한다.

보다 구체적으로 말하면, 천연물이나 혼합물에서 순수한 물질을 분리하고 정제하며, 식별하기 위한 기초 기술을 습득한다. 아울러 실험을 통해 공유 결합으로 이루어진 유기물의 반응성 및 특성을 이해하고, 유기물을 합성하기도 한다.

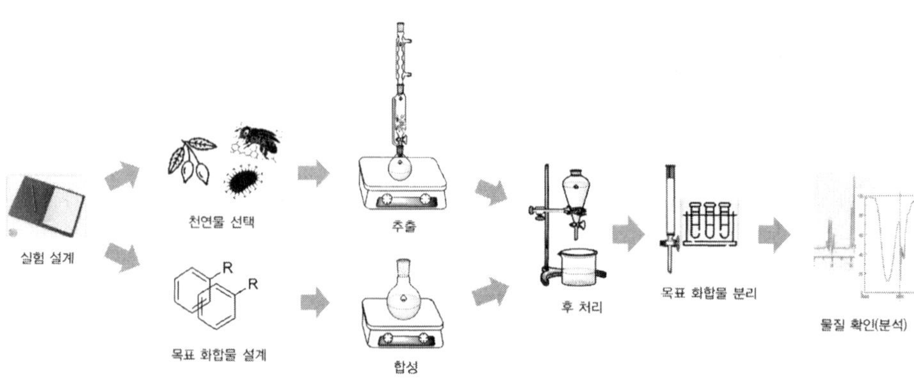

그림 1.1 유기화학 실험 개념도.

유기화학 실험과정을 통해 행하게 되는 주요 행위는 실험, 반응, 관찰이다. 유기화학 실험의 궁극적인 목적은 해당 반응 메커니즘(mechanism)[1]을 확립하고, 지속가능하고 유용하며 경제적인 반응 방법을 확립하는 것이다.

유기화학 실험과정에는 다양한 실험의 기초 기술이 필요하므로 이들을 잘 습득해야 한다. 추출(extraction), 증류(distillation), 크로마토그래피(chromatography) 같은 분리 기술, 녹는점이나 끓는점 및 밀도 등과 같은 물리적 성질의 측정법, 물질의 구조를 확인하는 분광학적 분석법 등을 함께 다루게 될 것이다.

유기화학 실험 중에 사용되는 다양한 장비와 유리 기구들을 다루는 방법도 습득해야 한다. 유기화학 실험실에서 다루는 장비로는 무게를 측정하는 저울, 부피를 계량하는 피펫이나 눈금 실린더, 자석 가열 교반기, 가열 망태기(heating mantle), pH 미터, 분광 기기(적외선 분광기, 자외선 분광기, 핵자기 공명 분광기, 질량 분석기), 분리용 크로마토그래피(기체 및 액체 크로마토그래피) 기기와 장치 등이 있다. 실험에서 사용하는 다양한 유리 기구는 다행히도 대부분 잘 규격화되어 있어 실험에 효율적으로 사용할 수 있다.

유기화학 실험을 통해 유기화학을 공부하려는 학생은 다음 사실을 꼭 명심하고 실험에 임하기를 바란다.

'유능한 유기 실험자가 곧 유능한 유기 화학자이다.'

1 메커니즘(mechanism): 반응은 출발 물질의 특정 결합이 분해되어 생성물의 새로운 공유 결합이 형성되는 과정이다. 반응 중에 일어나는 과정을 분자 수준에서 설명하는 것이 반응 메커니즘이다.

CHAPTER 02

실험실 안전과 실험의 기초

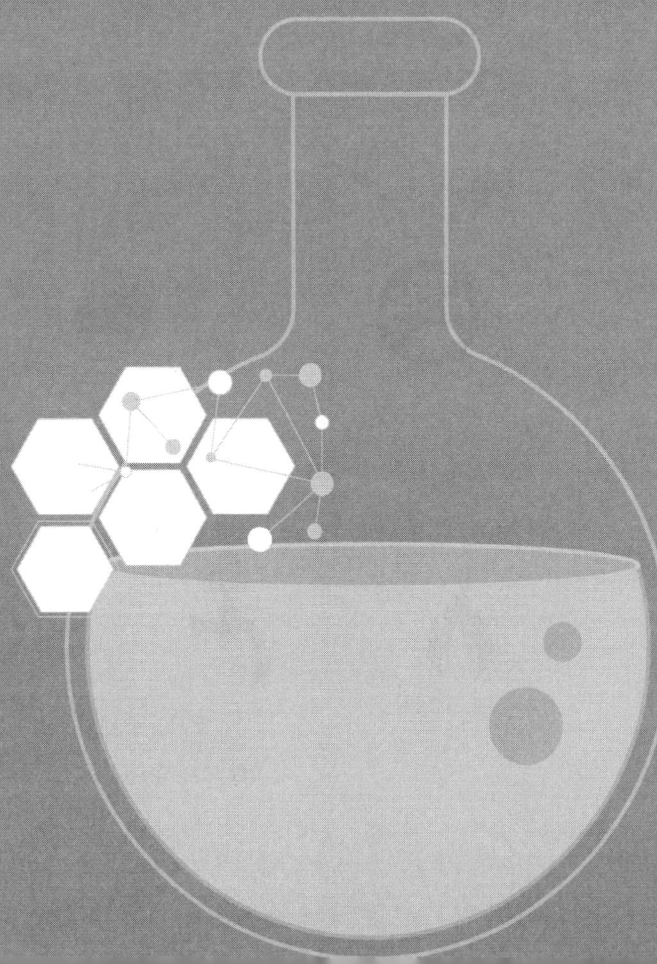

2.1 실험실 안전을 위한 일반 사항

실험실 안전은 아무리 강조하여도 지나치지 않는다. 초보 실험자들이나 숙련된 실험자라도 항상 주의하여야 한다. 실험실에서의 일반적인 안전 기본 수칙을 그림 2.1에 나타내었다.

그림 2.1 실험실 일반 안전 수칙.

2.2 화합물 취급 시의 안전 사항

1. 모든 화합물은 유독하다고 생각한다.
2. 화합물을 함부로 만지거나, 맛보거나 냄새를 맡지 않는다.
3. 사용 전에 시약병 라벨을 정확히 읽는다.
4. 시약병에서 꺼낸 시약을 다시 넣지 않는다.
5. 끓는점이 낮거나 휘발성이 큰 물질은 후드에서 다룬다.
6. 시약 수저나 피펫은 깨끗하고 건조된 것을 사용한다.
7. 실내 습도가 높으면 수분에 민감한 시약의 사용은 피한다.
8. 시약은 열원(가열기, 램프)에서 가능한 먼 곳에 둔다.
9. 진한 산을 묽힐 때는 물에 산을 천천히 가해서 묽힌다.
10. 모든 시약 용기에 라벨을 부착한다.

2.3 유리 기구 사용 시의 안전 사항

1. 사용 전에 깨지거나 금 간 곳이 있는지 확인한다. 이런 유리 기구는 안전을 위해 사용하지 않는다.
2. 고무마개나 고무호스로부터 유리관을 제거하거나 끼울 때는 수건으로 감싼다.
3. 깨진 유리 기구는 정해진 곳에 구분하여 버린다.

2.4 사고 시 응급처치

화재 발생

1. 버너 및 전열기의 열원을 모두 끈다.
2. 인화성 물질은 멀리 옮긴다.
3. 화합물 화재용 소화기로 초기 소화를 시도한다.

의복의 화재

1. 석면 포나 다른 실험복을 덮어 산소를 차단한다.
2. 유기 용매에 의한 불이 아니면 물을 사용한다.

가열기나 불에 의한 화상

1. 15~20분간 흐르는 찬물로 씻는다.
2. 심한 경우에는 의사의 처치를 받는다.

시약에 의한 화상

1. 즉시 다량의 물로 씻는다.
2. 산에 의한 화상일 때는 묽은 $NaHCO_3$용액으로 씻는다.
3. 염기에 의한 화상일 때는 묽은 아세트산(CH_3COOH) 용액으로 씻는다.
4. 심하면 즉시 의사의 처치를 받는다.

눈에 시약이 들어갔을 때

1. 깨끗한 물로 여러 번 씻는다.
2. 반드시 의사의 처치를 받는다.

유독성 기체를 흡입 했을 때

1. 즉시 통풍이 잘되는 곳으로 옮긴다.
2. 편안한 자세로 깊은 호흡을 반복하도록 한다.
3. 노출이 심한 경우에는 즉시 의사의 처치를 받는다.

2.5 유기화학 실험 기구 및 장치

유기화학 실험을 하기 위해서는 적합한 기구와 장치가 필요하다. 이를 위해서 각 기구의 이름을 정확히 알고 있으면 편리하다. 또, 실험실에서 사용하는 유리 기구 중 플라스크나 연결관 등은 서로 잘 맞도록 다듬어지고 규격화된 것을 사용한다. 유리 기구의 규격은 ST (Standard Taper의 약기호) 및 § (Spherical Joint) 등으로 표시한다. ST 는 플라스크 입구, 마개 및 연결관의 규격 표시에 사용하며, §는 구형 입구로 된 플라스크 및 구형 연결관의 규격을 나타낼 때 사용한다(그림 2.3).

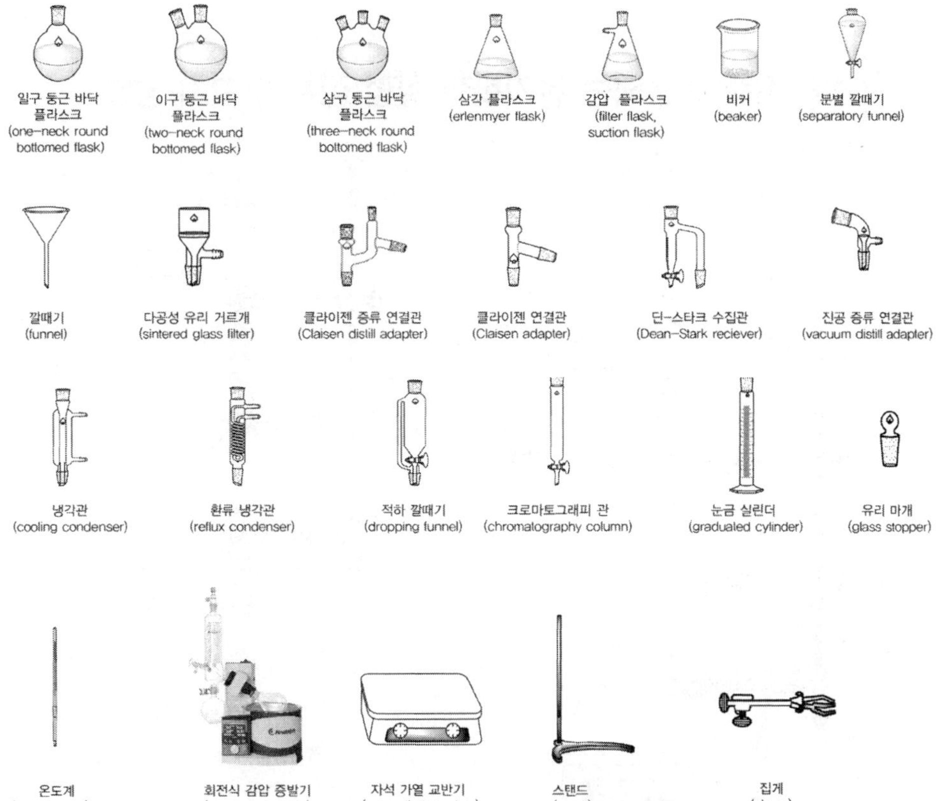

그림 2.2 자주 사용하는 유기화학실험 기구 및 장치.

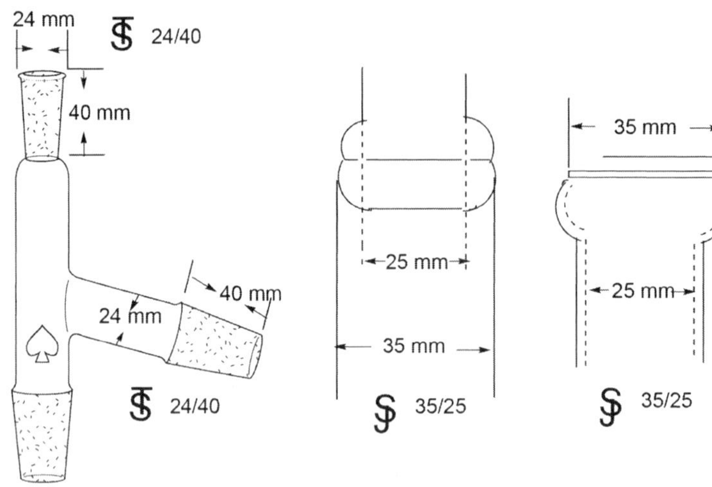

그림 2.3 유리 기구 규격 표시 예.

2.6 자주 이용되는 유기화학 실험 장치의 설치 방법

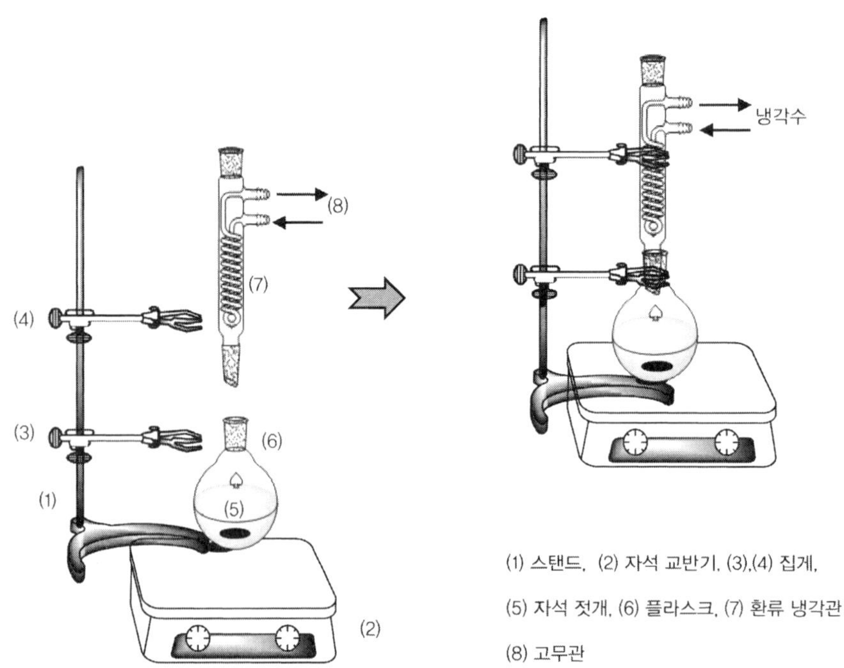

그림 2.4 환류 장치 설치 순서 및 완성도. 유리 기구들을 서로 연결할 때 조인트(연결부) 부분에 실험용 그리스를 소량씩 발라서 설치하면 실험 종료 후 유리 기구를 분리할 때 도움이 된다.

1) 환류 장치(그림 2.4 참고)

필요한 기구: 자석 가열 교반기(1개), 스탠드(1개), 플라스크(1개), 환류 냉각관(1개), 집게(2개), 고무관 또는 실리콘 관(2개), 자석 젓개(1개)

2) 단순 증류 장치(그림 2.5 참고)

필요한 기구: 자석 가열 교반기(1개), 스탠드(2개), 플라스크(1개), 냉각관(1개), 증류 연결관(1개), 집게(3개), 온도계(1개), 온도계 고정용 고무마개(1개), 삼각 플라스크(1개), 고무관 또는 실리콘 관, 자석 젓개(1개), 고무 밴드나 클립(2~3개)

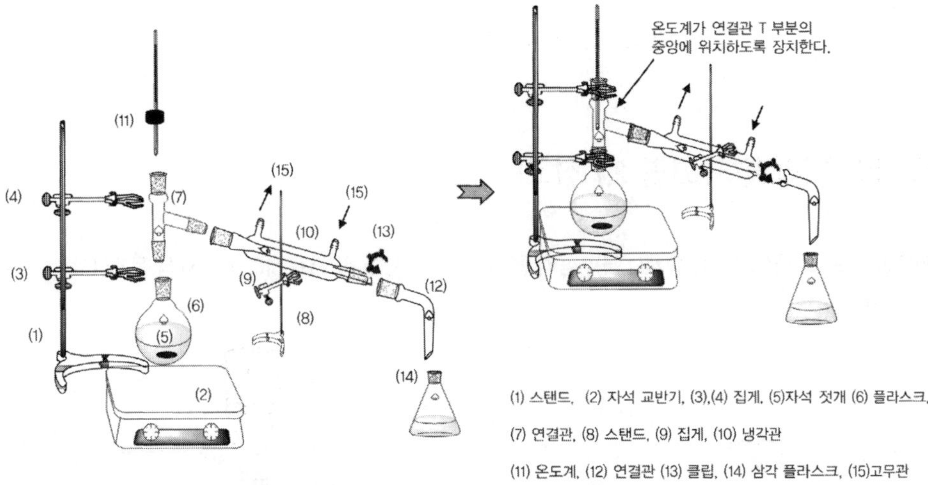

그림 2.5 단순 증류 장치 설치 순서 및 완성도.

3) 분별 증류 장치(그림 2.6 참고)

필요한 기구: 자석 가열 교반기(1개), 스탠드(2개), 플라스크(1개), 냉각관(1개), 증류 연결관(1개), 집게(3개), 온도계(1개), 온도계 고정용 고무마개(1개), 삼각 플라스크(1개), 분별관(1개), 유리구슬, 고무관 또는 실리콘 관, 자석 젓개(1개), 고무 밴드나 클립(2~3개)

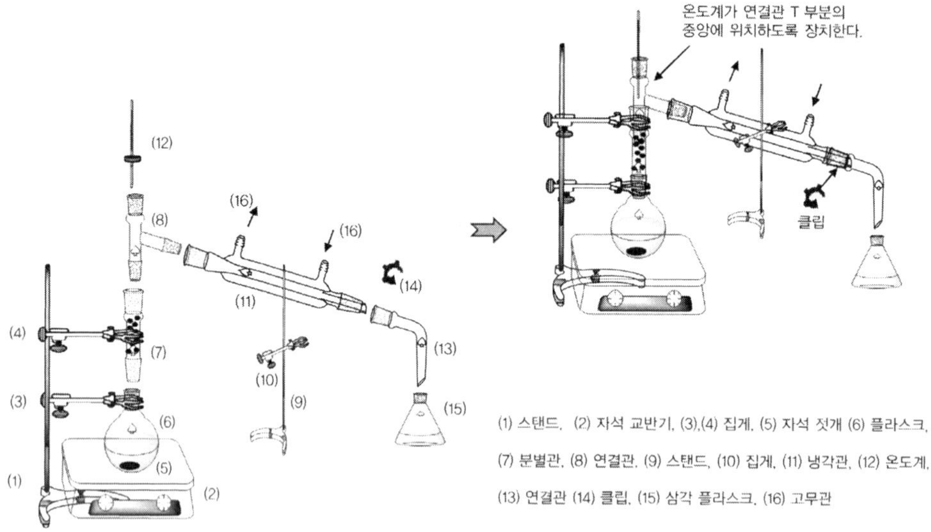

그림 2.6 분별 증류 장치 설치 순서 및 완성도.

4) 감압 여과 장치(그림 2.7 참고)

필요한 기구: 스탠드(1개), 집게(1개), 삼각 플라스크(1개), 유리 거르개(1개), 자석 젓개(1개), 고무관 또는 실리콘 관

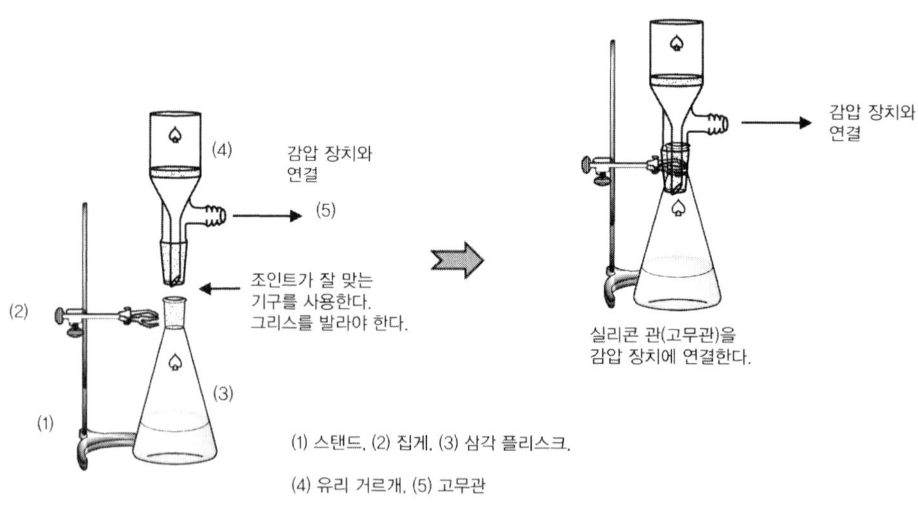

그림 2.7 감압 여과 장치.

5) 회전식 감압 증발기

유기 실험실에서는 용매를 제거하기 위해 회전식 감압 증발기(rotary evaporator)를 자주 사용한다. 따라서 이 기기의 구조와 부위별 명칭 그리고 간단한 사용법을 숙지해야 한다.

회전식 감압 증발기를 사용할 때 주의해야 할 점은 다음과 같다.

1. 증발용 시료 용액을 플라스크의 절반 이상 채우지 않는다.
2. 용액의 튐(bumping)을 방지하기 위해 튐 방지용 칩을 사용한다.
3. 자석 젓개를 튐 방지용으로 사용하지 않는다.
4. 증발기 본체와 플라스크를 단단히 고정한다. 회전 시 플라스크가 이탈하면 큰 사고로 이어진다.
5. 냉각관에 통과되는 물은 찬 것이 좋다.
6. 회수용 플라스크도 냉각하는 것이 좋다.
7. 기기 작동 전에 압력 조절 관이 막혀 있는지 확인하고, 플라스크를 천천히 회전시킨다.
8. 용매 제거가 끝나면, 회전 속도를 낮추고 공기압 조절 관을 서서히 열어 압력을 조절한다.
9. 압력이 조절되면 시료 용액 플라스크를 먼저 제거하고, 용매를 회수한다.

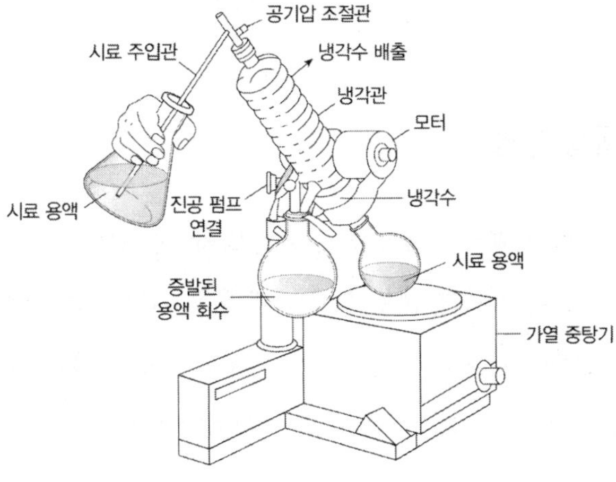

그림 2.8 회전식 감압 증발기 구조와 명칭.

6) 끓는 액체 튐(bumping) 예방법

액체를 가열하거나 끓일 때 갑자기 부분적으로 튀는 현상을 자주 경험하게 된다. 이런 현상은 실험자에게 위험을 초래하기도 하므로 주의하여야 한다. 다음과 같은 방법으로 끓는 액체의 튐을 예방할 수 있다.

1. 다공성 끓임쪽(boiling chip)을 넣는다.
2. 나무로 된 다공성 끓임 막대(boiling stick)를 넣는다.
3. 교반용 자석 젓개(stirring stirrer)를 넣고 천천히 교반한다.

2.7 유리 기구의 세척

유리 기구의 세척과 건조는 실험의 일부일 뿐 아니라, 실험의 성공 여부와 직결된다. 유리 기구의 잘못된 세척과 불완전한 건조로 인하여 실험이 실패하는 경우가 많다. 따라서 유리 기구의 완벽한 세척 및 건조는 실험을 성공하는 첫 단계가 된다.

사용한 유리 기구는 먼저 반응에 사용한 용매로 씻은 뒤, 비누나 세제를 이용하여 거품을 내고 물로 헹군다. 마지막으로 아세톤(acetone)으로 씻어 잘 건조해야 한다.

1) 유리 기구 세척 방법

1. 유리 기구는 사용 후 빠르게 세척한다. 오래 방치하면 잔여물이 굳어 씻기 어렵다. 휘발성 물질이 남아 있으면, 모두 휘발될 때까지 기다렸다가 세척한다.
2. 유리 기구 연결부에 묻은 그리스는 휴지로 닦아 낸 후에 세척한다.
3. 오염 물질을 잘 녹일 수 있는 용매로 먼저 세척한다.
4. 다시 비누를 사용하여 깨끗이 세척하고, 증류수로 여러 번 씻어 낸다.

5. 세척용 아세톤(acetone)을 사용하여 남아 있는 유기물이나 비누 성분을 완전히 제거 한다(이렇게 하면 건조에도 용이하다).
6. 건조기(헤어드라이어)로 건조한다. 고온 건조가 필요한 유리 기구는 100~120℃의 오븐을 이용하여 건조한다.

2) 유기 용매로 세척하기 어려운 물질의 세척 방법

1. 알코올/KOH 포화 용액 이용법: 아세톤으로 씻기 어려운 물질은 다량의 메탄올[methanol, CH_3OH]이나 에탄올[ethanol, CH_3CH_2OH]에 공업용 KOH를 포화시킨 용액에 일정 시간 담갔다가 세척하면 불순물을 쉽게 제거할 수 있다.
2. 강산 세척제 이용법: 세척제로 진한 황산, 중크로뮴산–황산 혼합 세척제 등의 강산을 사용하기도 한다.

주의: 강산 세척제를 사용하는 경우에는 강산이 남아 있는 유기물과 반응하여 위험한 결과를 초래할 수 있어 유의해야 한다. 또 유리 기구가 부식될 위험이 있으므로 지나치게 오랜 시간 방치하지 않는다. 강산 세척제를 사용할 때는 반드시 산이나 염기에 강한 고무장갑을 착용하며, 착용 전에는 고무장갑이 해어졌거나 구멍이 나지는 않았는지 확인한다.

3) 실험실용 세척제 제조 방법

1. 알코올/KOH 세척제

① 대형 플라스틱 통에 2/3 가량의 알코올(공업용 메탄올 또는 에탄올)을 넣는다.
② 공업용 KOH를 가하여 포화될 때까지 녹인다.

2. 크로뮴산 세척제

① $Na_2Cr_2O_7$(sodium dichromate) 50 g을 50 mL H_2O에 녹여 2500 mL 용기에 넣는다.
② 1000 mL *conc*–H_2SO_4를 교반하면서 천천히 가한다. 이때 온도가 70~80℃까지 올라간다. 이 혼합물을 40℃ 이하까지 냉각시킨 후 사용한다.

2.8 유기 실험에 필요한 기초 이론

유기 실험을 시작하기 전에 실험에 사용할 화합물의 분자량(화학식량)과 물리적 성질을 수집하고 이해하는 것은 대단히 중요하다. 즉, 액체 시약의 밀도(density)와 끓는점(boiling point), 고체 화합물의 녹는점(melting point) 그리고 모든 화합물의 독성과 취급상 주의점을 숙지하면 실험에 큰 도움이 된다. 화합물의 이러한 정보는 Merck 회사에서 발간하는 "Merck Index", CRC 출판사에서 편찬하는 "CRC Handbook of Chemistry and Physics" 또는 화합물 제조 회사의 제품 목록으로부터 수집할 수 있다. 실험에 필요한 용어를 간단히 살펴보자.

- 분자량과 화학식량: **분자량**(molecular weight, MW)은 분자를 구성하는 원자 질량의 합이고, **화학식량**(formular weight, FW): 화학식을 이루는 원자 질량의 합이다. 화합물의 분자량 및 화학식량을 알아야 실험에 사용할 화합물의 양을 계산하고 측량할 수 있다.

- 밀도: **밀도**(density, d)는 물질의 단위 부피당 질량이다. 밀도의 단위는 g/mL를 사용한다. 온도에 따라 물질의 부피가 변하므로, 밀도도 변한다. 4℃ 물의 밀도를 1.000 g/mL로 하여, 이 값을 기준으로 주어진 온도에서의 밀도를 나타낸다. 예를 들어 Merck Index에서 acetonitrile(CH_3CN)의 밀도를 찾아보면 아래와 같다.

$$d_4^{15} = 0.78745 \qquad d_4^{30} = 0.7138$$

  아래 첨자 4는 4℃ 물의 밀도를 기준으로 했음을 나타내며 위 첨자는 해당 화합물의 밀도를 측정한 온도를 나타낸 것이다. 밀도는 액체 화합물의 무게를 계산하거나 다룰 때 유용하다.

- 끓는점: **끓는점**(boiling point, bp)은 액체의 증기압이 대기압의 증기압과 같아질 때의 온도이며, 외부 압력에 의존한다. 정상적인 끓는점은 1기압(760 mmHg)하에서

의 온도이다. 측정 시의 압력은 아래 첨자로 나타낸다.

예) acetonitrile의 bp_{760} = 81.6℃

• 녹는점: **녹는점**(melting point, mp)은 1기압 조건에서 고체와 액체가 공존하는 온도이다. 녹는점 중에는 때로 “d” 또는 “dec.”로 표기된 것도 있는데, 이는 해당 온도에서 물질이 파괴된다는 것을 나타낸 것이다. 녹는점은 결정의 형태, 재결정 용매의 종류 및 실험적 오차에 의해 차이가 있을 수 있다. 따라서 재결정 용매와 문헌값을 표시하여야 한다.

• 굴절률: **굴절률**(refractive index, *n*D)은 액체를 확인하는 데 유용한 성질이다. 굴절률은 측정 시의 온도와 광원에 의존하므로 이들을 함께 표시하여야 한다. 광원은 주로 소듐(sodium, Na) D선을 이용한다. 광원을 아래 첨자로, 측정 온도를 위 첨자로 표시한다.

예) acetonitrile의 굴절률 nD^{15} = 1.34604

• 용해도: **용해도**(solubility)란 주어진 온도에서 해당 용매에 최대로 녹을 수 있는 물질의 양을 말한다. 용액 중에서 반응을 진행시키려면 반응물의 용해도를 아는 것은 대단히 중요하다. 녹지 않으면 반응하지 않기 때문이다.

• 독성과 위험성: 화합물을 사용하기 전에 항상 화합물의 **독성**(toxicity)과 **위험 요소**(hazrd)를 알아야 한다. 화합물의 독성은 LD_{50}으로 나타내는데 이것은 시험군의 50%가 죽는 농도를 의미한다.

• 용매: 대부분의 유기 반응은 **용매**(solvent) 속에서 반응한다. 유기화학실험에서 용매의 선택이 반응의 진행 여부를 좌우하기도 한다. 실험을 설계하는 단계에서 해당 용매에 대한 반응물의 용해도를 조사하여 잘 녹는 용매를 선택하여야 한다. 용매의 극성 정도도 반응 결과에 영향을 미친다. 용매는 크게 극성 용매(polar solvent)와 비극성 용매(nonpolar solvent)로 나누고 다시 양성자성 용매(protic solvent, 양성자

를 낼 수 있는 용매)와 비양성자성 용매(aprotic solvent)로 구분한다. 예를 들어, methanol(CH_3OH)은 극성 양성자성 용매이고 acetonitrile(CH_3CN)은 극성 비양성자성 용매이다.

- 환류: **환류**(reflux)는 반응 혼합물을 같은 온도로 유지하면서 계속적으로 교반하는 것을 말한다. 반응 용매는 증발하여 환류 냉각관에서 냉각되어 다시 반응 플라스크로 되돌아온다. 환류를 시키면 용매의 손실 없이 반응 혼합물을 끓는 온도로 유지할 수 있다.

- 증류: **증류**(distillation)는 플라스크에서 끓어 나오는 특정 성분을 냉각관을 통해 응축하여 다른 용기에 모으는 방법이다. 증류는 혼합물의 분리에 유용하게 이용된다.

- 몰: **몰**(mol)은 물질의 양을 나타내는 단위이며, 다음 식으로 계산한다.

$$몰수 = 질량(g) / 분자량(g/mol)$$

실험을 할 때 시약은 실험자가 사용하고자 하는 정확한 몰비로 사용하여야 한다. 액체 시약에서는 밀도(g/mL)를 이용하여 부피를 무게로 변환하여 계산한다.

$$질량(g) = 밀도\ (g/mL) \times 부피\ (mL)$$

- 농도 단위: 유기화학에서 농도는 주로 몰농도(molarity, M), 질량/부피(mass per volume, m/v) 농도 또는 백분율(percentage) 농도를 사용한다.
  몰농도는 용매 1리터(L)당 용질의 몰수로 나타낸다.

$$[몰농도(M)] = [용질의\ 몰수] / [용매의\ 부피(L)]$$

질량/부피 농도는 용매 단위 부피당(1 mL, 100 mL 또는 1 L) 용질의 질량 (mg 또는 g)으로 나타내는 농도이다. 예를 들어 50 g의 NaCl이 최종 용매 부피가 1000 mL에 녹아 있다면 이때의 m/v 농도는 다음과 같이 계산한다.

$$[NaCl] = [50\ g]/[1000mL] = 50\ g/L = 500\ mg/mL$$

백분율 농도로는 질량/질량 백분율[weight in weight, %(w/w)], 부피/부피 백분율 [volume in volume, %(v/v)], 질량/부피 백분율[weight in volume, %(w/v)] 등이 있다. 예를 들어 용매 1000 g에 용질 100 g이 녹아 있다면 %(w/w)는 다음과 같다.

$$[NaCl] = [100 \text{ g}/1000 \text{ g}] \times 100 = 10 \%(w/w)$$

- 수율의 계산: 수율은 이론적 수율(theoretical yield)과 퍼센트 수율(percent yield)로 구분된다. 이론적 수율은 한계 시약(limiting agent)에 의해 정량적으로 반응하여 얻어지는 생성물의 이론적인 양이고, 퍼센트 수율은 이론적 수율에 대해 실제 얻어진 수율을 백분율로 나타낸 것이다. 즉,

$$\% \text{ 수율} = (\text{실제 수율}/\text{이론적 수율}) \times 100 \ (\%)$$

실험실에서는 단순히 한 단계로 목표물을 합성하기도 하지만, 경우에 따라서는 여러 단계를 거쳐 합성하는 경우도 있다. 여러 단계 합성 중에도 처음 합성한 생성물을 다음 단계에 출발물질로 이용하고, 그다음 단계는 앞 단계 생성물을 출발물질로 이용하는 **선형 합성**(linear synthesis)과 각기 두세 단계를 거쳐 합성한 두 개 화합물을 반응시켜 최종 목표 물질을 합성하는 **수렴형 합성**(convergent synthesis)이 있다. 이들의 총괄 수율(overall yield)은 각기 다른 방식으로 계산한다. A에서부터 4단계를 거쳐 E를 합성한 경우(즉, 선형 합성)는 아래와 같이 총괄 수율을 계산한다.

$$A \rightarrow B \rightarrow C \rightarrow D \rightarrow E$$

단계별 수율: 50% → 50% → 50% → 50%

화합물 C까지 총괄 수율: $(0.5 \times 0.5) \times 100 = 25\%$

화합물 D까지 총괄 수율: $(0.5 \times 0.5 \times 0.5) \times 100 = 12.5\%$

화합물 E까지 총괄 수율: $(0.5 \times 0.5 \times 0.5 \times 0.5) \times 100 = 6.25\%$

수렴 합성으로 최종 생성물 G를 합성하는 경우를 생각해 보자. 즉 A부터 2단계를 거쳐 C를 합성하고, D로부터 2단계를 거쳐 F를 합성한다. 마지막 단계에서 C와 F를

반응시켜 최종 생성물 G를 합성한다. 이들의 각 단계의 수율이 50%씩이라고 하자. A부터 C까지와 D부터 F까지의 과정은 위의 선형 합성 형태이다. 따라서 C와 F의 총괄 수율은 각각 25%씩이다. C와 F로부터 G를 합성하는 수율은 50%이므로 10 g의 G를 합성하려면 C와 F는 각각 10 g씩 요구된다. C와 F를 10 g씩 만들려면 A와 D는 각각 40 g(10 g / 0.25 = 40 g)씩 필요하다.

A → B → C(2 단계)

(40 g) 50% 50% → G(최종 생성물)

D → E → F 50%

(40 g) 50% → 50% (10 g)

2.9 가열 및 냉각

화학 실험실에서는 온도를 보통 섭씨(℃, centigrade degree)로 표시하고 있으나, 종종 외국 문헌에서 화씨(°F, Fahrenheit degree)로 표시된 것을 볼 수 있다. 두 온도 척도의 관계식은 다음과 같다.

$$℃ = (°F - 32) \times 5/9$$

$$°F = (℃ \times 9/5) + 32$$

실험실에서 관측하는 온도는 측정하는 온도계의 종류에 따라 다소간 차이가 나기도 하지만 유기 실험실에서는 특별한 경우를 제외하고는 보통 온도계 보정은 하지 않는다.

유기화학실험에서는 가열 상태에서 반응을 진행하는 경우가 많다. 실험실에서는 주로 수증기 중탕, 가열 망태기(heating mantle)나 가열판(hot plate)을 이용한 중탕 등을 이용하여 가열한다. 이들은 불꽃을 이용하지 않으므로 매우 안전하다. 가열판 중에는 단순히 가열만 할 수 있는 것도 있고, 자석식 교반기가 장착되어 가열과 교반을 동시에 할

수 있는 자석 가열 교반기(hot plate with magnetic stirrer)도 있다.

> **주의**: 가열 반응의 경우에는 중탕용 물질의 온도가 표 2.1에 나타낸 온도라고 해도, 실제 반응 플라스크 속의 온도는 다르다. 따라서, 반응을 수행할 때는 반드시 반응 혼합물이 들어 있는 플라스크 내부의 온도를 측정하여 반응 온도로 기록하여야 한다.

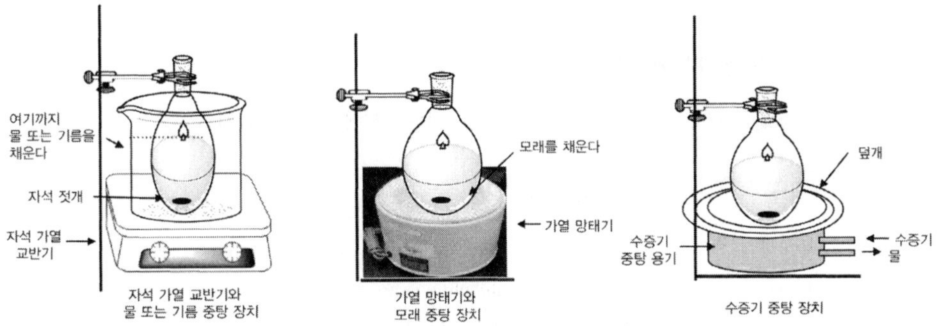

그림 2.9 여러 가지 가열 중탕 장치의 예.

높은 반응 온도가 필요한 경우에는 다양한 가열 중탕도 이용한다. 이들 중탕에는 원하는 온도에 따라 표 2.1과 같은 다양한 물질들을 사용한다.

표 2.1 온도별 가열 중탕용 물질

온도 범위	중탕에 사용하는 물질
~ 100℃	물
20 ~ 200℃	Glycerol, Di-*n*-butyl phthalate
~ 200℃	의약용 paraffin
40 ~ 200℃	D.C. 550 Silicon fluid
260℃ 이상	Orthophosphoric acid(85%) / Metaphosphoric acid = 4:1(v/v)
340℃ 이상	Orthophosphoric acid(85%) / Metaphosphoric acid = 2:1 (v/v)
60 ~ 500℃	Fisher bath wax

한편, 발열 반응은 반응 중에 반응 용액을 냉각시켜야 한다. 냉-중탕법(cooling bath)에서는 얼음이나 드라이아이스(dry ice) 및 액체 질소를 이용하면 편리하다. 그 외에도 다양한 중탕법이 알려져 있다. 염/얼음 중탕법은 −3 ~ −55℃까지, 드라이아이스 중탕법

은 −72 ~ −100℃, 그리고 액체 질소를 이용하면 −196℃까지 간편하게 냉각시킬 수 있다. 냉−중탕의 자세한 내용은 *J. Chem. Eng. Data*, 1966, 11, 124를 참고하라.

> **주의**: 냉각 반응의 경우에는 냉각용 물질의 온도가 표 2.2에 나타낸 온도라고 해도, 실제 반응 플라스크 속의 온도는 다르다. 따라서, 반응을 수행할 때는 반드시 반응 혼합물이 들어 있는 플라스크 내부의 온도를 측정하여 반응 온도로 기록하여야 한다.

표 2.2 냉각 온도와 냉−중탕에 이용되는 물질

평형 온도	냉−중탕에 사용되는 물질
0℃	얼음
−3℃	얼음(100 g) / potassium nitrate (12 g)
−10.7℃	얼음(100 g) / potassium chloride (24.5 g)
−15.8℃	얼음(100 g) / ammonium chloride (23 g)
−21.2℃	얼음(100 g) / sodium chloride (30.7 g)
−28℃	얼음(100 g) / sodium bromide (67 g)
−33.6℃	얼음(100 g) / magnesium chloride.$6H_2O$ (84 g)
−36.5℃	얼음(100 g) / potassium carbonate (65 g)
−54.9℃	얼음(100 g) / calcium chloride (72.5 g)
~ −20℃	얼음 / MeOH
−33℃	NH_3(l)
−40℃ ~ −50℃	얼음(3.5~4 part) / $CaCl_2 \cdot 6H_2O$(5 part)
−72℃	CO_2(s) / EtOH
−77℃	CO_2(s) / $CHCl_3$ 또는 acetone
−78℃	CO_2(s) 분말
−100℃	CO_2(s) / Et_2O
−196℃	N_2(l)

• **일정한 반응 온도 유지 기술:**

반응이 진행되는 동안 허용되는 오차 범위로 반응 온도를 일정하게 유지하는 것은 중요하다. 이중 플라스크를 이용하면 일정한 반응 온도를 유지하기에 편리하다.

이중 플라스크는 두 겹 플라스크를 일컫는다. 즉 외부 플라스크 안에 또 다른 플라스크를 일체형으로 만든 것이다. 외부 플라스크와 내부 플라스크 사이에 필요한 온도에서 끓는 용매(순수 및 혼합)를 넣고, 환류하면서 내부 플라스크에서 반응을 수행하면 동일

한 온도에서 긴 시간 반응을 수행할 수 있다. 이 경우에 반응 온도(내부 플라스크의 온도)는 직접 측정해야 한다. 실제 문헌에 나타난 끓는점과 환류 시 내부 플라스크의 온도가 다를 수도 있다. 예를 들어 온도 조절용 용매로 아세톤(acetone)을 사용하면 아세톤의 끓는점 55℃로 내부 반응 플라스크 온도를 유지할 수 있다. 이중 플라스크는 쉽게 제작할 수 있다(그림 2.10). 몇 가지 유기 용매의 환류 조건에서의 중탕(bath) 온도를 표 2.3에 나타내었다.

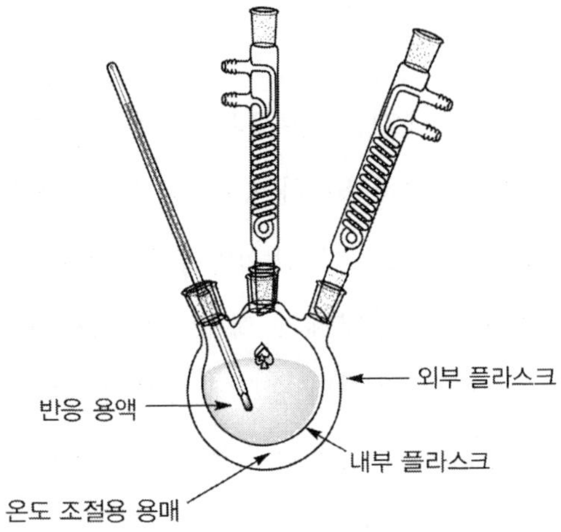

그림 2.10 온도 조절용 이중 플라스크 구조.

표 2.3 몇 가지 유기 용매의 환류 조건에서의 중탕 온도

유기 용매	환류 상태에서의 중탕 온도 (℃)
Acetone	55
Methanol	65
Carbon tetrachloride	75
Tetrachloroethylene	85
Water	100
Toluene	110
Chlorobenzene	130
Xylene	140
Bromobenzene	155
o-Dichlorobenzene	180
Ethylene glycol	200
Nitrobenzene	210
Methyl salicylate	220
Biphenyl	250
Benzophenone	305

2.10 시약 및 생성물의 취급

실험에서 사용하는 모든 시약은 사용하기 전에 취급하려는 시약의 물리적 및 화학적 성질을 충분히 조사하여 노트에 기재하고 독성, 취급상의 문제점 및 유의점을 검토하고 해결하여야 한다. 또한 실험실에서 사용하는 시약은 순수하여야 하며, 만일 불순물이 존재하면 불순물을 제거, 정제하고 사용하여야 한다.

사용하는 시약의 순도에 대한 간단한 검토는 얇은 막 크로마토그래피(thin layer chromatography, TLC) 혹은 기체 크로마토그래피(gas chromatography)를 사용하거나, 녹는점을 측정하는 방법 등으로 측정할 수 있다.

실험이 끝난 후 얻어진 생성물은 이름과 실험 일자 및 실험자 이름이 쓰여 있는 유리병에 보관한다. 생성물은 분석이 끝날 때까지 잘 보관하고, 분석이 끝난 후 폐기물을 버릴 때는 물질의 물리적 및 화학적 성질에 따라 분리하고 주의하여 처리하여야 한다.

시약 및 생성물의 취급 안전 수칙

1. 반응에 사용할 화합물의 물리적 화학적 성질을 조사하여 노트에 기록한다.
2. 물질의 순도를 확인한다. 불순물이 있으면 정제 후 에 사용한다.
3. 순도는 녹는점 측정, 얇은 막 크로마토그래피나(TLC) 혹은 기체 크로마토그래피로 확인할 수 있다.
4. 생성물은 유리병에 라벨을 부착하여 정리한다.
5. 생성물은 분해되지 않도록 잘 보관한다.
6. 반응 폐기물은 실험실 규칙에 따라 구분하여 배출한다.

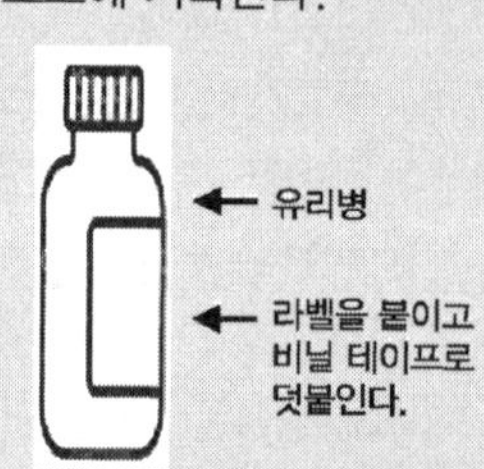

시약병

1) 액체 시료의 첨가

반응 혼합물에 액체 시약을 첨가할 때는 흔히 피펫(pipet), 자동 피펫(automatic

pipet), 실험용 주사기(syringe), 적하용 깔때기(dropping funnel)를 사용한다. 적하용 깔때기의 코크는 테플론(teflon)으로 만드는 것이 이상적이다. 코크가 굳지 않으며, 그리스 같은 윤활제를 바르지 않고도 사용할 수 있기 때문이다.

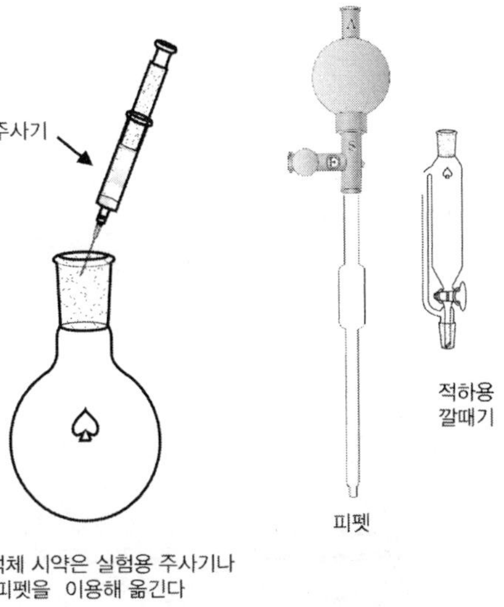

그림 2.11 액체 시료 첨가용 기구.

2) 고체 시료의 첨가

고체 상태의 시약은 반응 전의 실험 준비 과정에서는 액체나 기체보다 다루기가 편리하다. 그러나 반응 혼합물에 고체 시약을 첨가하는 것은 쉽지 않다. 보통 실험실에서 고체 시약을 첨가할 때는, 약숟가락(microspoon 혹은 spatula)으로 일정량씩 떠서 첨가하기도 한다. 그러나 반응이 가압 또는 감압하에서 진행되거나 반응 혼합물을 대기로부터 보호하여야 할 경우에는 적당한 용매에 녹여서 일정하게 적가하거나 또는 고체 그대로를 첨가해야 해야 한다. 용매로 녹여서 첨가하거나, 고체 상태로 첨가할 때 유용한 장치를 그림 2.12(a)와 그림 2.12(b)에 나타냈다.

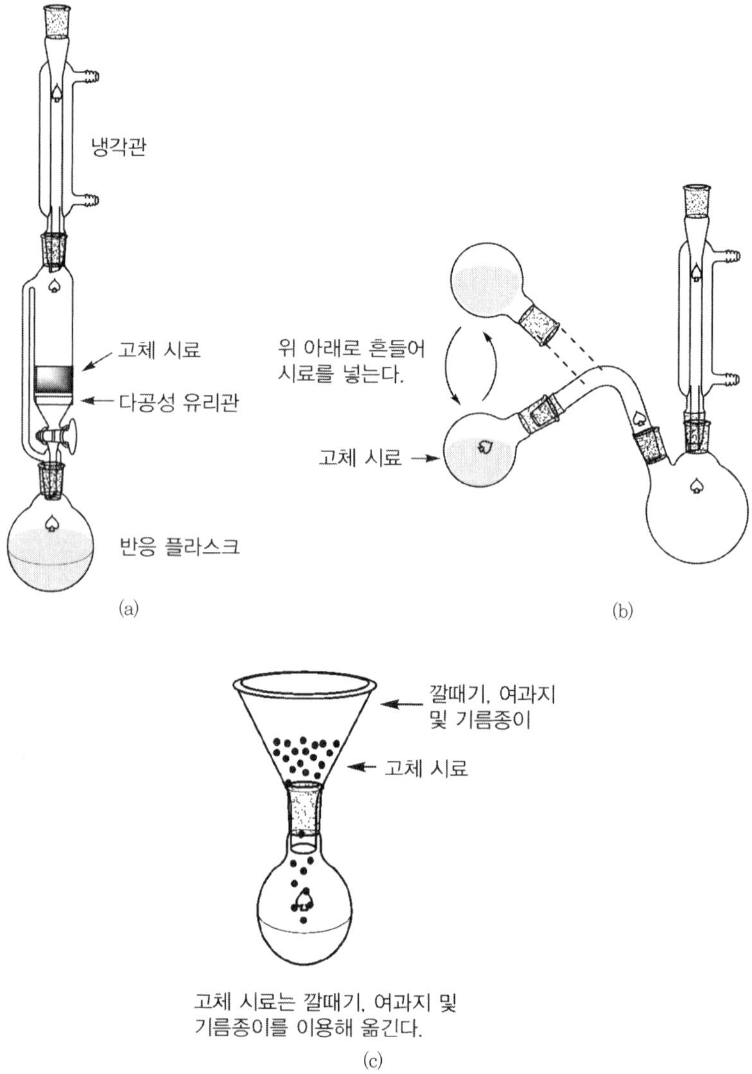

그림 2.12 연속 추출에 의한 고체 시료 첨가 장치(a)와, 공기에 민감한 고체 시료 첨가 장치(b) 및 일반 고체 시료 첨가 장치.

3) 기체 시료의 첨가

실험에서 기체 시약을 사용할 경우에는 특별히 조심하여야 한다. 화기를 멀리하고, 유리 기구 등에 금이나 손상이 있는지를 사용 전에 점검하여 압력 변화에 의한 폭발 등에 미리 대비해야 한다. 만약 유독 기체 중 육안 식별이 불가능한 무색 기체를 사용한다면,

더욱 각별한 주의를 기울여야 한다.

반응 중에 생기는 기체의 처리는 액체나 고체 폐기물보다 더욱 어렵다. 기체를 포집하거나 씻어버리는 데 필요한 기구들이 고안되어 있으며 이들을 사용하면 편리하다. 포집기 플라스크에는 발생되는 기체를 중화하거나 흡착할 수 있는 물질들을 넣는다. 이때 플라스크에서 흘러나가는 액을 적합한 폐액 통에 모아서 버린다.

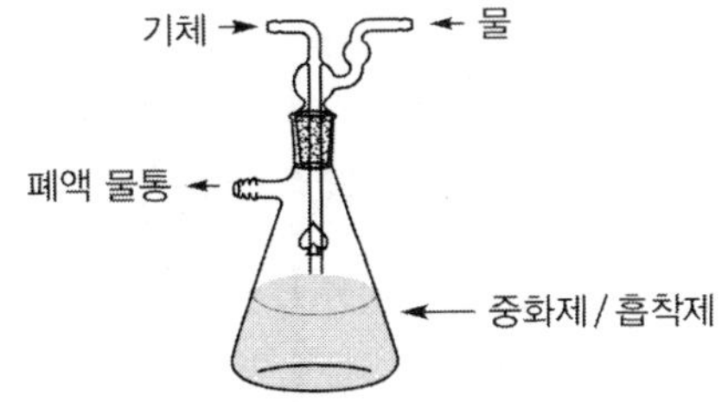

그림 2.13 기체 포집기.

2.11 여과

여과(filtration)는 액체-고체 혼합물의 분리 기술이며, 실험실에서 가장 많이 수행하게 되는 기술 중 하나이다. 여과하려는 물질의 성질이 다양하므로 경우에 따라 적합한 여과 방법을 선택하여야 하며, 또 필요에 따라서는 가열하거나 냉각해야 할 경우도 있다.

여과 방법에는 대기압하에서 여과하는 **중력 여과법**(gravity filtration)과 대기압보다 낮은 압력에서 여과하는 **감압 여과법**(vacuum filtration)이 있다. 가장 간단한 중력 여과법은 깔때기와 여과지를 이용하는 것이다. 이 방법을 이용할 경우 여과 속도를 증진시키기 위해서 보통 그림 2.15와 같이 접은 **홈진 여과지**(fluted filter paper)를 사용한다.

그러나 용액이 강산 및 강염기이거나 감압 여과를 할 때는 여과지가 상할 우려가 있기 때문에 여과지를 사용하는 여과는 어렵다. 이런 경우에는 **소결 유리 거르개**(sintered glass funnel)를 이용한다. 소결 유리 거르개를 사용하면 상당한 감압하에서도 여과할 수 있으며, 보온 여과 및 냉각 여과 등도 손쉽게 수행할 수 있다. 감압 여과를 할 때는 여과 플라스크와 아스피레이터(aspirator)나 진공 펌프(vacuum pump)를 이용하여 여과한다.

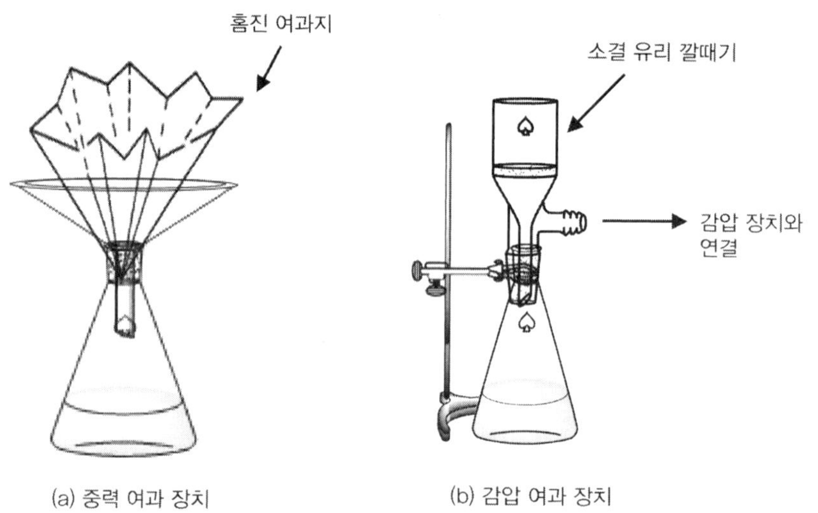

그림 2.14 중력 여과 장치 및 감압 여과 장치.

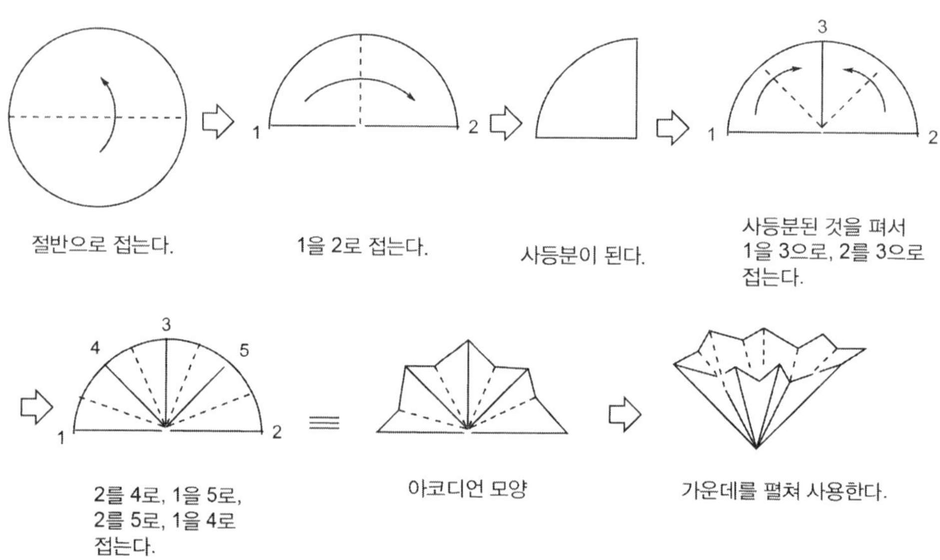

그림 2.15 홈진 여과지 접는 법.

2.12 화합물의 건조

화합물의 건조 방법을 크게 요약하면 다음과 같다.

화합물의 건조 방법

건조 방법

1) 물리적 방법: 증발, 원심분리, 압축, 흡착, 추출

2) 화학적 방법: 건조제 처리

건조제 종류

1) 물과 가역적으로 화합하는 형태: 높은 온도로 가열하면 재생할 수 있다.

예) 무수 $CuSO_4$: 압력계가 달린 용기에 $CuSO_4$(무수)를 넣고 물을 천천히 흡수시키면서 25℃에서 측정한 증기압은 다음과 같다.

$CuSO_4 + H_2O \rightleftharpoons CuSO_4 \cdot H_2O$ 0.8 mmHg (25℃에서)

$CuSO_4 \cdot H_2O + 2\ H_2O \rightleftharpoons CuSO_4 \cdot 3\ H_2O$ 5.6 mmHg

$CuSO_4 \cdot 3\ H_2O + 2\ H_2O \rightleftharpoons CuSO_4 \cdot 5\ H_2O$ 7.8 mmHg

2) 물과 비가역적으로 반응하는 형태: 재생시킬 수 없다.

예) P_2O_5, Na

$P_2O_5 + 3\ H_2O \rightarrow 2\ H_3PO_4$ (발열)

$2\ Na + 2\ H_2O \rightarrow 2\ NaOH + H_2$ (발열)

건조제의 구비 조건

1) 건조하려는 시약과 반응하지 않아야 한다.

2) 흡수력과 흡수 용량이 크고, 흡수 속도가 빨라야 한다.

1) 고체 시료 건조

- **건조기 이용법**: 건조기(desiccator)나 진공 건조기(vacuum desiccator)를 주로 이용한다. 진공 건조기가 더 빨리 건조된다.
- **권총형 건조기 이용법**: 소량의 분석용 고체 시료 건조에 유용하다. 그림 2.16과 같은

권총형 건조기(drying pistol)를 사용한다.

- **불변 끓음 증류법**: 시료에 물의 함량이 높고, benzene, toluene 등에 반응성이 없으며, 섞이지 않으며, 불용성인 경우에 이용한다. 이 방법은 고체 시료의 수분을 거의 완벽하게 제거할 수 있어 효과적이다. 용매로 benzene, toluene을 이용한다. 이때 Dean−Stark관(Barrett distilling receiver)을 이용한다.
- **불변 끓음 증류**(azeotropicdistillation): 두 용액이 특정한 성분비를 이루면 함께 끓음으로 두 성분이 동시에 증류되는 현상이다. H_2O−benzene(혹은 toluene)을 이용하여 물을 제거할 수 있다.

고체 물질은 **건조기**(desiccator)나 수증기 건조기(steam dryer) 또는 공기 건조기(air dryer) 등을 사용하여 건조한다. 그러나 보통 건조기를 많이 이용한다. 건조기 중에서 건조 속도를 빨리하기 위하여 **진공 건조기**(vacuum desiccator)가 사용되며 용도에 따라 여러 가지 형태들이 고안되어 있다.

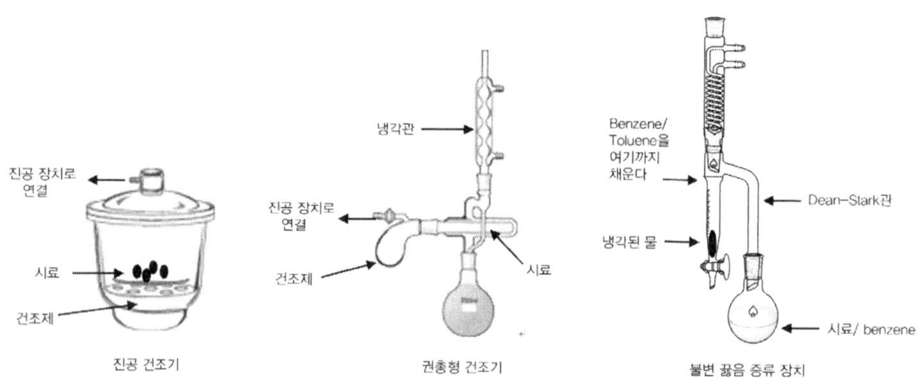

그림 2.16 고체 시료 건조기 종류.

고체 시료 건조를 위해 진공 건조기나 권총형 건조기를 이용할 경우에는 밑바닥에 여러 가지의 건조제(drying agent)를 넣는데 물질에 따라 표 2.4와 같이 사용한다.

표 2.4 성질로 구분한 건조제의 종류

성 질	건 조 제
중성 물질(중성 건조제)	$CaCl_2$, $ZnCl_2$, CaO, $BaCl_2$
산성 물질(산성 건조제)	*conc*-H_2SO_4, P_2O_5
염기성 물질(염기성 건조제)	NaOH, KOH, 소다 석회

conc-H_2SO_4, P_2O_5, KOH 등의 흡수력은 거의 비슷하지만, *conc*-H_2SO_4를 사용할 때는 순도에 따라 수증기압이 다르기 때문에(예, 20℃에서 95% H_2SO_4: 0 mmHg, 75% H_2SO_4: 0.28 mmHg, 50% H_2SO_4: 6.2 mmHg) 가끔 교환해야 한다. *conc*-H_2SO_4의 건조 능력 유효 여부를 예측하려면 H_2SO_4 (1.0 L)에 $BaSO_4$ 18 g을 용해시켜 두면 흡수량이 많아졌을 때 $BaSO_4$의 침전이 생기는 것으로부터 건조 능력 정도를 알 수 있다.

소량의 고체 시료를 실험실에서 감압 건조시킬 때는 그림 2.16과 같은 권총형 건조기(drying pistol)를 사용한다.

2) 액체 화합물의 건조

표 2.5 유기 화합물 건조에 쓰이는 건조제

건조 대상 화합물	사용할 수 있는 건조제 종류
알코올(ROH)	anhydrous potassium carbonate; anhydrous magnesium or calcium sulfate; quicklime
할로젠화 알킬 할로젠화 아릴	anhydrous calcium chloride; anhydrous sodium, magnesium or calcium sulfate; phosphorus pentoxide
포화 탄화수소(RH) 방향족 탄화수소(ArH) 에터(ROR)	anhydrous calcium chloride; anhydrous calcium sulfate; metallic sodium; phosphorus pentoxide
알데하이드(RCHO) 케톤($R_2C=O$)	anhydrous sodium, magnesium or calcium sulfate; anhydrous sodium, magnesium or calcium sulfate; potassium carbonate
유기 염기 유기 산	solid potassium or sodium hydroxide ; quicklime oxide. anhydrous sodium, magnesium or calcium sulfate

수분 함량이 많은 액체 화합물을 건조할 때는 불변 끓음 혼합물을 이용해 증류하거나,

증발에 의하여 물을 제거한다. 그러나 수분의 양이 적을 때는 건조제를 사용한다.

건조제의 건조 능력은 건조 조건하에서 건조제의 수화 생성물과 평형 상태에서 존재하는 물의 분량에 관계된다. 즉 건조 능력은 건조제의 주어진 무게에 의하여 수화 또는 화학반응으로 제거될 수 있는 물의 양에 관계된다.

- **무수** $CaCl_2$: 기체, 액체, 고체에 모두 사용할 수 있다. 이미 사용한 것이나 $CaCl_2 \cdot 6H_2O$, $CaCl_2 \cdot 4H_2O$ 등은 260℃에서 약 1시간가량 건조시켜 재사용할 수 있다. $CaCl_2$는 NH_3와 반응하여 $CaCl_2 \cdot 8NH_3$를, 알코올과는 $CaCl_2 \cdot 6C_2H_5OH$를, glycerol과는 $CaCl_2 \cdot 3C_3H_5(OH)_3$, acetone과는 $CaCl_2 \cdot 2(CH_3)_2CO$ 같은 첨가 화합물을 생성한다. 페놀, 지방산, 아민과도 반응하므로 사용하지 못한다.

- **무수** $MgSO_4$: 7수화물을 형성하기 때문에 건조 능력이 크고, 유기 용매에 대해 불용, 불활성이다. 따라서 대부분의 유기 화합물에 사용할 수 있다.

$$MgSO_4 \cdot 7H_2O \rightarrow MgSO_4 \cdot H_2O \rightarrow MgSO_4$$

- **무수** Na_2SO_4: 탈수 작용이 완만하다. 마지막까지 남은 미량의 수분은 제거할 수 없지만, 흡수 능력은 커서(32.4℃ 이하에서 $Na_2SO_4 \cdot 10H_2O$) 다량의 물을 제거하는 초기 단계에 사용하면 유용하다. 그러나 32.4℃ 이상의 가온 상태에서는 결정 수가 손실되므로 사용할 수 없다.

- **무수** $CaSO_4$: $CaSO_4 \cdot 2H_2O$ 또는 $2CaSO_4 \cdot H_2O$를 230~240℃로 한 시간 동안 건조시키면 무수물을 얻는다. Drierite*라는 상품명으로 시판되기도 하는데 $CaSO_4$ 무게의 10%까지밖에 흡수되지 못하므로 흡수 용량이 적다.

> **주의:** Drierite는 Magnesium perchlorate인 Dehydrite[$Mg(ClO_4)_2 \cdot 3H_2O$]와 혼동하지 말아야 한다. 또 Desicchlora는 barium perchlorate[$Ba(ClO_4)_2$]로 기체 건조제이다. 만일 이들 건조제에 액상 또는 고상의 유기물을 직접 투입하면 폭발하므로 주의하여야 한다.

- **무수** K2CO3: 탈수 능력이나 탈수량이 중간 정도이다. 나이트릴(nitrile), 케톤(ketone), 에터(ether), 알코올 등의 건조에 사용할 수 있으나, 산, 페놀 및 다른 산성

물질에는 사용할 수 없다.

- **KOH, NaOH**: 흡수성은 크지만, 아민과 피리딘(pyridine) 등의 건조에만 사용한다. 알코올 등의 유기 용매에 녹고 반응성이 크므로 사용에 제한성이 많다. KOH가 NaOH보다 탈수 능력이 좋다.

- **Calcium oxide**: Calcium oxide는 주로 분자량이 작은 알코올의 건조에 사용한다. 사용하기 전에 700~900℃ 정도로 전기로에서 가열하면 효율이 증가된다. 높은 염기성 때문에 산이나 염기에 예민한 화합물에는 사용할 수 없다.

- **Aluminum oxide**: 상품화된 활성화 알루미나는 aluminum hydroxide로부터 만들며, 자체 무게의 15~20%의 물을 흡수한다. 175℃로 7시간 가열하면 재생시킬 수 있으며 주로 건조기의 건조제로 사용한다.

- **Boric anhydride**: 강력하고 효율이 좋은 건조제이며, 전체 무게의 25%의 물을 흡수한다. 폼산(formic acid)의 건조제로 사용한다.

- **Phosphorus pentoxide**: 건조제 중 흡수력이 가장 우수하고, 수분과의 반응이 매우 빠르지만 가격이 비싸다. 탄화수소, 에터, 할로젠화 알킬 또는 할로젠화 아릴, 나이트릴 등에 사용할 수 있으나 알코올, 산, 아민, 케톤 등에는 사용할 수 없다.

- **Na 금속**: 탈수 능력이 강하고 흔적 정도로 존재하는 수분 제거에 이용한다. 물에 접하면 격렬하게 반응하고 물이 많으면 폭발한다. 그러므로 항상 예비 건조를 실시한 후에 사용해야 한다.

Na(금속) 사용 시 주의점 및 폐기법

주의

1. Na 금속은 보호 장갑을 끼고 다룬다. 피부에 직접 접촉되면 심각한 피부 손상을 입는다.
2. 다른 건조제로 예비 건조시킨 후에 사용한다. 물과 격렬하게 반응하므로 물과 수분을 피

하며, 상대 습도가 높은 조건에서는 다루지 않는다.
3. Na 금속은 수분이 없는 benzene, toluene 또는 석유 속에 넣어 보관하고 필요에 따라 핀셋으로 꺼내어 칼로 표면에 묻은 불순물을 제거한 뒤, 필요한 양을 잘라서 사용한다.
4. Benzene, toluene 또는 석유가 든 용기에서 정량한다.

폐기처리

1. 사용 후 폐기물은 물에 버리지 말고 반드시 benzene, toluene 또는 석유병에 모아 재생하거나 2-propanol을 가하여 폐기해야 한다.

Na 금속의 간편한 친환경적 폐기 방법(*Inorg. Chem.* 2001, 40, 6855.)

- 세라믹 화분의 절반을 고운 마른 모래로 채우고, 그 위에 폐기할 Na 금속을 놓고 다시 마른 모래를 덮는다. 그 화분을 커다란 도자기 그릇 위에 놓고 이 도자기에 물을 넣으면 모세관 현상에 의해 물이 모래로 빨려 들어가고, 그 상태로 1~2일 두면 Na는 모두 NaOH가 되면서 수소가 발생한다. Na 금속이 모두 제거되면 Na 덩어리만큼의 구멍이 생긴다. 생성되는 NaOH는 화분의 SiO_2를 공격하여 소량의 sodium silicate를 형성하여, 하얗게 모래 알갱이의 표면을 덮는다. 매우 경제적이고 친환경적이며 안전하다.

- Silica gel, SiO2 · nH2O: P_2O_5보다는 약하지만 다른 건조제보다 우수하다. 사용 후에 건조기에 넣어 150~180℃로 가열하면 간단히 재생할 수 있다. 기계 등에 넣는 것은 보통 $CoCl_3$를 침투시킨 청색 젤을 10~20% 혼합하여 변색으로부터 흡수력의 퇴화 여부를 알 수 있도록 만든 것이다.

3) 기체 시료 건조

기체의 건조는 흡수제를 충진한 장치 내에 기체를 통과시켜 건조시킨다. 물론 이러한 경우에는 반응성을 충분히 검토한 후 건조제를 선택하여야 한다. 유동 기체 건조용으로는 Dehydrite[$Mg(ClO_4)_2 \cdot 3H_2O$]가 있으며 H_2, Cl_2, O_2, HCl, H_2S 포화 또는 불포화 탄화수소의 건조에 사용한다. Desicchlora는 $Ba(ClO_4)_2$이고 Dehydrite보다 흡수력이 강하다.

4) 탈색

실험실에서는 종종 생성물이 소량의 불순물에 의해서 착색되어 있는 경우가 많다. 이런 경우에는 여러 가지 방법에 의하여 탈색(decalorization)시켜야 한다. 탈색의 방법은 물질의 성질에 따라 증류, 승화, 재결정 등이 있으며 어느 방법을 사용하느냐 하는 것은 경험과 실험 결과에 따라 결정하게 된다. 순수한 화합물의 색상은 선명하고 아름답다.

보통 유기 실험실에서 탈색하는 경우에는 활성탄을 가장 많이 사용한다. 이 외에도 규조토, 활석, 경석, 산성 백토 등을 사용하기도 한다.

착색된 용액에 탈색제를 가하여 탈색할 때는 유색 불순물 외에 정제 물질도 다소 흡착되므로 가능한 한 적은 양으로 처리하는 것이 좋다. 물론 탈색제의 양은 불순물의 함유량에 의존하지만, 대개의 경우 탈색시키려는 물질 무게의 1~2%면 족하다. 그러나 이 양으로 충분하지 못하면 한 번에 많은 양을 사용하는 것보다 다시 1~2%의 깨끗한 탈색제를 반복 사용하는 것이 좋다. 액체의 탈색은 용이한 편이지만, 고체의 경우엔 적당한 용매에 녹인 후 처리하여야 한다. 활성탄은 만드는 재질에 따라 탈색 능력이 달라지며 또한 용매의 종류에 따라 달라지기도 하므로 용매의 선택에 주의하여야 한다. 활성탄의 탈색 능력은 용매에 따라 다음과 같이 증가한다.

$$H_2O > EtOH > MeOH > Ethyl\ acetate > Acetone > CHCl_3$$

탈색 과정에서 용액의 온도는 70 ~ 80℃가 적당하고, 끓는점이 낮거나 발화점이 낮은 것들은 활성탄을 가해 약 24시간 정도 상온에서 방치한 후 여과하면 된다.

주의: 활성탄으로 탈색할 경우 지나치게 가열된 용액에 활성탄을 가하면 폭발적으로 끓게 되므로 주의하여야 하며, 여과할 때에 활성탄이 빠져나가 또 다른 불순물을 형성하지 않도록 주의한다.

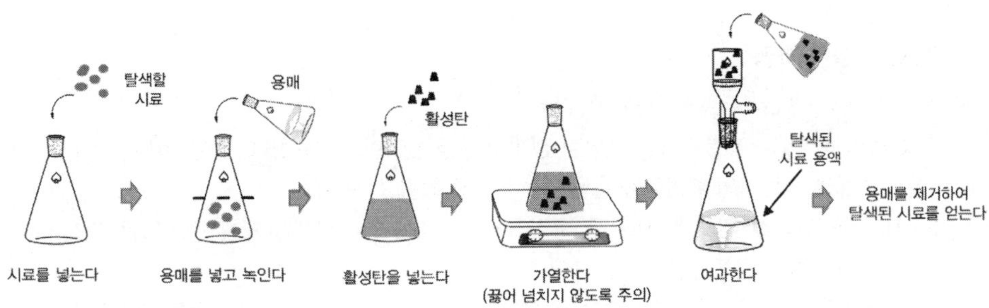

그림 2.17 활성탄을 이용한 탈색 방법.

2.12 화합물의 건조

2.13 유기 반응 진행의 확인

유기 반응의 진행을 확인하는 여러 가지 방법이 있다. 그중 대표적인 몇 가지만 아래에 소개한다.

반응 진행 확인법

- TLC법: TLC를 이용한다. 반응 진행 정도를 빠르고 손쉽게 확인할 수 있다.
- IR법: 출발 물질의 특정 작용기가 변환되는 반응에 이용한다.
- GC법: 끓는 점이 낮은(400℃ 이하) 물질의 반응에서, 반응물과 중간체 및 생성물들의 조성비를 시간에 따라 관찰하는 경우에 유용하다. 산업 현장에서는 반응 진행 과정을 확인하는 데 GC를 가장 많이 이용한다.
- HPLC법: 유기물, 고분자, 생체 물질 등 다양한 화합물을 분리 정량할 수 있다. 생성물이나 출발 물질의 비를 시간에 따라 관찰하는 경우에 유용하다.
- NMR법: 관찰하려는 물질들의 특정 양성자(H) 신호가 차이가 날 때, 반응 진행과 반응물질의 구조 변화 등의 관찰과 정량에 이용할 수 있다.
- MS, GS-MS 법: 물질의 질량 정보로 반응 진행 과정을 하려면 MS나 GC-MS를 이용한다.

이 책에서 소개할 실험에서는 TLC법을 가장 기본적으로 사용하므로, TLC법의 실행 과정을 알아둘 필요가 있다.

TLC법 실행 과정

1. TLC 판(2~3 cm x 6~7 cm)을 준비한다.
2. 반응물과 생성물이 분리되는 적당한 전개 용매를 선택한다. 생성물이 없는 경우는 소량의 반응을 시행하여 혼합물을 활용해서 전개 용매를 선택한다.
3. TLC 판 아래에 연필로 선을 긋고(밑에서부터 0.5 cm 위에), 제한 반응물을 점적(spotting)하고 건조시킨다.
4. 전개 병에 전개 용매를 넣고, 제한 반응물이 점적된 판을 전개시켜 출발 물질의 반점 위

치(R_f)를 확인한다. 전개 병에 용매를 넣을 때는 TLC 판의 시료 반점이 잠기지 않을 만큼의 양을 넣어야 한다.

5. 새로운 TLC 판을 준비하여 제한 반응물(1), 제한 반응물과 반응 혼합물의 혼합 반점(co-spot)(2), 그리고 반응 혼합물(3)을 점적한다(혼합 점적법). 출발 물질과 반응 혼합물의 혼합 반점은 출발 물질을 점적하여 건조시키고, 그 위에 혼합물을 다시 점적하고 건조시킨다.
6. 시료를 점적한 TLC 판을 전개 병에 넣고, TLC 판 윗부분이 0.5 cm 정도 남을 때까지 전개시킨다. 전개된 TLC판을 꺼내어 용매를 건조시킨다.
7. UV 램프를 이용하거나, 발색 시약을 뿌려 반점을 확인한다. 출발 물질과 다른 물질의 반점이 나타나면 그 물질이 생성물이다.

반응 생성물 종류의 수에 따라 혼합 반점 확인법의 방법이 달라진다. 생성물이 한 종류인 경우와 두 종류인 경우에 대한 혼합 반점 확인법은 다음과 같다.

생성물이 한 종류인 반응의 혼합 반점 확인법

생성물이 한 개인 반응은 A → B 혹은 A + B → C의 형태를 보이는 반응으로, 대표적으로는 고리화 반응이나 첨가 반응을 들 수 있다.

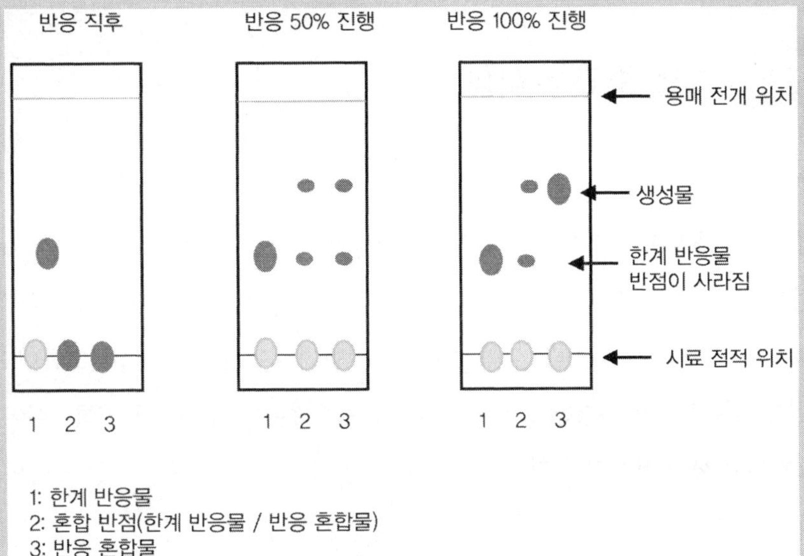

생성물이 두 종류인 반응의 혼합 반점 확인법

A + B → C + D 또는 A → B + C와 같은 분해 반응, 치환 반응, 제거 반응 등에서는 생성물이 두 종류 생성될 수 있다.

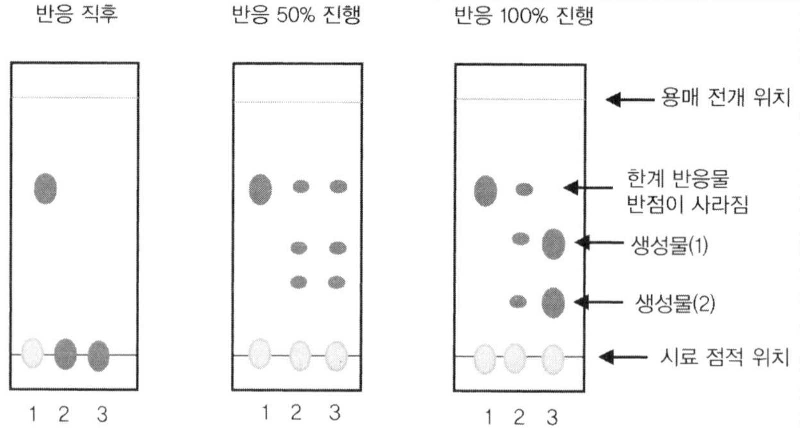

1: 한계 반응물
2: 혼합 반점(한계 반응물 / 반응 혼합물)
3: 반응 혼합물

2.14 실험 보고서 작성

실험 보고서를 보면 실험자의 실험 수준을 가늠할 수 있다. 실험 보고서는 어느 누가 기록된 방법으로 실험하여도 같은 결과를 얻을 수 있도록 기록되어야 한다. 충실하지 못한 보고서는 휴지 조각에 불과하다. 실험 보고서는 실험에서 얻은 최종 생성물만큼이나 중요한 것이며, 실험실에서 수행한 실험적인 작업을 체계적이며, 상세하게 기록하여야 한다.

실험자는 실험이 실시되기 전에 실험에 관련된 이론 및 원리, 사용하는 시약의 성질, 반응성 그리고 기구의 사용법 및 장치 등을 실험 지침서나 참고문헌 등을 통해 충분히 익혀야 한다.

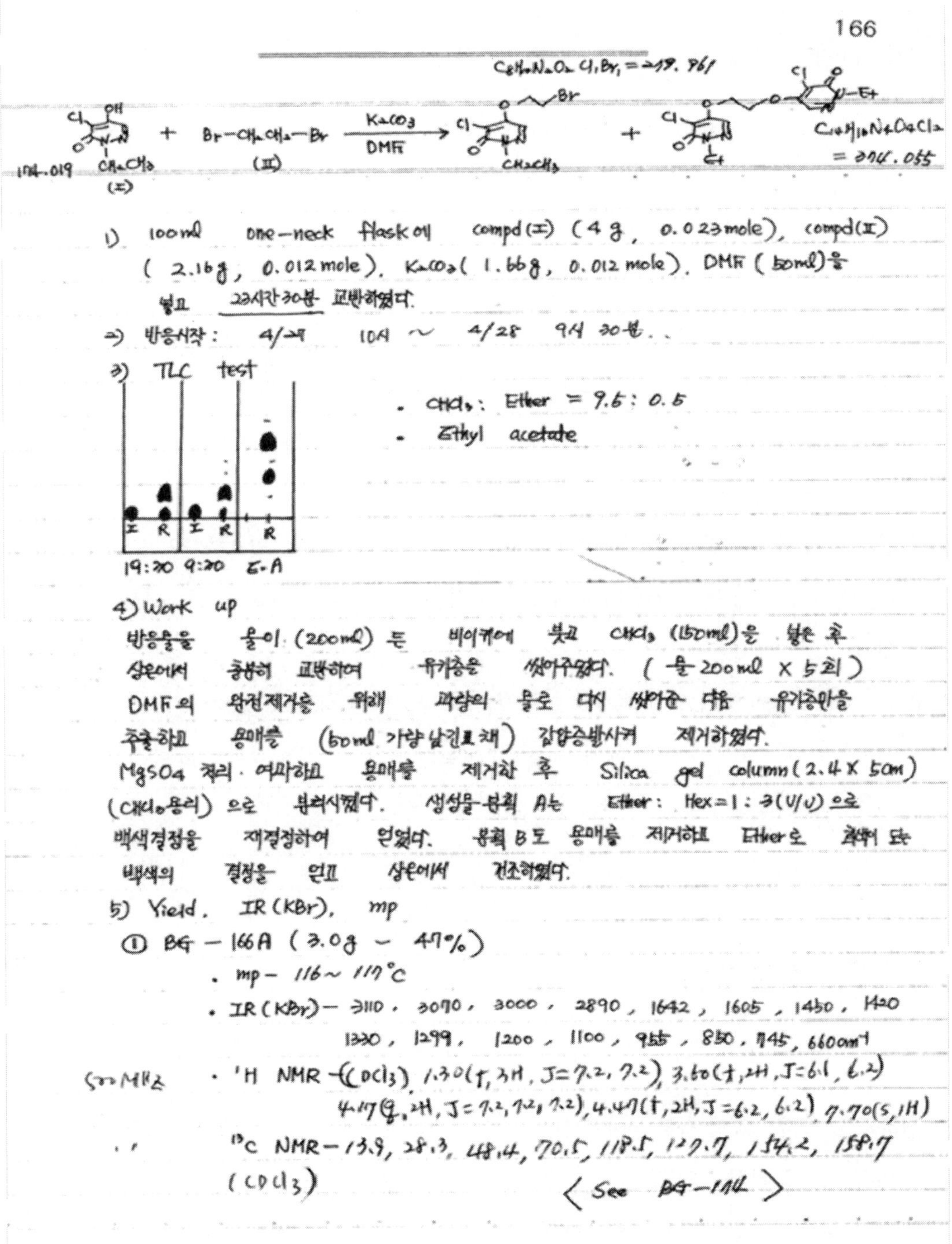

166

$C_8H_{10}NO_2Cl_1Br_1 = 219.961$

$C_{14}H_{16}N_4O_4Cl_2 = 374.055$

174.019 (Ⅰ) (Ⅱ) K_2CO_3 DMF

1) 100ml one-neck flask에 compd(Ⅰ) (4 g, 0.023mole), compd(Ⅱ) (2.16g, 0.012 mole), K_2CO_3 (1.66g, 0.012 mole), DMF (50ml)을 넣고 23시간 30분 교반하였다.

2) 반응시작 : 4/27 10시 ~ 4/28 9시 30분..

3) TLC test

- $CHCl_3$: Ether = 9.5 : 0.5
- Ethyl acetate

19:20 9:20 E.A

4) Work up

반응물을 물이 (200ml) 든 비이커에 붓고 $CHCl_3$ (150ml)을 넣은 후 상온에서 충분히 교반하여 유기층을 씻어주었다. (물 200ml X 5회) DMF의 완전제거를 위해 과량의 물로 다시 씻어준 다음 유기층만을 추출하고 용매를 (50ml 가량 남겨둔 채) 감압증발시켜 제거하였다. $MgSO_4$ 처리 · 여과하고 용매를 제거한 후 Silica gel column (2.4 X 50cm) ($CHCl_3$ 용리) 으로 분리시켰다. 생성물-분획 A는 Ether : Hex = 1 : 3(v/v) 으로 백색결정을 재결정하여 얻었다. 분획 B도 용매를 제거하고 Ether로 최대한 녹여 백색의 결정을 얻고 상온에서 건조하였다.

5) Yield, IR (KBr), mp

① BG – 166A (3.0g – 47%)

- mp – 116 ~ 117 ℃
- IR (KBr) – 3110, 3070, 3000, 2890, 1642, 1605, 1450, 1420, 1330, 1299, 1200, 1100, 955, 850, 745, 660 cm^{-1}
- 500 MHz · ^1H NMR – ($CDCl_3$) 1.30 (t, 3H, J = 7.2, 7.2), 3.60 (t, 2H, J = 6.1, 6.2) 4.17 (q, 2H, J = 7.2, 7.2, 7.2), 4.47 (t, 2H, J = 6.2, 6.2) 7.70 (s, 1H)
- ″ ^{13}C NMR – 13.9, 28.3, 48.4, 70.5, 118.5, 127.7, 134.2, 158.7 ($CDCl_3$)

< See BG-174 >

그림 2.18 실험 보고서의 예.

실험 보고서 작성은 a) 제목, b) 반응식(메커니즘), c) 시약, d) 기구, e) 실험 순서, f) 결과, g) 고찰, h) 참고문헌 순으로 작성한다. 실험 일자와 실험실의 온도 및 습도도 기록한다.

a) 제목: 실시하는 실험의 내용을 한눈에 알아볼 수 있도록 간결하고 함축성 있게 기록한다.
b) 반응식: 제목 다음에 관계 반응식을 기입한다. 물질의 아래 부분에 실험에 필요한 물질의 분자량, 성질 등을 기록한다.
c) 시약: 사용되는 시약의 분자량, 취급방법, 특성 및 필요한 양 등을 기록한다.
d) 기구: 실험에 사용되는 기구의 종류, 형태 및 사용법 등을 기록한다.
e) 실험 순서: 실험의 진행 과정을 간결하고 명확하게 기술한다. 특히 온도, 시간 간격 등에 각별히 유의하여야 한다.
f) 결과: 실험에서 얻은 결과(수치, 현상)등을 정확하게 기록한다. 필요하다면 도표, 그래프 등을 사용한다. 물질의 분석 결과를 정확히 기록하고, 필요한 자료도 첨부한다.
g) 고찰: 본인이 수행한 실험 결과를 문헌에 비교 고찰하여 기록한다.
h) 참고문헌: 인용한 참고문헌을 해당 학회나 학술지 등에서 일반적으로 통용되는 방식으로 기재한다.

2.15 화학 문헌

전문 학술 잡지는 해당 전문 분야의 신문과 같다. 문헌을 많이 읽는 사람만이 자기 전문 분야의 새로운 지식을 얻고, 연구 경향을 알 수 있다. 해당 분야의 첨단 연구 분야와 방향을 알아야만 그 분야의 첨단 연구자가 될 수 있다. 시대에 뒤진 전문가는 이미 전문가가 아니다. 오늘날 화학의 발전 속도는 의복의 유행이 변하는 속도보다 훨씬 더 빠르다. 실험을 시작하기 전에 수행하고자 하는 실험에 대한 자세한 정보를 수집하거나 이해하는 것은 대단히 중요하다. 따라서 연구실의 연구자나 학업 도중에 있는 학생들도 관심 있는 화학 분야의 학술지를 자주 대하는 습관을 길러야 한다. 오늘날 학술지는 대부분 인터넷으로도 볼 수 있어 편리하다.

화학자들의 연구결과는 전문 학술지에 Note, Communication 및 Article 등의 형태로 발표되며 그 양은 방대하다. 따라서 이들로부터 필요한 자료를 찾는 것은 쉽지 않다. 이와 같은 문제를 해결하는 방안으로 Chemical Abstract(CA) 같은 전문 색인지들이 발간되어 있다.

여기서는 학부(또는 대학원) 과정에 있는 학생들에게 도움이 되거나 필요한 유기화학 문헌들을 소개한다.

1) Chemical Abstract

'Chemical Abstract (CA)'는 미국 화학회(the American Chemical S℃iety, ACS)에서 발행하는 일종의 요약 학술지(abstract journal)이며, 세계 각국에서 발행되는 화학에 관련된 학술지 및 특허 내용을 요약하여 수록한 것이다. 이 요약 학술지는 최근의 화학 분야 연구 내용 및 동향을 알아볼 수 있도록 체계적으로 만든 일종의 '화학 연구의 백과사전'이다. 이용상의 편의를 위해 매년 수록된 저자 색인(author index), 주제 색인(subject index), 화학식 색인(formula index) 등을 포함한 6종의 색인을 발행한다. 따라서 이 요약지는 연구나 학습에 필수적인 것으로 인식되고 있다. Chemical Abstracts의 표기 방식이나 색인(index)의 이용 방법을 알아두는 것이 편리하다.

- **Chemical Abstracts 색인**: Chemical Abstracts에서는 a) 중심어(keyword) b) 저자(author) c) 특허(patent) d) 화학식(formula) e) 일반 주제(general subject) 및 f) 화학물질(chemical substance) 색인 (index) 등으로 구분하여 발행하고 있다. 각 색인의 내용을 다음에 설명하였다.

(1) 화학식 색인:

화학식 색인(formula index)은 화학 분자식을 기준으로 하여 만들어진 색인이다. 이 색인은 분자식을 알고 있을 때 응용하면 편리하게 관련된 문헌을 찾을 수 있다. 예컨대 3-chloropyrazin-2-amine($C_4H_4ClN_3$)에 관해 찾는다면, 먼저 화학식 색인의 $C_4H_4ClN_3$ 부분을 찾는다. 여기서 pyrazinamine 부분을 찾아 해당되는 부분을 보고, 그중에서 관심 있는 논문에 대해 도서관의 해당 학술지에서 원논문을 찾으면 된다.

(2) 화학 물질 색인:

화학 물질 색인(chemical substance index)은 화합물 이름을 기준하여 분리한 색인이다. 주 화합물 아래에 관련 유도체들에 대한 화합물 등록 번호와 요약(abstract) 번호가 수록되어 있다. 이 색인은 화합물 이름만 알고 있을 때 이용하면 편리하다.

(3) 일반 주제 색인:

일반 주제 색인(general subject index)은 화학의 일반적인 용어들을 기준으로 하여 만든 것이므로 때때로 앞의 두 색인보다 유용한 경우가 있다.

(4) 저자 색인:

저자 색인(author index)은 발표 논문의 저자 이름을 기준으로 분류한 것이므로 저자의 이름을 알고, 찾을 때 이용한다.

(5) 중심어 색인:

중심어 색인(keyword index)은 발표되는 논문에 표기되는 중심어를 기준으로 만든 색인이다. 각 논문에는 하나 이상의 중심어가 표시된다. 이 주제어를 기준으로 분류한 것이다.

(6) 특허 색인:

특허 색인(patent index)은 등록된 특허를 기준으로 하여 분류한 것이며, 특허 정보를 얻는데 유용하다.

2) 화합물 정보에 대한 문헌

학부 실험이나 연구과정에서 화합물 제조과정, 분자식, 물리적 성질, 독성 취급상 주의사항 및 관련 문헌 등이 수록된 문헌들이 필요하다. 실험실에서 유용하고 자주 이용하는 색인 또는 문헌이나 자료들도 다양하다.

그 외에도 세계 각국에서 발행되는 화학 분야 학술지의 수는 방대하다. SCI(Science Citation Index) 학술지는 전 세계 학술지에 발표된 논문의 인용 빈도를 조사하고 그것을 계량서지학적으로 분석하여, 인용된 논문이 가장 많이 수록된 학술지를 계통별 순위로 나열한 것이므로, 전 세계적으로 그 학술지의 수준을 인정하고 있다. 학술지는 각 대학의 도서관에서 책으로나 또는 웹 사이트에서 대부분 쉽게 접할 수 있다. 특히 미국화학회에서 운영하는 SciFinder Scholar 프로그램을 이용하면 다양한 정보를 얻을 수 있다.

화합물 정보 문헌

- Organic Synthesis(Wiley):
  다양한 화합물들의 합성법을 서술하고 있다.
- Fischer and Fischer's Reagents for Organic Synthesis(Wiley):
  유기화학에서 중요한 시약의 제조 방법을 수록하고 있다. 1967년부터 주기적으로 증보하고 있다.
- Encyclopedia of Reagents for Organic Synthesis(Wiley):
  3000개 시약에 대해 예를 들어 설명하고 문헌도 포함되어 있다.
- Advanced Organic Chemistry, Reaction, Mechanism and Structure(by J. March, Wiley):
  유기화학의 기초, 구조와 반응성 및 메커니즘에 대해 문헌을 포함하여 수록하고 있다.
- Vogel's Textbook of Practical Organic Chemistry(by A. I. Vogel 등, Harlow):
  마이크로 규모 실험용 실험 지침서이다.
- Aldrich, Handbook of Fine Chemicals and Laboratory Equipment(Aldrich Co.):
  분자식, 구조식, 분자량, 물리적 성질, 참고문헌 및 유리 초자 기구를 포함한 실험 기구 등이 수록되어 있다.
- CRC hand Book of Chemistry and Physics(CRC press):
  유기화합물의 물리적 성질들이 수록되어 있다.
- Merck Index(Merck Co.):
  분자식, 구조식, 분자량, 물리적 성질, 용도 및 참고문헌 등과 유기화학의 이름 반응(name reaction)이 수록되어 있다.
- Lange's Handbook of Chemistry(McGraw-Hill):
  많은 유기화합물의 물리적 성질이 수록되어 있다.
- Dictionary of Organic Compounds(Chapman Hill):

유기화합물의 물리적 성질, 합성 참고문헌, 응용성, 독성, 위험성 등이 수록되어 있다.

- Hazards Materials Handbooks(V. N. Reinhold):
  많은 중요 화합물의 열분해, 폭발성, 위해성, 화학 반응성, 수질 오염 등이 수록되어 있다.
- The Sigma-Aldrich Library of Regulatory and Safety Data:
  20,000개 이상의 화합물에 대한 독성 안정성 등이 수록되어 있다.
- Aldrich Library of ^{13}C and ^{1}H FT-NMR Spectra:
  유기 화합물의 ^{13}C and ^{1}H FT-NMR 스펙트럼이 수록되어 있다.
- Aldrich Library of FT-IR Spectra:
  유기 화합물의 FT-IR 스펙트럼이 수록되어 있다.

3) 인터넷을 통한 화합물 정보 검색

오늘날에는 쉽게 접근할 수 있는 다양한 인터넷 정보 사이트들이 있다. 대표적인 것들로 ChemDraw 프로그램, IUPAC 홈페이지, ChemSpider 사이트 및 Reaxys 사이트들이 있다.

- ChemDraw 프로그램
  ChemDraw 프로그램은 구조식, 반응식을 그리는 프로그램이다. 여기서 구조식을 그리고 'name'을 입력하면 IUPAC 이름을, 반대로 이름을 쓰고 'structure'를 치면 상응하는 구조식을 알려준다. 이름과 구조식으로 해당 물질의 예상되는 NMR 스펙트럼도 얻을 수 있다.
- IUPAC: https://web.chemdoodle.com›demos›iupac-naming
  IUPAC에서 제공하는 싸이트(ChemDoodle). 구조식의 IUPAC 이름 및 화합물 이름으로부터 구조식을 얻을 수 있다.
- ChemSpider: http://www.chemspider.com/
  RSC(the Royal Society of Chemsitry)가 무료로 제공하는 웹페이지. 화학 물질의 구조 및 특성에 대한 정보를 제공한다.

- Reaxys: https://www.elsevier.com/

  Elsevier사에서 제공하는 화학 분야 최대의 데이터베이스. 다양한 화학 관련 문헌(학술지, 특허, 책 등)을 검색할 수 있다.

- OrganicChemical Portal

  최근 학술지의 정보를 제공하는 웹페이지. 유기화학 하이라이트, 반응, 장치 서적, 유기물질 공급처 등의 정보를 제공한다.

CHAPTER 03

유기화학 기초 실험

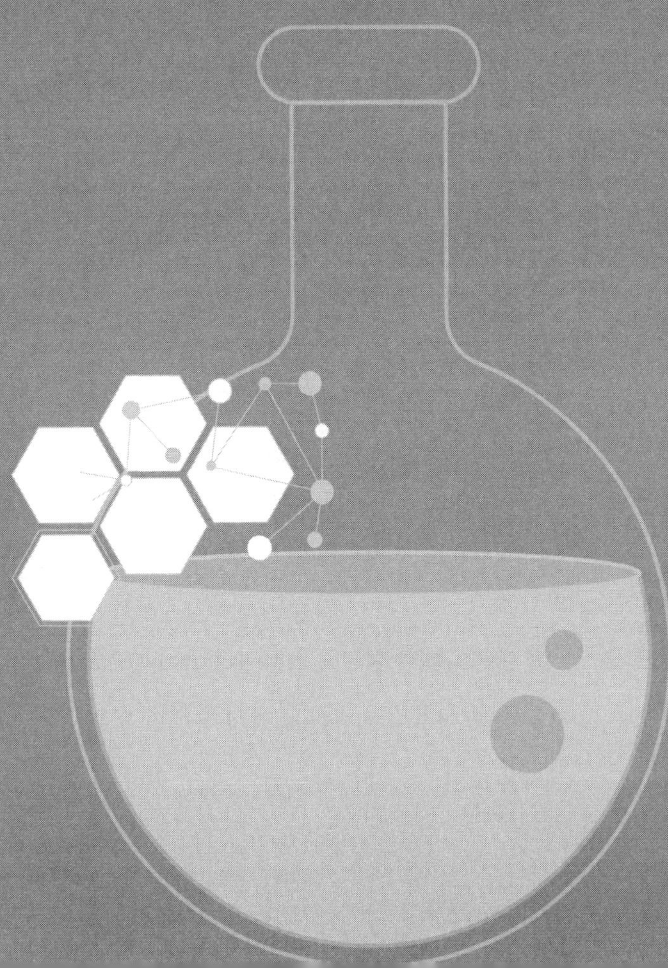

3.1 재결정과 녹는점 측정

녹는점(melting point) 측정은 실험실에서 고체 시료의 물리적 성질이나 순도 확인을 위해 수행하는 첫 번째 실험 방법이다. 순수한 물질의 녹는점은 고체 화합물의 중요한 물리적 성질이다. 따라서 보고서나 논문에는 항상 고체 물질의 녹는점을 기록하여야 한다. 녹는점을 측정할 때 시료는 순수하여야 한다. 불순물이 존재하면 재결정을 통해 순수하게 정제한다. 녹는점의 정확한 측정은 화학자의 몫이다. 이 실험을 통하여 정확한 녹는점 측정 기술과 관련된 이론을 습득한다.

1) 재결정

재결정(recrystallization)은 고체 시료의 정제나 분석용 시료 제조에서 중요한 기술이다. 재결정은 혼합된 화합물들의 용해도 차이를 이용하는 것이다. 재결정 과정은 불순한 시료를 용매에 녹인 후 천천히 냉각시켜 순수한 결정을 얻어 내는 단계로 진행된다.

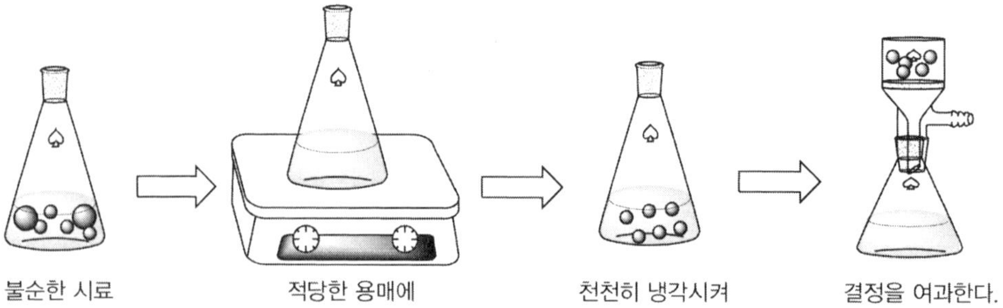

그림 3.1 재결정 과정.

재결정은 특정 용매에 대한 물질들의 상대적인 용해도 차이를 이용한다. 따라서 재결정의 성공 여부는 적당한 재결정 용매를 찾는 것에 달려 있다.

재결정 시료 중에는 불순물이 섞여 있다. 불순물 중에는 재결정 용매에 함께 녹는 것도 있고, 녹지 않는 것도 있다. 녹지 않는 불순물은 원하는 시료가 잘 녹는 용매에 녹인 후 여과하여 제거한다. 경우에 따라서는 불순물만 잘 녹는 용매로 녹여 여과해서 제거할 수도 있다.

결정화(crystallization)는 주어진 온도에서 상대적인 용해도에 의존한다. 몇 가지 예외가 있지만, 한 용매에서 화합물의 용해도는 온도에 따라 증가한다. 고체 유기 물질의 용해도는 용액의 온도가 고체 물질의 녹는점에 가까울 때 가장 빠르게 증가하며, 유사한 성질의 용매에 잘 녹는다. 뜨거운 용매에서 적당한 용해도를 갖는 화합물은 용액을 냉각시켜 시료를 결정화한다. 그러나 상온이나 얼음 중탕 온도에서 용해도가 큰 화합물의 결정화는 쉽지 않다. 고체 유기물의 용해도는 용매나 용질의 상대적인 극성 또는 결정 격자 에너지의 함수이다.

재결정은 다음의 일곱 단계를 거쳐 수행한다.

재결정 단계

1. 적당한 재결정 용매를 선택한다.
2. 최소량의 끓는 재결정 용매에 시료를 녹인다.
3. 녹지 않는 불순물을 뜨거운 상태에서 여과한다.
4. 서서히 냉각시켜 결정화를 유도한다.
5. 생성된 결정을 여과한다.
6. 여과하여 얻은 결정을 소량의 찬 용매로 씻는다.
7. 결정을 건조한다.

일반적으로 극성 화합물은 극성 용매에, 비극성 화합물은 비극성 용매에 더 잘 녹는다. 예를 들어 $-OH$, $-NH_2$, $-CONH_2$ 같은 극성 작용기가 있는 화합물은 물이나 알코올 같은 극성 용매에 더 잘 녹는다. 용매와 작용기가 수소 결합을 할 수 있기 때문이다. 그러나 극성 물질은 벤젠(benzene)이나 헥세인(hexane) 같은 비극성 탄화수소에서는 잘 녹지 않는다.

한편, 같은 작용기가 포함되어 있어도 결정이 안정할수록 동일한 용매에서의 용해도가 더 낮다. 이는 화합물의 구조와 관련이 있다. 이 예로써 동일한 작용기를 가진 나이트로벤조산(nitrobenzoic acid)의 이성질체들을 들 수 있다. 나이트로벤조산의 파라(*p*–) 이성질체는 다른 이성질체보다 더 안정한 결정을 만들 수 있는 대칭적 구조를 갖고 있다. 따라서 녹는점이 다른 이성질체보다 높고, 동일한 용매에서 용해도도 더 낮다(표 3.1 참고).

표 3.1 나이트로벤조산 유도체의 녹는점 및 용해도

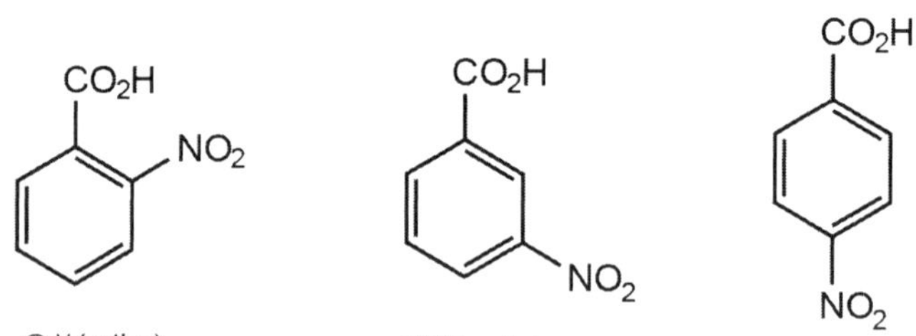

오쏘(ortho) 메타(meta) 파라(para)

녹는점(℃)		147	141	242
용해도 (g/100 mL)	EtOH	28	33	2.2
	$(Et)_2O$	21	25	0.9

* EtOH = Ethanol $(Et)_2O$ = Diethyl ether

실험실에서는 적절한 재결정 용매를 선택하기 위해 **점적판(spot–plate) 방법**이 이용된다. 이 방법은 매우 효과적이고 유용하다.

점적판 법으로 재결정 용매 찾기

1. 재결정에 사용할 용매를 준비한다. 용매 종류는 극성과 비극성, 끓는점이 낮은 것과 높은 것 등 다양하게 준비한다.
2. 점적판의 각 우물(well)에 시료 1~2 mg을 넣는다.
3. 시료가 든 각 우물에 사용할 용매들을 3~4방울씩 넣고, 1~2분간 저어 준다.
4. 실온에서의 각 우물의 용해도를 관측하여 기록한다.
5. 실온에서 관측한 점적판을 가열 교반기 위에서 서서히 가열하며 용해도를 관찰 기록한다. 안전을 위해 후드 속에서 수행하라.
6. 서서히 냉각시키면서 결정 생성 여부를 관찰 기록한다.
7. 재결정 용매를 선정한다. 이상적인 재결정 용매는 찬 용액에서는 용해도가 낮지만 뜨거운 용액에서는 용해도가 높은 용매이다.

표 3.2는 점적판 방법을 이용하여 몇몇 화합물들의 재결정 용매를 선택하기 위해 얻은 결과표이다. 아세트아닐라이드(acetanilide), 2-클로로벤조산(2-chlorobenzoic acid) 및 트라이벤질아민(tribenzylamine)의 재결정 용매를 선정한 것이다. 해당 용매에 녹지 않으면 (-)로, 녹으면 (+)로 표시하였다(음영 처리된 것이 재결정에 적절한 용매이다). 이상적인 재결정 용매는 찬 용액에서 용해도가 낮고 뜨거운 용액에서는 잘 녹는 용매이다. 이 결과로부터 아세트아닐라이드와 2-클로로벤조산의 재결정 용매로는 물이, 트라이벤질아민에 대해서는 에탄올(ethanol)이나 메탄올(methanol)이 좋은 재결정 용매가 될 수 있음을 알 수 있다.

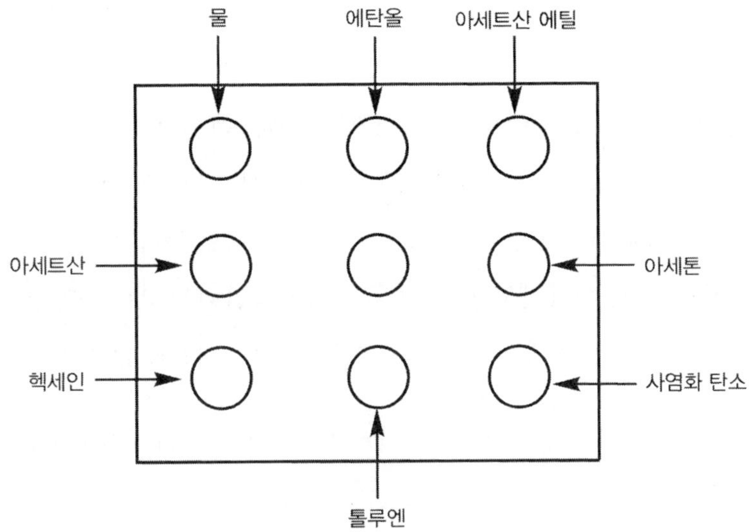

그림 3.2 점적판 방법의 예.

표 3.2 점적판을 이용한 용해도 결과 및 용매 선택 표

화합물	용매 종류								선택된 용매	결정 형태
	1 C/H	2 C/H	3 C/H	4 C/H	5 C/H	6 C/H	7 C/H	8 C/H		
Acetanilide	– / +	M+ / +	+ / +	+ / +	– / –	– / –	– / –	+ / –	1	침상
2-Chlorobenzeoic acid	– / +	E+ / +	– / –	+ / +	– / –	– / –	– / –	+ / –	1	침상
Tribenzylamine	– / –	E– / +	+ / +	+ / +	+ / +	+ / +	+ / +	+ / –	2	판상

C/H = Cold/Hot, (+) = 녹음, (–) = 녹지 않음

용매: 1 = Water, 2 = Ethanol(E) 또는 Methanol(M), 3 = Ethyl acetate, 4 = Acetone,
5 = Carbon tetrachloride, 6 = Toluene, 7 = Hexane, 8 = Glacial acetic acid

재결정 용매는 몇 가지 기준에 따라 선택하는 것이 좋다.

재결정 용매의 선택 기준

1. 용매는 재결정 화합물과 반응하지 않아야 한다.
2. 재결정하려는 화합물이 뜨거운 상태에서는 잘 녹고 찬 용액에서는 잘 녹지 않는 용매를 선택한다.
3. 불순물은 찬 용액에서 잘 녹거나 뜨거운 용액에서도 잘 녹지 않는 용매가 이상적이다.
4. 재결정 용매의 끓는점은 50~120℃ 범위가 좋다.
5. 재결정 용매의 끓는점은 재결정 시료의 녹는점보다 낮은 것이 좋다.
6. 여러 가지 용매가 가능할 경우에는 독성이 적고, 가격이 저렴한 용매를 선택하라.
7. 회수하여 재사용이 가능한 용매를 선택하라.

재결정 용매를 선택하고 나면 해당 시료를 재결정하는 데 필요한 용매의 양은 얼마인가? 주어진 시료의 양으로부터 재결정 후에 얻어낼 생성물의 양을 예측하는 것도 중요하다. 벤조산(benzoic acid)과 살리실산(salicylic acid)을 예로 들어 보자.

표 3.1의 자료를 이용하여 벤조산 10 g을 끓는 물에 녹일 때 필요한 물의 양(V_{hot})은 뜨거운 물 속에서의 벤조산 용해도(S^{hot} = 6.80 g)를 이용하여 다음과 같이 계산할 수 있다.

$$V_{hot} = m / S^{hot} = 10\ g / (6.8\ g/100\ mL) = 147\ mL \quad (m = \text{시료의 양})$$

표 3.3 벤조산과 살리실산의 물에 대한 용해도

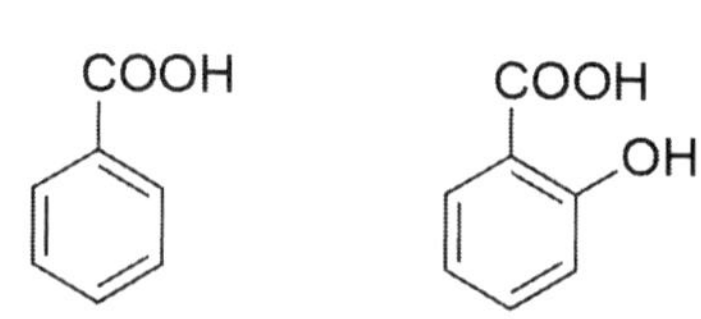

Benzoic acid　　Salicylic acid

		Benzoic acid	Salicylic acid
물에 대한 용해도 (g/100 mL)	20℃	0.29	0.22
	약 100℃	6.80	6.67

그러면, 이 뜨거운 벤조산 용액을 20℃로 냉각시켰을 때 결정으로 얻을 수 있는 벤조산의 양($m_{recovered}$)도 알 수 있을까?

냉각시킨 용액 속에 남아 있는 벤조산의 양($m_{solution}$)을 알면 냉각시켜 결정으로 얻을 수 있는 벤조산의 양도 계산할 수 있다. 즉,

$$(m_{solution}) = V_{hot} \times S^{Cool} = 147\ \text{mL} \times 0.29\ \text{g}/100\ \text{mL} = 0.43\ \text{g}$$

$$m_{recovered} = m - m_{solution} = (10 - 0.43)\ \text{g} = 9.57\ \text{g}$$

한편 재결정에 혼합 용매를 이용하는 것이 유리할 때도 있다. 혼합 용매를 이용한 재결정에서는 두 용매가 잘 섞여야 한다. 예를 들면 물과 알코올(methanol, ethanol), 물과 아세톤(acetone), 메탄올과 다이에틸 에터(diethyl ether), 헥세인(hexane)과 다이에틸 에터(diethyl ether), 헥세인(hexane)과 에틸 아세테이트(ethyl acetate) 등이 있다. 혼합 용매 재결정 법을 그림 3.3에 나타냈다.

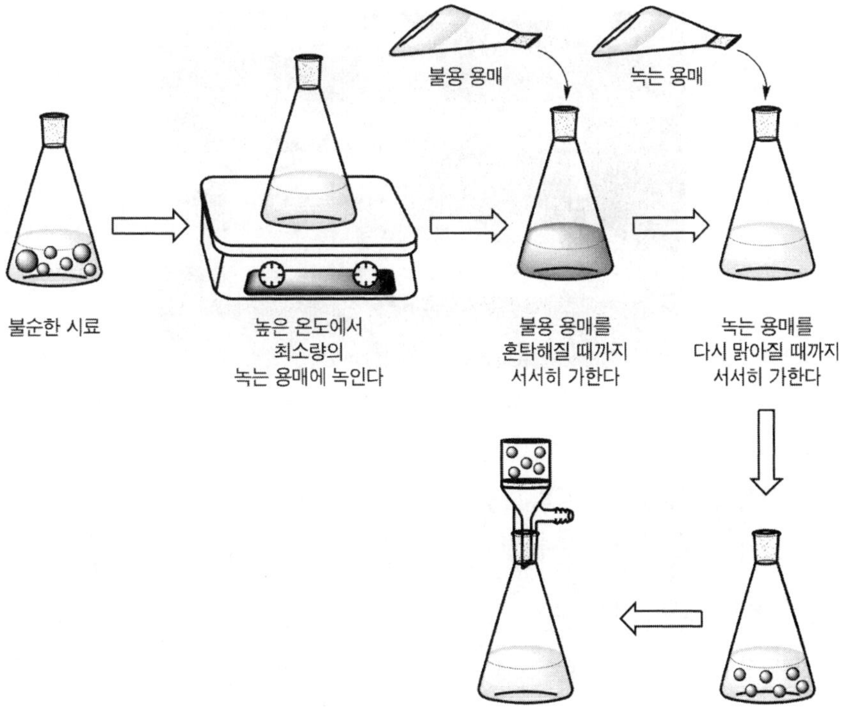

그림 3.3 혼합 용매 재결정 방법.

2) 녹는점

고체의 **녹는점**(melting point, mp)은 1기압하에서 고체가 액체로 변하기 시작하는 온도이다. 순수한 물질은 0.5℃ 이내에서 고체에서 액체로 변하므로 녹는점을 물질의 확인에 이용할 수가 있다. 그러나 불순물이 섞여 있을 때 녹는 현상이 관찰되는 온도 변화의 범위는 0.5℃보다 더 넓다.

여러 가지의 녹는점 측정기가 개발되어 있다. 피셔-존스(Fisher-Johns)형 및 날게-악셀로드(Nalge-Axelrod)형 녹는점 측정기는 가열판 위에서 시료의 녹는점을 측정하는 형태이다. 모세관 법을 이용한 토마스-후버(Thomas-Hoover) 녹는점 측정기 및 전자식 녹는점 측정기 등도 있다. 기기마다 녹는점 측정 방식이 다르기 때문에 동일한 화합물이라도 기기의 종류에 따라 측정된 녹는점에 차이가 있다. 따라서 논문이나 보고서에 녹는점을 표시할 때는 사용한 기기의 종류를 명시해야 한다.

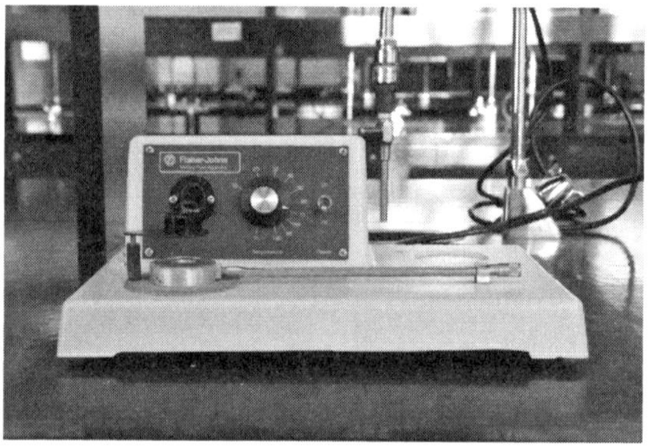

그림 3.4 녹는점 측정기.

한편 실험실에서 합성한 물질의 확인에 녹는점을 이용할 때, 단일 물질의 녹는점을 문헌값과 비교하는 것은 모험이 뒤따른다. 왜냐하면 같은 온도에서 녹는 물질들은 얼마든지 있을 수 있기 때문이다. 따라서, 혼합물의 녹는점(mixed melting point)으로부터 두 물질의 동질성 여부를 확인하는 것이 보다 과학적 방법이다. 만일 두 시료가 동일 물질이라면, 혼합물의 녹는점은 각 시료의 녹는점과 동일하다. 그러나 각기 다른 물질이라면 혼합물의 녹는점은 두 시료의 녹는점과 다르다.

실험 3.1 아세트아닐라이드의 합성과 재결정

1) 이론

간단한 아세틸화 반응(acetylation)을 이용하여, 아닐린(aniline)을 아세트산 무수물(acetic anhydride)과 반응시켜 아세트아닐라이드(acetanilide)로 변형시킨다. 반응 후 얻어진 불순한 고체 생성물의 아세트아닐라이드를 활성탄을 이용하여 탈색하고 물로 재결정한다.

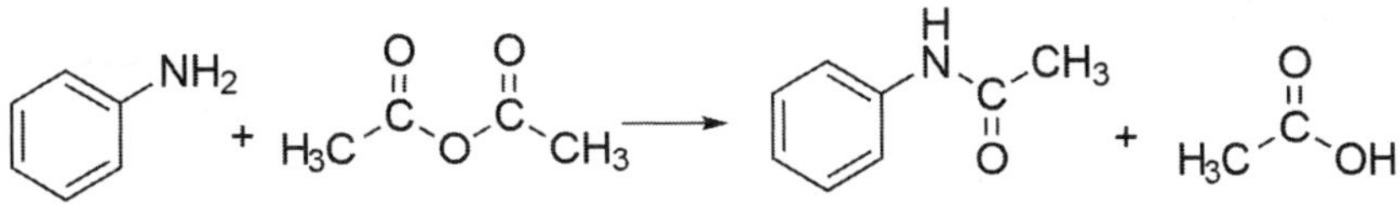

그림 3.5 아세트아닐라이드의 합성.

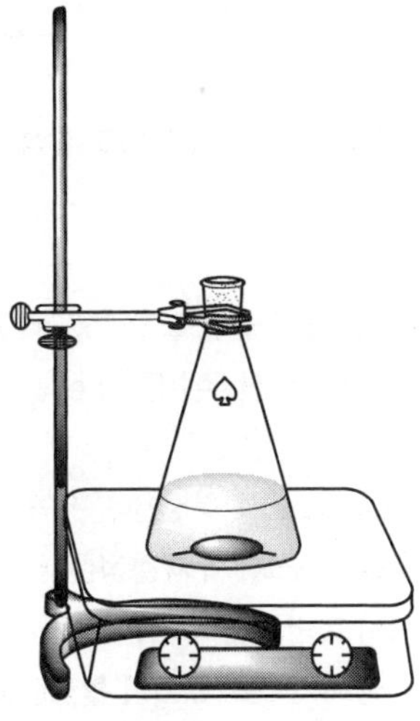

실험 장치

2) 준비물

실험 기구: 저울, 녹는점 측정기, 가열 교반기, 자석 젓개, 삼각 플라스크(250 mL), 눈금 실린더, 비커(100 mL), 깔때기, 약숟가락, 여과지, 기름종이(무게 측정용), 얼음 중탕기와 얼음, 감압 여과 장치, TLC 장치, IR 또는 NMR

시약: Aniline, acetic anhydride, 활성탄

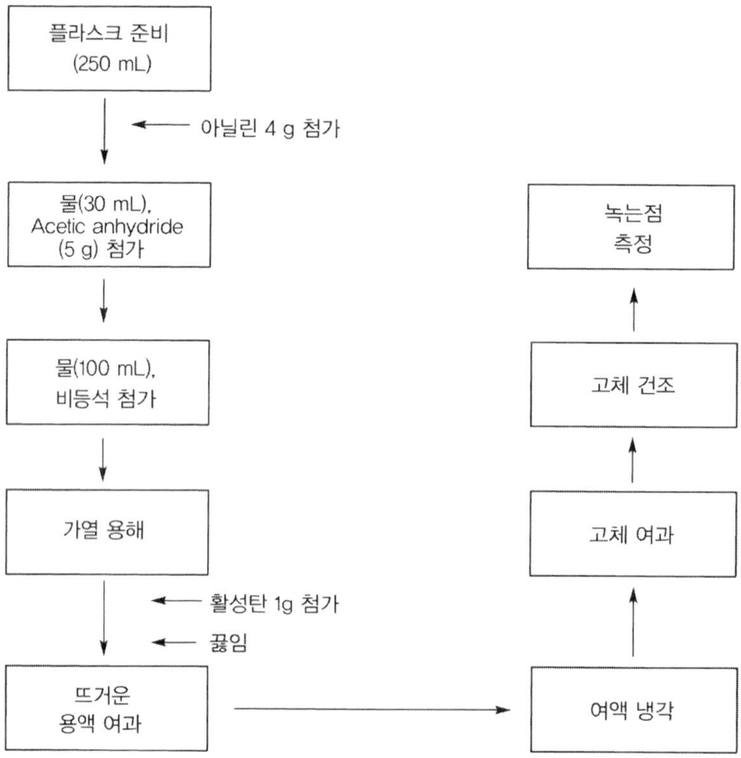

실험 흐름도 3.1 아세트아닐라이드 합성 및 재결정.

3) 실험 방법

1. 아닐린(aniline) 4 g(0.043 mol)을 삼각 플라스크(250 mL)에 넣는다.
2. 삼각 플라스크에 물 30 mL를 넣고, 아세트산 무수물(acetic anhydride) 5 g(0.049 mol)을 교반하면서 소량씩 가한다.

   ❗ **주의**: 이때 아세트아닐라이드(acetanilide)가 형성된다. 용액의 변화를 관찰 기록한다.
3. 불순한 아세트아닐라이드를 동일 플라스크에서 재결정한다. 반응 플라스크에 100 mL의 물을 넣고 고체와 기름이 다 용해될 때까지 교반하면서 가열한다.
4. 고체가 모두 녹으면 용액을 다시 끓이기 전에 1 g의 활성탄을 가한다.

   ❗ **주의**: 용액이 끓을 때 활성탄을 넣으면 끓어 넘치므로, 끓는 도중에는 활성탄을 넣지 않는다.
5. 활성탄을 가한 혼합 용액을 교반하면서 수 분간 조심스럽게 끓인다. 용액이 뜨거울 때 여과한다.

   ❗ **주의**: 여과에 쓸 깔때기나 플라스크는 미리 데워서 쓴다. 만일 깔때기 속에서 결정이 생기면 끓는 물을 부어 용해시킨다.
6. 반응 플라스크를 소량의 따뜻한 물로 씻고, 깔때기의 고체를 다시 소량의 따뜻한 물로 씻어 준다.
7. 얻어진 여액을 완전히 결정화될 때까지 10~15분간 얼음 중탕에서 냉각한다.
8. 얻어진 결정을 감압 여과하여 건조시킨다.
9. 완전히 건조되면, 녹는점을 측정하고, TLC, IR 및 NMR을 이용하여 순도를 확인한다.

실험 3.2 재결정을 이용한 혼합물의 분리

1) 이론

이 실험에서는 아세트아닐라이드(acetanilide)와 살리실산(salicylic acid)의 혼합물을 재결정 방법으로 분리한다. 아세트아닐라이드는 아마이드 작용기(CH_3CONHR)를 가지고 있어 에탄올이나 아세톤에는 잘 녹지만, 물에 대한 용해도는 매우 낮다. 반면에 살리실산(salicylic acid)은 카복실기(RCOOH)와 OH기를 가지고 있어, 물에 잘 녹는다. 두 물질의 혼합물을 용해도 차이를 이용해 비교적 순수하게 분리할 수 있다.

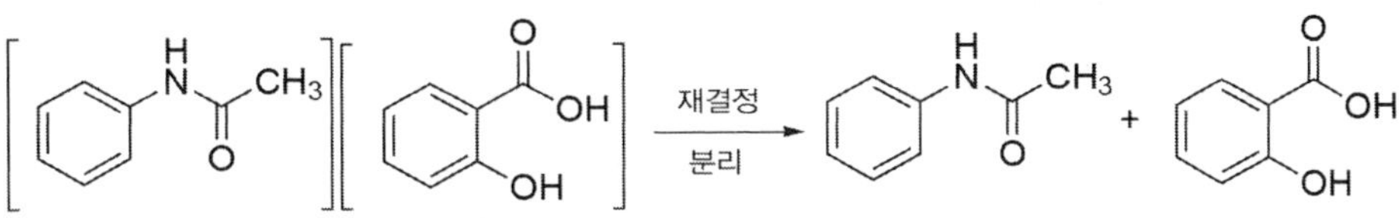

아세트아닐라이드 (acetanilide) 살리실산 (salicylic acid) 혼합물 → 아세트아닐라이드 (acetanilide) + 살리실산 (salicylic acid)

그림 3.6 아세트아닐라이드와 살리실산 혼합물의 재결정 분리.

2) 준비물

실험 기구: 저울, 녹는점 측정기, 자석 가열 교반기, 자석 젓개, 삼각 플라스크(200~250 mL), 온도계, 눈금 실린더, 비커(100 mL), 깔때기, 약숟가락, 기름종이(무게 측정용), 여과지, 얼음 중탕기와 얼음, 감압 여과 장치

시약: Acetanilide, salicylic acid

3) 실험 방법

1. 이 실험의 실험 장치는 실험 3.1과 같다.
2. 아세트아닐라이드(acetanilide)/살리실산(salicylic acid) (85:15, w/w%) 혼합물 시료 4.5 g을 1.5 g씩 나누어 3개의 삼각 플라스크에 넣고, 각 플라스크를 A, B, C로 표시한다.
3. 각 시료에 60~65 mL의 물을 가하고 가열하여 녹인다.
4. 먼저 A 용액을 천천히 상온으로 냉각시킨다. 이때 가끔 교반해 준다.
5. 두 번째로 B 용액을 수돗물과 얼음을 이용하여 10~15℃까지 냉각시킨다.
6. 마지막으로 C 용액을 얼음물을 이용하여 0~2℃까지 냉각시킨다.
7. A, B, C 시료 용액을 각각의 최종 온도에서 약 5분 동안 방치시켰다가 결정을 여과한다. 용액과 같은 온도의 물(15 mL)로 결정을 씻는다.
8. 얻어진 각 결정을 공기 중에서 건조시킨다. 건조된 A, B, C 재결정 시료, 순수한 아세트아닐라이

드, 순수한 살리실산, 아세트아닐라이드/살리실산(95:5, w/w%) 시료 및 아세트아닐라이드/살리실산(85:15,w/w %) 시료의 녹는점을 측정하여 기록한다.

9. 순수한 화합물의 녹는점을 문헌값과 비교하고, 실험에서 얻은 각 결정의 녹는점과 재결정 온도와의 상관성을 설명한다.

시 료	녹는점(℃)
순수한 아세트아닐라이드	113~115℃(문헌 값)
순수한 살리실산	157~159℃(문헌 값)
아세트아닐라이드/살리실산(95:5, w/w%) 시료	
아세트아닐라이드/살리실산(85:15, w/w%) 시료	
A 용액에서 얻은 시료	
B 용액에서 얻은 시료	
C 용액에서 얻은 시료	

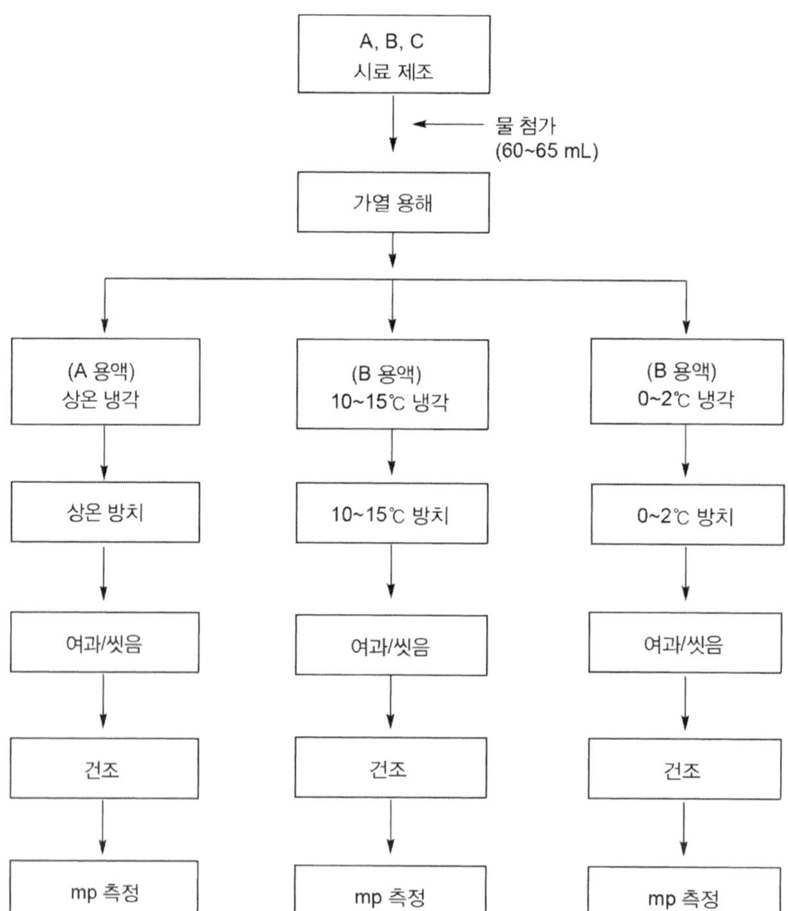

실험 흐름도 3.2 재결정을 이용한 혼합물의 분리.

실험 3.3 화합물 혼합 비율에 따른 녹는점 변화

1) 이론

녹는점으로 두 시료의 동일성을 확인하는 방법은 다음과 같다. 녹는점을 알고 있는 표준 시료(S)와 실험에서 얻은 미지 생성물(P)을 같은 비율로 섞은 혼합물의 녹는점을 측정한다. 이 두 물질이 동일 물질이라면, 혼합물(S + P)의 녹는점은 표준 시료의 녹는점과 같다. 만일 두 물질이 다르다면, 표준 시료의 녹는점과 다를 것이다.

시료 비율이 다른 혼합물의 녹는점 도표를 그려 보면 보다 확실히 알 수 있다.

S와 P를 여러 비율로 혼합하여 혼합물의 녹는점을 측정한 값을 그래프에 그려서 그림 3.7(오른쪽)와 같은 도표를 얻으면, S와 P 두 물질은 동일 물질이다. 만일 그림 3.7(왼쪽)과 같은 도표를 얻었다면, S와 P는 서로 다른 물질이다. 왼쪽 그래프에서 점 (A)를 함께 녹는점 또는 공융점(eutectic point, A)이라 하고, 이때의 조성을 함께 녹는 조성 또는 공융 조성(eutectic composition)이라 한다.

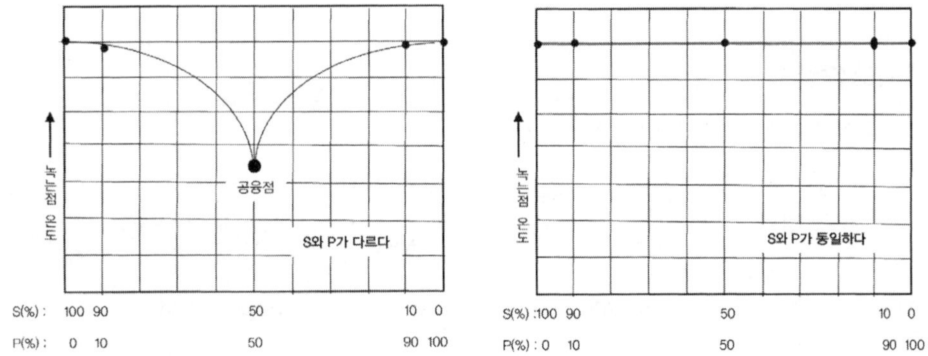

그림 3.7 혼합물 녹는점의 거동을 나타내는 그래프.

2) 준비물

실험 기구: 저울, 녹는점 측정기, 약숟가락, 기름종이(무게 측정용)

시약: Benzoic acid, 2-naphthol, urea, cinnamic acid

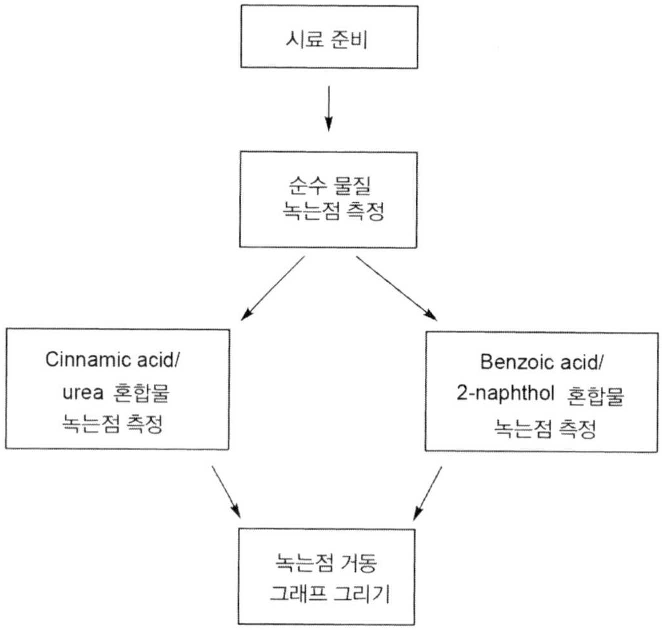

실험 흐름도 3.3 혼합비에 따른 녹는점 변화.

3) 실험 방법

1. 다음의 순수한 화합물의 녹는점을 측정한다.

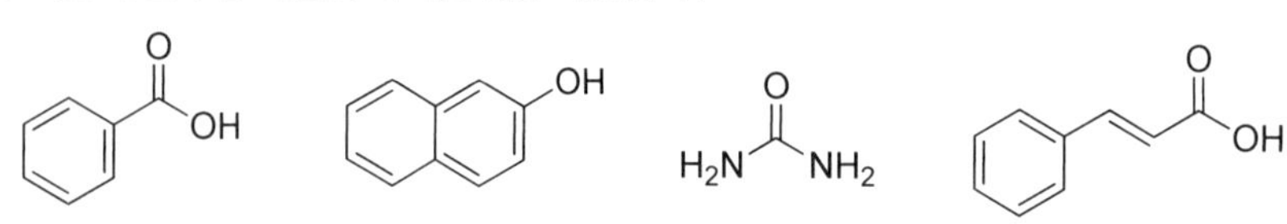

Benzoic acid　　2-Naphthol　　Urea　　Cinnamic acid

2. 먼저 신남산(cinnamic acid)과 요소(urea)를 각각 제시된 비율로 혼합하여, 각 혼합물의 녹는점을 측정하여 기록한다.

신남산(%)	요소(%)	녹는점(℃)
100	0	
80	20	
60	40	
50	50	
40	60	
20	80	
0	100	

3. 벤조산(benzoic acid)과 2-나프톨(2-naphthol)을 각각 제시된 비율로 혼합하고, 각 혼합물의 녹는점을 각각 측정하여 기록한다.

벤조산(%)	2-나프톨(%)	녹는점(℃)
100	0	
80	20	
60	40	
50	50	
40	60	
20	80	
0	100	

4. 혼합물의 비(%)와 녹는점 관계를 그래프로 나타낸다(그림 3.7 참고).

3.2 증류

실험에서는 증류, 증발, 환류라는 용어를 자주 사용한다. 그러나 자주 혼동하므로 정확한 이해가 필요하다.

증류(distillation)는 액체를 기화시켜 얻고자 하는 물질의 기체를 응축시켜 순수한 액체로 얻는 과정이다. 증류에서는 잔류물보다 증류액이 더 중요하다.

증발(evaporation)이라고 하는 용어는 실험실에서 잔류물이 더 중요한 경우에 쓰는 말이다.

환류(reflux)는 기화된 화합물이 냉각관에서 응축되어 끓고 있는 플라스크로 되돌아가는 현상을 의미한다. 환류는 일정한 온도의 끓는 용매 속에서 반응하는 경우에 보편적으로 이용하는 기술이다. 환류가 원활하게 되는 경우 반응 온도는 일정하게 유지된다.

유기화학 실험실에서 이용하는 증류법에는 단순 증류(simple distillation), 분별 증류법(fractional distillation), 진공 증류법(vacuum distillation), 수증기 증류법(steam distillation) 등이 있다.

증류와 끓는점(boiling point)은 밀접한 관계가 있다. 어떤 액체의 증기압이 외부 압력과 같으면 액체가 끓는다. 외부 압력이 달라지면 끓는점도 다르다. 따라서 끓는점을 나타낼 때는 측정한 외부 압력을 함께 표시하여야 한다. 예를 들어 톨루엔(toluene)은 760 mmHg에서 110.6℃의 끓는점을 가지며, 28 mmHg에서는 25℃의 끓는점을 가지므로 아래와 같이 나타낸다.

톨루엔의 끓는점[(bp압력) = 온도(℃)]: bp_{760} = 110℃ bp_{28} = 25℃

따라서 액체의 끓는점도 중요한 물리적 성질이다. 순수한 화합물은 1℃ 범위 내에서 끓는다.

액체의 끓는점은 분자의 극성(polarity), 분자의 질량, 분자의 크기 및 모양에 따라 영향을 받는다. 산소나 질소 같은 원자를 가지는 분자가 **수소 결합**(hydrogen bonding)을 하면 끓는점이 수소 결합을 하지 않는 유사한 분자보다 더 높다. 혼합될 수 있는 두 액체의 혼합물을 증류하면 그림 3.8과 같은 기체-액체상 그림(vapor-liquid phase diagram)을 얻을 수 있다.

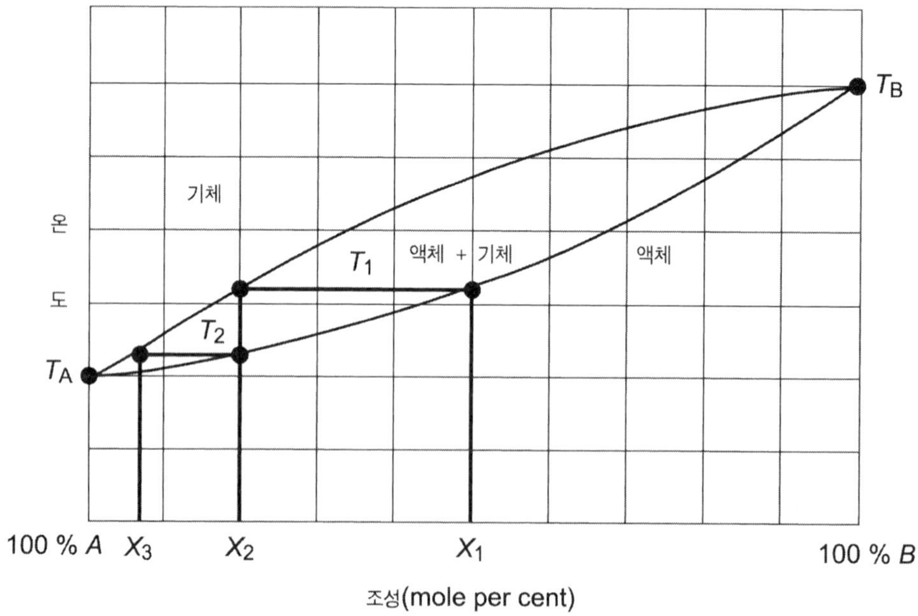

그림 3.8 기체-액체상 그림.

그림 3.8에서 T_A, T_B는 각각 순수한 화합물 A, B의 끓는점이다. 아래 곡선은 혼합물의 끓는점이고, 위 곡선은 기체 상태 혼합물의 응축 온도이다. 이 두 선은 주어진 압력과 온도에서 일치하지 않는다.

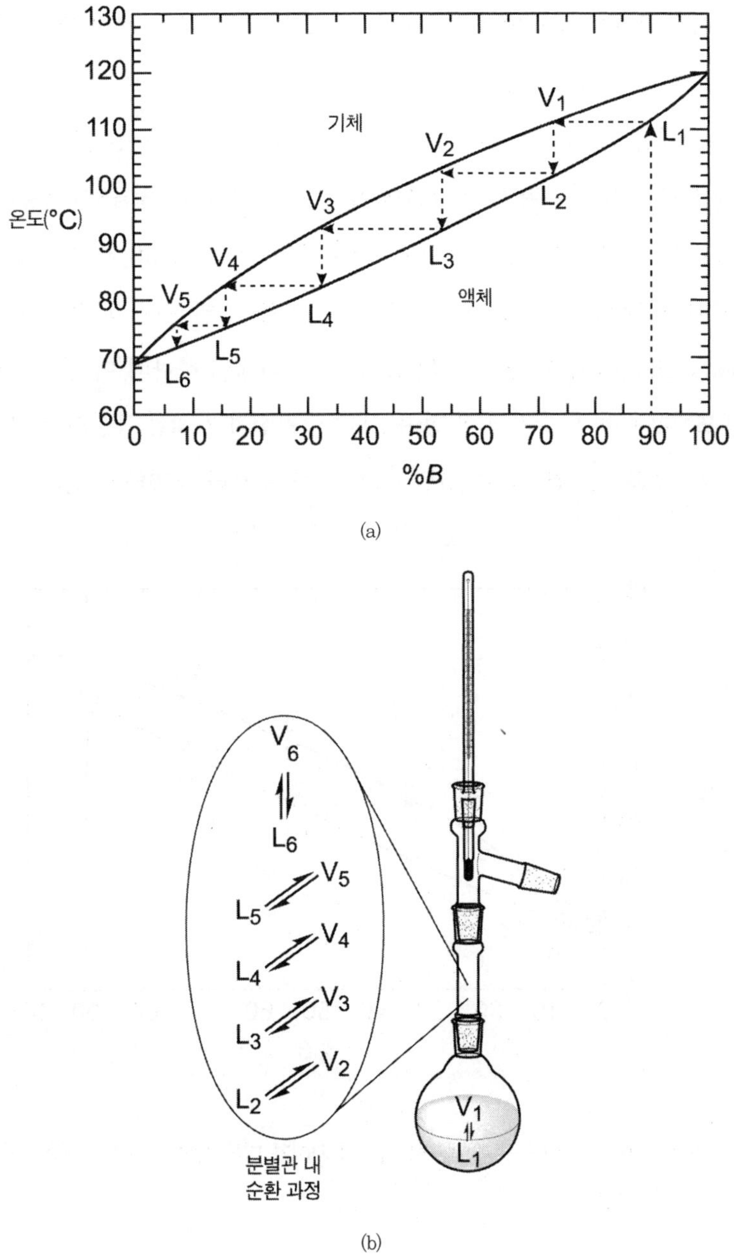

그림 3.9 기체–액체상 그림(a)과 분별관 내에서의 순환 과정(b)

만일 같은 몰(mole)의 A, B 액체(조성 X_1) 혼합물을 이들의 끓는점(T_1)까지 가열하면, 이때 생긴 증기의 조성은 X_2에 이른다. 만일 X_2로 응축된 기체의 온도 T_2에서 다시 평형이 되게 하면, 증기의 조성 X_3로 응축되며 성분 B가 성분 A보다 상대적으로 함량이 더 높은 혼합물 액체가 된다. 이와 같은 평형을 여러 번 반복시키면 거의 순수한 A를 얻을 수 있다. 이러한 과정이 곧 **분별 증류**(fractional distillation)이다. 분별 증류는 증류관에 액체상과 증기상 간의 분자 교환이 반복되는 표면력을 크게 해줌으로서 가능하다. 그림 3.9에 기체-액체상 그림과 분별관 내에서의 순환 과정을 나타내었다.

이런 목적으로 통상 냉각관 아래 부분에 유리구슬이나 유리 및 금속(불활성)의 가는 관을 채운 분별관을 연결하여 증기를 통과시킨다(그림 3.9(b) 참고). 이러한 분별 증류의 효율성은 **이론 단수**(theoretical plate)라고 하는 응축-증발 순환 과정(condensation-vaporization cycle)에 의존한다. 하나의 응축-증발 과정이 하나의 이론 단수에 해당한다. 좋은 분별관은 이론 단수가 커야 한다. 액체상 곡선과 기체상 곡선의 차이가 클수록 분리하기 쉽다(그림 3.10 참고). 즉 그림 (b)가 그림 (a)보다 분리하기 쉽다.

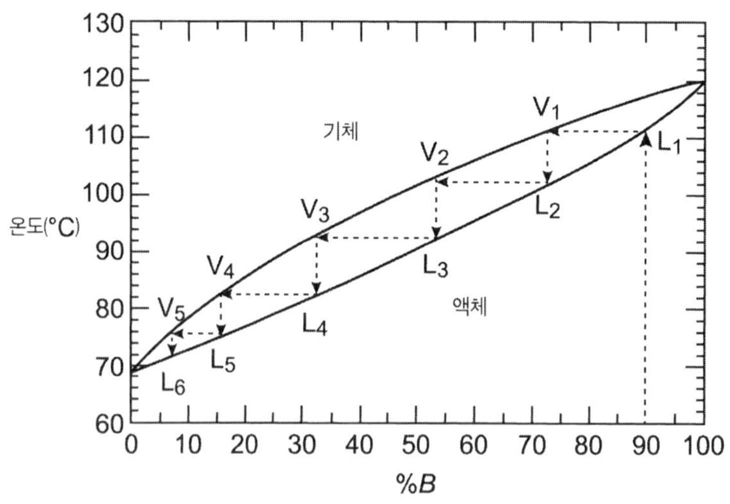

(a)

그림 3.10 기체상 곡선과 액체상 곡선의 차이가 다른 상평형 그림. (계속)

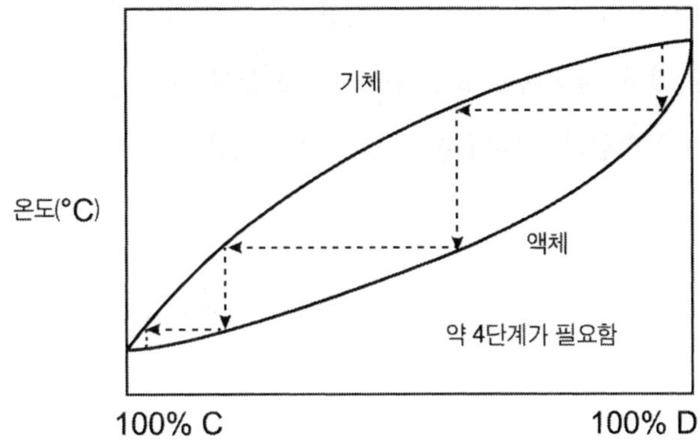

(b)

그림 3.10 기체상 곡선과 액체상 곡선의 차이가 다른 상평형 그림.

좋은 분별 증류관(fractional column)을 사용해서 천천히 분별 증류하면 그림 3.11의 실선과 같은 증류 곡선을 얻을 수 있다.

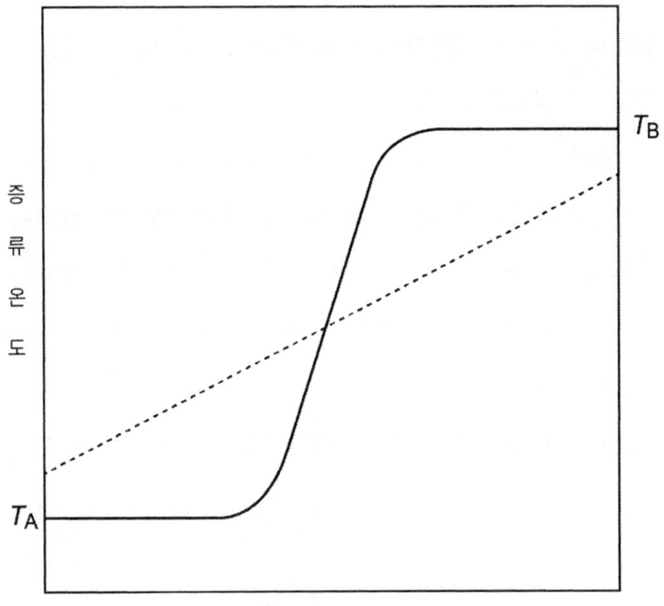

그림 3.11 증류 곡선.

상평형 그림(그림 3.10)은 라울(Raoult) 법칙에 의해 정의되는 이상적이거나 또는 거의 이상적인 용액의 혼합물에서 나타나는 전형적인 것이다. 따라서 성분 A와 B에 대해 다음과 같이 쓸 수 있다. **몰분율**(mole fraction)은 혼합물 전체 성분의 총 몰수에 대한 특정 성분의 몰수 비를 말한다. 몰분율은 혼합물의 구성을 나타내는 하나의 수단이다. 몰분율의 단위는 없다.

$$P_{전체} = P_A + P_B = (P_A X_A) + (P_B X_B)$$

$$(P = \text{증기압},\ X = \text{몰분율})$$

대기압에서 증류할 때는 $P_{전체}$ = 760 mmHg이다.

분별 증류에서 증기 상의 성분 A와 B의 몰분율과 기체상의 몰분율은 다음과 같은 관계가 있다.

$$Y_A / Y_B = \alpha(X_A / X_B) \qquad (\alpha = P_A / P_B)$$

여기서 Y_A와 Y_B는 증기 상에서의 성분 A와 B의 몰분율이고, X_A, X_B는 액체상에서 각 성분의 몰분율이다. α(상대적인 휘발성도, relative volatility)는 혼합물 중의 두 화합물에 대한 상대적인 휘발성도와 관계가 있다.

실험실에서는 물에 잘 섞이지 않는 유기물을 **수증기 증류**(steam distillation)를 통해 분리하는 경우가 있다. 수증기 증류는 항상 100℃ 이하의 온도에서 진행된다. 예를 들어 100℃에서 끓는 물과 111℃에서 끓는 톨루엔(toluene)을 수증기 증류할 때는 용액이 85℃에서 끓는다. 이 경우 용액의 전체 압력은 760 atm이고 물의 부분 압력은 434 atm 그리고 톨루엔의 부분 압력은 326 atm이다.

수증기 증류에서 얻어지는 성분 A의 무게(W_A)는 물의 무게(W_{H2O})와 다음과 같은 관계식을 갖는다.

$$W_A / W_{H2O} = (M_A / 18) \cdot (P_A / P_{H2O})$$

$$(M_A\text{: A의 분자량},\ P_A\text{: A의 증기압},\ P_{H2O}\text{: 물의 증기압})$$

천연물로부터 유용한 성분을 얻는 가장 보편적인 방법은 수증기 증류법이다. 즉 나뭇잎이나 열매 등을 물을 이용해 추출하는 방법이다. 많은 천연 향료나 오일을 이 방법으로 얻는다.

한편 끓는점이 높은 물질은 **감압 증류**(distillation under reduced pressure)를 통해서 분리할 수 있다. 감압 증류에서 사용되는 감압 장치로는 아스피레이터(aspirator)나 진공 펌프를 쓴다. 아스피레이터(aspirator)를 사용하면 약 20 mmHg까지 감압할 수 있으며, 더 낮은 압력이 필요할 때는 진공 펌프를 사용한다. 물질의 증기압은 온도의 함수이며, 증류 장치 내의 압력이 낮으면 낮을수록 끓는점도 낮아진다.

실험 3.4 단순 증류

1) 이론

단순 증류는 끓고 있는 액체 혼합물의 상대적인 휘발성 차이를 이용하여 분리하는 방법이다. 단순 증류는 혼합 성분 간의 반응이 없이 물리적으로 분리된다. 불순물이 고체인 경우가 유리하며, 액체 불순물이 섞여 있을 때는 끓는점 차이가 큰(약 25℃ 정도) 경우에 유용하다. 분리 효율이 떨어지지만, 분리 비용이 적게 들고 빠르다는 장점이 있다.

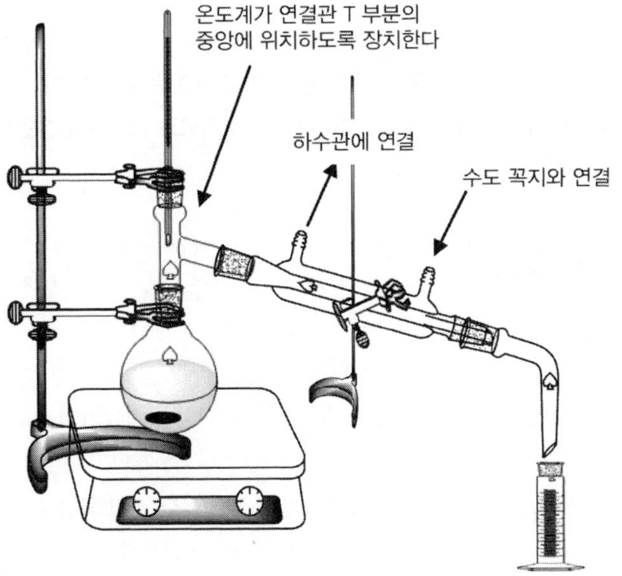

실험 장치

2) 준비물

실험 기구: 일구 플라스크, 냉각관, T자형 연결관, ㄱ자형 연결관, 눈금 실린더, 온도계, 온도계 고정용 고무마개, 가열 교반기, 자석 젓개, 스탠드, 집게, 고무관

시약: 미리 준비한 증류용 혼합물 시료

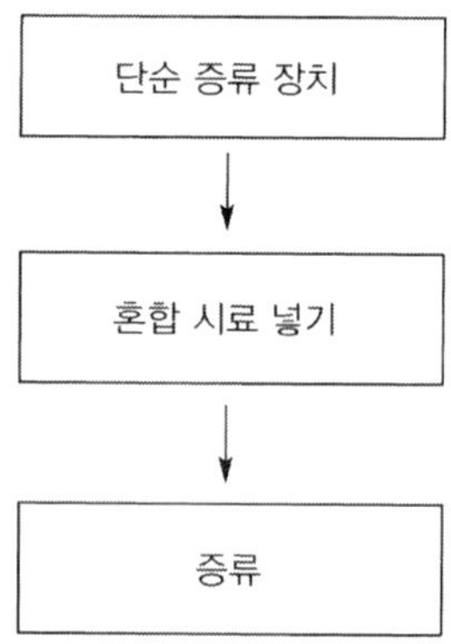

실험 흐름도 3.4 단순 증류.

3) 실험 방법

1. 단순 증류 장치를 그림과 같이 설치한다.
2. 플라스크(100 mL)에 주어진 혼합물 40 mL를 넣는다.
3. 교반하면서 가열하여 분당 2 mL의 속도로 증류한다.

   ❗ 주의: 너무 빠르게 증류하지 않는다. 지나치게 빠른 증류는 불순물도 함께 증류될 수도 있다.
4. 100 mL 눈금 실린더에 30 mL의 증류액이 나올 때까지 계속 증류한다. 이때 초기의 끓는점부터 증류액이 2 mL씩 나올 때마다의 온도를 기록한다. 이 자료로 그래프를 그린다.

실험 3.5 분별 증류

1) 이론

분별 증류(fractional distillation)는 끓는점이 다른 혼합물을 가열하여 끓는점이 낮은 것부터 높은 것을 유출하여 혼합물을 분리하는 과정을 가리킨다.

분별 증류를 과정적으로는 보면 증류와 응축의 반복 과정이다. 혼합물을 같은 온도에서 가열하면, 분리관에서 끓는점이 낮은 성분의 기체가 끓는점이 높은 성분보다 더 오래 머문다. 그렇게 되면 기체상 성분이 냉각관으로 이동되고, 응축되어 액체로 분리된다. 반면에 끓는 점이 높은 성분은 분리관에서 액화되어 플라스크로 되돌아간다. 이 과정이 반복되어 물질들이 서로 분리된다.

분별 증류는 잘 섞이는 물질(예, 물-알코올)들을 분리하는 데 주로 이용한다. 오늘날 분별 증류는 실험실과 산업 현장에서 다양하게 활용된다. 대표적인 예로 원유 정제 공정, 액화 공기로부터 액화 질소, 액화 산소 및 고순도 아르곤(argon)의 분리 공정, 클로로실레인(chlorosilane)으로부터 고순도 실리콘(silicone) 제조 공정, 그 외에도 다양한 화학 및 제약 제조 공정에서 자주 쓰인다.

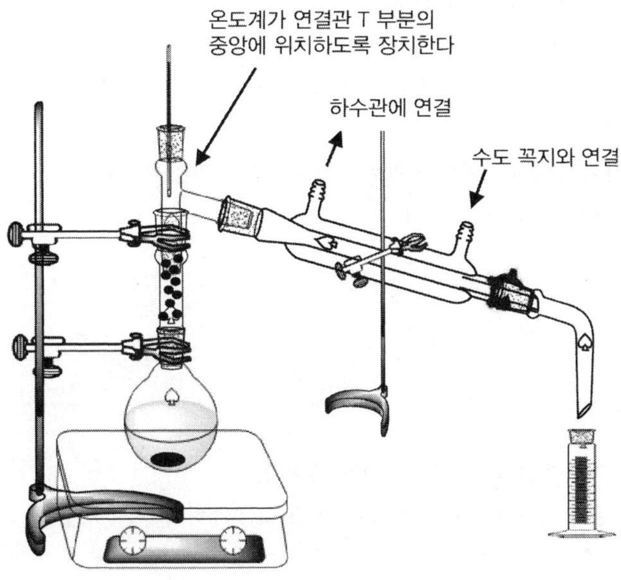

실험 장치

2) 준비물

실험 기구: 일구 플라스크, 분별관, 분별관용 유리구슬, 냉각관, T자형 연결관, ㄱ자형 연결관, 눈금 실린더, 온도계, 온도계 고정용 고무마개, 가열 교반기, 자석 젓개, 스탠드, 집게, 고무관

시약: 공업용 메탄올(methanol), 시약용 메탄올

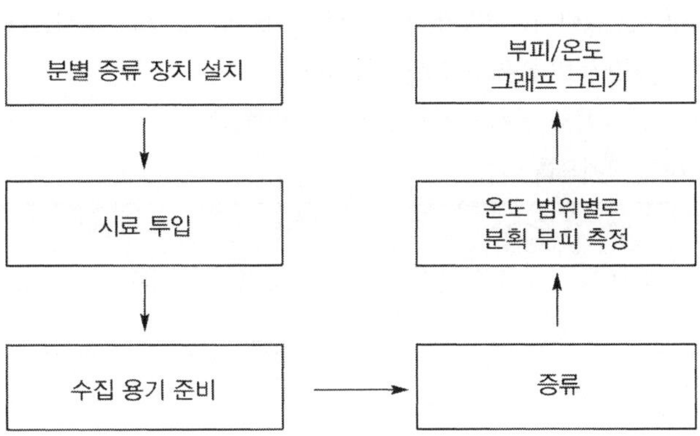

실험 흐름도 3.5 분별 증류.

3) 실험 방법

실험 방법 1

1. 그림과 같이 분별 증류 장치를 설치한다.
2. 수분 함량이 높은 공업용 메탄올(methanol) 100 mL를 플라스크(200 mL)에 넣는다.
3. 5개의 수집 용기(눈금 실린더, 삼각 플라스크)에 A, B, C, D, E로 표시한다.
4. 교반하면서 증류한다.

   ❗ **주의**: 실온이 낮으면 증류가 어렵다. 이런 경우에는 휴지나 석면 테이프로 분별관을 감싸서 보온해준다.

5. 다음 각 수집 용기에 다음의 온도 범위로 분획을 받아 부피를 잰다.
6. 부피와 온도에 대해 그래프를 그린다.

실험 1	A	B	C	D	E
끓는점 범위	65~68℃	68~80℃	80~90℃	90~97℃	97~100℃
수율(mL)					

7. 분획 A를 다시 깨끗한 플라스크에 옮겨 재증류한다.

   ❗ **주의**: 알코올은 특정 몰비에서 물과 함께 끓으므로 순수하게 얻을 수 없다.

실험 방법 2

1. 물(400 mL)과 시약용 메탄올(MeOH)을 같은 비율로 섞은 혼합물 50 mL를 증류 플라스크에 넣는다.
2. 교반하면서 증류한다.

   ❗ **주의**: 실온이 낮으면 증류가 어렵다. 이런 경우에는 분별관을 휴지나 석면 테이프로 감싸 보온해 준다.

3. 5개의 수집 용기(눈금 실린더, 삼각 플라스크)에 A, B, C, D, E로 표시한다.
4. 교반하면서 초당 1방울씩의 증류 속도로 증류한다.
5. 각 수집 용기에 다음의 온도 범위로 분획을 받아 부피를 잰다.
6. 부피와 온도에 대해 그래프를 그린다.

No. 2	A	B	C	D	E
끓는점 범위	65~68℃	68~80℃	80~90℃	90~97℃	97~100℃
수율(mL)					

실험 3.6 수증기 증류

1) 이론

수증기 증류(steam distillation)는 수증기를 이용해 휘발성 및 비휘발성 물질을 분리하는 방법이다. 즉 수증기를 이용해 휘발성 물질의 증기를 냉각관으로 이동시켜 분리한다. 이 과정에서 비휘발성 물질은 증류 플라스크에 남는다. 분리된 휘발성 물질이 물에 섞이지 않더라도, 냉각되어 응축되면 층으로 구분되므로 분리 깔때기로 분리할 수 있다. 수증기 증류는 추출되는 물질의 끓는점이 물의 끓는점보다 높은 물질의 분리에 적용한다. 물이 분리하려는 물질과 불변 끓음 혼합물(azeotrope: 끓는점이 하나로 일정한 혼합물)을 형성하면, 혼합물의 끓는점은 물의 끓는점보다 더 낮아진다. 예를 들어 브로모벤젠(bromobenzene)의 끓는점은 정상 기압에서 156℃이지만, 물과 불변 끓음 혼합물이 되면 95℃에서 끓는다.

수증기 증류는 증류 온도에서 물질이 분해되거나 원치 않는 반응이 일어나면 적용할 수 없다. 수증기 증류법은 비휘발성 물질보다 휘발성 물질이 적은 경우에도 적용할 수 있다. 예를 들어 식물에서 정유(essential oil)를 분리하거나, 오렌지 껍질에서 리모넨(limonene, bp 176℃)을 추출할 때도 수증기 증류법을 이용한다.

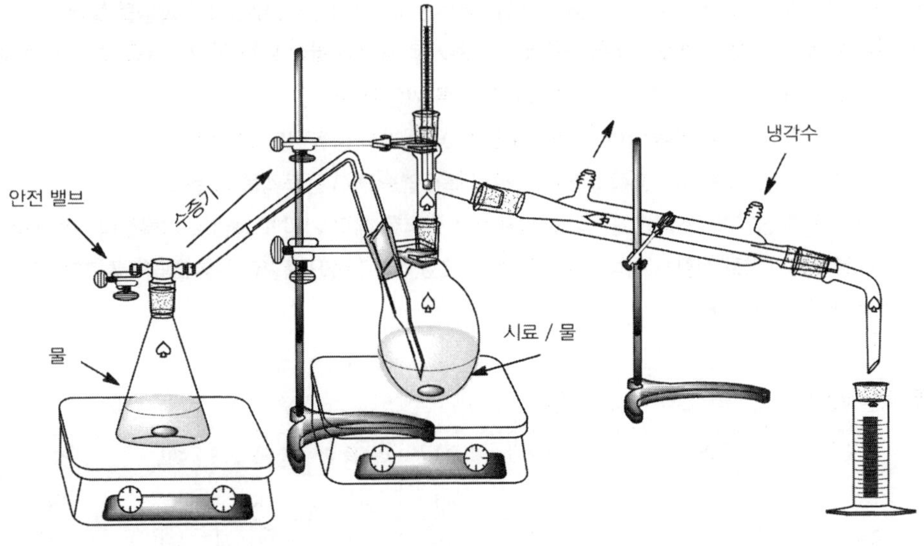

실험 장치

2) 준비물

실험 기구: 이구 둥근 바닥 플라스크, 냉각관, 삼각 플라스크, T자관 마개, 유리관, T자형 연결관,

ㄱ자형 연결관, 눈금 실린더, 온도계, 온도계 고정용 고무마개, 기압계, 가열 교반기, 자석 젓개, 스탠드, 집게, 고무관

시약: 톨루엔(toluene)

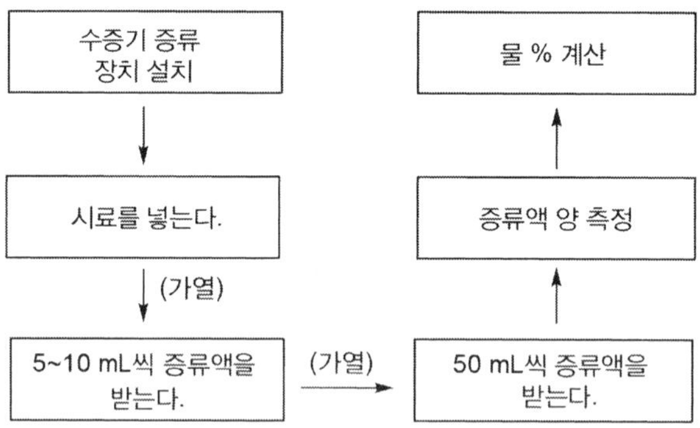

실험 흐름도 3.6 수증기 증류.

3) 실험 방법

1. 위의 그림과 같은 수증기 증류 장치를 설치한다.

2. 이구 둥근 바닥 플라스크에 H_2O(60 mL)와 톨루엔(toluene, 60 mL)의 혼합물을 넣는다.

3. 물이 들어 있는 삼각 플라스크를 가열하여 수증기를 시료가 들어 있는 플라스크로 보낸다. 이때 시료가 든 플라스크도 수증기가 응축되지 않도록 가열해 준다.

3. 초당 2방울의 속도로 증류하여 시험관에 5~10 mL까지 증류액을 받는다.

4. 다시 한번 눈금 실린더에 정확히 50 mL까지 톨루엔+ H_2O 증류액을 받는다.

5. 수증기 증류 동안에 2~3번 끓는점을 기록하고 실험할 때의 기압계 눈금도 기록한다. 마지막에 물과 톨루엔의 양을 정확히 측정해서 기록하고, 표 3.4에 주어진 증기압 자료로부터 톨루엔과 H_2O의 몰 %를 계산한다.

표 3.4 온도에 따른 톨루엔과 물의 증기압

온도(℃)	80	81	82	83	84	85	86	87
톨루엔(mmHg)	290	300	310	321	332	343	355	367
물(mmHg)	355	370	385	401	417	434	451	469

3.3 승화

고체 화합물 중 어느 것은 가열하면 액체 상태를 거치지 않고 기체로 되었다가 다시 냉각하면 고체로 응고되는 물질이 있다. 이 현상이 승화(sublimation)이다. 이런 성질을 고체 화합물의 정제에 이용할 수 있다. 승화는 끓는점 아래에서 기화하기 때문에 증류와는 다르게 취급해야 한다.

고체의 증기압과 온도와의 관계는 증기가 완전하고 고체에서 생성한 기체의 부피가 본래 고체의 부피에 비해 매우 클 때 다음과 같은 관계가 있다.

$$\ln (P_2S/ P_1S) = S/R\,(1/T_1 - 1/T_2)$$

P_1 , P_2: 절대 온도 T_1, T_2에서의 고체 증기압

S: 분자 승화열

R: 기체 상수

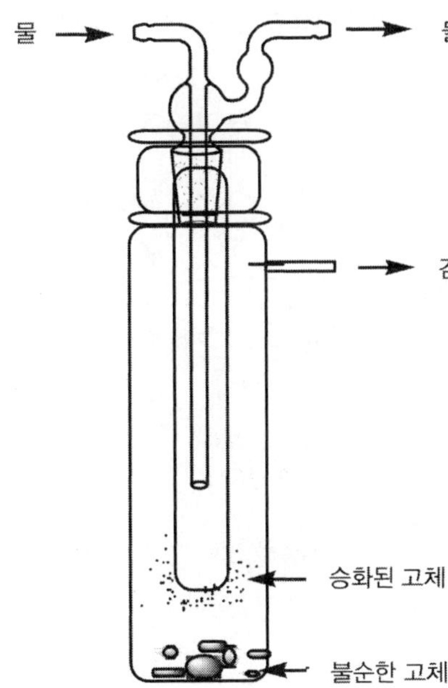

그림 3.12 감압 승화 장치.

증류에서는 온도를 높이면 끓는점에서 기화와 증발이 촉진된다. 그러나 승화에서는 표면에서만 기화되므로 가한 열 전부가 쓰이지 않는다. 지나치게 가열하면 용기 내 온도가 상승하여 분해되므로 가열에 주의해야 한다. 승화에 의해 순수하게 물질을 얻으려면, 낮은 온도에서 주의해서 실험해야 한다. 이런 경우는 오랜 시간이 필요하게 된다. 따라서 분해 온도보다 20~30℃ 아래에서 승화시키는 것이 보통이다. 승화를 촉진시키려면 그림 3.12와 같은 감압 조건에서 진행하거나, 불활성 기체를 통과시켜 증기와 물질 간 평형을 파괴하기도 한다.

실험 3.7 헥사클로로에테인의 승화

1) 이론

승화는 고체에서 기체로 변하는 상전이 현상을 말한다. 또한 이와는 반대로 어떠한 물질이 액체의 과정을 거치지 않고, 기체에서 고체로 되는 현상도 승화라고 한다. 예를 들면 나프탈렌, 아이오딘, 헥사클로로에테인, 드라이아이스 등이 대표적인 승화 물질이다.

실험실에서는 간단히 모래 중탕 위에 시료가 들어 있는 증발 접시를 두고 시계 접시를 덮어 승화시킬 수 있다.

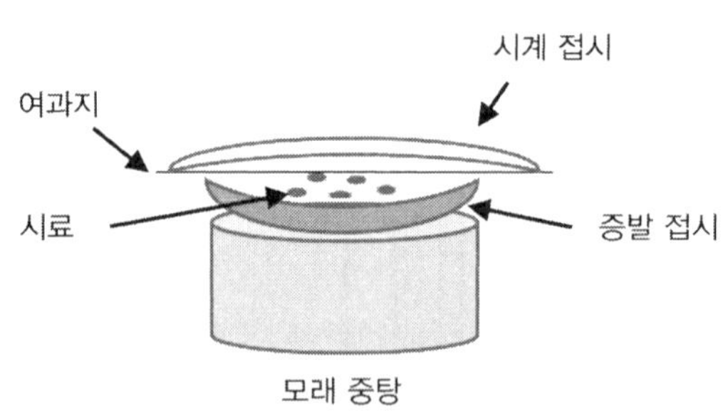

실험 장치

2) 준비물

실험 기구: 증발 접시, 시계 접시, 모래 중탕, 여과지, 약숟가락, 녹는점 측정기, 저울

시약: 헥사클로로에테인(hexachloroethane, Cl_3CCCl_3)

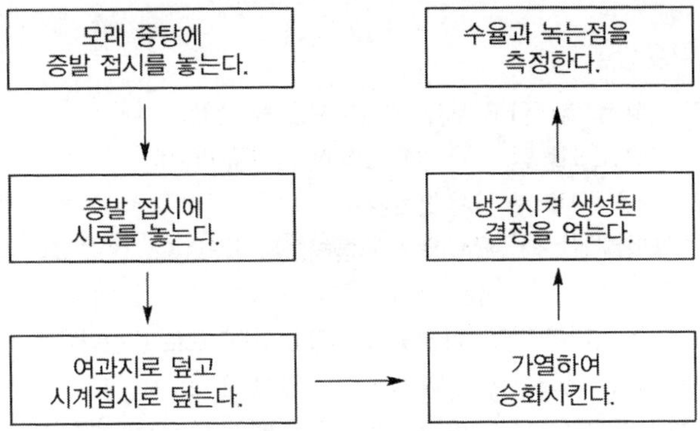

실험 흐름도 3.7 승화 실험

3) 실험 방법

1. 2 g의 불순한 헥사클로로에테인(hexachloroethane)을 10 cm 크기의 증발 접시에 놓고 여과지로 덮는다.
2. 시계 접시를 볼록한 곳이 위로 가도록 덮는다.
3. 모래 중탕에서 190℃가 넘지 않도록(185℃가 적당) 가열하여 승화시킨다.
4. 120℃ 이하로 냉각시켜 시계 접시에 형성된 결정을 긁어낸다.
5. 수율과 녹는점을 측정한다.

3.4 추출

추출(extraction)이란 혼합물로부터 어떤 한 물질을 용매로 용해시켜 분리해 내는 방법이다. 분리해 내기 전 혼합물은 액체일 수도 있고 고체일 수도 있으며, 여러 가지 기술 및 기구가 필요할 때도 있다. 유기 실험실에서 얻어지는 생성물은 용액일 수도, 현탁한(suspension) 상태로 있을 수도 있다.

추출은 분별 깔때기(separatory funnel)를 이용하여 수행한다. 분별 깔때기는 편리하지만 사용에 유의하여야 한다. 아래에 분별 깔때기 사용법을 설명하였다. 실험 전에 깔때기에 수용액만을 넣고 깔때기 다루는 법을 숙지해야 한다(그림 3.13 참고).

분별 깔때기 사용법

1. 깔때기 청결 여부 및 코크와 마개가 잘 맞는지를 확인한다.
2. 빈 깔때기의 아래 코크를 잠그고, 깔때기 위에 마개를 막는다.
3. 마개를 열고, 수용액 시료를 먼저 붓는다.
4. 추출할 유기 용매를 넣는다. 혹시 열이 발생하는지 확인한다. 만일 열이 나면 실온으로 냉각시킨다.
5. 열을 냉각시킨 후 마개를 막고, 마개를 오른(또는 왼)손으로 잡는다.
6. 왼(또는 오른)손으로 아래에 있는 마개를 잡고 먼저 거꾸로 세운다.
7. 코크를 서서히 열어 압력을 대기압이 되도록 증기를 빼주고 다시 마개를 막고, 몇 번 흔든다.
8. 깔때기를 거꾸로 세워 다시 증기를 뺀다. 단계 5~6을 3~4회 반복한다.
9. 깔때기를 바로 세워 마개를 열고 층을 분리한다.
10. 유기층을 건조제로 처리하여 건조시킨다.

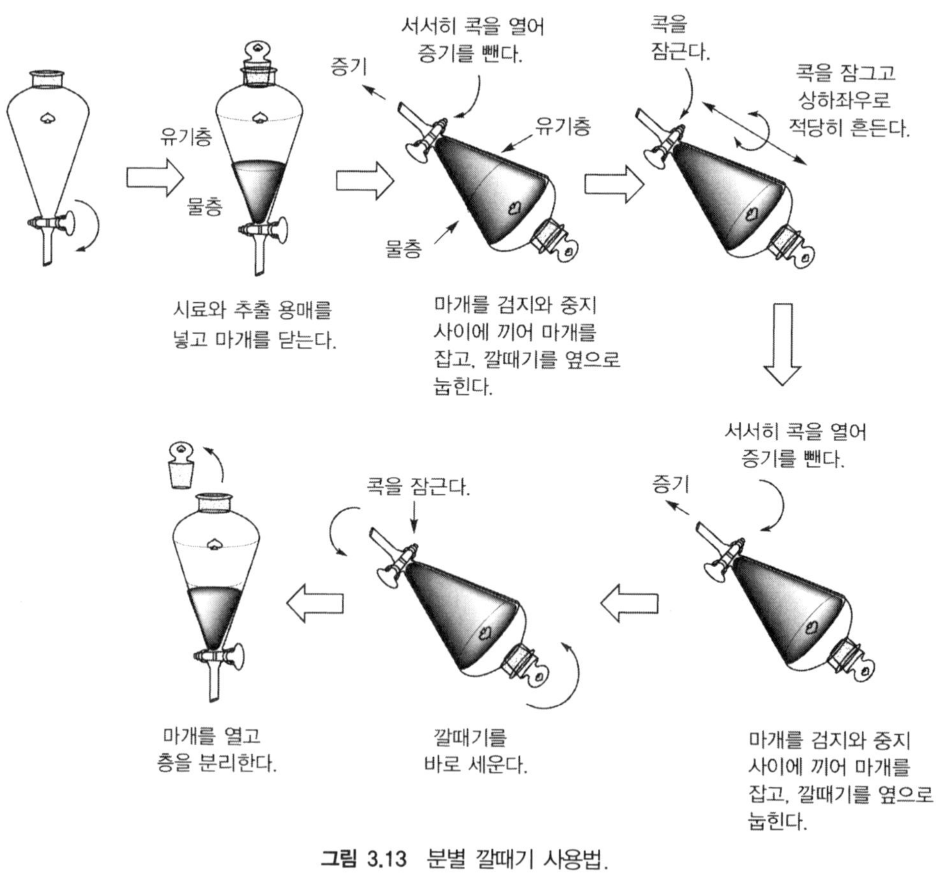

그림 3.13 분별 깔때기 사용법.

추출은 두 용매에서 추출하려는 물질의 용해도에 의한 평형 과정에 의해 지배된다. 이때 용해도의 비를 분배 계수(partition coefficient, distribution coefficient; *K*)라 하며, 주어진 온도에서 한 화합물과 두 용매에 대해 특정 값을 갖는 평형 상수이다. 어떤 용질 A의 물과 특정 유기 용매에서의 분배 계수는 다음과 같은 관계에 있다.

$$A_{물} \xrightleftharpoons{K_{유기층/물}} A_{유기층}$$

$$K_{유기층/물} = \frac{\text{유기 용매에서 A의 농도}}{\text{물에서 A의 농도}}$$

예를 들어 1 g의 모르핀(morphine)에 대해 다른 비율의 물/에틸 아세테이트(ethyl acetate) 용매에서의 분배 계수를 살펴보자. 모르핀에 대한 물/에틸 아세테이트(50/50)인 경우와 물/에틸 아세테이트(50/ 25)인 용액에서의 분배 계수는 다음과 같다(그림 3.14 참고).

$$K = \frac{[\text{모르핀}]_{E_tA_C}}{[\text{모르핀}]_{H2O}} = \frac{0.0600M}{0.0101M} = 5.95 \ (\text{그림A})$$

$$K = \frac{[\text{모르핀}]_{E_tA_C}}{[\text{모르핀}]_{H2O}} = \frac{0.105M}{0.0177M} = 5.95 \ (\text{그림B})$$

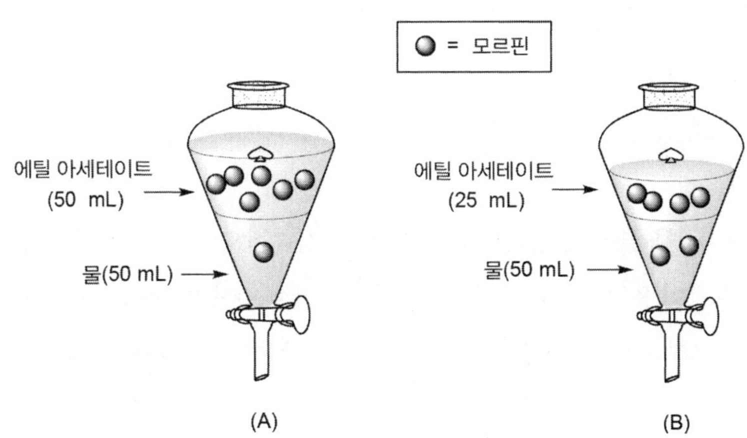

그림 3.14 물/에틸아세테이트에서의 모르핀의 분배 현상.

이 두 경우에 분배 계수는 거의 같지만(K = ~ 6), 그림 3.14(A)처럼 유기 용매와 물의 양이 동일하면, 유기층에 더 많은 모르핀(약 6배)이 녹아 있음을 알 수 있다. 물층과 유기층의 부피가 달라도 농도의 비인 분배 계수(K)는 동일하다.

추출 용매는 어떻게 선택하면 좋을까? 용해도 자료로 추출에 사용할 용매를 선택할 수 있다. 실제 분배 계수는 실험적으로 얻지만, 용해도 자료를 이용하여 어림잡을 수 있다. 물론 이때 얻는 분배 계수는 용액의 다른 평형으로부터 계산된 것이어서 동일하지는 않다. 그러나 이 두 시스템은 용해도 자료로부터 얻는 것이어서 용해도로 계산하는 분배 계수와 실제 분배 계수는 유사하다.

$$K = \frac{[\text{유기층 농도}]}{[\text{물층 농도}]} \approx \frac{[\text{유기층 용해도}]}{[\text{물층 용해도}]}$$

따라서 용해도 자료로 추출에 사용할 적당한 용매를 선택할 수 있다. 하나의 예로 커피 가루로부터 카페인(caffeine)을 추출하는 경우를 생각해 보자. 물과 3가지 유기 용매에서의 카페인의 용해도는 표 3.5와 같다.

표 3.5 몇 가지 용매에서 카페인의 용해도

용매	카페인 1 g을 녹일 수 있는 양(25℃)
물	45 mL
다이에틸 에터(diethyl ether)	530 mL
벤젠(benzene)	100 mL
클로로폼(chloroform)	5.5 mL

표 3.5를 이용해 물에 비해 다른 용매들에에서 상대적으로 얻을 수 있는 양을 계산해 보자. 클로로폼이 용해도도 좋으면서 실제로도 가장 우수한 카페인 추출 용매라는 것을 알 수 있다. 그러나 클로로폼은 발암성 물질이므로 선택에 주의해야 한다.

$$K_{Et_2O} = \frac{\dfrac{[1\ g\ 카페인]}{[530\ mL\ 다이에틸\ 에터]}}{\dfrac{[1\ g\ 카페인]}{[45\ mL\ 물]}} = \frac{0.0019}{0.0222} = 0.0856$$

$$K_{benzene} = \frac{\dfrac{[1\ g\ 카페인]}{[100\ mL\ 벤젠]}}{\dfrac{[1\ g\ 카페인]}{[45\ mL\ 물]}} = \frac{0.01}{0.0222} = 0.450$$

$$K_{chloroform} = \frac{\dfrac{[1\ g\ 카페인]}{[5.5\ mL\ 클로로폼]}}{\dfrac{[1\ g\ 카페인]}{[45\ mL\ 물]}} = \frac{0.1818}{0.0222} = 8.189$$

한편 선택된 용매로 추출해서 얻을 수 있는 양을 분배 계수를 이용하여 계산할 수 있다. 미지 물질 A와 B 수용액을 예로 들어 보자.

A와 B 화합물 각 1 g을 100 mL 수용액에 녹였다고 가정하자. 화합물 A와 B의 물과 다이에틸 에터에서의 용해도와 분배 계수는 다음과 같다고 하자.

화합물	물에서 용해도	다이에틸 에터에서 용해도	분배 계수 $K=(A_{ether}/A_{water})$
A	10 g/100 mL	1 g/100 mL	0.1
B	2 g/100 mL	10 g/100 mL	0.5

용해도로부터 계산한 A의 분배 계수는 $K_A = (A_{ether}/A_{water}) = 0.1$이고 B의 분배 계수는 $K_B = (B_{ether}/B_{water}) = 0.5$이다. 만일 앞서 제조한 화합물 A와 B의 수용액을 다이에틸 에터 100 mL와 섞어 흔들었다면, 다이에틸 에터로 옮겨간 각 성분의 양 x_A와 x_B는 다음과 같이 계산할 수 있다.

화합물 A　　　　화합물 B

$$K_A = \frac{\dfrac{x_A}{100}}{\dfrac{1-x_A}{100}} = 0.1 \qquad K_B = \frac{\dfrac{x_B}{100}}{\dfrac{1-x_B}{100}} = 0.5$$

이를 계산하면 다음과 같다.

$$x_A = 0.091\text{g (다이에틸 에터)},\ x_B = 0.833\text{g(다이에틸 에터)}$$

$$1 - x_A = 0.909\text{g(물)},\ 1 - x_B = 0.167\text{g(물)}$$

이 상황을 그림으로 표현하면 그림 3.15와 같다.

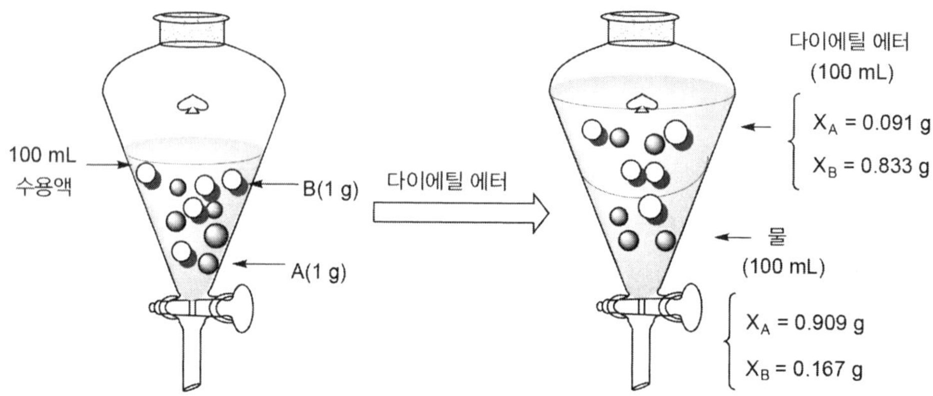

그림 3.15 미지 시료 A, B의 물과 다이에틸 에터 용액에서의 분배 그림.

만일 위와 같은 화합물 A와 B의 수용액을 같은 양의 다이에틸 에터로 25 mL씩 4번 추출했을 경우는 다음과 같이 계산된다.

• 1차 추출

$$K_A = \frac{\frac{x_A}{25}}{\frac{1-x_A}{100}} = 0.1 \quad K_B = \frac{\frac{x_B}{25}}{\frac{1-x_B}{100}} = 0.5$$

계산하면 다음과 같다.

$$x_A = 0.0244\text{ g (다이에틸 에터)},\ x_B = 0.556\text{ g (다이에틸 에터)}$$

$$x_A = 0.975\text{ g (물)},\ x_B = 0.444\text{ (물)}$$

• 2차 추출

$$K_A = \frac{\dfrac{x_A}{25}}{\dfrac{0.975 - x_A}{100}} = 0.1 \qquad K_B = \frac{\dfrac{x_B}{25}}{\dfrac{0.4444 - x_B}{100}} = 0.5$$

계산하면 다음과 같다.

x_A = 0.0238 g(다이에틸 에터), x_B = 0.247 g(다이에틸 에터)

x_A = 0.9518 g(물), x_B = 0.197 g(물)

• 3차 추출

계산을 반복하면 다음과 같다.

x_A = 0.0232 g (다이에틸 에터), x_B = 0.109 g(다이에틸 에터)

• 4차 추출

계산을 반복하면 다음과 같다.

x_A = 0.0226 g (다이에틸 에터), x_B = 0.049 g(다이에틸 에터)

결론적으로는 100 mL의 다이에틸 에터를 4번에 나누어서 추출한 A와 B의 양은 각각 0.094와 0.961이고, 이는 한 번에 100 mL를 사용하여 추출한 경우보다 효과가 더 우수하다. 그러나 만일 한 용액 속에 있는 두 화합물의 분배 계수가 거의 같다면 이와 같은 간단한 추출로 충분한 효과를 볼 수 없다. 이런 경우엔 역류 추출법(counter-current extraction) 기술을 이용한다.

역류 추출법을 그림 3.16에 나타냈다. 추출 횟수는 필요한 만큼 수행한다. 역류 추출법은 다중 추출법(multiple extraction)의 한 종류이다.

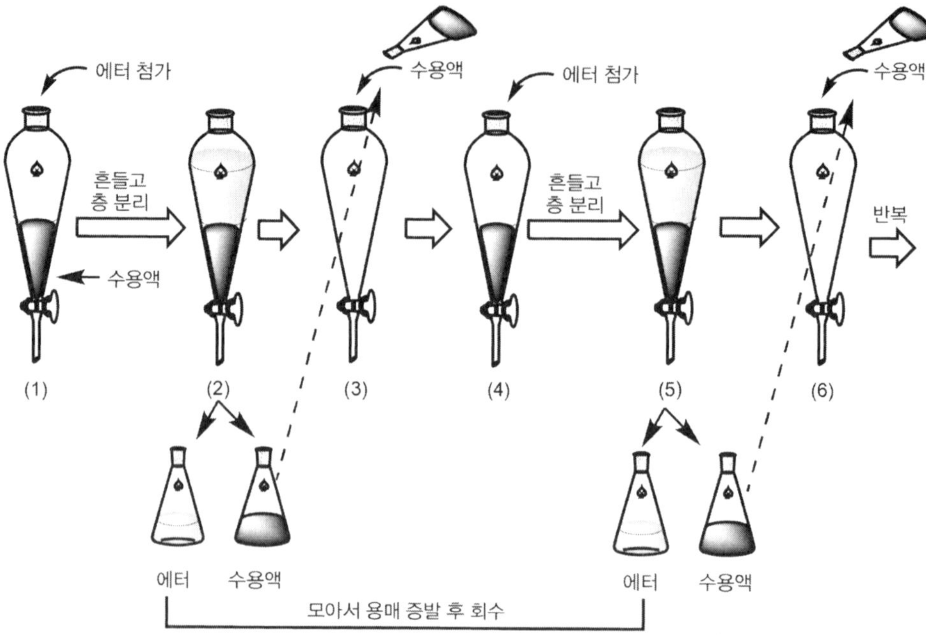

그림 3.16 역류 추출법.

어떤 물질 A 0.5 g이 물 150 mL에 녹아 있는 용액에서 A를 다이에틸 에터로 다중 추출하는 경우를 예로 들어 보자. 물질 A의 다이에틸 에터와 물에서의 분배 계수가 4.07이라고 하자. 먼저 다이에틸 에터 50 mL로 1차 추출하는 경우를 보자. 위에서 이용한 분배 계수 관계식을 이용하면, A가 다이에틸 에터층에 0.29 g, 물층에 0.21 g이 들어 있다. 1차에서 분리한 수용액에 다시 다이에틸 에터 50 mL를 넣고 흔든 후에 분리한다. 이때 얻은 다이에틸 에터 분리액에는 A가 0.12 g, 물층에는 0.09 g이 들어 있게 된다. 2차 추출 과정에서 얻은 수용액을 다시 다이에틸 에터 50 mL로 추출한다. 3차 추출에서는 다이에틸 에터층에는 A가 0.05 g, 물층에는 0.04 g 존재한다. 처음 시료 용액을 다이에틸 에터 50 mL로 3번 다중 추출하면 모두 0.46 g(0.29 + 0.12 + 0.05)를 얻을 수 있다.

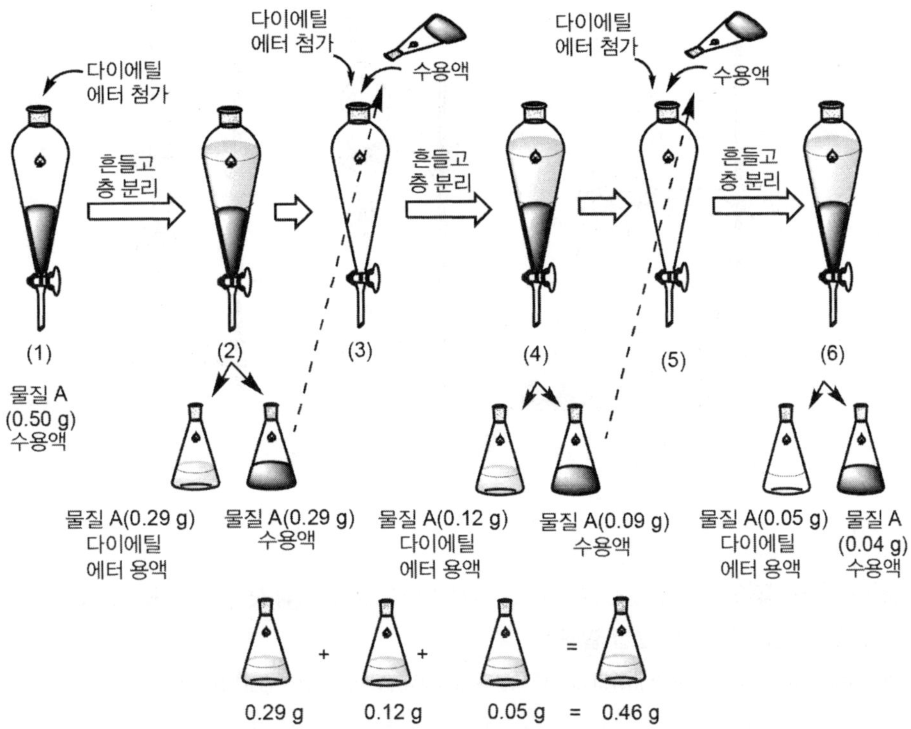

그림 3.17 역류 추출의 예.

실험 3.8 분배 계수의 측정

1) 이론

분배 계수(partition coefficient, distribution coefficient; *K*)는 평형 상태에서 섞이지 않는 두 용매의 혼합물에서 화합물(용질) 농도의 비율이다. 즉 이 비율은 혼합되지 않는 두 액체에서 용질의 용해도를 비교한 것이다. 분배 계수는 어떤 화합물이 주어진 온도에서 두 용매에 대해 분포되는 일종의 평형 상수이다.

추출은 두 용매에서 추출하려는 물질의 용해도에 의한 평형 과정에 의존한다. 주로 수용액에 존재하는 물질을 물과 혼합되지 않는 유기 용매를 이용하여 추출한다.

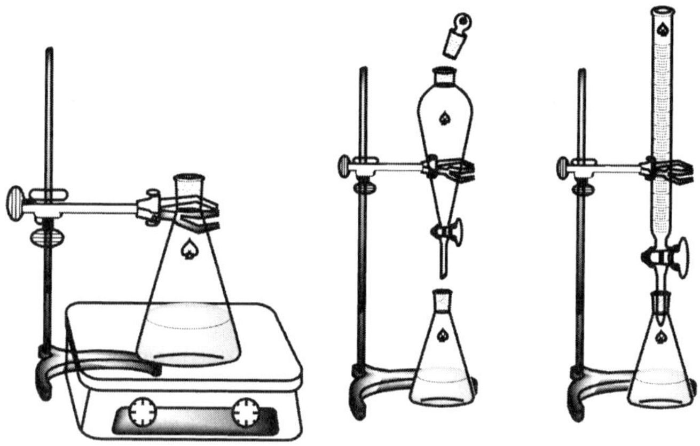

실험 장치

2) 준비물

실험 기구: 삼각 플라스크(250 mL, 150 mL), 자석 가열 교반기, 자석 젓개, 부피 플라스크(250 mL) 또는 눈금 실린더, 뷰렛, 분별 깔때기

시약: Benzoic acid, NaOH(pellet 형), phenolphthalein, dichloromethane

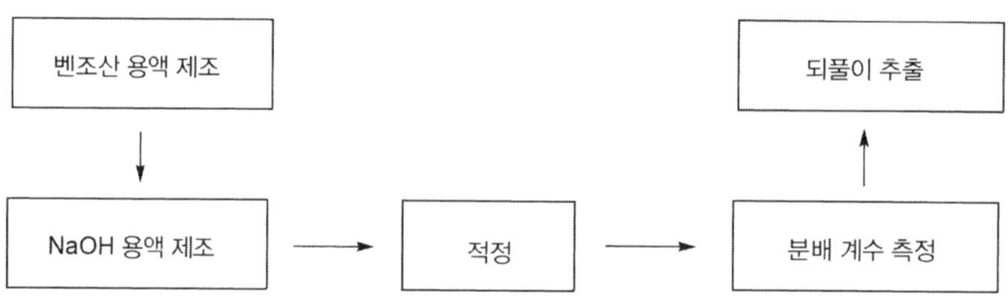

실험 흐름도 3.8 분포 계수의 측정.

3) 실험 방법

단계 1. 벤조산 용액의 제조

1. 0.610 g(5.0 mmol)의 벤조산(benzoic acid)을 250 mL 삼각 플라스크에 넣고 물 150 mL를 가하여 녹을 때까지 가열한다.
2. 250 mL 부피 플라스크나 눈금 실린더에 용액을 붓고, 삼각 플라스크를 소량의 물로 여러 번 씻어서 합친다. 용액을 냉각시켜 전체 부피를 250 mL로 맞춘다.

단계 2. NaOH 용액의 제조

물 100 mL에 NaOH 한 개(one pellet)를 녹이고 뷰렛에 넣는다.

단계 3. 적정

1. 작은 플라스크에 0.02 *M* 벤조산 용액 10 mL를 넣고, 한 방울의 페놀프탈레인을 가한다.
2. 핑크색을 종말점으로 하여 NaOH 용액으로 적정한다. 이와 같은 실험을 몇 번 반복하여 NaOH의 몰 농도를 계산한다.

단계 4. 분포 계수의 측정

1. 앞 단계에서 만든 벤조산 50 mL를 분별 깔때기에 넣고, 다이클로로메테인(dichloromethane) 10 mL를 가한 후 마개를 막는다. 용액을 30초간 충분히 흔든다.
2. 분별 깔때기를 이용하여 다이클로로메테인층을 분리해 낸다. 남은 물층은 삼각 플라스크(250 mL)에 넣고, 소량의 물로 분별 깔때기를 씻어 수용액에 합친다.
3. 수용액에 한 방울의 페놀프탈레인 용액을 가하고 NaOH 용액으로 적정한다.
4. 물층과 다이클로로메테인층에서의 벤조산의 양을 각각 계산하여 분배 계수(K_d) 값을 계산한다. 물층의 벤조산 양을 제외한 나머지 벤조산은 다이클로로메테인 중에 있다.

단계 5. 다중 추출

1. 다른 벤조산 용액 50 mL를 분별 깔때기에 넣고 다이클로로메테인 5 mL로 추출하여, 아래층을 분리한다. 다시 5 mL의 다이클로로메테인으로 추출한 후 수용액 층을 적정한다.
2. 두 층에서의 벤조산의 양을 계산하여 1차 추출, 2차 추출에서의 양을 비교한다.

실험 3.9 1,4-다이메톡시벤젠과 4-메톡시페놀의 분리

1) 이론

하이드로퀴논(hydroquinone)이 4-메톡시페놀(4-methoxyphenol)로 변환될 때 부수적으로 1,4-다이메톡시벤젠(1,4-dimethoxybenzene)이 생성된다. 이 반응 생성물은 두 가지 생성물의 혼합물로 얻어지므로 이들을 분리하여야 한다.

유기층에 있는 4-메톡시페놀과 1,4-다이메톡시벤젠을 분리하려면 먼저 혼합물을 NaOH 용액으로 처리한다. 그렇게 하면 4-메톡시페놀은 페녹시화 소듐(sodium phenoxide)으로 되어 물층으로 이동하고, 1,4-다이메톡시벤젠은 유기층에 남아 있게 된다. 두 층을 분리하여 물층을 중화하면 4-메톡시페놀을 회수할 수 있다. 이때 1,4-다이메톡시벤젠은 유기층에 남아 있으므로 용매를 증발시켜 회수한다.

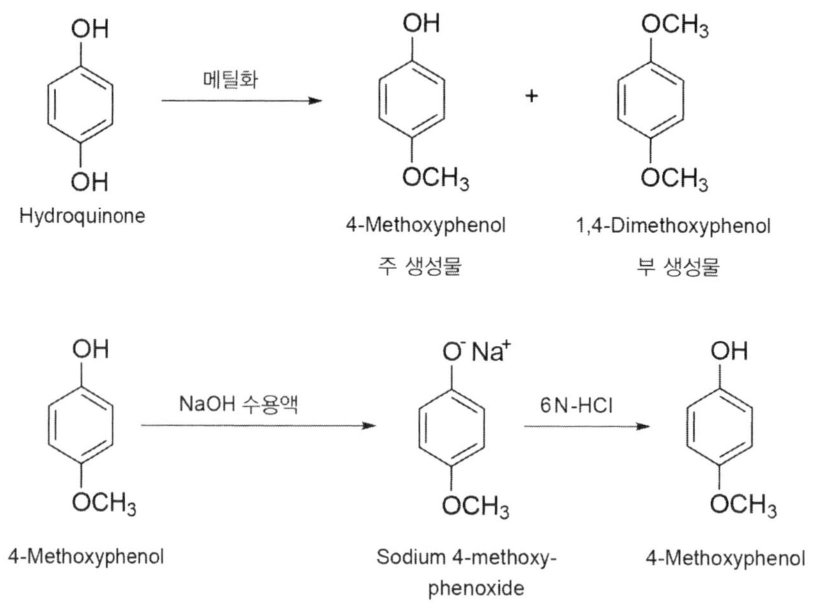

그림 3.18 4-메톡시페놀과 1,4-다이메톡시벤젠의 합성과 분리.

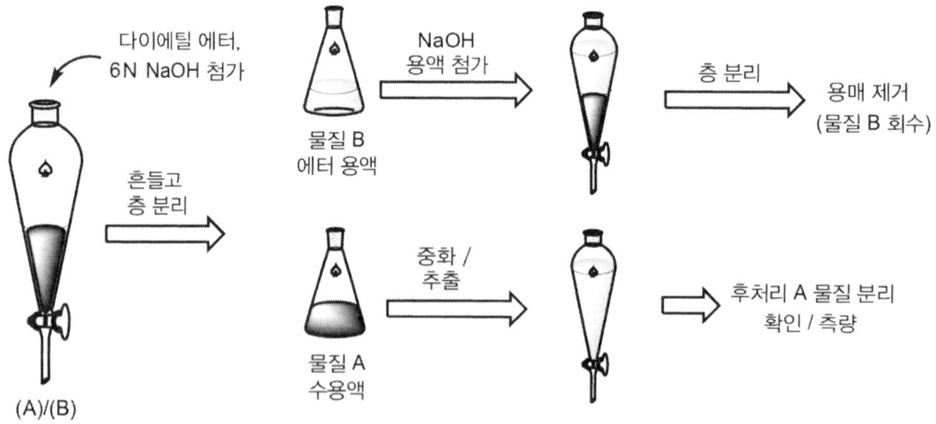

(A) = 4-Methoxyphenol, (B) = 1,4-Dimethoxybenzene

그림 3.19 4-메톡시페놀과 1,4-다이메톡시벤젠의 분리 과정.

2) 준비물

실험 기구: 둥근바닥 플라스크(100 mL), 저울, 분별 깔때기, 삼각 플라스크, pH 미터, 약숟가락, 거르개, 여과지, 회전식 감압 증발기

시약: 4-Methoxyphenol, 1,4-Dimethoxybenzene, Diethyl ether, 0.5 *N* NaOH, 6*N* HCl, 무수 $MgSO_4$

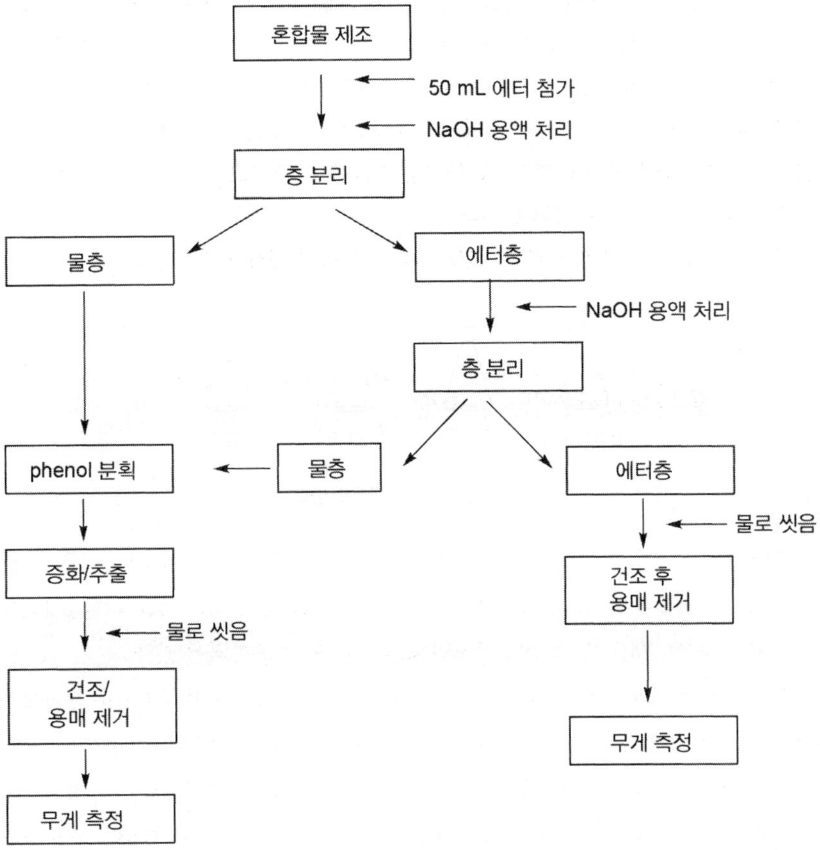

실험 흐름도 3.9 1,4-다이메톡시벤젠과 4-메톡시페놀의 분리.

3) 실험 방법

1. 4-메톡시페놀(4-methoxyphenol)과 1,4-다이메톡시벤젠(1,4-dimethoxybenzene) 혼합물 0.6 g을 미리 무게를 측정한 둥근바닥 플라스크(100 mL)에 넣고 무게를 측정한다.
2. 이 시료를 다이에틸 에터(diethyl ether) 15 mL로 녹여 분별 깔때기에 붓고(이때 플라스크를 소량의 다이에틸 에터로 여러 번 씻는다), 전체 부피가 1 mL가 되도록 다이에틸 에터를 가한다.
3. 0.5 *N* NaOH(10 mL)를 가하여 흔들고 두 층을 분리한다. 다시 0.5 *N* NaOH(10 mL)로 한 번 더 처리하여 분리한 NaOH 추출액을 합친다.

4. 다이에틸 에터 용액을 물(10 mL)로 한 번 더 씻어, NaOH 추출액과 합치고 'phenol 분획'이라 표시한다.
5. 분별 깔때기의 다이에틸 에터 용액을 삼각 플라스크에 붓는다. 깔때기를 소량의 다이에틸 에터로 1~2회 씻어 에터 용액에 합친다.
6. 다이에틸 에터 용액에 무수 $MgSO_4$를 한 숟갈 가하고 '중성 분획'으로 표시한다.

단계 4)의 'phenol 분획'을 분별 깔때기에 넣고, 소량의 물로 삼각 플라스크를 씻어 합친다. 여기에 6*N* HCl 2 mL를 가하고 pH를 측정한다. 만일 pH가 산성이 아니면 염산 용액을 더 첨가한다.

다이에틸 에터(10 mL)로 3번 반복하여 추출하여 합친다. 이 에터 용액을 3~4 mL의 물로 씻고, 삼각 플라스크로 옮겨 건조제를 첨가한다. 이 플라스크에 'Phenol'로 표시한다.

단계 6)의 '중성 분획'을 여과하고 감압 증발기에서 다이에틸 에터를 제거한다.

10. 플라스크 내부 용매를 완전히 제거하고 무게를 측정한다. 그리고 여기서 얻는 결정의 녹는점을 측정하고 분석하여 문헌값과 비교해 본다.
11. 위와 같은 방법으로 4-메톡시페놀을 분리하여 무게를 측정하고 분석한다.

실험 3.10 홍차에서 카페인의 추출

1) 이론

홍차 잎에는 소량의 글루코스(glucose)나 녹말, 셀룰로스(cellulose) 같은 탄수화물(carbohydrate), 단백질과 아미노산(3~5%), 카페인(caffeine, 2~3.5%), 폴리페놀(polyphenol, tannin이라고도 부름), 색소 및 소량의 사포닌(saponin) 등이 포함되어 있다.

폴리페놀은 유기 용매에 대해 중간 정도의 용해도를 가진다. 따라서 이들을 가수 분해시켜 물에 대한 용해도가 높은 글루코스나 갈산 칼슘(calcium gallate)으로 만든다.

홍차로부터 카페인을 추출하는 실험은 학부 유기화학 실험에서 수십 년 동안 보편적으로 수행되어 온 실험이다. 이 카페인 추출 실험은 통상 뜨거운 물로 카페인을 추출한 후에 클로로폼(chloroform)이나 메틸렌 클로라이드(methylene chloride, MC)으로 추출하여 정제한다. 1960년대와 1970년대에는 주로 클로로폼을 사용하였고, 그 후에는 메틸렌 클로라이드를 추출 용매로 사용해 왔다. 그러나, 최근에 클로로폼은 발암물질, 메틸렌 클로라이드도 발암 가능성이 있는 물질로 확인되었다. 따라서 보다 안전한 새로운 추출 용매의 선택이 필요하게 되었고, 그 결과로 개발된 실험실 추출 용매가 1-프로판올(1-propanol)이다.

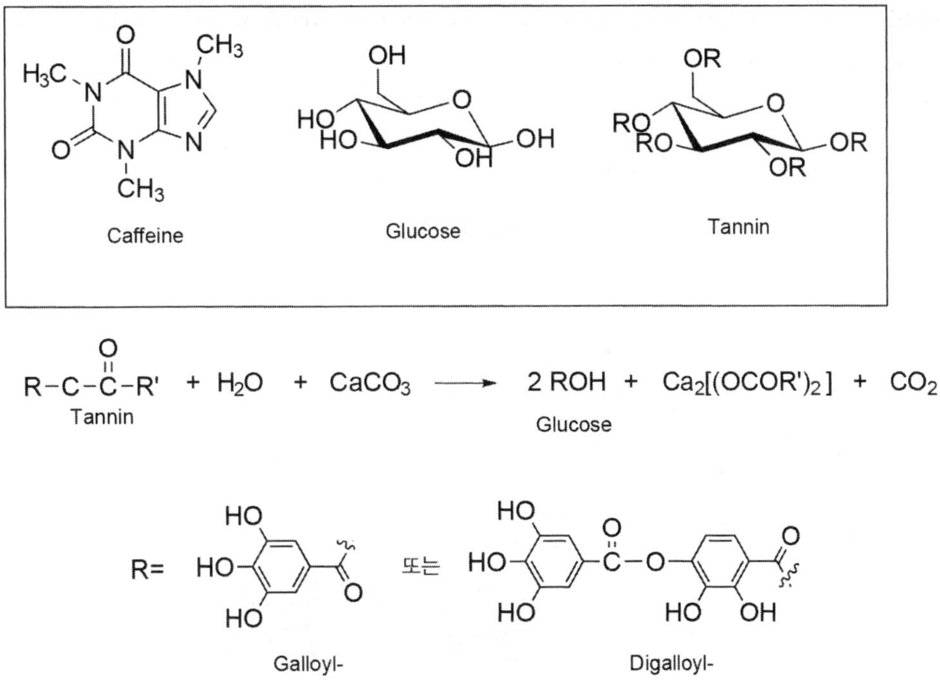

그림 3.20 카페인, 글루코스, 타닌의 구조와 타닌의 분해.

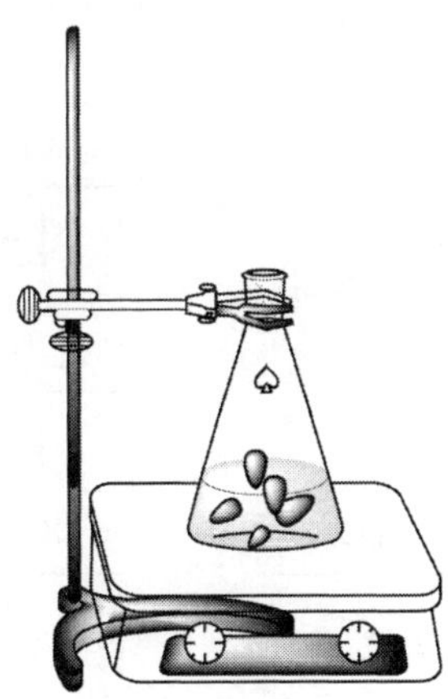

실험 장치

2) 준비물

실험 기구: 삼각 플라스크(500 mL), 분별 깔때기, 저울, 여과 장치, 회전식 감압 증발기, 유리 봉

시약: (방법 1) 홍차, calcium carbonate($CaCO_3$), methylene chloride(CH_2Cl_2), benzene, petroleum ether

(방법 2) 홍차, Sodium chloride(NaCl), calcium hydroxide($Ca(OH)_2$), 1-propanol, acetone, *n*-hexane, toluene

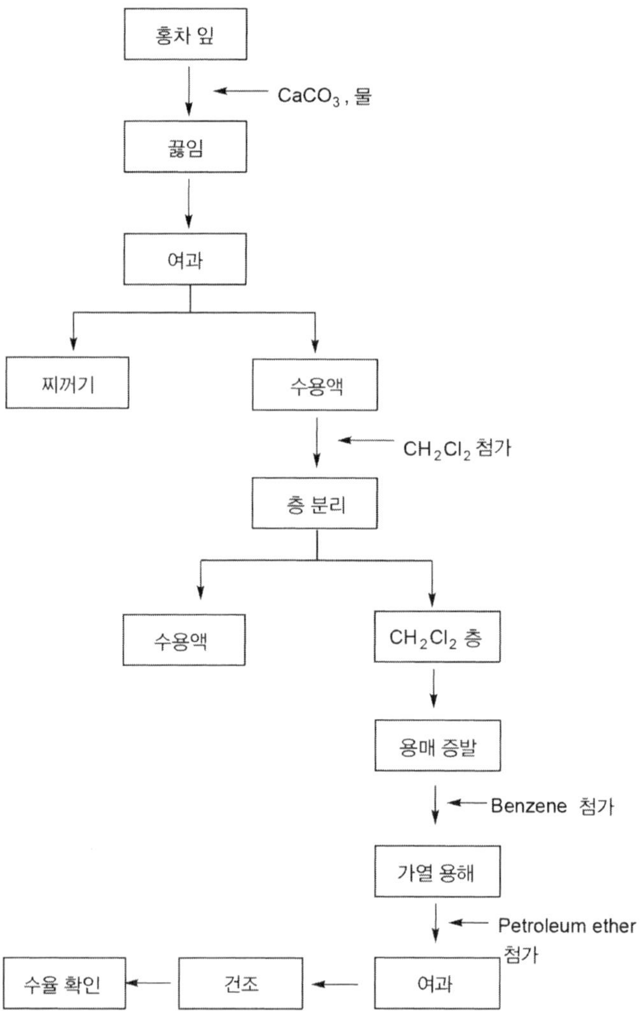

실험 흐름도 3.10 홍차에서 카페인의 추출(방법 1).

3) 실험 방법

방법 1(실험 흐름도 3.10 참고)

1. 삼각 플라스크(500 mL)에 30 g의 건조된 홍차를 넣고 물 300 mL와 15 g의 탄산 칼슘(calcium carbonate)을 가한다.
2. 가끔 흔들어 주면서 20분간 끓인 후, 뜨거운 용액을 여과한다.

3. 여과해서 얻은 용액을 15~20℃까지 냉각시키고, 분별 깔때기에 옮겨 메틸렌 클로라이드(methylene chloride) 25 mL로 4번 추출한다.
4. 추출한 메틸렌 클로라이드 용액의 용매를 회전식 감압 증발기에서 제거하여 고체로 만든다.
5. 위에서 얻은 고체 생성물을 뜨거운 벤젠(benzene) 10 mL에 녹이고, 석유 에터(petroleum ether, bp 60~90℃) 15~20 mL를 가한다.
6. 생성된 결정을 여과하고, 소량의 석유 에터로 씻는다. 생성물을 건조시키고 수율을 확인하여 녹는점을 측정한다.
7. TLC, IR, NMR로 카페인을 확인한다.
8. 홍차 10 g당 카페인(caffeine)의 함량을 계산한다.

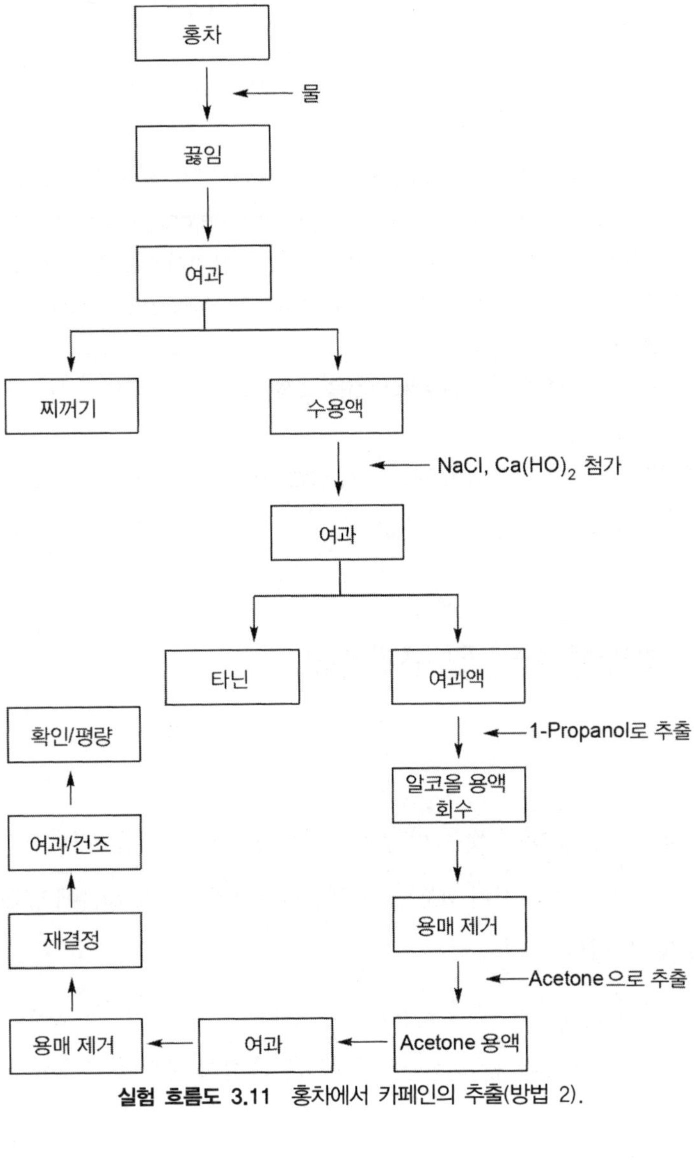

실험 흐름도 3.11 홍차에서 카페인의 추출(방법 2).

방법 2. (실험 흐름도 3.11 참고)

1. 5~6개의 홍차 티백을 넣은 비커(500 mL)에 100 mL의 끓는 물을 붓고, 유리 막대로 티백이 터지지 않도록 조심하면서 10분 동안 젓는다.
2. 수용액을 다른 비커에 따르고, 홍차 티백을 조심스럽게 눌러 짜낸다.
3. 홍차 티백이 든 비커에 다시 끓는 물 25 mL을 붓고 유리 막대로 서서히 10분간 젓는다. 수용액을 따라내어 단계 2에서 얻은 수용액과 합친다. 같은 방법으로 반복 추출한다.
4. 위에서 얻은 수용액 층을 냉각시키고, 염화 소듐(sodium chloride, NaCl)은 추출 용액 100 mL 당 26 g씩, 수산화 칼슘(calcium hydroxide)은 약 1 g을 교반하면서 가하여 타닌(tannin)을 침전시킨다.
5. 타닌을 여과하여 얻은 여과액을 분별 깔때기에 옮기고 1-프로판올(1-propanol)로 3번(1차 25 mL, 2차 15 mL, 3차 15 mL) 추출한다.
6. 합친 1-프로판올 추출액(이 추출액은 약 80%의 1-프로판올과 약 20%의 물로 구성되어 있다)을 회전식 감압 증발기를 이용하여 용매를 제거한다.

* 여기서 회수된 1-프로판올/물 혼합 용매를 위 추출 단계에서 재사용할 수도 있다.

7. 플라스크 속의 잔류물(대부분 NaCl이다)을 10 mL 아세톤(acetone)으로 두 번 추출한다. 아세톤 추출 용액을 여과하고, 감압 증발기를 사용하여 아세톤을 제거하면 불순한 카페인을 얻는다.
8. 이 불순한 카페인을 2~3 mL의 톨루엔(toluene)에 녹이고, 적당량의 *n*-헥세인(*n*-hexane)을 가하여 재결정한다.
9. 생성물을 건조시키고 수율을 확인하여 녹는점을 측정한다.
10. TLC, IR, NMR로 확인한다.
11. 홍차 티백 하나당 카페인의 함량을 계산하고, 방법 1에서 추출한 양과 비교한다.

3.5 화합물 확인 및 구조분석

미지 물질의 구조를 밝히는 것은 화학에서 매우 중요한 분야 중 하나이다. 분자식은 무엇이며, 어떤 작용기를 가지며, 3차원 구조는 어떠한가? 이런 질문에 답을 하면서 물질의 실체를 알 수 있다.

유기 실험실에서 두 물질의 동일성 여부를 알아내는 방법 중 하나로 얇은 막 크로마토그래피(TLC)가 있다. 아울러 관 크로마토그래피도 혼합물 분리에 유용하게 사용된다.

유기 분자의 구조적 정보를 알아내는 데는 다양한 분광 분석기들이 이용된다. 적외선 분광기(infrared spectroscopy, IR)로는 분자 내 작용기를 알아낼 수 있고, 자외선 분광기(Uv–Vis spectroscopy)로는 분자 내 파이 결합 또는 비공유 전자쌍의 존재 여부를 알 수 있다. 한편, 분자의 탄소 골격에 대한 정보는 핵 자기 공명 분광기(nuclear magnetic resonance spectroscopy, NMR)를 이용하여 알 수 있고, 분자량은 질량 분석기(mass spectrometer, MS)를 이용하여 알 수 있다.

1) 얇은 막 크로마토그래피

얇은 막 크로마토그래피(thin layer chromatography, TLC) 방법은 유기 화학 실험실에서 물질의 분리 및 확인을 위해 가장 보편적으로 사용되는 분석 방법의 하나이다. 뿐만 아니라 반응의 진행 정도를 확인하는 데도 유용하게 이용된다. TLC는 액체상 크로마토그래피(liquid phase chromatography)의 한 종류이다. 경우에 따라, 반응 도중 수행하는 TLC를 면밀하게 관찰하여 수행 중인 반응의 메커니즘이나 중간체 생성 여부도 쉽게 이해할 수 있다. TLC에서 가장 중요한 것은 혼합물 분리에 이용되는 적절한 전개 용매를 찾아내는 것이다. 전개 용매를 찾는 것은 다분히 경험적이므로 충분한 연습이 필요하다.

TLC에서는 흡착제(cellulose, alumina, silica gel)를 얇게 입힌, 유리판 또는 알루미늄판 등을 이용한다. 흡착제가 입혀진 판을 적당한 크기로 잘라서 한쪽 끝에 미량의 시료를 점적한다. 이 TLC 판을 적당한 전개 용매가 들어 있는 전개 용기에서 전개시키면, 흡착제 막의 모세관 현상에 의해 각 시료가 다른 위치로 이동한다. 전개 후에 분리된 시료의 각 반점(spot)은 발색 시약이나 I_2 증기, 자외선(UV) 등으로 확인할 수 있다. 시료 반점의 이동 거리는, 용매가 이동한 거리와 시료가 이동한 거리(반점까지의 거리)의 비인 R_f(ratio to the front) 값으로 나타낸다. 이동한 거리는 각각 시료 초기 점적 위치로부터 측정한다.

$$R_f = \frac{(\text{시료반점의이동거리})}{(\text{용매의이동거리})}$$

한편, TLC 판을 염색하여 스캐닝(scanning)하거나, 반점을 긁어내어 추출한 후에 다른 방법(분석 기기의 이용)으로 정량 및 정성을 할 수도 있다. 만일 시료 중에 방사성 동위 원소가 있을 때는 동위 원소 계수기로 측정할 수도 있다.

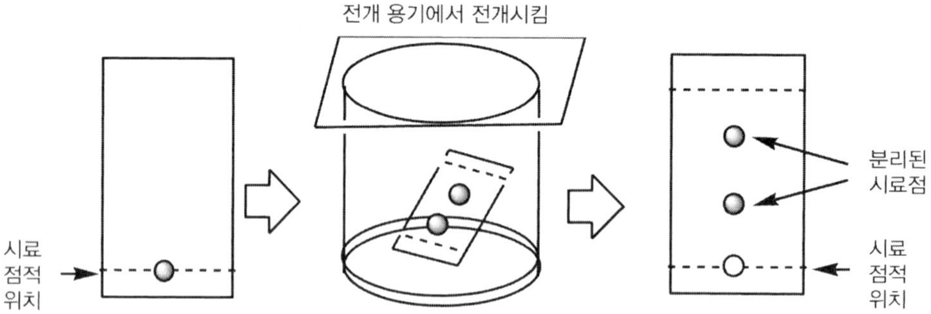

그림 3.21 TLC 판의 전개 전, 전개 중, 전개 후의 그림.

① 분리용 TLC

TLC를 혼합물의 분리에도 자주 이용한다. 분리에 이용하는 TLC를 '분리용 TLC (preparative TLC)'라고 한다. 분석용 TLC는 분리용 TLC와 원리는 동일하지만, 분리용 TLC 법에서는 흡착제의 두께가 더 두꺼운 판을 사용한다. 분석용 TLC 판의 흡착제 두께는 약 0.25 mm이고, 분리용 TLC 판의 흡착제 두께는 최소한 3 mm정도이다. 혼합물 분리에는 20 × 20 cm 크기의 TLC 판을 이용하며, 시료 200 mg 정도를 분리할 수 있다. 분리용 TLC에서는 직선으로 많은 양을 반복해서 점적해야 하므로, 시료 점적에 주의하여야 한다. 시료의 양과 점적한 시료 선이 고르도록 점적해야 한다. 시료 선의 폭이 고르지 않거나, 농도가 불균일하면 효과적으로 분리할 수 없다.

TLC 판의 하단부에서 0.5 cm 정도 띄워서 연필로 선을 긋고, 그 선을 기준으로 시료를 점적한다. 점적한 후에 용매를 건조하고, 전개 용기에서 전개시킨다. 전개 후에는 TLC 판을 건조하고 각 시료 띠를 UV 등을 확인하여 연필로 표시한다. 마지막으로 각 성분 띠를 긁어내어 추출 확인한다.

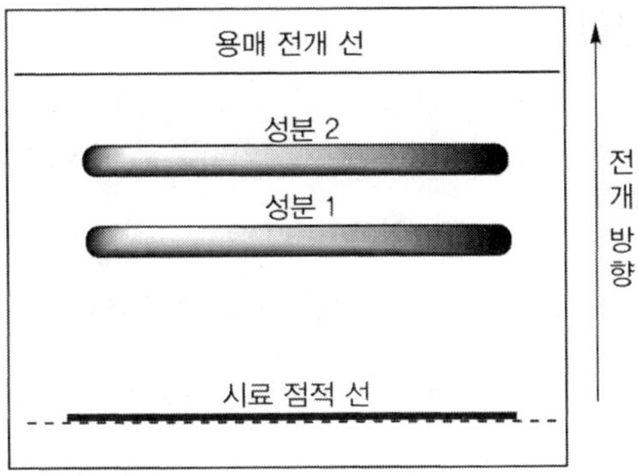

그림 3.22 전개된 분리용 TLC 판의 예.

② 이차원 TLC

혼합물의 성분이 여러 개인 경우에는 단일 전개 용매나 한 가지 혼합 용매만으로는 만족스럽게 분리할 수 없다. 이런 경우에 '이차원 TLC(bi-dimensional TLC: 2D-TLC)' 방법을 이용한다.

이차원 TLC에서는 시료를 정사각형 TLC 판의 한쪽 구석에 점적하고, 선택한 용매로 1차 전개한다. 1차 전개 후에 TLC 판을 전개 용기에서 꺼내 건조하고, 2차 전개를 한다. 2차 전개는 1차 전개 방향에 대해 수직으로 전개시킨다(그림 3.23). 이런 2D-TLC는 유사 구조를 가진 혼합물들의 분리에 유용하다.

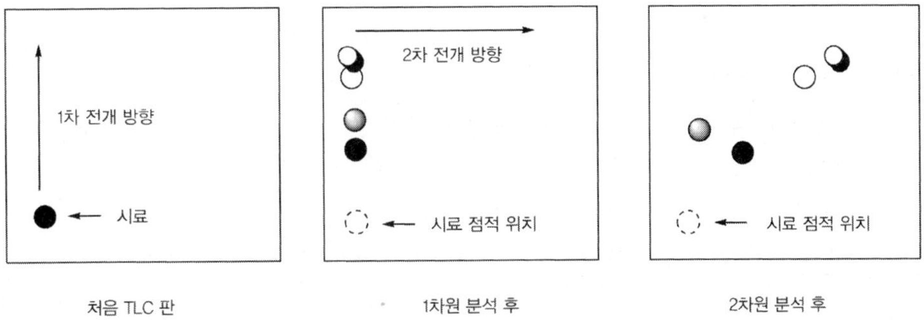

그림 3.23 2차원(2D) TLC의 예.

2) 관 크로마토그래피

관 크로마토그래피(column chromatography)는 화합물 정제와 분리에 이용하는 가장 일반적인 방법이다. 간편하고 비교적 쉬운 방법이지만, 최고의 분리 효율을 위해서는 적합한 크기의 칼럼, 정지상과 시료의 이상적인 비율, 그리고 분리에 적합한 용매(용리액, eluent)를 사용하여야 한다. 이와 같은 관 크로마토그래피 수행에서 필요로 하는 요인들을 결정하려면, 우선 해당 시료의 TLC를 수행하여 얻어진 분리 결과(Rf 값)를 이용하는 것이 좋다(참고: *Chemistry Views, Education, Tips and Tricks for the Lab*). 이 방법이 정량적이지는 않지만 유익하다.

관 크로마토그래피를 이용하는 분리가 실험실에서 자주 이용된다. 효율적인 관 크로마토그래피 분리를 위한 시료에 대한 충진제의 양, 분리 관의 크기, 용매의 선택, 충진제 충진 방법 등은 다음과 같다.

1. 시료와 정지상의 비율 선택

적절한 분리 관의 선택보다 중요한 것은, 분리하려는 시료에 대해 얼마만큼의 정지상(silica gel)을 사용해야 하는가를 결정하는 것이다. 실제로 시료와 실리카 젤(silica gel)의 비를 정확히 결정하기는 어렵다. 그러나 TLC(2 × 7cm)상의 시료 반점 분리 형태를 바탕으로 표 3.6과 같이 결정하면 도움이 된다.

표 3.6 관 크로마토그래피에서 시료와 정지상 비율의 선택 기준

TLC 반점의 거리	TLC 반점 분리 형태	시료(g)/ silica gel(g)
최소 1.5 cm 이상	반점 간 분리 거리가 커서 분리가 쉬울 때	1:20
0.5 ~1.5 cm	반점 간 분리 거리가 중간 정도일 때	1:50
0.5 cm 미만	반점 간 거리가 가까워 분리가 어려울 때	1:100 이상

2. 분리 관 크기의 선택

관 크로마토그래피를 이용한 시료 분리는 적당한 크기(길이와 반경)의 관을 선정하는 것부터 시작된다. 이론적으로는 반경이 넓고 얇은 실리카 젤 관의 분리 효율이나, 동일

한 양의 실리카 젤이 들어 있는 가늘고 두꺼운 관의 분리 효율은 동일하다(그림 3.24). 그러나 대부분의 실험자들은 본인의 직관이나 습관대로 분리 관을 선택한다. 표 3.7과 같은 지침이 분리 관 크기의 선택에 도움이 된다. TLC(2 × 7 cm)로부터 얻은 시료 반점의 Rf값의 차이가 Rf 〉 0.2인 것과 Rf = ~0.1 것으로 구분하고, 이를 기준으로 제시된 실리카 젤의 양으로 분리 관의 1/2 내지는 1/3을 채울 수 있는 크기를 선택한다. 나머지 공간은 전개 용매를 채울 수 있도록 비워 두어야 한다.

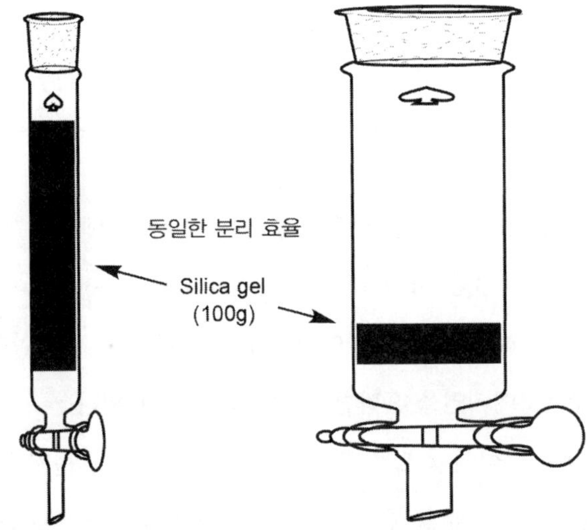

그림 3.24 동일한 양의 정지상(silica gel)이 채워진 관의 이론적인 분리 효율은 동일하다.

표 3.7 관 크로마토그래피의 분리관 크기 선택 지침

관의 반경	10 mm	20 mm	30 mm	40 mm	50 mm
Rf 〉 0.2	100 mg	0.5 g	1 g	1.5 g	2.5 g
Rf ~0.1	40 mg	150 mg	350 mg	1.5 g	1 g

3. 분리를 위한 용매의 선택

관 크로마토그래피(특히 속성 크로마토그래피, flash chromatography)에서 가장 중요하고 어려운 것이 용리액의 선택이다. 유기 실험실에서는 단일 용매를 사용하기도 하지만 대부분 비극성 용매와 극성 용매를 섞어서 사용한다. 경우에 따라서는 세 가지 성분을 혼합하여 사용하기도 한다. 많은 연구자들은 연구자 본인이 다루는 화합물 종류에 따라 경

험적으로 선호하는 칼럼 분리용 용매를 사용한다. 그러나 초보자나 새로운 화합물 연구를 시작하는 경우에는 표 3.8과 같은 방식에 따라 분리용 용매를 선택하면 유용하다.

표 3.8 관 크로마토그래피 분리용 용매의 선택 방법

용매 구분	단일 성분 용매	이성분 용매	다른 종류의 용매
비극성	Hydrocarbon류 (petroleum ether, *n*-pentane, *n*-hexane)	Ether/hydrocarbon류	*n*-Butanol/acetic acid/water
중간 극성	Ether, Dichloromethane	*n*-Hexane/ethyl acetate *n*-Hexane/dichloromethane	2-Methyl-1-propanol/acetic acid/water
가장 극성	Ethyl acetate	Dichloromethane/methanol	Propanol/NH4OH (aq)/water

표 3.8에서 단일 성분 용매로 가장 자주 사용되는 비극성 용매는 *n*-헥세인(*n*-hexane)이고, 극성이 중간 정도인 것은 다이클로로메테인(dichloromethane)이며, 극성이 큰 것은 에틸 아세테이트(ethyl acetate)이다. 이성분 용매 중에는 *n*-헥세인에 에틸 아세테이트를 섞거나 다이클로로메테인을 혼합한 용매가 가장 선호된다.

두 성분 이상의 용매를 섞어 용매를 만들 경우에는 시료가 잘 녹지 않는 용매 중 하나를 선택하고, 잘 녹는 용매를 소량씩 첨가하여 분리가 잘되는 비율로 조절한다. 분리 정도는 TLC(2 × 7cm)를 이용하여 관찰한다.

분리용 용매를 선택하기 위해 TLC(2 × 7cm)를 이용하는 방법은 다음과 같다.

(1) **먼저 사용하려는 몇 가지 용매를 선택하고 TLC로 전개한다.** 예를 들어, 두 가지 성분 시료에 대해 세가지 용매로부터 얻어진 TLC 크로마토그램은 그림 3.25 중 하나일 것이다.

(2) **전개 용매 중에서 가장 분리가 잘된 용매를 선택한다.** 그림 3.25의 용매 C가 가장 유리하다.

(3) **시료의 Rf 값이 작지만 시료 반점이 조금씩이라도 차이가 나는 용매를 선택한다.** 그림 3.25의 용매 A의 경우가 여기에 해당한다. 용매 A에서는 얼마간의 분리 이동이 관찰되고 Rf값이 작으므로, 동일한 용매로 2차 및 3차로 전개해 볼 필요가 있

다. 1차로 전개한 TLC 판을 건조시켜 동일 용매(용매 A)로 두 번 내지 세 번 전개하여 그림 3.26과 같은 크로마토그램을 얻었다면, 관 크로마토그래피로 두 성분을 효율적으로 분리할 수 있다. 즉, 두 성분이 전개할 때마다 조금씩 분리되어 이동했기 때문이다. 경우에 따라서는 전개 속도가 느린 용매 A가, 빠르게 이동하는 용매 C보다 분리에 유리한 경우도 있다.

(4) **시료 반점의 Rf 값이 큰 용매는 시료 분리에 불리하다.** 즉, 그림 3.25의 용매 B는 분리하려는 두 성분이 너무 빨리 이동하므로 칼럼 내에서 충분히 분리되지 않으므로 분리하는 데 실패하게 될 것이다. 만일 그림 3.25의 A와 C와 같은 분리 양상을 보이는 용매를 찾지 못했다면, 용매 B에다 시료의 용해도가 나쁜 용매를 조금씩 추가하여 새로운 전개 용매를 찾아야 한다.

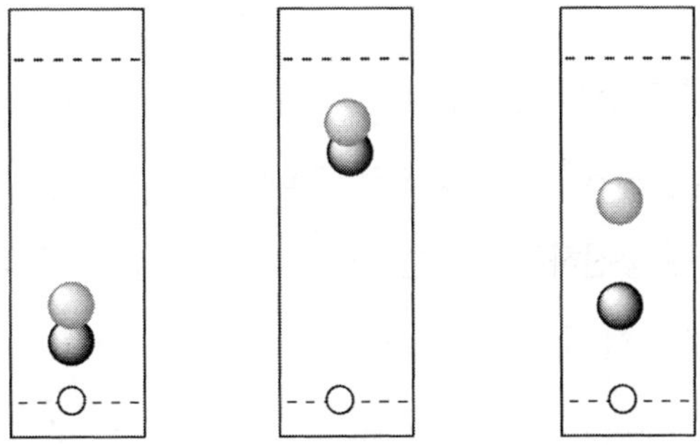

그림 3.25 세 가지 용매로 전개한 미지 분리 시료의 TLC 크로마토그램 예.

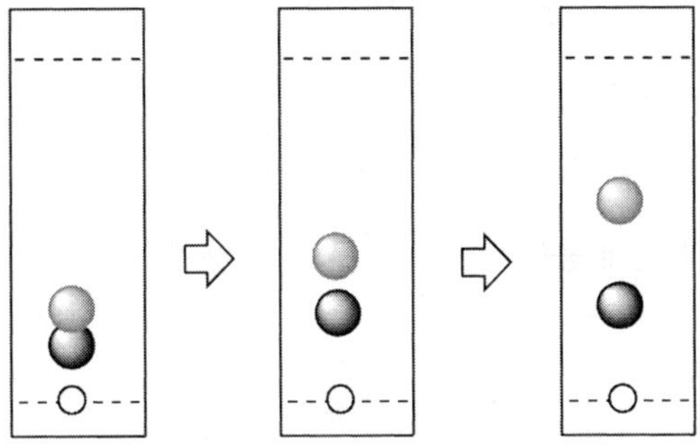

그림 3.26 용매 A로 세 번 전개시킨 TLC 크로마토그램 예.

칼럼 전개 용매 선택을 위한 TLC의 경우에는 분리 시료의 흡착량에 주의하여야 한다. 지나치게 많은 시료를 흡착시키면, 전개 후에 얻어지는 반점이 일그러지거나 타원형 반점이 되어 구분하기 어렵게 된다. 가능한 한 두 반점이 균형 잡힌 원형이 되도록 하는 것이 바람직하다.

전개 용매를 선택할 때는 다음과 같은 점도 고려해야 된다.

i) 분리 시료와 반응하지 않는가?

ii) 가격이 저렴하고 친환경적 물질인가?

iii) 끓는점이 낮은가?

iv) 용매 제거 조건에서 시료가 변하지 않는가?

가끔은 TLC 판 위에서 전개 용매와 반응하거나, 분해되어 결과를 사실대로 관찰하기 어려운 경우를 만난다.

4. 크로마토그래피 칼럼의 충진법

크로마토그래피 칼럼에 정지상을 충진하는 방법은 두 가지가 있다. 하나는 실리카 젤을 건조된 상태로 관에 충진하는 **건식법**(dry method)이고, 다른 하나는 적당한 용매에 풀어 곤죽(slurry)으로 만들어 충진하는 **습식법**(wet method)이다.

–**건식법**: 용매가 들어 있지 않은 칼럼 관에 건조된 실리카 젤을 직접 채워 충진한 뒤 전개 용매를 채우는 방법이다. 이 방법은 간단한 듯하지만, 충진제를 고체 상태의 분말로 채우고 나서 용매를 흘리므로, 칼럼 안의 정지상에 공기 방울이 남아서 시료 분리 중에 터널 효과로 분리 효능이 나빠지는 단점이 있다. 이런 문제를 해결하려면, 시료를 흡착시키기 전에 칼럼의 상부에서 압축 공기나, 질소 기체를 불어 넣어 칼럼 속의 공기를 제거하고 충분한 양의 전개 용매를 흘려서 공기를 제거해야 한다.

건습법에 의한 충진 순서

1. 선택한 관을 고정시킨다.
2. 관의 아래를(코크 위 부분) 솜으로 잘 막고, 소량의 모래로 덮는다.
3. 준비한 실리카 젤 분말을 깔때기를 이용해 소량씩 붓는다. 가끔씩 관을 두드려서 고르게 충진 되도록 한다. 같은 방식으로 필요한 만큼 충진한다.
4. 실리카 젤 분말의 충진이 끝나면, 전개 용매를 조심스럽게 흘린다. 전개 용매가 휘발성이 큰 용매와 혼합된 용액이라면, 우선 단일 용매로 충분히 흘려 공기를 제거한 후에 분리용 혼합 용매로 충분히 흘린다. 충진제 속의 공기가 남아 있으면 분리 효능이 떨어진다.
5. 충진제 상단 표면에 시료를 조심해서 흡착시키고, 분리용 용매를 흘려 0.5 cm 정도 시료 흡착 띠를 이동시킨다.
6. 충진제 상층 표면에 1~2 cm 정도의 용매를 남기고, 모래를 용매 위까지 채운다.
7. 칼럼 상단에 분리용 용매를 채워 시료가 분리되어 나올 때까지 분리한다.
8. 분리되는 분획을 TLC로 확인하여 같은 성분 분획을 모아 용매를 제거하고 시료를 얻는다. 상품화된 자동 분획 수집기(fraction collector)를 이용하면 편리하다.

–**습식법**: 정지상인 실리카 젤을 분리용 용매로 곤죽(silica gel + 용매)을 만들어 칼럼에 충진하는 방법이다. 습식법으로 충진하려면, 우선 충진제와 용매의 곤죽을 충진하기에 적합하도록 다소 묽게 만든다. 너무 걸쭉하면 충진하기도 불편하고 칼럼 내에서 실리카 젤이 효과적으로 충진되지 않는다.

습식법에서 사용하는 정지상 곤죽을 만들 때는 분리용 용매를 사용하는 것이 이상적이다. 그러나 용매가 비싸거나 혼합 용매여서 증발로 인한 혼합 비율에 영향을 준다면, 저렴하고 편리한 용매로 충진한 후에 분리용 용매를 충분히 흘려, 충진에 사용한 용매를 충분히 제거한 후에 시료를 흡착시켜 분리하면 된다.

습식법에 의한 충진 순서

1. 선택한 관을 고정시킨다.
2. 관의 아래를(코크 위 부분) 솜으로 잘 막고, 소량의 모래로 덮는다.
3. 칼럼에 적당량(초기에는 관의 절반 정도)의 용매를 넣고, 정지상 곤죽을 소량씩 나누어서 관에 부어 충진한다. 정지상 곤죽을 부어 충진할 때는 관의 아래 코크를 열어 용매가 흘

러나가도록 해야 한다. 이때 용매 흘림 속도가 너무 빠르면, 정지상이 지나치게 촘촘하게 충진되어 전체 분리 시간이 길어지게 된다. 첫 번째 투입한 정지상 곤죽의 실리카 젤이 아래로 충진되고, 용매가 처음 수준에 다다르면 두 번째로 정지상 곤죽을 투입한다. 같은 방식으로 필요한 만큼의 정지상을 채운다.

4. 마지막 충진이 끝나면 용매를 흘려 정지상 표면이 노출되면 즉시 관의 아래 코크를 막고 시료를 흡착시킨다. 시료를 흡착시킨 후에 소량의 분리 용매를 흘려 시료 흡착 띠가 정지상으로부터 0.5 cm 정도 이동하면 용매 흘림을 멈추고, 정지상 표면에 깨끗한 모래를 1~1.5 cm 정도 채워 표면이 처음처럼 고르게 유지되도록 한다. 이때 모래가 적게 채워지거나 채워지지 않은 경우는 용매를 첨가하는 중에 충진제 표면이 일그러져 분리 효율이 떨어진다.
5. 칼럼 상단에 분리용 용매를 채워 시료가 분리되어 나올 때까지 분리한다.
6. 분리되는 분획을 TLC로 확인하여 같은 성분 분획을 모아 용매를 제거하고 시료를 얻는다. 상품화된 자동 분획 수집기(fraction collector)를 이용하면 편리하다.

5. 전개 용매 흘림 방법

관 크로마토그래피에서 분리용 용매를 흘리는 방식은 **중력장 흐름법**(gravity flow)과 **빠른 흐름법**(faster flow)이 있다. 중력장 흐름법은 중력장 안에서 자연스럽게 흘리는 방법이며, 시간적으로는 다소 느리다.

빠른 흐름법은 전개 용매를 중력장 속도보다는 더 빠르게 흘려 분리하는 방법으로, N_2 및 Ar 기체를 주로 사용한다. 빠른 흐름법은 시간적으로 유리하지만 속도 조절에 실패하면 혼합물을 효과적으로 분리할 수 없어 주의하여야 한다.

실험 3.11 얇은 막 크로마토그래피

1) 이론

유기 반응의 진행 상황을 가장 쉽고 빠르게 확인하는 방법은 얇은 막 크로마토그래피 확인법이다. 여기서는 주어진 시료를 이용해 TLC로 확인하는 방법을 다룬다.

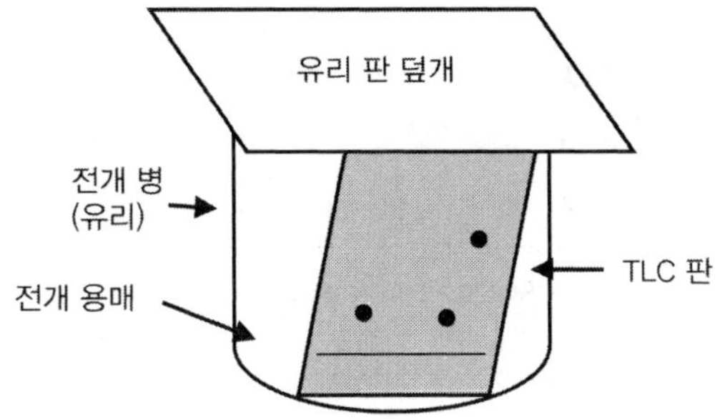

실험 장치

2) 준비물

실험 기구: TLC 전개 병(투명 유리병), 유리판 덮개, 시료 점적용 모세관

시약: Acetyl salicylic acid, 시판용 아스피린(aspirin) 정제, 시판용 타이레놀(tyrenol) 정제, Chloroform), Ethyl acetate

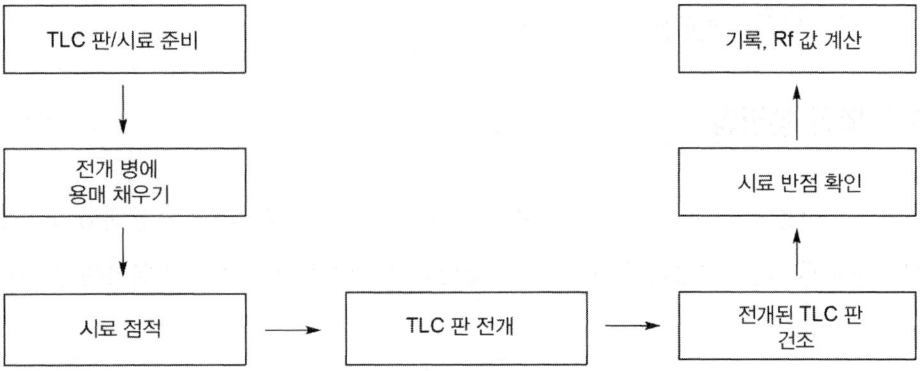

실험 흐름도 3.12 분석용 TLC 실험.

3) 실험 방법

분석용 TLC

1. 분석 시료는 아세틸살리실산(acetyl salicylic acid), 시판용 아스피린(aspirin) 및 타이레놀(tyrenol) 정제를 가루로 만들어 각각 별도의 시험관에 넣고 클로로폼(chloroform)을 적당량 가하여 충분히 흔들어 준다.
2. 백색 전개 병에 에틸 아세테이트(ethyl acetate)를 0.4~0.9 cm까지 채우고, 마개를 막는다.
3. 흡착제가 입혀진 TLC 판 하단 0.5~1 cm 거리에 평행선을 표시하고, 가는 모세관으로 3~4회 점적한다. 이때 반점의 지름이 1~2 mm 미만이 되도록 한다.

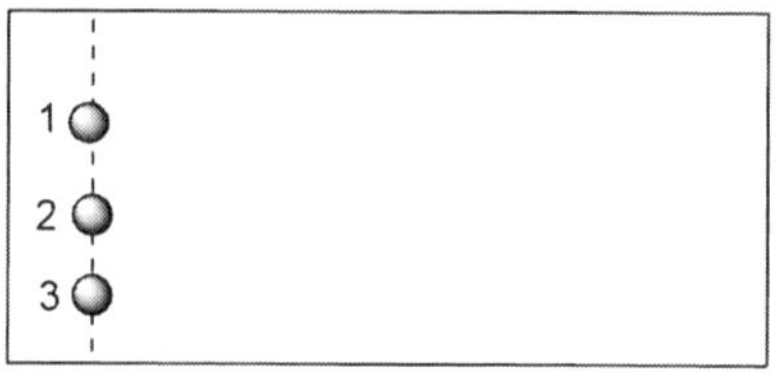

1 = Acetyl salicylic acid
2 = 아스피린 추출액
3 = 타이레놀 추출액

4. 시료 점적이 끝나면 용매를 건조한 후에, 자외선 등으로 시료 반점을 확인한다. 시료 반점이 흐리게 보이면 시료를 추가로 더 점적한다.
5. 점적한 TLC 판을 전개 용매가 들어 있는 전개 병에 넣고, TLC 판 상단 0.5~1 cm 정도가 남을 때까지 전개시킨다.
6. 전개된 TLC 판을 꺼내어 용매가 이동한 거리를 표시하고, TLC 판을 건조한다.
7. UV 등이나, I_2 증기병을 이용하여 반점을 확인한다. 얻어진 크로마토그램을 노트에 기록하고, R_f 값을 계산한다.
8. 세 가지 시료의 R_f 값은 동일한가? 다른가?

3) 적외선 분광법

공유 결합을 갖는 대부분의 화합물은 적외선(infrared, IR) 영역에서 특정 결합의 진동 에너지에 해당하는 특성적인 전자기 복사선만을 흡수한다. 이런 적외선 영역은 4000 ~ 500 cm^{-1}이다.

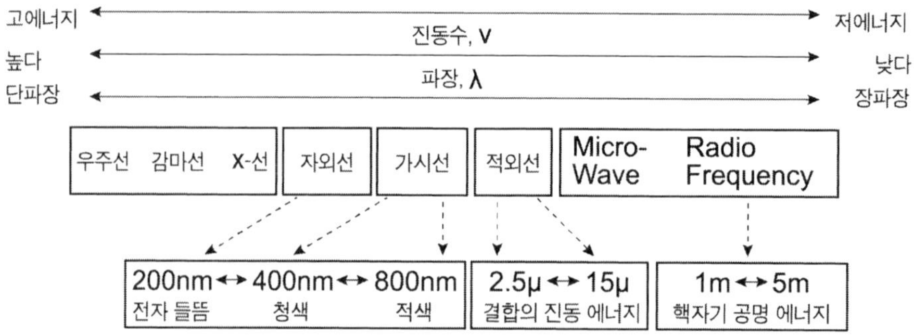

그림 3.27 전자기 스펙트럼의 일부.

적외선 흡수를 통해 분자에서 일어날 수 있는 진동의 종류는 **신축 진동**(stretching vibration), **굽힘 진동**(bending vibration)이 있다. 또 이 진동들은 대칭 신축 진동, 비대칭 신축 진동 그리고 분자 평면상에서(in plane) 일어나는 굽힘 진동으로 **가위질 진동**(scissoring vibration)과 **좌우 흔듦 진동**(rocking vibration), 분자 평면 밖에서(out of plane) 일어나는 굽힘 진동으로 **앞뒤 흔듦 진동**(wagging vibration), **꼬임 진동**(twisting vibration) 등의 여섯 가지 기본 진동 방식이 있다. 이들 각 진동 방식은 각기 다른 영역의 파장을 흡수한다.

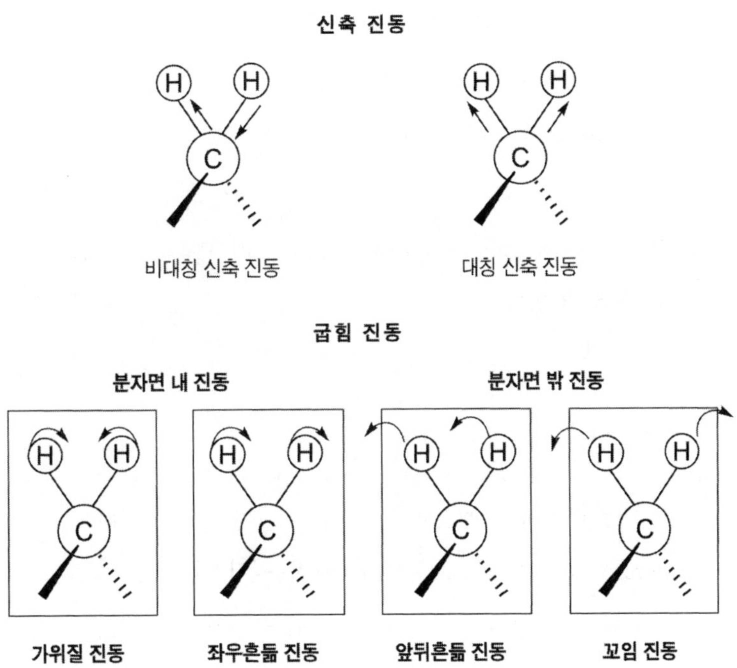

그림 3.28 메틸렌(methylene, $-CH_2-$)기의 진동 모형.

적외선 스펙트럼에서 흡수 띠로 관찰되려면, 결합이 적외선 영역에 놓여 있을 때 결합의 쌍극자 모멘트의 변화가 있어야 한다. 따라서 H_2나 Cl_2같이 대칭인 결합은 알짜 쌍극자 모멘트가 없으므로 적외선 흡수 띠가 관찰되지 않는다. 형태가 다른 결합의 흡수 진동수는 각기 다르다. 또한 같은 결합이라도 이웃한 원자나 결합의 영향으로 흡수 에너지(파장)도 얼마간 차이가 난다. 그러나 흡수 영역이 거의 유사하므로 이들을 물질의 확인에 이용할 수 있다. 즉, 각 결합의 적외선 흡수 영역이 규칙적이므로 작용기의 정보를 얻을 수 있다. 이웃한 결합의 세기나 결합하고 있는 원자의 질량이 적외선 흡수에 미치는 영향은 다음 식으로 표현된다.

$$\bar{v} = \frac{1}{2\pi c}\sqrt{\frac{k}{\mu}}$$

$\bar{v}$ = 진동수(frequency, cm^{-1})

c = 빛의 속도 (3×10^{10} cm/sec)

k = 결합 힘의 상수(dynes/cm)

μ(환산 질량, g) = m_1m_2 / (m_1 + m_2) 또는

μ(amu) = $M_1M_2/(M_1 + M_2)(6.02 \times 10^{23})$

이 식에 아보가드로 수(Avogadro's number, 6.02×10^{23})와 π 및 c 값을 넣어 정리하면 다음과 같이 나타낼 수 있다.

$$\bar{v} = 4.12\sqrt{\frac{k}{\mu}}$$

$\bar{v}$ = 진동수(frequency, cm^{-1})

μ(amu) = $M_1M_2/(M_1 + M_2)$, M_1과 M_2은 원자 질량

k = 결합 힘의 상수(dynes/cm)(1 dyne = 1.020 x 10^{-3} g)

이 식을 이용하면, 특정 결합의 흡수 진동수를 계산할 수 있다. 따라서 이 값을 이용하면 적외선 스펙트럼 해석에 도움이 된다. C=C 결합의 진동수를 예로 들어보자.

C=C 결합의 k(5×10^5 dynes/cm) 값과 μ[(12)(12)/(12 + 12) = 6] 값을 위의 식에 대입하여 계산하면, $\bar{v}$(진동수, cm^{-1})는 1682 cm^{-1}가 된다. 실험적으로 얻은 C=C 결합의 진동수는 1650 cm^{-1}이다.

여기서 몇 가지 결합들의 결합 세기와 환산 질량에 다른 경향성을 살펴보자. 일반적

으로 C≡C 결합은 C=C 결합이나 C–C 결합보다 결합 세기가 크다. 따라서 C≡C 삼중 결합이 더 높은 진동수에서 진동한다.

C≡C	C=C	C–C
2150 cm^{-1}	1650 cm^{-1}	1200 cm^{-1}

← k의 증가

한편 C–H 신축 진동은 약 3000 cm^{-1}에서 흡수되는데, 이 탄소에 결합된 원자의 질량이 증가함에 따라 환산 질량(μ)이 증가하므로 진동수가 낮아진다.

C–H	C–C	C–O	C–Cl	C–Br	C–I
3000 cm^{-1}	1200 cm^{-1}	1100 cm^{-1}	800 cm^{-1}	550 cm^{-1}	500 cm^{-1}

μ(환산 질량)의 증가 →

결합 원자의 혼성화도 결합 힘 상수(k)에 영향을 미치므로, 적외선 흡수 진동수도 영향을 받는다. 탄소의 혼성 오비탈은 sp^3 〈 sp^2 〈 sp 순으로 더 센 결합을 형성한다. 이런 현상은 혼성이 다른 탄소와 수소 결합(C–H)의 적외선 스펙트럼상에서 관찰할 수 있다.

sp	sp^2	sp^3
≡C–H	=C–H	–C–H
3300 cm^{-1}	3100 cm^{-1}	2900 cm^{-1}

얻어진 스펙트럼을 분석하는 것이 항상 쉬운 것은 아니다. 다음과 같은 알고리즘은 적외선 스펙트럼 판독을 용이하게 한다.

단계 1. 카보닐기(C=O)가 있는가?

- C=O기는 1820~1660 cm^{-1}(5.5 ~ 6.1 μ)에서 강한 흡수가 일어난다. 대부분 가장 큰 흡수 띠로 나타난다.

• 만일 C=O 흡수 띠가 발견되지 않으면 단계 3으로 가라.

단계 2. C=O기가 있으면 다음과 같이 확인한다.

• OH 흡수 띠가 있는가? OH 흡수 띠가 있으면, 물질은 카복실산(RCOOH) 유도체이다. OH 흡수 띠는 3400~2400 cm^{-1}에서 넓은 띠로 나타난다.

• NH_2 또는 NHR 흡수 띠가 있는가? 있다면, 이 물질은 아민(RNH_2)과 아마이드($RCONH_2$) 유도체이다. NH_2 흡수 띠는 3500 cm^{-1}에서 중간 크기 띠로 나타난다. NH_2의 흡수 띠는 2개로 나타나고, NHR형은 하나의 띠만 나타난다.

• C−O 결합 흡수 띠가 있는가? 있다면, 이 물질은 에스터(RCOOR) 유도체이다. C−O 결합의 흡수 띠는 1300 ~ 1000 cm^{-1}에서 나타난다.

• 두 개의 C=O 흡수 띠가 나타나는가? 그렇다면 이 물질은 산 무수물(RCO−O−OCR) 유도체이다. 산 무수물은 1810과 1760 cm^{-1} 부분에서 두 개의 C=O기 흡수 띠로 나타난다.

• 알데하이드의 C−H 흡수 띠가 있는가? 있다면 이 물질은 알데하이드(RCHO) 유도체이다. 알데하이드의 C−H 결합은 2850과 2750 cm^{-1}의 두 개의 흡수 띠로 나타난다.

• C=O 흡수 띠가 나타나지만, 위 5가지의 경우에 해당하지 않으면 이 물질은 케톤(RCOR) 유도체이다.

단계 3) 만일 C=O가 없으면, 다음의 흡수 띠를 확인한다.

• OH와 C−O 흡수 띠가 있는가? 있다면 이 물질은 알코올(ROH) 또는 페놀(PhOH) 유도체이다. 알코올이나 페놀의 OH는 3600 ~ 3300 cm^{-1} 영역에서 넓은 흡수 띠가 나타난다. 또 C−O 결합의 흡수 띠가 1300 ~ 1000 cm^{-1}에서 나타난다.

• NH_2 또는 NH와 C−N의 흡수 띠가 있는가? 있다면, 이 물질은 아민(RNHR) 유도체이다. NH 흡수 띠는 3500 ~ 3100 cm^{-1}에서 나타나고, C−N 흡수 띠는 1350 ~ 1000 cm^{-1}에서 중간 크기로 나타난다.

• OH 흡수 띠가 없으면서 C−O 흡수 띠만 나타나는가? C−O 흡수 띠는 1300 ~ 1000 cm^{-1}에서 작게 나타난다.

단계 4) 이중 결합과 방향족 고리를 확인한다.

- C=C의 약한 흡수 띠가 있는가? 알켄(alkene)의 C=C 흡수 띠는 1680 ~ 1600 cm^{-1}에서, 그리고 방향족 C=C 흡수 띠는 1600과 1475 cm^{-1} 부근에서 약하게 나타난다. 또 알켄의 C–H는 3100 ~ 3000 cm^{-1}에서, 방향족의 C–H는 3150 ~ 3050 cm^{-1} 부근에서 흡수 띠가 나타난다.

단계 5) 삼중 결합을 확인한다.

- C≡C 결합의 흡수 띠가 있는가? 있다면 알카인 유도체이다. C≡C 결합 흡수 띠는 2150 cm^{-1}에서 날카롭게 나타난다. 알카인의 C–H 결합 흡수 띠는 3300 cm^{-1} 부근에서 나타난다.
- C≡N 결합의 흡수 띠가 있는가? 있다면 나이트릴(nitrile, RCN) 유도체이다. C≡N 결합의 흡수 띠는 2250 cm^{-1}에서 중간 크기로 날카롭게 나타난다.

단계 6) 나이트로기가 있는가?

- 나이트로(NO_2)기의 흡수 띠가 있는가? 있다면 이 물질은 나이트로기를 포함하고 있다. 나이트로기는 1600 ~ 1500 cm^{-1}과 1390 ~ 1300 cm^{-1}에서 강한 흡수 띠로 나타난다.

단계 7) 탄화수소의 C–H만 있는가?

- 그렇다면 이 물질은 다른 작용기가 없는 탄화수소 유도체이다. 탄화수소의 C–H는 3300 cm^{-1}의 오른쪽 영역에서 주 흡수 띠가 나타나고, 1450과 1375 cm^{-1}에서 다른 흡수 띠가 나타난다.

적외선 분광기는 장치된 시료 관에 적외선을 쪼여 시료가 없을 때와의 차이를 검출기가 검출하여 스펙트럼으로 그려낸다. 적외선 분광기의 기본 얼개를 그림 3. 29에 나타냈다.

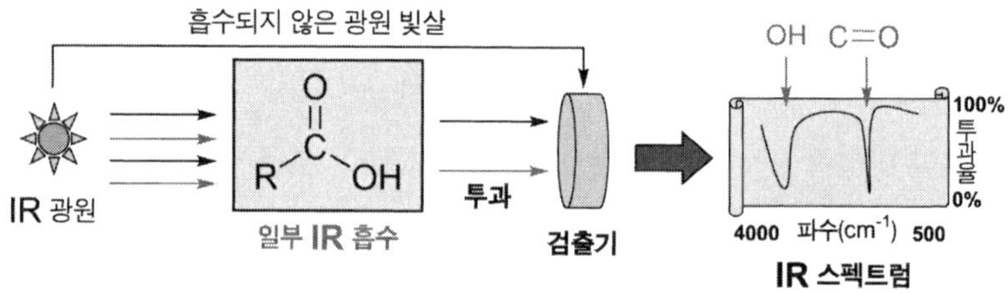

그림 3.29 적외선 분광기의 얼개 그림.

표 3.6 중요한 작용기들의 IR 흡수 영역

결합 진동 형태		진동수 (파수, cm^{-1})	결합 진동 형태		진동수 (파수, cm^{-1})
C–H	알케인	3000~2850	O–H	알코올, phenol 수소 결합	3400~3200
	알켄	3100~3000		비수소 결합	3650~3600
	알카인	~3300		카복실산	3400~2400
	방향족	3150~3050	N–H	1차, 2차 아민과 아마이드	3500~3100
	알데하이드	2900~2800	C–N	아민	1350~1000
C=C	알켄	1680~1600	C=N	이민, 옥심	1690~1640
	방향족	1600 및 1475	C≡N	나이트릴	2260~2240
C≡C	알카인	2250~2100	X=C=Y	알렌, 케텐, 아이소사이아네이트, 아이소싸이오사이아네이트	2270~1940
C=O	알데하이드	1740~1720	N=O	나이트로(RNO_2)	1550 및 1350
	케톤	1725~1705	S–H	머캅탄	2550
	카복실산	1725~1700	S=O	설폭사이드	1050
	아마이드	1680~1630	SO_2–Y (Y=R, Cl, NH_2)	설폰, 설포닐클로라이드, 설폰아마이드	1375~1300 및 1350~1140
	에스터	1750~1735			
	산무수물	1810 및 1760	C–F	플루오린화물	1400~1000
	산염화물	1800	C–Cl	염화물	785~540
C–O	알코올, 에스터, 카복실산, 산 무수물	1340~1000	C–Br(I)	브로민화물, 아이오딘화물	<667

실험 3.12 적외선 스펙트럼 측정

❶ **주의**: 실험 전에 30분에서 1시간가량 IR 기계를 충분히 가동시킨다.

1) 이론

적외선 분광법(IR)으로 알 수 있는 가장 유용한 분자 구조 정보는 작용기의 종류에 대한 정보이다. 따라서 적외선 스펙트럼을 얻으려는 시료는 순수해야 한다. 불순물이 있거나 혼합물이면 정확한 정보를 얻을 수 없다. 따라서 실험 전에 TLC로 순도를 확인하여야 한다. 또한 실험 후 얻은 순수한 시료의 적외선 스펙트럼은 소중하므로 잘 보관해 둔다.

적외선 스펙트럼 측정 시료는 순수해야 구조 확인에 유용하다. 시료는 액체와 고체의 경우 각기 다른 용기를 사용한다.

액체 시료인 경우 휘발성이 없으면 고체용 시료판에 묻혀서 찍는다. 그러나 휘발성인 경우는 액체용 시료 용기를 사용해야 한다.

고체 시료는 소량의 시료와 몇 방울의(1~2 방울) 뉴졸(Nujol®)을 넣고 잘 혼합하여 사용한다. 뉴졸은 포화 탄화수소의 혼합물이며, 3000 ~ 2850, 1460, 1375 cm^{-1}에서 흡수 띠가 나타난다. 또는 1~2 mg의 화합물과 50 ~ 100 mg의 KBr(IR용) 분말을 넣고 시료 판(disc)을 만들어 스펙트럼을 찍는다. 필요에 따라서는 고체 시료를 용매에 녹여 액체 시료 용기에 넣고 찍을 수도 있다. 이때에는 기준 시료 관(reference cell)에 용매만을 넣고 함께 찍으면 순수한(neat) 스펙트럼을 얻을 수 있다.

IR 시료 용기나 판은 보통 NaCl 또는 KBr로 만들어져 있다. NaCl 시료 용기는 4000 ~ 650 cm^{-1} 범위에서 사용할 수 있고, KBr 시료 용기는 4000 ~ 450 cm^{-1} 범위에서 사용할 수 있다. NaCl과 KBr 시료 용기는 수분에 약하므로, 시료에 수분이 없도록 해야 하고, 사용 후에는 $CHCl_3$나 *n*-hexane 같은 용매로 세척하여 건조제가 들어 있는 데시케이터에서 보관한다.

2) 준비물

실험 기구: 적외선 분광기, 보정용 표준 필름(필요한 경우)

시약: 디스크 제작용 KBr, Nujol, 시료 화합물

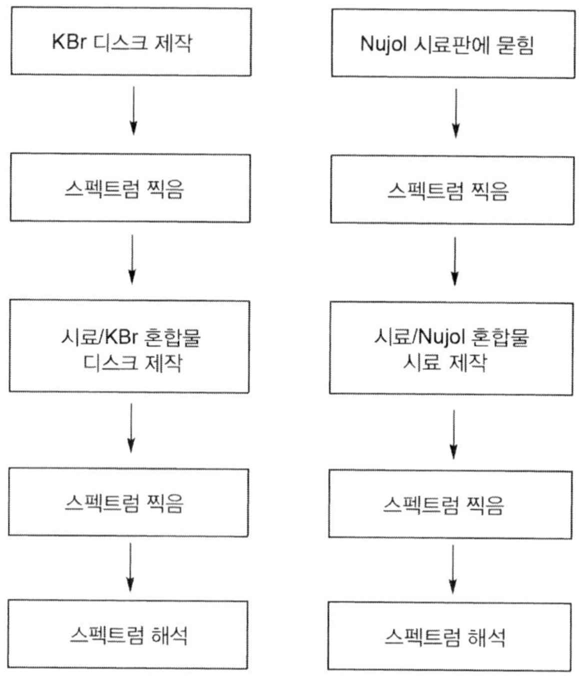

실험 흐름도 3.13 적외선 스펙트럼 측정.

3) 실험 방법

1. 오래된 기기의 경우는 IR 기계 제작 회사로부터 만들어진 보정용 표준 필름(보통 polystyrene film이다.)을 찍어 피크 보정을 한다.
2. 시료 판에 소량의 뉴졸(Nujol)을 묻혀 스펙트럼을 찍는다. 또, 시료를 포함하지 않은 KBr 디스크를 만들어 스펙트럼을 찍는다.
3. 특성적인 흡수 피크를 주는 작용기(fuctional group)가 포함된 고체 화합물을 시료로 선택한다.
4. 한 번은 뉴졸로 젤(gel)을 만들어 찍고, 또 한번은 KBr 디스크를 만들어 찍는다. 두 스펙트럼을 판독하고, 시료가 포함되지 않은 뉴졸과 KBr 디스크로부터 얻은 스펙트럼과 비교한다.
5. 주어진 미지 시료의 스펙트럼을 분석하여 구조를 예측한다.

4) 핵자기 공명 분광법

스핀을 갖는 어떤 원자핵들을 자기장에 두면, 세차 운동(procession)을 일으켜 자기장 축과 같은 방향이거나 반대 방향으로 재배열된다. 이처럼 원자핵이 세차 운동을 하려면,

세차 운동의 각운동량과 동일한 외부 자기장을 흡수해야 한다. 세차 운동에 필요한 각운동량($h\omega$)과 외부 자기장($h\nu$)의 세기가 같아지면 흡수가 일어나 핵이 세차 운동을 일으켜 스핀 방향이 변한다. 이와 같은 현상을 공명(resonance)이라고 한다.

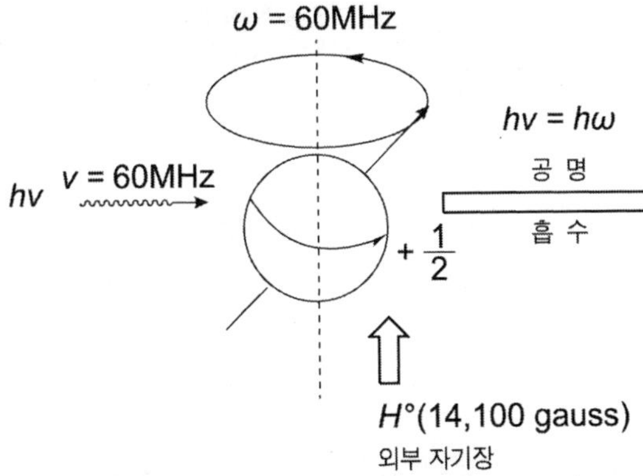

그림 3.30 핵자기 공명 과정.

만일 외부 자기장이 없으면 핵스핀 간의 에너지는 거의 같다. 그러나 어떤 자기장에 놓이면 스핀이 각기 다른 에너지 준위로 분리되어 구분할 수 있다. 이때 흡수되는 에너지는 $E_{흡수} = E_{-1/2상태} - E_{+1/2상태} = h\nu$이다. 이 에너지 차 $\Delta E = KH^0 = h\nu$ 이고, H^0가 클수록 가능한 스핀 상태 간의 에너지 차이는 더 커진다. 지구 자기장에 의한 효과는 매우 작아서 무시할 수 있다. 또 자기 모멘트는 클수록 좋고, 자기 모멘트가 없으면 검출할 수 없다.

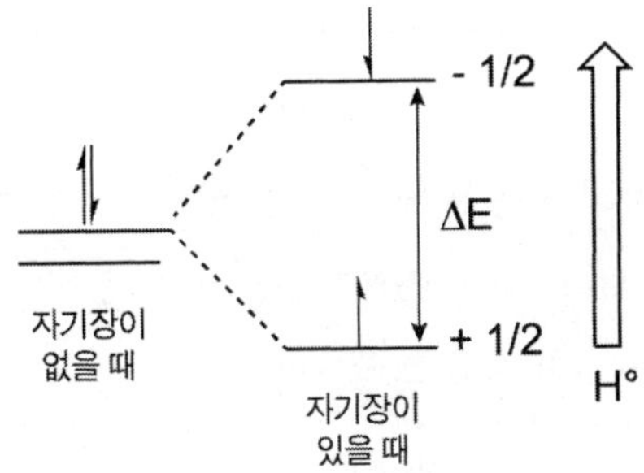

그림 3.31 자기장 속에서의 핵 스핀의 분리 현상.

예를 들어, 양성자의 공명은 보통 14.092 KG의 자기장에서 60 MHz로 나타난다. 그러나 다른 진동수와 자기장의 회합(combination)을 쓰기도 한다.

표 3.7 몇 가지 핵의 공명 진동수

핵종류	공명 진동수(MHz)	
	14.1 KG	23.5 KG
^{1}H	60.0	100.0
^{13}C	15.1	25.2
^{15}N	6.1	10.1
^{19}F	56.5	94.0
^{31}P	24.2	40.5

핵자기 공명 분광법으로 검출될 수 있는 핵은 질량수가 홀수이거나 원자번호가 홀수인 핵들이다. 이런 원자핵은 이론상으로는 60여 개에 달한다. 그러나 실제로는 10여 개 정도가 검출되며, 보통 ^{1}H, ^{13}C, ^{19}F, ^{15}N, ^{31}P가 쓰인다. 유기화학에서 가장 유용한 핵은 ^{1}H와 ^{13}C이다.

표 3.8 몇 가지 핵의 자기 모멘트와 스핀 양자수

자기 모멘트 유무	유	무	유
질량수	홀수	짝수	짝수
원자번호	홀수 또는 짝수	짝수	홀수
스핀 양자수	1/2, 3/2, 5/2	0	1, 2, 3
예	^{1}H, ^{3}H, ^{13}C, ^{19}F, ^{31}P, ^{17}O, ^{37}Cl	검출되지 않음	^{2}H, ^{14}N

핵자기 공명법은 간단하게는 정성 및 정량 분석에 이용한다. 아울러 유기 분자의 탄소 골격을 밝히는 데 유용하다. NMR 스펙트럼은 기기에 적용하는 자기장의 세기나 외부 자기장의 진동수를 변화시켜 얻는 공명 신호(resonance signal)이다. 따라서 동일 분자 내의 수소라 할지라도, 화학적 환경이 다르면 각기 다른 신호를 나타낸다는 것을 의미한다.

양성자 자기 공명 스펙트럼(proton magnetic resonance, ^{1}H NMR)에 대해 살펴보자. ^{1}H NMR은 유기 분자에 대해 다음과 같은 3가지 기본적인 정보를 제공한다.

- 신호의 세기: 신호(signal)의 면적은 전기적인 적분에 의해 측정한다. 이 양은 시료 분자 중의 동일한 화학적 환경에 놓여 있는 신호를 제공하는 양성자들의 수에 비례한다.
- 신호의 위치: 신호의 위치는 화학적 이동 값(chemical shift, δ)으로 표시한다. 이 값은 양성자가 결합하고 있는 원자나 구조적인 요소에 의해 결정된다.
- 신호의 갈라짐 형태: 신호는 이웃한 양성자의 스핀 영향으로 여러 신호로 갈라질 수 있다. 이 신호의 갈라짐 형태를 **스핀-스핀 갈라짐**(spin−spin splitting)이라고 한다. 스핀-스핀 갈라짐 모양은 탄소의 뼈대 구조를 예측하는 데 유용하다.

에틸 아세테이트(ethyl acetate)를 예로 들어 스펙트럼을 해석해 보자. 이 스펙트럼(그림 3.32)은 ChemDraw® 프로그램으로부터 그렸다. 이 프로그램으로부터 얻은 스펙트럼과 실제 기기로부터 얻은 스펙트럼이 동일하지는 않지만, 패턴이 유사하여 유용하다.

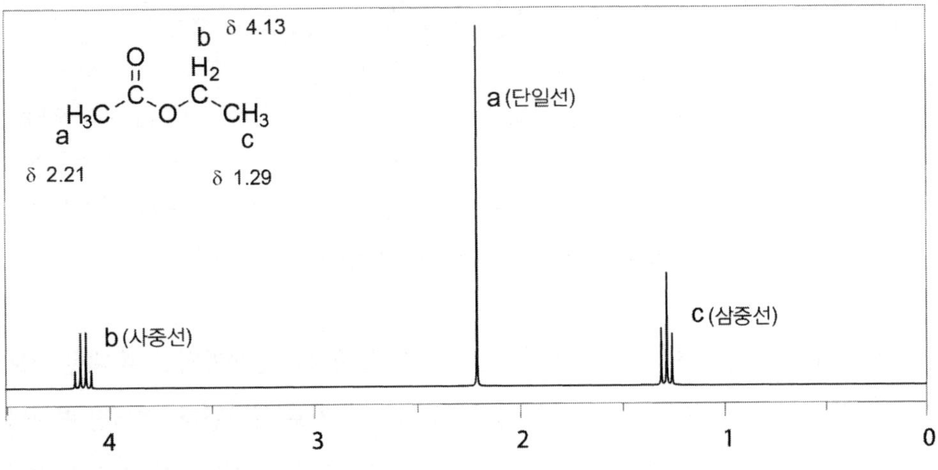

그림 3.32 에틸 아세테이트의 1H NMR 스펙트럼.

에틸 아세테이트에 있는 각 양성자 집단, *a, b, c*의 상대적인 신호 면적비는 *a*:*b*:*c* = 3:2:3이다. 3개 신호의 위치는 오른쪽부터 *c* (δ 1.29) → *a*(δ 2.21) → *b*(δ 4.13) 순이다. 또 이들 3개 신호 집단은 각기 *a*는 단일선(singlet, s), *c*는 삼중선(triplet, t), *b*는 사중선(quartet, q)으로 나타난다. 이처럼 신호가 갈라져 나타나는 것은 이웃한 양성자의 영향 때문이다. 따라서 해당 양성자 이웃에 있는 양성자의 수에 대한 정보를 얻을 수 있다. 일반적으로 이웃한 탄소의 양성자 수가 n개이면, 신호는 n+1개로 갈라져 나타난다. 이런 다중도와 신호의 상대적인 세기는 파스칼의 삼각형(Psacal's triangle)으로 쉽게 예측할 수 있다.

스펙트럼에 나타나는 갈라진 신호들의 집단은 짝지음 상수(coupling constant, J)로 정량화한다. 신호의 갈라짐은 '이웃한 원자에 있는 양성자 영향의 결과'이므로 짝지음 상수는 벤젠 유도체의 치환기 위치를 결정할 수 있는 중요한 정보이다. 이웃 자리 짝지음 상수(vicinal coupling constant) 값은 같은 자리 짝지음 상수(germinal coupling constant) 값보다 작다.

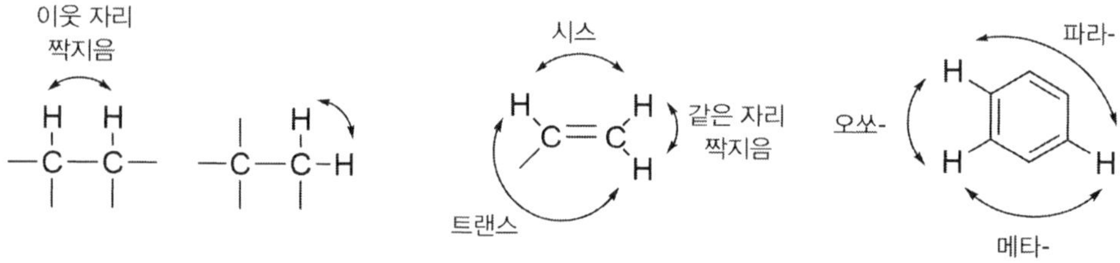

J = 5 ~ 8 Hz

J = 12 ~ 15 Hz

J_{gem} = 0 ~ 3 Hz
J_{cis} = 7 ~ 11 Hz
J_{tans} = 13 ~ 17 Hz

J_{ortho} = 6 ~ 9 Hz
J_{meta} = 1 ~ 3 Hz
J_{para} = 0 ~ 1 Hz

그림 3.33 NMR의 짝지음 형태와 짝지음 상수.

스펙트럼상에 나타나는 신호의 상대적인 면적은 상대적인 양성자의 수에 대한 정보를 제공한다. 신호의 상대적인 면적은 적분곡선이나, 숫자로 나타낸다. 얻어진 면적비 중에서 가장 작은 수로 각각을 나눈다. 정수로 얻어지지 않으면 특정 수를 곱하여, 전체가 가장 작은 정수로 나타나도록 한다. 그림 3.32의 스펙트럼에서 면적비는 *a*: *b*: *c* = 3: 2: 3으로 나타날 것이다.

그림 3.34 파스칼의 삼각형.

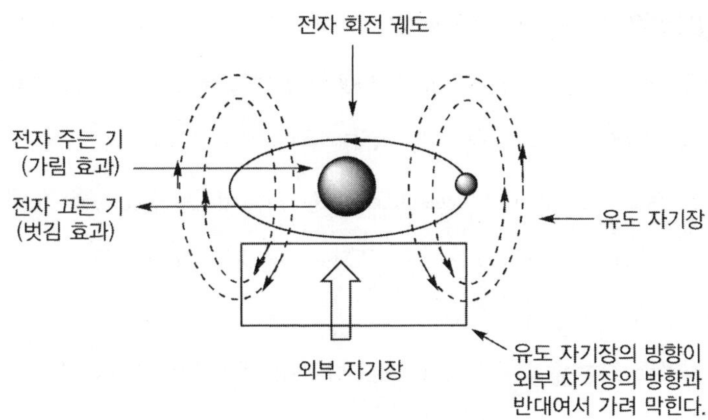

그림 3.35 가림 효과와 벗김 효과.

스펙트럼상에 나타나는 신호의 위치는 화학적 이동 값(chemical shift, δ)으로 나타낸다. 화학적 이동 값은 신호를 주는 양성자의 화학적 환경(chemical environment)과 관계가 있다.

핵이 자기장에 노출되어 공명을 일으킬 때, 핵 주위의 전자에 의해 생기는 유도 자기장이, 외부 자기장이 핵에 도달하는 것을 방해한다. 이 현상을 **가림 효과**(shielding effect)를 받는다고 한다. 이런 가림 효과는 핵 주위의 전자 밀도에 의해 영향을 받는다. 수소가 결합된 탄소에 전자를 밀어주는 치환기가 있으면 가림 효과가 증가한다. 반대로 전자를 당기는 치환기가 존재하면 가림 효과가 감소한다. 가림 효과의 반대 효과는 **벗김**

효과(deshielding effect)이다. 화학적 이동값(δ)의 상대적 위치는 높은 장(upfield)과 낮은 장(downfield)으로 나타낸다. 높은 장은 TMS 신호 쪽을 의미하고, 낮은 장은 TMS로부터 더 먼 쪽을 의미한다. 어떤 핵이 가림 효과를 받으면 신호가 높은 장 방향으로, 벗김 효과를 받으면 낮은 장 방향으로 이동해서 나타난다.

NMR 스펙트럼은 표준 기준 물질인 TMS[tetrmethylsilane, $Si(CH_3)_4$]를 기준(0)으로 하여 시료의 가림 차이로 그려진다. TMS는 가림 효과가 매우 큰 물질이어서 기준 물질로 사용한다. 화학적 이동값(ppm)은 TMS를 기준으로 하여 왼쪽으로 갈수록 증가한다. 기준 물질은 검출하려는 핵에 따라 다른 것을 사용한다. ^{1}H와 ^{13}C는 TMS를 사용한다. ^{31}P는 H_3PO_4가 85% 이상인 수용액, ^{19}F는 CCl_3F, ^{14}N 및 ^{15}N은 $(CH_3)_4N$ 그리고 B는 BF_3, Et_2O를 기준 물질로 사용한다.

NMR 스펙트럼은 시료를 적당한 용매에 녹여서 찍는다. 따라서 NMR 용매는 분자의 모든 H를 모두 D(중수소)로 치환된 것을 사용한다. 치환된 D의 수(x)를 이름 마지막에 (−d_x)식으로 표시한다. 흔히 사용되는 NMR 용매로는 Cl_3CD(chloroform−d), Cl_2CD_2 (methylene chloride−d_2, $N{\equiv}CCD_3$(acetonitrile−d_3), DOD(deuterium oxide) C_6D_6(benzene−d_6), $CD_3S(=O)CD_3$(dimethyl sulfoxide−d_6), $CD_3C(=O)CD_3$(acetone−d_6) 등이 있다. 이 외에도 많은 NMR 용매가 시판되고 있다.

표 3.9에 지방족 화합물의 양성자에 대한 화학적 이동값을 나타냈다. 이 자료로부터 다음과 같은 일반적인 규칙을 만들 수 있다.

- RCH_3의 양성자는 R_2CH_2와 R_3CH보다 오른쪽에서 나타난다. 예로서 2,4−다이메틸펜테인(2,4−dimethylpentane)의 화학적 이동값을 나타냈다.

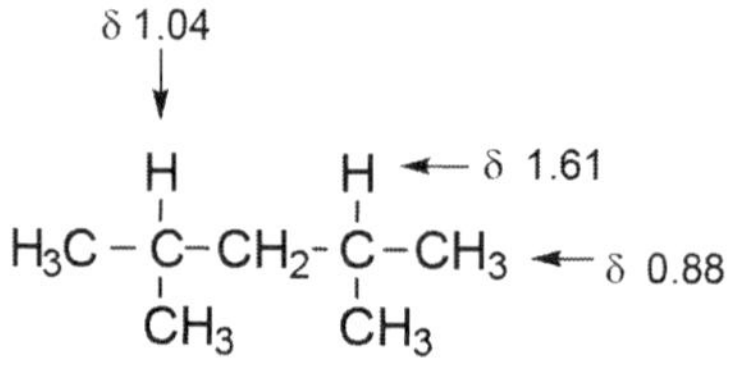

- 전기음성도가 큰 원자(X)가 결합된 탄소에 있는 양성자의 화학적 이동값은 X의 전기 음성도 증가에 따라 증가한다. 이것은 벗김 효과 때문이다.

CH_3-I	CH_3-Br	CH_3-Cl	CH_3-F
δ 2.15	δ 2.70	δ 3.00	δ 4.30 ppm

전기 음성도: F > Cl > Br > I

• 벗김 효과를 주는 치환기는 기준 양성자와의 거리가 멀수록 그 영향이 감소한다.

H_3C —	CH_2 —	CH_2 —	X
1.03	2.07	4.38	NO_2
0.92	1.57	3.58	OH
0.97	1.67	2.42	CHO

표 3.9 지방족 화합물 양성자의 화학적 이동값

양성자	δ(ppm)	양성자	δ(ppm)
HCH_3	0.23		
메틸(methyl) 양성자		메틸렌(methylene) 양성자	
R−CH_3	0.18~1.2	RCH_2R	1.0~1.5
RCH=CHCH_3	1.6~1.9	ArCH_2R	2.5~2.9
ArCH_3	2.2~2.5	RC(=O)CH_2R	2.3~2.7
RC(=O)CH_3	2.1~2.4	RCH_2OR	3.4~3.8
ArC(=O)CH_3	2.4~2.6	RCH_2OAr	3.9~4.3
ROC(=O)CH_3	1.9~2.2	RCH_2OC(=O)R	3.7~4.1
ArOC(=O)CH_3	2.0~2.5	RCH_2NR_2	2.5~2.8
R_2NCCH_3	1.8~2.2	RCH_2Br	3.4~3.6
ArNH−CH_3	2.8~3.1	RCH_2Cl	3.6~3.8
RC(=O)NHCH_3	2.8~3.0	CH_2Cl_2	5.33
ArOCH_3	3.7~4.0	메타인(methyne) 양성자	
R$CO_2$$CH_3$	3.6~4.0	R_3CH	1.4~2.0
ROCH_3	3.2~3.5	ArCHR_2	2.8~3.2
RO$CH_2$$CH_3$	1.2~1.4	R_2CHOH	3.5~4.0
RO$CH_2$$CH_2$$CH_3$	0.9~1.1	$CHCl_3$	7.27
RO$CH_2$$CH_2$$CH_2$$CH_3$	0.9~1.1		
CH_3NO_2	4.3		
CH_3I	2.0~2.15		
CH_3Br	2.7		
CH_3Cl	3.0		
CH_3F	4.3		

방향족 고리의 양성자는 방향족 고리의 유도 자기장 때문에 매우 낮은 장에서 나타난다. 예를 들어 벤젠(C_6H_6)의 양성자 화학적 이동값은 δ = 7.27 ppm이다. 벤젠에 전자를 당기는 치환기가 결합되면, 벤젠 고리 양성자 신호는 벤젠의 양성자 신호보다 더 왼쪽(높은 장)에서 나타난다. 반대로 전자를 밀어주는 치환기가 결합되면 벤젠 양성자 신호보다 더 오른쪽(낮은 장)에서 나타난다. 따라서 벗김 효과를 크게 받는 나이트로벤젠(nitrobenzene, $PhNO_2$))의 양성자 화학적 이동값은 벗김 효과를 적게 받는 아닐린(aniline, $PhNH_2$)의 양성자 화학적 이동값보다 더 큰 값을 갖는다. 아울러 자기적 비등방성(magnetic anisotropy)을 갖는 치환기(−NO_2, C=O)들은 방향족 고리의 오쏘(ortho−) 위치 양성자의 벗김 효과를 더 크게 한다.

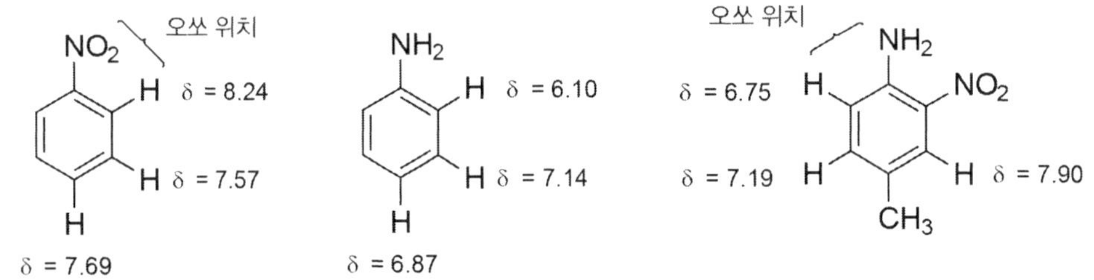

Nitrobenzene Aniline 4-Methylnitroaniline

그림 3.36 나이트로벤젠, 아닐린 및 4-메틸나이트로아닐린의 양성자 화학적 이동값.

한편 O, N, S와 같은 헤테로 원자(heteroatom)와 결합하고 있는 양성자의 화학적 이동값은 그 범위가 넓다. 이 양성자들의 신호가 나타나는 정도는 온도, 용매, 농도, 물리적 특성(산성, 염기성 등) 및 불순물의 존재 여부 등에 크게 의존한다.

아마이드의 N-H 양성자는 종종 식별하기 힘들 정도로 넓은 신호를 나타낸다. 아민(RNH_2)이나 알코올(ROH)은 이웃한 양성자에 상관없이 하나의 신호로 나타난다.

표 3.10 불포화 탄소 원자에 있는 양성자의 화학적 이동값(δ)

양성자	δ(ppm)	양성자	δ(ppm)
$RCH=CH_2$	4.9~5.2	C_6H_6	7.27
$RCH=CH_2$	5.8~6.0	ArH	6.0~9.0
$R_2C=CH_2$	4.5~5.1	RC≡CH	2.3~2.51
RCH=CHR	5.2~5.7	ArC≡CH	2.8~3.1
$R_2C=CHR$	5.1~5.5	$R_2NC(=O)H$	7.9~8.2
$ROCH=CH_2$	4.0~5.0	ROC(=O)H	8.0~8.2
$ROCH=CH_2$	6.0~7.5	RC(=O)H	9.4~9.9
RC(=O)CH=CHR	6.8~7.2	ArC(=O)H	9.7~10.3

표 3.11 헤테로 원자(O, N, S)에 결합된 양성자의 화학적 이동값(δ)

양성자	δ(ppm)	양성자	δ(ppm)
ROII	3~6	RNH_2	0~2.5
ArOH	6~8	$ArNH_2$	3~4.5
RCOOH	10~12	$RCONH_2$	5.5~7.5
Enolic OH(H-bonded)	14~16	RSH	1~2
		ArSH	3~4

3.6 유기 혼합물의 분리와 확인

실험실에서 반응 종료 후에 얻는 물질들은 대개는 혼합물이다. 더욱이 자연물로부터 원하는 물질만을 순수하게 얻어야 하는 경우는 더욱 그렇다. 여러 가지 화합물의 혼합물로부터 각각의 순수한 화합물을 분리하는 것은 유기화학 실험실에서 매우 중요한 기술 중의 하나이다. 이러한 유기 혼합물의 분리는 지금까지 우리가 다루어 온 여과, 증류, 승화, 추출, 재결정뿐 아니라 크로마토그래피 등과 같은 다양한 기술은 물론 때에 따라서는 간단한 화학반응도 필요로 한다.

이 실험에서는 시판되고 있는 아스피린 정제로부터 간단히 아세틸살리실산(acetyl-salicylic acid)을 분리해 보고, 마지막으로 5가지의 유기 화합물이 섞여 있는 혼합물로부터 이들 각각의 화합물을 어떻게 순수하게 분리할 수 있는가를 실험을 통해 이해하도록 한다.

실험 3.13 아스피린 정제로부터 아세틸살리실산의 분리

1) 이론

의약품으로 시판되는 아스피린에는 정제 하나당 주성분인 아세틸살리실산(acetylsalicylic acid)과 활성이 없는 녹말 및 셀룰로스(cellulose)가 포함되어 있다. 이 실험에서 시판되는 아스피린 정제로부터 주성분인 아세틸살리실산을 분리해 본다.

실험 장치

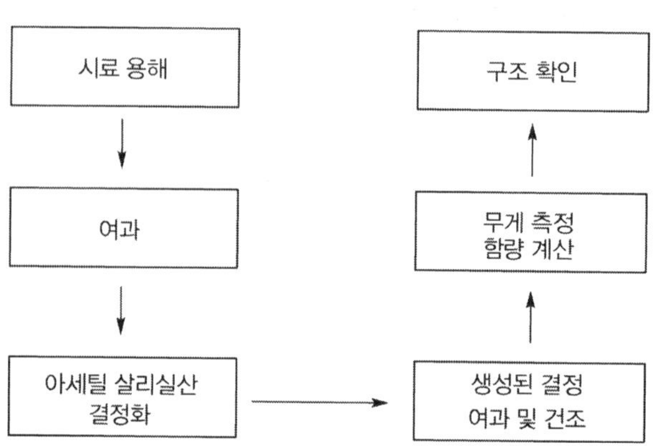

실험 흐름도 3.14 아스피린 정제로부터 아세틸살리실산의 분리.

2) 준비물

실험 기구: 삼각 플라스크, 자석 가열 교반기, 자석 젓개, 여과장치, 저울, 녹는점 측정기

시약: 아스피린 정제 3개, isopropyl alcohol(91%)

3) 실험 방법

1. 아스피린 10정을 100 mL 삼각 플라스크에 넣고 아이소프로필 알코올(isopropyl alcohol, 91%) 10 mL를 가한다. 알코올의 끓는점보다 낮은 온도에서 20~30분 동안 천천히 교반한다(아스피린 정제가 코팅되어 있어도 이를 분말로 만들 필요는 없다).
2. 여과 장치를 이용하여 혼합 용액을 여과하여 여과액을 250 mL 삼각 플라스크에 받는다. 이때 여과 후 잔류물을 2~3 mL의 알코올로 씻어 준다(여과지에 소량의 녹말과 셀룰로스(cellulose)가 남는다).
3. 여과액에 50 mL의 찬물을 부으면 곧 아세틸살리실산이 결정화된다. 결정화가 완전히 일어날 때까지 찬물에서 5~10분 동안 냉각시킨다.
4. 생성된 결정을 여과하고(플라스크도 물로 씻어 함께 여과) 결정을 건조시키면 아세틸살리실산을 얻는다. 시료의 양을 측정하고, 아스피린 1정당 함량도 계산하여 기록한다. 이 시료를 보관하였다가 다른 실험에서 사용한다.
5. 실제 수율을 계산하고 IR 및 NMR을 찍어 스펙트럼을 판독하여 구조를 확인한다. 아스피린의 NMR 용매는 $CDCl_3$를 사용한다. 아세틸살리실산의 녹는점은 134~135℃이다. 실험에서 얻은 시료의 녹는점 측정치와 비교한다.

실험 3.14 다성분(산성, 염기성 및 중성) 유기 혼합물의 분리

1) 이론

실험실에서 반응 종료 후에 얻는 생성물은 대부분 혼합물이다. 더욱이 천연물부터 추출되는 초기 추출 물질에는 매우 많은 성분이 존재한다. 이런 복합 혼합물을 성분별로 순수하게 분리하는 것은 매우 중요한 실험 기술이다. 이는 유기 실험실에서도 마찬가지이다.

유기 혼합물의 분리에는 지금까지 다룬 여과, 증류, 승화, 추출, 재결정뿐만 아니라 크로마토그래피 같은 기술들이 복합적으로 이루어진다. 경우에 따라서는 산/염기 처리 등과 같은 간단한 화학 반응도 필요하다.

이 실험에서는 신남산(cinnamic acid, 산성), *p*-톨루이딘(*p*-toluidine, 염기성), 아니솔(anisole, 중성) 등 3가지 유기물이 섞여 있는 혼합물의 분리를 수행한다. 이 혼합물은 산성, 염기성 및 중성 물질이 섞여 있어, 산-염기 반응을 이용해서 분리한다. 분리 과정은 흐름도 3.15와 같다.

2) 준비물

실험 기구: 분별 깔때기, NMR, 눈금 실린더, 마이크로 피펫

시약: Cinnamic acid, *p*–toluidine, anisole, dichloromethane, 2M HCl 용액

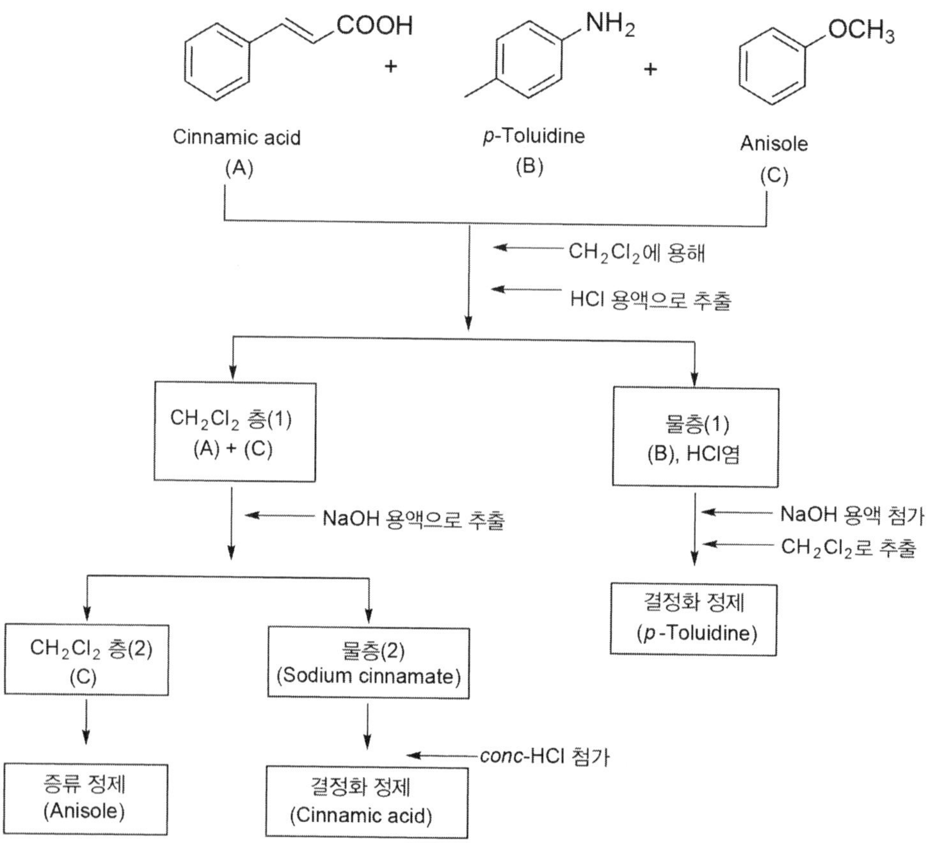

실험 흐름도 3.15 다성분 유기 혼합물의 분리.

3) 실험 방법

1. 혼합 시료를 다음과 같이 제조한다.
   혼합 시료: 신남산(cinnamic acid, 1 g), *p*–톨루이딘(p–toluidine, 1g), 아니솔(anisole, 6 mL)를 CH_2Cl_2 35 mL로 녹인다. 이 용액 1 mL를 채취하여 NMR 시료(시료 1)로 사용한다.
2. 시료 용액을 분별 깔때기에 넣고, 2M HCl 용액 15 mL씩 2번 추출하여 물층(1)과 유기층(1)을 분리한다. 이 과정에서 염기성인 *p*–톨루이딘만 반응하여 톨루이디늄 클로라이드(*p*–toluidinium chloride)가 생성되어 물층에 녹아 있다. 한편, CH_2Cl_2 층에는 신남산과 아니솔이 포함되어 있다.
3. CH_2Cl_2 층을 2M NaOH 용액으로 15 mL씩 2번 씻고, 물층(2)와 유기층(2)를 분리한다. 이 과정에

서 신남산이 이온화되어 소듐 신나메이트(sodium cinnamate)가 생성되고 물층(2)에 녹아 있다. CH_2Cl_2 층에는 아니솔이 녹아 있다.

4. 각각의 유기물은 다음과 같이 정제한다.
   (1) 신남산: 분리해서 얻은 최종 수용액이 산성인지 리트머스 종이로 확인한다. 일정 시간 방치해서 얻어지는 결정을 여과해서 분리한다. 이 결정을 뜨거운 물에서 재결정시켜 순수하게 얻는다.
   (2) *p*–톨루이딘: 분리해서 얻은 최종 수용액이 염기성인지 리트머스 종이로 확인한다. 수용액을 분별 깔때기로 옮기고, CH_2Cl_2로 20 mL씩 2번 추출한다. 물층(상층)은 버리고, 유기층을 분리하여 무수 Na2SO4로 건조시켜 용매를 제거한다. 얻어진 결정을 석유 에터(petroleum ether)로 재결정하여 순수하게 얻는다.
   (3) 아니솔: 최종적으로 얻어진 유기층 용매(CH_2Cl_2)를 제거하고, 증류하여 정제한다.
5. 각 시료의 양을 측정한다. 또 분리된 각 시료의 IR과 NMR을 찍어 확인한다.

CHAPTER 04

유기 화합물의 작용기 확인

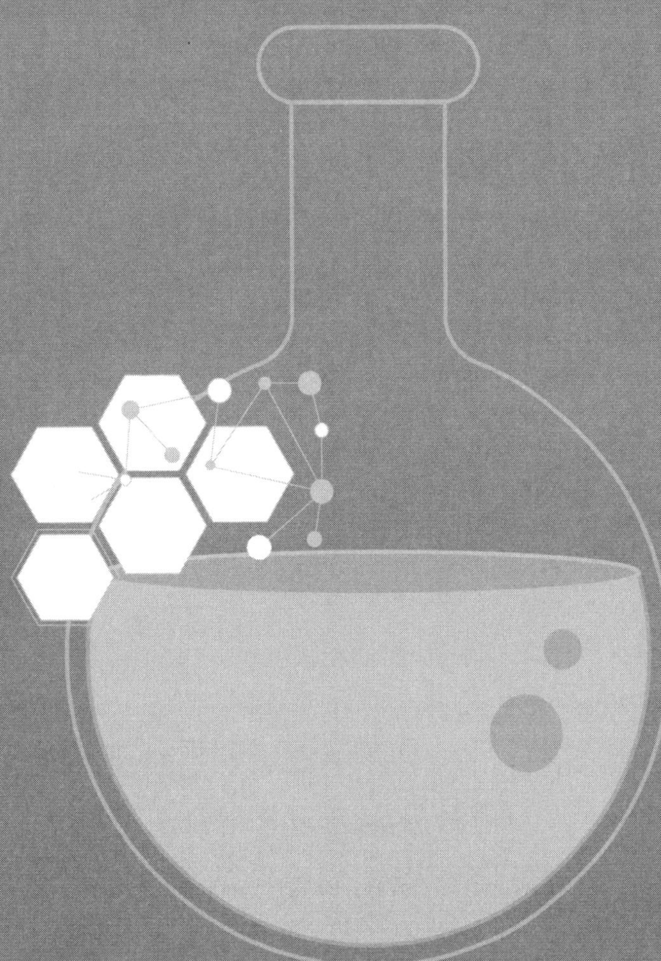

유기 화합물의 확인 방법은 크게 분광학적 방법과 화학적인 방법으로 나눌 수 있다. 분광학적 방법은 매우 유용하고 정확한 정보를 비교적 빠르게 얻을 수 있다. 이들 중 IR 및 NMR은 3장에서 다루었다.

분광학이 발전하기 이전에는 전통적으로 화학적인 방법으로 분자 내 작용기를 확인했다. 여기서는 화학적으로 유기 화합물이 포함하고 있는 작용기를 확인하는 방법에 대해 다룬다. 미지 시료의 작용기를 화학적인 방법으로 확인 분류하는 방법을 개략적으로 나타내면 그림 4.1과 같다.

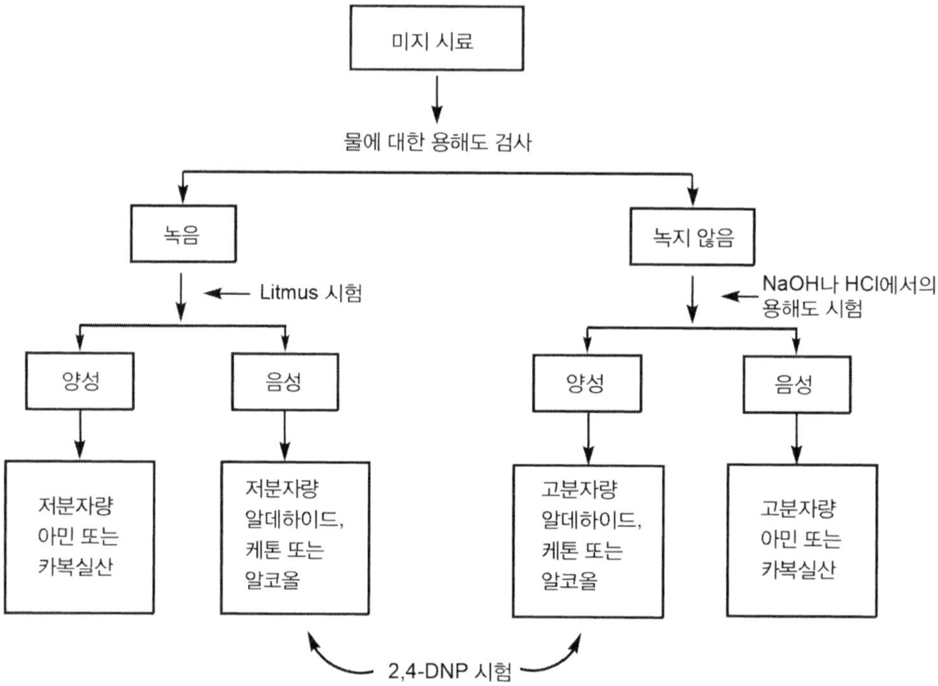

그림 4.1 미지 유기물 시료의 작용기 확인 분류 방법(1).

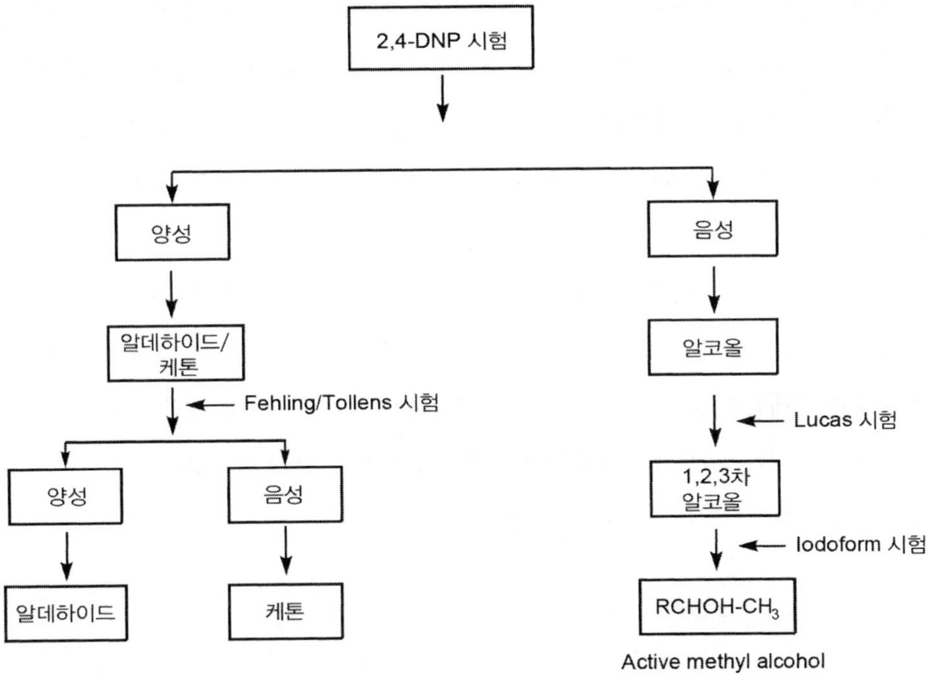

그림 4.1 미지 유기물 시료의 작용기 확인 분류 방법(2).

4.1 서론

유기 화합물의 확인에 대한 체계적인 방법은 무기 화합물과 원소에 대한 확인 방법보다 훨씬 늦게 개발되었다. 유기 정성 분석에 대하여서는 올리버 캄(Oliver Kamm) 교수가 최초로 성공적인 체계를 세웠으며, 이러한 체계적인 방법들은 그의 저서 "Qualitative Organic Analysis: An Elementary Course in the Identification of Organic Compounds (Wiley, 1948)"으로 완성되었다. 올리버 캄에 의하여 개발된 방법들은 아직도 유기 정성 분석 교재의 기초가 되고 있으며, 이 교재에도 그의 고전적 유기 정성 분석 방법을 변경하거나 현대화시켜 서술하였다.

한편 최근에는 화합물의 분리와 분석에 크로마토그래피, 분광학적 분석 등의 기계적인 방법들이 많이 사용되며, 실제로 이러한 방법들은 유기화학 실험에 대 변혁을 일으켰다. 그러나 흥미로운 것은 고전적 유기 정성 분석 방법의 대다수가 아직도 사용된다는 것이다. 뿐만 아니라 이 방법들은 유기화학의 기본 지식을 교육시키는 데 흥미를 자아내며, 효과적이기도 하다. 이러한 이유 때문에 고전적 유기 정성 분석 방법에 대한 개요를 다루려고 한다.

화학자가 새로운 유기 화합물을 확인하려면, 해당 유기 화합물이 순수한지, 불순물은 섞여 있지 않은지를 알아야 한다. 화합물이 불순하다면 고전적인 방법보다 크로마토그래피 같은 근대적인 방법을 사용하는 것이 더 편리하다. 그러나 물리적 성질의 차이를 이용하여 분리하는 고전적인 방법을 아는 것도 중요하다. 대상 화합물들의 물리적 성질 차이를 이용하는 방법들로 증류, 재결정, 추출 그리고 크로마토그래피 등이 있다.

4.2 유기 정성 분석의 고전적 방법

고전적인 유기 정성 분석은 대체로 다음과 같은 여섯 가지의 기본적인 단계로 구성된다.

1. 물리적 · 화학적 성질에 대한 예비 실험
2. 물리적 상수의 측정
3. 원소 분석
4. 산-염기 반응이 포함되는 용해도 측정
5. 분류 실험; 산-염기 반응 이외의 작용기의 반응성
6. 유도체의 합성

유기 화합물의 수는 알려진 무기 화합물의 수보다 수천 배나 많다. 그러나 유기 화합물은 무기 화합물들 보다 더 쉽고, 확실하게 확인할 수 있다. 반면에 제시한 방법으로 정확히 확인되지 않는 예외도 존재한다는 점에 유의하여야 한다.

1) 예비 실험

물질의 상태(고체 액체, 기체)나 색깔, 냄새 같은 자료만으로도 물질에 대한 많은 정보를 얻을 수 있다. 예를 들어, 미지 시료가 결정형 고체라면, 시료가 액체이기 때문에 생기는 어려움들이 배제될 수 있다.

화합물의 색깔도 역시 순도를 예견할 수 있는 좋은 정보이다. 대부분의 순수한 유기 화합물들은 백색(혹은 무색)이다. 또한 콘쥬게이션된 이중 결합이 포함된 순수한 유기 화합물들도 색깔을 나타낸다. 그러나 불순물이 섞여 있는 경우에는 선명하지 않은 색을 나타낸다.

분자량이 적은 많은 유기 화합물들은 독특한 냄새가 난다. 의식적으로 냄새를 맡는다면 알코올, 에스터, 케톤, 지방족 탄화수소, 그리고 방향족 탄화수소 같은 여러 종류의 화합물들이 갖는 독특한 냄새를 구분할 수 있다. 적당한 거리에서 소량의 유기 화합물을 접하였을 경우에 화합물의 확실한 냄새를 기억하도록 노력하라. 예를 들면 싸이올(thiol, RSH), 아이소사이아나이드(isocyanide, 또는 isonitrile, RN≡C), 아민(amine, RNH_2) 등의 불쾌한 냄새는 한번 경험하게 되면 알 수 있다. 또한 이산화 황(SO_2)의 달걀 썩는 냄새는 그 유기 화합물이 황을 함유하고 있음을 암시한다. 그러나 미지 화합물을 냄새로 확인하는 데는 각별한 주의가 필요하다. 많은 화합물이 불쾌한 냄새를 갖고 있을 뿐 아니라, 대부분의 유기 화합물의 증기는 유독하기 때문에 함부로 들여 마시지 말아야 한다.

연소(combustion) 시험도 역시 매우 유용한 물질 확인 방법이다. 소량(액체는 1방울, 고체는 50 mg 정도)의 유기 화합물들을 작은 시약 스푼 또는 도가니의 뚜껑에 놓고, 마이크로 버너의 작은 불꽃으로 밑 또는 옆을 가열한다. 고체는 상온 혹은 더 높은 열을 가하면 녹는다. 다르게는 연소될 때 발생되는 불꽃의 화염 특성을 관찰한다. 방향족 화합물이거나 높은 분자량의 불포화 지방족 화합물은 연소될 때 그을음이 나고 노란색 불꽃이 나타난다. 또 지방족 탄화수소는 그을음이 없이 노란색 불꽃이 나타난다.

유기 화합물에 포함되어 있는 산소는 불꽃을 더 무색(또는 청색)이 되게 한다. 만일 연소 후에 백색의 비휘발성 물질이 남아 있다면, 여기에 한 방울의 물을 가한 다음 리트머스 시험지나 pH 시험지로 용액의 액성을 측정한다. 왜냐하면 소듐 염(또는 다른 금속염)은 염기성(알칼리성)을 나타낸다.

2) 물리적 상수

미지 시료가 고체이면 녹는점 측정으로 확인한다. 순수한 물질의 녹는점 범위는 작고, 불순한 물질의 녹는점의 범위는 넓다. 만일 측정한 녹는점의 범위가 2℃ 이상일 때는, 시료 화합물을 재결정하여 다시 녹는점을 측정한다.

미지 시료가 액체 상태이면 끓는점을 측정하여 확인한다. 끓는점이 명확하지 않거나 재현시킬 수 없을 경우나, 무색이거나, 비균일성인 경우에는 화합물을 증류시켜 얻은 물질의 끓는점을 다시 측정한다.

또 굴절률과 밀도 같은 물리적 상수는 특히 탄화수소, 에터 그리고 반응성이 적은 다른 액체 화합물들의 확인에 유용하다.

4.3 원소 분석

미지의 유기 화합물 안에 존재하는 탄소와 수소 이외에 다른 원소들에 대한 지식은 유기 화합물을 확인하는 데 많은 정보를 제공한다.

탄소와 수소 이외에 유기 화합물에서 가장 보편적으로 나타나는 원소들은 산소(O), 질소(N), 황(S) 그리고 할로젠(X = F, Cl, Br, I 등)이다. 이 원소 중에 산소에 대한 간단한 분석 방법은 없다. 그리고 다른 원소들은 대부분이 공유 결합으로 결합하고 있기 때문에 이온들에 대한 실험에서는 직접 좋은 반응성을 보이지 않는다. 그러나 만일 N, S, X 원소가 포함된 미지 시료를 소듐(Na)과 용융시키면, CN^-, S^{2-}, CNS^-, X^- 같은 이온으로 변화된다. 용융 반응이 완결된 후에 과잉의 소듐을 조심스럽게 분리시키고, 생성된 음이온들이 포함된 수용액을 전통적인 무기 이온 분석 방법을 이용하여 포함된 원소들을 분석한다.

소듐 용융 방법을 통한 시료 전처리

1. 연성 유리로 만들어진 시험관을 장치한다. 시험관은 석면(고무가 아니고)을 안쪽에 붙인 집게를 사용해 고정한다.
2. 시험관 안에 깨끗한 소듐(sodium, Na) 조각(두께 3~4 mm 정도)을 넣고 작은 버너로 가열한다. 이때 소듐이 녹아 그 증기가 약 1 cm 정도 오를 때까지 조심스럽게 가열한다.
3. 가열이 끝나면 불꽃을 치우고 용융 상태의 소듐에 유기 화합물 소량(대략 5~10 mg)을 한 방울씩 가한다.

   〈주의〉 보안경을 반드시 착용한다. 여러 유기 화합물들은 용융 상태의 소듐과 격렬하게 혹은 폭발적으로 반응하므로 얼굴을 시험관 입구에 가까이 하지 말아야 한다.
4. 시험관을 다시 가열한 다음, 불꽃을 치우고 두 번째로 50~100 mg의 유기 화합물을 가한다.
5. 유기 화합물이 옅은 붉은 색으로 될 때까지 시험관을 가열한 다음, 시험관을 냉각시킨다.
6. 에탄올(EtOH) 1 mL를 가하여 과잉의 소듐을 분해시킨다.
7. 소듐과 에탄올의 반응이 끝나면 에탄올이 끓을 정도로 용액을 가열한다. 이때 아스피레이터에 연결된 깔때기를 거꾸로 하여 시험관의 입구에 둔다.
8. 에탄올이 모두 제거되면 시험관을 가열하고 약 15 mL의 증류수가 들어있는 작은 비커에 뜨거운 시험관을 던져 넣어 깨뜨린다.
9. 교반용 막대를 사용하여 용액을 끓지 않을 때까지 교반하고, 용액을 냉각하여 여과한다. 여과액은 보관하여 다음 실험에 사용한다.

1) 황의 원소 분석

1. 앞에서 시료를 전처리해서 얻은 여과액 시료 1~2 mL를 취하여 시험관에 넣는다.
2. 아세트산(acetic acid)을 사용하여 시료를 산성화시킨다.
3. 시료에 5%의 아세트산 납(lead acetate) 용액 몇 방울을 가한다. 이때 생성된 검은 침전은 황화 납(lead sulfide, PbS)이다. 황화 납의 생성은 시료에 황이 함유되어 있음을 의미한다.

2) 질소의 원소 분석

1. 전처리 후 얻은 시료 여과액 약 2 mL를 취하여 시험관에 넣는다.
2. 시료 액에 NaOH 용액을 가해 수소 이온 농도를 pH 13으로 만든다. 이 용액 1 mL를 다른 시험관에 옮긴다.
3. 이 시료 용액에 황산 철(II) 암모늄(ammonium iron(II) sulfate)의 포화 용액과 30% 플루오린화 칼륨(potassium fluoride, KF) 용액을 각각 2방울씩 가하고, 약 30초 동안 끓인다.
4. 수산화 철(III)(iron(III) hydroxide)의 침전이 거의 용해될 때까지 30% 황산을 조심스럽게 한 방울씩 가하여 용액을 산성화시킨다. 프러시안 블루(Prussian blue, potassium ferric ferrocyanide)의 짙은 청색 침전이 형성되면 시료 화합물에 질소가 함유되어 있음을 뜻한다. 유기 화합물에 존재하는 질소는 소듐 용융에 의하여 cyanide 이온(CN^-)으로 변화하게 된다.

주의: 이때 과잉의 산이 들어가지 않도록 주의하여야 한다.

5. 만일 청색 침전의 존재가 확실하지 않지만, 초록 또는 청색 용액이 되는 경우에는 용액을 여과한다. 여과지에 청색이 남아 있으면 질소 확인에 대하여 약하긴 하지만 양성의 반응을 보이는 것이므로 질소의 존재를 확인할 수는 있다.

3) 할로젠 원소

1. 전 처리된 시료 약 2 mL를 취하여 시험관에 넣는다. 리트머스 시험지로 측정하면서 질산(nitric acid)을 한 방울씩 가하여 산성화시킨다.
2. 산성화된 시료 용액에서 H_2S 또는 HCN을 제거시키기 위하여 몇 분 동안 조심스럽게 끓인다. 용액을 냉각시키고 몇 방울의 질산 은(silver nitrate, $AgNO_3$) 용액을 가하고 변화를 관찰한다. 이때 AgX(silver halide)의 침전이 생기면 시료에 염소(Cl), 브로민(Br), 아이오딘(I)이 함유된 것이다.

   용액이 희미하게 혼탁한 것은 시료, 반응 물질 심지어는 소듐 용융에 사용한 시험관에 있었던 할로젠 불순물의 영향일 수도 있다. AgCl(silver chloride)은 백색, AgBr(silver bromide)은 엷은 황색, 그리고 AgI(silver iodide)는 황색 침전으로 확인할 수 있다.

주의: 사용하는 세 가지의 할로젠 물질들은 빛을 받으면, 급격히 검어진다. 따라서 부정확하다고 판단되면 다른 방법으로 정확하게 확인해야 한다.

4.4 용해도에 의한 화합물의 분류

산-염기 반응을 이용한 용해도의 측정은 원래 올리버 캄이 발달시킨 유기 정성 분석의 기본적인 분야 중의 하나이다. 산-염기 반응과 용해도를 이용한 8개 유기 화합물 분류 방법에 대한 대략적인 개요를 그림 4.2에 보였다. 왼쪽에서 오른쪽으로 가는 순서는 용매 또는 반응물에 대하여 실험이 가능함을 나타내며 처음에는 물에서의 용해도를 측정한다.

먼저 유기물의 물에 대한 용해도를 고려하여 보자. 미지 유기 화합물이 물 100 mL에 3 g의 범위 내로 녹거나, 또는 화합물 3 mL가 물 100 mg에 녹는다면 이러한 화합물은 "물에 녹는다"고 한다. 만일 미지 화합물이 이러한 범위에서 물에 녹는다면, 이 화합물은 NaOH(sodium hydroxide) 용액에 대해서는 실험할 필요가 없다. 그러나 리트머스 시험지를 사용하여 수용액의 물성(산성, 염기성 및 중성)은 구분해야 한다(그림 4.2의 상단 '용해' 부분 참고).

만일 미지 화합물이 물에 녹지 않는다면(불용), 5% NaOH 용액으로 실험한다. NaOH 용액에서 녹는 것(용해)과 녹지 않는 것(불용)을 구분한다.

물에는 녹지 않으나 묽은 염기성 용액에서는 녹는 미지 화합물은 5% $NaHCO_3$ 용액에서 용해도를 측정한다.

한편 물과 묽은 염기성 용액에서도 모두 녹지 않는 미지 화합물은 약 5% 정도의 묽은 염산(HCl)에서 용해도를 측정한다.

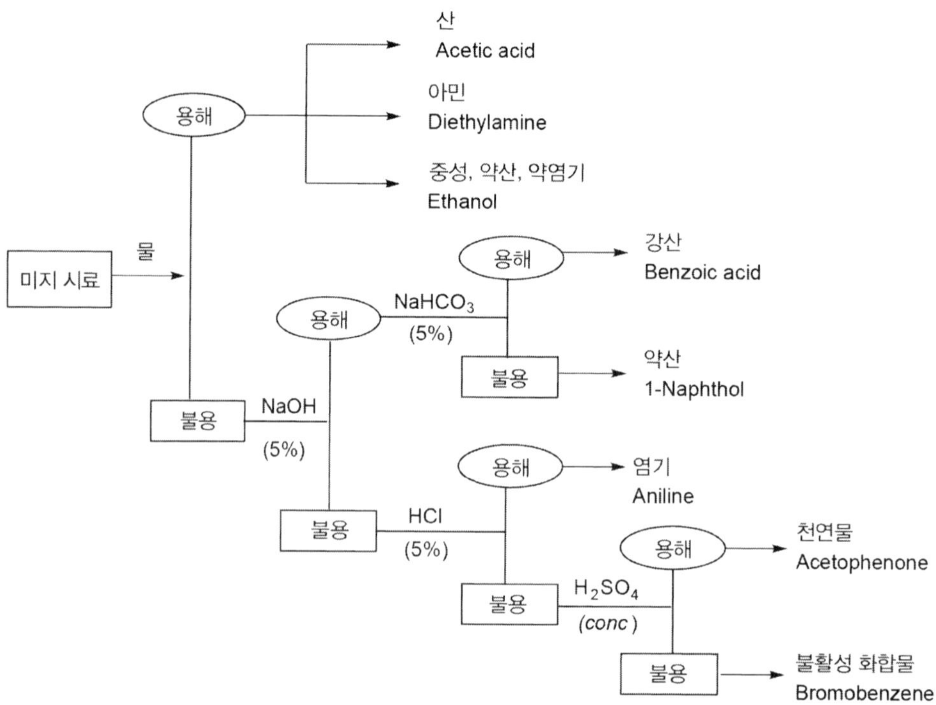

그림 4.2 산-염기 반응을 이용한 용해도에 의한 화합물 분류 방법의 전형적인 예.

시료 화합물이 너무 약염기성이기 때문에 묽은 산 용액에서 녹지 않는 대부분의 유기 화합물들은 진한 황산(*conc*-H_2SO_4)과 반응하거나 진한 황산에 녹지 않는다. 이런 유기 화합물들을 수용액에서의 행동에 근거해서 **중성**이라 일컫는다. 그러나 실험하고자 하는 화합물들이 묽은 염산에서 녹거나, 진한 황산에서 질소 또는 황을 포함하는 중성의 물에 녹지 않는 화합물일 경우는 논의하지 않기로 한다. 이유는 이런 유기 화합물들은 묽은 염산 또는 진한 황산과 반응하거나 일정하게 녹기 때문이다. 기체의 방출 또는 침전의 생성과 같은 검출할 수 있는 어떤 반응을 일으키는 유기 화합물은 진한 황산에서의 용해도를 고려하여야 한다.

이와 같은 정의에 따르면, 단일 작용기를 갖는 유기 화합물의 물에 대한 용해도 경계선은 통상 5개의 탄소 원자를 포함하는 동족 계열의 수에 가깝다. 예로써, 뷰탄산(butanoic acid, 용해), 펜탄산(pentanoic acid, 경계), 헥산산(hexanoic acid, 불용), 1-뮤탄올(1-butanol, 용해), 1-펜탄올(1-pentanol, 경계), 1-헥산올(1-hexanol, 불용)을 들

수 있다. 한편, 분자 표면적과 용해도의 관계도 강조되지만, 관찰한 바에 의하면 2-메틸-2-뷰탄올(2-methyl-2-butanol)은 물에 녹으며, 용해도는 100 mL의 물에 12.5 g 정도가 녹는다.

각 실험자는 자신의 결정한 물리적 상수, 원소 분석 그리고 용해도 실험의 결과를 보고서로 작성하여야 한다. 실험 지도자는 많은 시간을 소비하더라도 실험자가 어떤 오차(예; 끓는점, 녹는점의 경우 오차의 한계는 ±5℃)도 최소한으로 줄일 수 있도록 지도하여야 한다.

1) 분류 실험

분류 실험에서는 산-염기 반응과는 달리 가열하는 조건에서 미지 화합물 내의 다른 작용기를 확인하여 알켄, 알카인, 알코올, 케톤, 알데하이드 등과 같은 정보를 얻는 것은 미지 화합물의 연구에 큰 도움이 된다. 이런 종류의 몇몇 반응들은 이미 다루었으며, 분류 실험에 도움이 될 수 있는 구조와 액성 종류들은 다음과 같다.

(1) 중성 화합물

카보닐 화합물(aldehyde, RCHO; ketone, $R_2C{=}O$), 불포화 화합물(alkene, $R_2C{=}CR_2$), 할로알케인(haloalkane, RX; X = 할로젠), 알코올(alcohol, ROH), 에스터(ester, RCO_2R), 아마이드(amide, $RCONR_2$), 나이트릴(nitrile, $RC{\equiv}N$), 나이트로(nitro, RNO_2) 화합물, 방향족 탄화수소(aromatic hydrocarbon)

(2) 산성 화합물

카복실산(carboxylic acid, RCOOH), 페놀(phenol, PhOH)

(3) 염기성 화합물

아민(amine, $RNH(R)_{1-2}$)

4.5 작용기 특성과 유도체 합성을 이용한 화합물 확인

고전적인 유기물 분석 방법에서는 종종 분석하고자 하는 물질들을 알려진 고체 상태의 다른 어떤 유도체로 변화시켜 확인하기도 한다. 알고 있는 화합물의 녹는점 또는 끓는점은 때로 미지의 유기 화합물을 완벽하게 확인할 수 있게 한다. 여기서는 미지 시료를 고체 상태의 다른 유도체로 제조하는 몇 가지 대표적이고 믿을만한 과정을 다룬다.

실험 4.1 불포화 지방족 탄화수소: 알켄 및 알카인의 확인

1) 이론

알켄(alkene)과 알카인(alkyne)은 대표적인 지방족 불포화 화합물이며, 각각 작용기로 탄소-탄소의 이중 결합(C=C) 또는 삼중 결합(C≡C)을 가지고 있다. 이 두 계열 화합물들은 C=C와 C≡C 결합에 의해 계열의 특성을 나타낸다. 다른 작용기를 전혀 갖지 않는 불포화 지방족 화합물의 고체 상태 유도체를 합성하는 간단한 방법은 없다. 그러나 이들 두 작용기의 존재를 확인하는 실험은 때때로 유용하다.

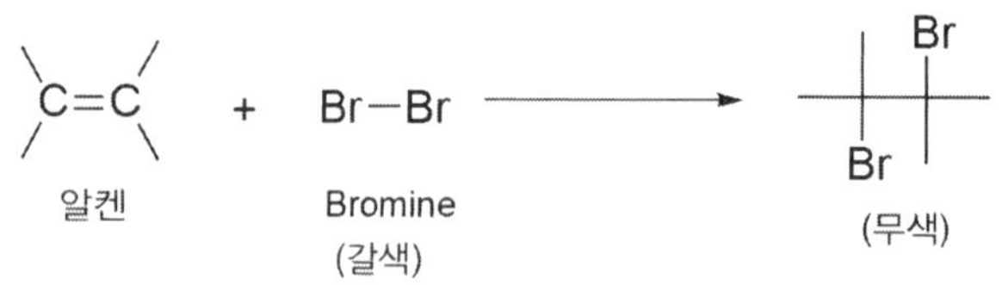

그림 4.3 알켄과 브로민의 반응.

불포화 화합물에 대한 보편적인 정성 분석 방법은 화합물을 사염화 탄소(carbon tetrachloride, CCl_4)의 존재하에서 브로민(Br_2)과 반응시키는 방법, 그리고 $KMnO_4$(potassium permanganate)와 반응시키는 방법 등이 있다. 이들 두 실험 방법에서는 시약의 색깔이 탈색되면 양성 반응인 것으로 구별한다.

(1) 브로민 시험

알켄이나 알카인의 간단한 시험 방법은 사염화탄소(CCl_4) 용액에서 Br_2를 첨가시키는 방법이다. 이 첨가 반응에서 미지 시료가 C=C와 C≡C 를 포함하고 있다면, 브로민이 첨가되면서 브로민의 색깔이 사라진다. 이 첨가 반응은 매우 빠르게 일어난다.

(2) 과망가니즈산 시험

과망간산염(permanganate) 시험도 불포화도를 확인하는 유용한 방법이다. 알켄은 과망가니즈산염에 의해 시스-1,2-다이올(*cis*-1,2-diol)로 되면서 보라색 빛깔이 없어진다.

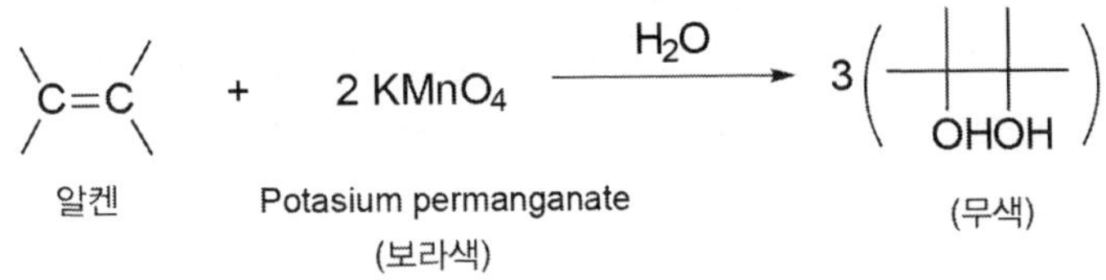

그림 4.4 알켄과 $KMnO_4$의 반응.

(3) 테트라나이트로메테인 시험

테트라나이트로메테인[tetranitromethane, $C(NO_2)_4$]은 합성된 유기 산화제이다. 테트라나이트로메테인은 불포화 화합물과 적황색의 π 착물(π-complex 혹은 charge-transfer complex)을 만든다. 다른 방법으로 불포화도를 확인하지 못하는 많은 경우에 이 방법이 유용하게 쓰이기도 한다.

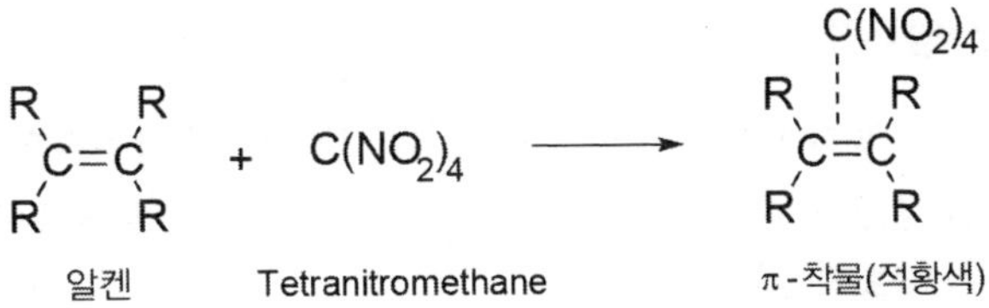

그림 4.5 알켄과 $C(NO_2)_4$의 π-착물 형성.

(4) 2,4-다이나이트로벤젠설페닐 클로라이드 시험

2,4-다이나이트로벤젠설페닐 클로라이드(2,4-dinitrobezenesulfenyl chloride)는 알카인과 반응하여 유색의 결정상 생성물을 생성한다.

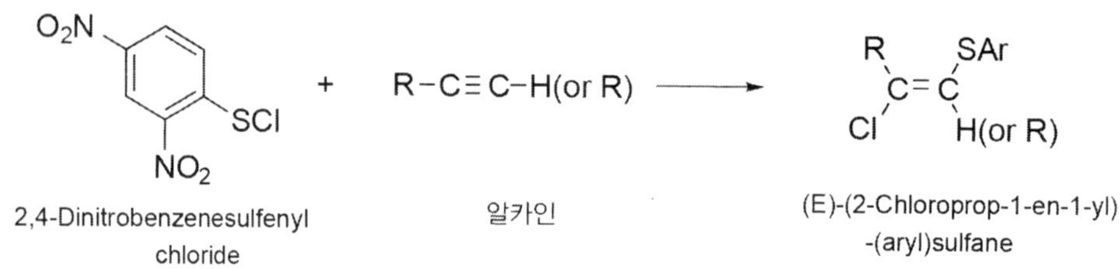

그림 4.6 알카인과 2,4-다이나이트로벤젠설페닐 클로라이드의 반응.

2) 준비물

실험 기구: 시험관 또는 삼각 플라스크, 스포이드

시약: carbon tetrachloride, 2% bromine solution(용매 CCl_4), acetone, 1% $KMnO_4$수용액, tetranitromethane, 2,4-dinitrobezenesulfenyl chloride, ethylene chloride, ethanol, 미지 시료별로 준비

3) 실험 방법

(1) 브로민 시험

1. CCl_4 1mL에 미지 시료 50 mg 혹은 2방울을 녹인다.
2. 시료 용액에 2% bromine 용액(CCl_4 용매)을 브로민 색(갈색)이 나타날 때까지 가한다. 만일 브로민 색이 나타나도록 하는데 2방울 이상이 필요하게 되면 이것은 양성 반응이다.

   ❗ 주의: 시료가 지방족 불포화 화합물이면 탄소 다중 결합과 브로민이 반응하면서 Br_2 색이 사라진다. 반응이 종료되면 다시 브로민의 갈색이 나타난다.

(2) 과망가니즈산염 시험

1. 물이나 아세톤(acetone) 2 mL에 25 mg 혹은 1방울의 미지 시료를 가하여 섞는다.
2. 시료 용액을 잘 흔들면서 1% $KMnO_4$ 수용액을 적가한다. 만일 $KMnO_4$ 용액이 1방울 이상 소요되면 양성 반응이다.

(3) 테트라나이트로메테인 시험

1. 25% 테트라나이트로메테인(tetranitromethane)의 클로로폼(chloroform) 용액에 소량의 미지 시료를 가한다. 불포화도가 증가할수록 색깔(적황색)이 진해진다.

   ❗ 주의:이 방법에서 알릴 알코올(allylic alcohol)과 알카인은 음성 반응을 보이며, 사이클로프로페인(cyclopropane)에서는 양성 반응을 보인다.

(4) 2,4-다이나이트로벤젠설페닐 클로라이드 시험

1. 에틸렌 클로라이드(ethylene chloride)에 2,4-다이나이트로벤젠설펜닐 클로라이드(2,4-dinitrobenzenesulfenyl chloride)를 녹이고 0℃로 냉각시킨다.
2. 이 용액에 미지 시료의 알카인을 과량으로 적가 한다.
3. 반응 혼합물을 0℃에서 2시간 이상 방치하고, 용매와 과량의 알카인을 제거한다(감압하에서).
4. 나머지를 결정화될 때까지 냉각시키고 활성탄을 이용해 에탄올(ethanol)로 재결정한다.

실험 4.2 할로알케인의 확인

할로알케인(haloalkane)에 대한 유기 정성 분석은 화합물의 차수(일차, 이차, 삼차)를 결정하는 데 유용하다. 일반적으로 할로알케인의 유기 정성 분석은 1) 질산 은(silver nitrate, $AgNO_3$) 알코올 용액과의 반응, 2) 아세톤 용매 속에서 소듐 아이오다이드(sodium iodide, NaI)와의 반응 등 2가지로 한정되어 있다.

질산 은 시험

1) 이론

만일 시료 유기 화합물이 할로젠(Br, Cl, I)을 포함하고 있다면, 시료를 질산 은과 알코올 용매 속에서 반응시켜 보면 시료의 구조 정보를 얻을 수 있다.

전체 반응 과정은 아래 반응식과 같다. 이런 반응은 S_N1 반응이다.

$$\mathrm{R{-}X} + \mathrm{AgNO_3} \xrightarrow[S_N1]{\mathrm{EtOH}} \mathrm{AgX}\ (\downarrow) + \mathrm{RONO_2}$$

그림 4.7 할로알케인과 질산 은의 반응.

이 반응은 할로젠화물의 차수에 따라 반응 속도가 다르다. 즉 1차 〈 2차 〈 3차 순으로 증가한다. 따라서 할로젠화 은(silver halide)의 침전도 다른 속도로 형성된다. 이런 반응 속도 차이는 1차, 2차, 3차 할로젠화물의 시료를 각기 다른 시험관에서 실험해 보면 확인할 수 있다.

한편, 브로모알케인(bromoalkane, RBr)과 아이오도알케인(iodoalkane, RI)은 클로로알케인(chloroalkane, RCl)보다 더 빠르게 반응하고, RCl은 적당한 시간 동안 따뜻하게 가열하면 반응이 진행된다. 질산 은은 대체로 바이닐할라이드(vinyl halide, R_2C=CHX) 혹은 할로알카인(haloalkyne, RC≡CX) 같은 시약에 대해서는 반응하지 않는다. 알릴할라이드(allylic halide, R_2C=$CHCH_2X$)는 비록 1차 일지라도 알릴 양이온의 공명 안정화 현상 때문에 3차 할로젠화물보다 더 크거나 비슷한 반응성을 보인다.

2) 준비물

실험 기구: 시험관 또는 삼각 플라스크

시약: Ethanol, 2% silver nitrate 용액, acetone, 적당한 할로젠화물 시료.

3) 실험 방법

1. 시험관에 적당량의 에탄올(ethanol)과 2%의 질산 은(silver nitrate) 용액 2 mL를 넣는다.
2. 이 시험관에 1방울의 할로알케인 시료를 가한다. 상온에서 5분 이내에 반응이 관찰되지 않으면 끓는 물이 들어 있는 비커에 혼합물을 따뜻하게 하면서 발생하는 어떤 변화라도 관찰한다. 이때 생기는 침전의 색 변화도 기록한다. AgCl은 백색, AgBr은 옅은 황색, AgI는 황색의 침전이다.
3. 만일 침전이 소량이면, 용액에 5%의 질산(nitric acid) 몇 방울을 더 가하고 이때 발생하는 변화도 관찰, 기록한다. AgX(silver halide)는 산에 녹지 않으므로 생성된 침전의 양이 줄어들 염려는 없다.
4. 반응성을 확인하기 위하여 1차, 2차, 3차 할로젠화물에 대하여 동일한 방법으로 실험을 수행한다. 할로젠들의 반응성이 각기 다르다는 것을 관찰하려면, RI, RBr, RCl에 대해 반응시킨다.

아이오딘화 소듐 시험

1) 이론

1차, 2차 그리고 3차 할로젠화물을 구별하기 위한 다른 방법으로 아이오딘화 소듐(sodium iodide, NaI)법이 있다. 이 방법에서는 NaI를 아세톤에 녹여서 사용한다. 이 실험은 질산 은/알코올 용액을 사용하는 실험의 단점을 거의 완벽하게 보완해 준다. 할로알케인에 대해 질산 은 시험법과 아이오딘화 소듐 시험법을 모두 사용하면 알킬기의 전체 구조에 대해 상당히 정확한 지식을 얻을 수 있다.

$$\text{R–Cl} + \text{NaI} \xrightarrow[\text{S}_\text{N}2]{\text{Acetone}} \text{R–I} + \text{NaCl}(\downarrow)$$

$$\text{R–B} + \text{NaI} \xrightarrow[\text{S}_\text{N}2]{\text{Acetone}} \text{R–I} + \text{NaBr}(\downarrow)$$

그림 4.8 할로젠화물과 NaI의 반응.

아이오딘화 소듐 시험법은 'NaI는 아세톤에 잘 녹지만, NaCl과 NaBr은 아세톤에 잘 녹지는 않는다'는 사실에 근거를 둔다. 이들 반응에 대한 화학 방정식은 그림 4.8과 같다.

이 반응에서는 I^- 이온(iodide)이 친핵체이고, 반응 메커니즘은 S_N2 반응이다. 반응성의 순서는 1차 〉 2차 〉 3차이다. 이 실험에서 1차 브로민화물(bromide)은 상온에서 약 3분 만에 NaBr의 침전이 형성된다. 반면에 1차 및 2차 염화물(chloride)은 반응이 일어나기 전에 약 50℃ 정도로 가열해야 한다. 2차 및 3차 브로민화물(bromide)은 50℃에서 반응하지만 3차 염소화물은 적당한 시간 안에 반응이 일어나지 않는다. 이런 사실은 이 실험 방법이 RBr과 RCl에만 국한시켜 적용할 수 있음을 의미한다.

2) 준비물

실험 기구: 시험관, 피펫, 비커(중탕용)

시약: Sodium iodide, acetone, 시료용 할로알케인

3) 실험 방법

1. 5%의 NaI(sodium iodide)-아세톤(acetone) 용액을 제조한다.
2. 시험관에 1 mL의 NaI(sodium iodide)-아세톤(acetone) 실험 용액을 넣는다.
3. 이 시험관에 RCl 혹은 RBr의 화합물 2방울을 가한다. 침전 생성 여부를 관찰 기록한다.
4. 만일 시료 화합물이 고체이면 시료 화합물 50 mg을 최소 부피의 아세톤에 녹인 다음 침전이 형성되는지를 기록한다. 3분 후까지도 변화가 일어나지 않으면 50℃의 물이 든 비커에서 용액을 가열한다. 6분간 가열한 다음 상온까지 냉각시킨 후 어떤 침전이 생기는지, 또는 생기지 않는지를 관찰하여 기록한다.
5. 일련의 1차, 2차, 3차 할로젠화물의 경우 RCl과 RBr 모두에 대하여 이 실험과정으로 실험을 실시한다. NaCl과 NaBr 침전의 형성 속도 차이를 관찰, 기록한다.

실험 4.3 알코올의 확인

1. 특성 시험

알코올에 존재하는 하이드록시기(OH)의 확인 실험으로 OH기의 존재 여부 이외에도 알코올의 차수(1차, 2차, 3차)를 알아낼 수 있다.

크로뮴산 시험

만일 시료 물질이 알데하이드 작용기를 함유하고 있지 않다는 사실을 미리 알고 있다면, 아세톤 용액에서 크로뮴산(chromic acid)과 반응시켜 하이드록시기의 존재 여부를 확인할 수 있다. 크로뮴산 확인 법에서 1차 알코올과 2차 알코올은 양성 반응을 나타내지만, 3차 알코올은 반응하지 않으므로 구별할 수 있다. 그러나 1차 알코올과 2차 알코올은 구별할 수 없다.

루카스 시험

1) 이론

루카스(Lucas) 시험은 1차, 2차, 3차 알코올을 구별하는 데 사용되어 왔다. 루카스 시약은 진한 염산(*conc*–HCl)과 $ZnCl_2$(zinc chloride)의 혼합물이다. 루카스 시약은 알코올과 반응하여 상응하는 클로로알케인(RCl)으로 변화된다. 루카스 시약과 1차 알코올은 거의 반응하지 않으며, 용액 속에 녹아 있다. 2차 알코올은 루카스 시약과 빠르게 반응하여 생성된 RCl이 루카스 시약의 위층에 있게 된다. 3차 알코올은 루카스 시약과 가장 빠르게 반응하여 불용성 침전이 생성된다. 루카스 시험은 알코올의 용해도 때문에 그 유용성이 제한된다. 따라서 루카스 시험 법은 다작용기 알코올보다는 대체로 탄소 원자의 수가 6개 이내인 단일 작용기 알코올의 확인에 이용된다.

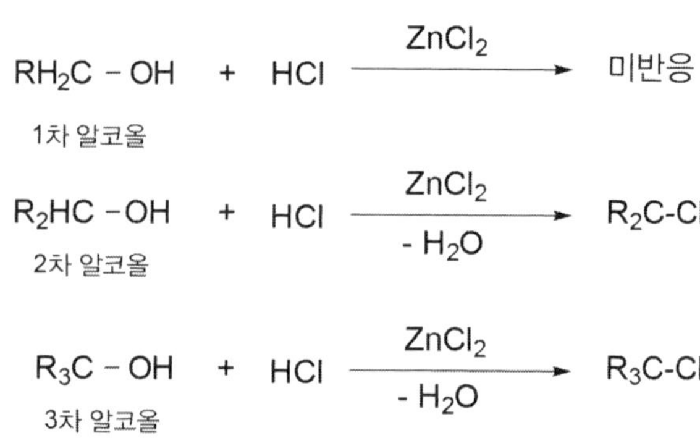

그림 4.9 알코올의 루카스 시험.

2) 준비물

실험 기구: 스탠드, 집게, 시험관, 파이펫

시약: Lucas시약(conc-hydrochloric acid(86 mL)-Zinc chloride(136 g), 미지 시료 1차, 2차 3차 알코올.

3) 실험 방법

1. 시험관을 스탠드에 고정하고 시험관에 분석하고자 하는 시료 화합물 1 mL를 넣는다.
2. 이 시험관에 루카스 시약(Lucas시약: hydrochloric acid-Zinc chloride) 10 mL를 가한다.
3. 상온에서 시험관의 혼합물을 흔들어 준다. 각각의 경우마다 두 번 째의 층 또는 에멀젼(친전물)으로 나타나는 클로로알케인의 형성에 요구되는 시간을 측정한다.
4. 이러한 실험을 1차, 2차, 3차 알코올에 각각 실시하고, 알코올을 확인한다.

2. 유도체 합성 시험

알코올의 확인에 이용되는 유도체 합성법에는 유레테인(urethane) 법과 벤조에이트 에스터(benzoate ester) 법 두 가지가 있다. 유레테인 법은 1차 및 2차 알코올에 용이하게 이용되며, 벤조에이트 에스터 법은 모든 형태의 알코올에 적용할 수 있다.

유레테인 법

1) 이론

알코올을 아릴(aryl)기가 치환된 아이소사이아네이트(isocyanate, ArN=C=O)와 반응시키면 알코올의 첨가 반응에 의하여 유레테인(urethane)이 형성된다.

$$\underset{\text{Isocyanate}}{\text{Ar-N=C=O}} + \underset{\text{알코올}}{\text{ROH}} \longrightarrow \underset{\text{Urethane}}{\text{ArNHCOOR}}$$

그림 4.10 알코올과 아이소사이아네이트의 반응.

유레테인 법에서 많이 사용되는 아이소사이아네이트는 α-나프틸 아이소사이아네이트(α-naphthyl isocyanate), *p*-나이트로페닐 아이소사이아네이트(*p*-nitrophenyl isocyanate), 페닐 아이소사이아네이트(phenyl isocyanate)이다. 유레테인 법에서 수반되는 주된 부반응은 물과 아이소사이아네이트의 반응이며, 이 반응에서 물이 아이소사이아네이트를 가수 분해해서 아민($ArNH_2$)을 생성한다. 이때 생긴 아민이 다시 아이소사이아네이트와 반응하여, 이치환 요소(disubstituted urea)를 형성한다. 녹는점이 높은 요소를 순수하게 정제하기는 어렵다.

$$\underset{\text{Isocyanate}}{Ar\text{-}N{=}C{=}O} + H_2O \longrightarrow \underset{\text{Carbamic acid}}{ArNHCOOH} \longrightarrow \underset{\text{아민}}{ArNH_2} + CO_2$$

$$\underset{\text{Isocyanate}}{Ar\text{-}N{=}C{=}O} + \underset{\text{아민}}{ArNH_2} \longrightarrow \underset{\text{이치환 요소}}{ArNH\text{-}C({=}O)\text{-}NHAr}$$

그림 4.11 아이소사이아네이트의 반응.

이 과정은 물에 용해되지 않는 알코올에 대해서는 좋은 방법이다. 따라서 무수 형태에서는 쉽게 실시할 수 있다. 이런 형태의 유도체는 페놀(phenol, PhOH)에 대해서도 또한 유용하게 사용된다.

2) 준비물

실험 기구: 스탠드, 집게, 시험관, 파이펫

시약: Phenol, phenyl isocyanate 또는 α-naphthyl isocyanate, pyridine, carbon tetrachloride, petroleum ether, 미지 시료 1차, 2차 3차 알코올.

3) 실험 방법

1. 시험관에 1 g의 무수 알코올 혹은 페놀(phenol)을 넣고 0.5 mL의 페닐 아이소사이아네이트(phenyl isocyanate) 또는 α-나프틸 아이소사이아네이트(α-naphthyl isocyanate)를 가한다(만일 시료 화합물로 페놀을 사용한다면 촉매로 피리딘(pyridine) 2~3방울을 가한다).
2. 반응이 자발적으로 진행되지 않으면, 시험관을 수증기 중탕(60~70℃)에서 5분 동안 열을 가한다.
3. 얼음을 채운 비커에 시험관을 넣어 혼합물을 냉각시키고, 시험관의 내부를 문질러서 결정화시킨다.
4. 사염화 탄소(carbon tetrachloride) 또는 석유 에터(petroleum ether)를 사용하여 재결정한다. 재결정의 녹는점을 측정하고 분석한다.

3,5-다이나이트로벤조에이트 법

1) 이론

3,5-다이나이트로벤조일 클로라이드(3,5-dinitrobenzoyl chloride)와 알코올을 반응시키면

상응하는 에스터를 얻는다. 이 방법은 1차, 2차, 3차 알코올 특히 물에 용해되는 알코올에 대해 유용하다.

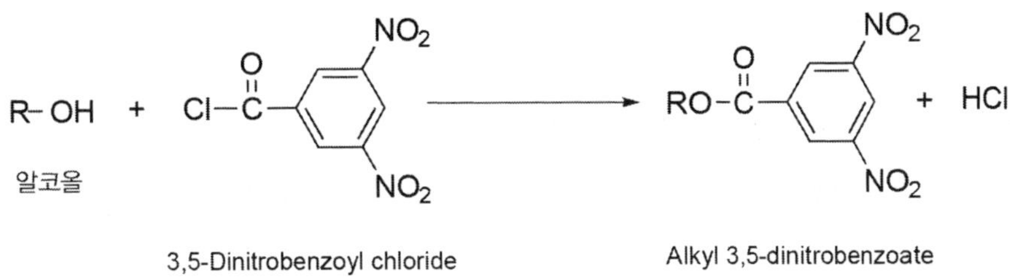

그림 4.12 알코올과 3,5-다이나이트로벤조일 클로라이드의 반응.

2) 준비물

실험 기구: 스탠드, 집게, 시험관, 파이펫

시약: 3,5-Dinitrobenzoyl chloride, 2% sodium carbonate 용액, 미지 시료 1차, 2차 3차 알코올

3) 실험 방법

1. 시험관에 0.5 g의 3,5-다이나이트로벤조일 클로라이드(3,5-dinitrobenzoyl chloride)를 넣는다.
2. 이 시험관에 2 mL의 증류수를 가한다.
3. 생성된 고체 생성물을 모아서 10 mL의 2% 탄산 소듐(sodium carbonate) 용액으로 씻는다.
4. 얻어진 결정을 알코올 수용액으로 재결정한다. 재결정에 사용하는 용매는 가능한 한 소량의 부피를 사용한다. 생성물은 뜨거운 용액 안에서는 녹으나 냉각시키면 결정으로 얻어지기 때문에 알코올의 충분 할 만큼의 물을 가하여 용매의 조성을 조정하여야만 한다.
5. 얻어진 생성물의 녹는점을 측정하여, 문헌 값과 비교한다.

실험 4.4 아릴 할라이드(ArX) 및 방향족 탄화수소(ArH)의 확인

1. 특성 시험

1) 이론

방향족 고리의 존재를 확인하는 실험은 진한 황산에서 녹지 않는 화합물(용해도 측정 참조)에만 적용된다. 분석 실험에서는 무수 $AlCl_3$(aluminum chloride) 촉매가 존재하는 경우에 방향족 화

합물과 $CHCl_3$(chloroform)이 반응을 일으키므로 사용할 수 있다. 이들 반응에서 방향족 화합물에 대해서는 매우 특징적인 색깔을 나타내지만, 반면에 지방족 화합물에 대해서는 색이 나타나지 않거나 나타나더라도 약하다. 몇 가지 방향족 화합물의 실험에서 관찰되는 독특한 색깔의 예를 다음의 표에 나타냈다.

표 4.1 몇 가지 방향족 화합물의 특성 시험 색깔

화합물 형태	색깔
Benzene and homologs	오렌지에서 붉은색으로 변색
Aryl halides	오렌지에서 붉은색으로 변색
Naphthalene	청색
Biphenyl	보라색

이러한 색들은 경우에 따라 시간에 따라 변화하며, 마지막으로 갈색 용액이 생성된다. 사염화탄소는 $CHCl_3$이 존재하는 조건에서 사용하는데, 그 이유는 단순한 색을 나타내기 때문이다. 이 실험은 벤젠에서 시작하여 최종 생성물이 $HC(C_6H_5)_3$(triphenylmethane)으로 되는 프리델-크라프트(Friedel-Crafts) 알킬화 반응을 기초로 한다.

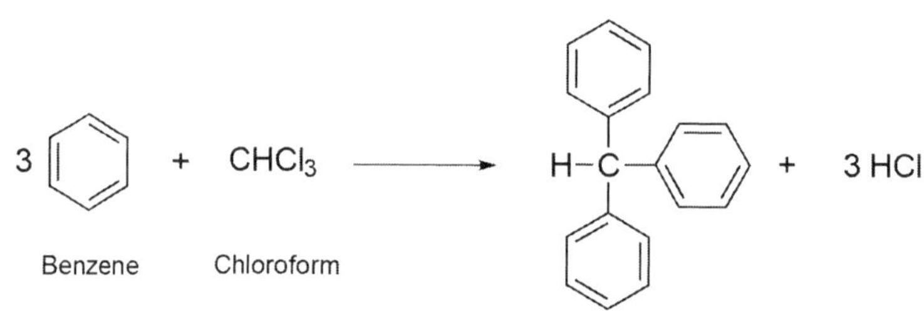

그림 4.13 벤젠과 클로로폼의 반응.

$AlCl_4^-$ 염과 동일 용액에 트라이페닐메틸(triphenylmethyl, $[(C_6H_5)_3C^+]$) 양이온이 함께 존재하면 색을 띤다. 즉 $[(C_6H_5)_3C^+]$ 양이온 같은 종류의 이온들은 3개의 방향족 고리를 통한 전하의 비편재화 때문에 짙은 색을 나타내게 된다. 실험이 양성 반응을 나타내면 의미가 있다. 그러나 음성 반응을 나타내면, 즉 어떤 화합물이 너무 반응성이 적어서 프리델-크라프트 반응이 쉽게 일어나지 않으면 제외시켜야 한다.

한편 아릴 할라이드(aryl halide)에 대하여 양성 반응을 나타내는 실험을 직접 실시하는 것은 어렵다. 이런 경우에는 원소 분석 같은 간접적인 방법으로 할로겐의 존재를 알아내야 한다. 만일

질산 은 시험과 NaI-acetone 시험 모두가 음성이라면, 그 화합물은 $AgNO_3$와 NaI 두 가지 모두에 반응하지 않는 바이닐 할라이드(vinyl halide) 혹은 방향족 할라이드(aromatic halide) 유사 화합물임을 알 수 있다. 이들의 구별은 $AlCl_3$-$CHCl_3$ 시험으로 가능하다.

2) 준비물

실험 기구: 스탠드, 집게, pyrex 시험관, 파이펫, 자석 가열 교반기
시약: Aluminum chloride, chloroform , 미지 시료

3) 실험 방법

1. 스탠드에 거의 수직으로 장치한 파이렉스(pyrex) 시험관에 약 100 mg의 무수 $AlCl_3$(aluminum chloride)를 넣고, 화합물이 시험관의 바닥에서 3~4 cm 정도의 높이로 승화될 때까지 가열한다.
2. 시험관을 거의 열이 없어서 안전할 때까지 냉각시킨 다음, 고체일 경우 약 20 mg, 액체일 경우 약 1 mL의 미지 시료를 벽면을 따라 조심스럽게 가한다.
3. 뒤이어서 2~3방울의 $CHCl_3$(chloroform)를 같은 방법으로 가한다. 시료와 클로폼이 $AlCl_3$와 접촉하는 곳에서 적색에서 청색으로 변하면 양성이다. 즉 시료에 방향족 고리가 존재함을 의미한다.

2. 유도체 합성 시험

유도체 합성 시험의 2가지 형태는 방향족 탄화수소와 아릴 할라이드(aryl halide)로 대별하여 수행한다. 이 유도체들은 1) 나이트로화 반응, 2) 곁가지 사슬 산화 반응 등에 의하여 수행한다. 곁가지 사슬 산화 반응은 곁가지가 카복실산으로 되는 산화 반응이 수반된다. 카복실산들은 간혹 고체 상태로 존재하기 때문에 분석에 적당한 유도체들을 얻을 수 있다. 산화 반응의 일반적인 방법에는 크로뮴산(chromic acid)을 사용하는 방법과 $KMnO_4$(potassium permanganate)를 사용하는 방법 두 가지가 있다. 이러한 두 가지 형태의 산화 반응을 실시하기 위한 실험 과정은 보통 매우 적은 양의 화합물을 사용해야 함으로 여기서 다시 한번 다루기로 한다.

(1) 나이트로화반응

아릴 할라이드(aryl halide, ArX)의 확인에 유용한 유도체 중 대부분은 한 개 혹은 두 개의 NO_2 기를 갖는다. 나이트로화 반응에서는 이 두 가지를 다 사용할 수 있다. 시료가 이미 알려진 물질이든, 미지 물건이든 대부분은 나이트로화 반응 조건이 격렬하기 때문에 주의하여야 한다.

이 방법에서는 벤젠(benzene) 혹은 나이트로벤젠(nitrobenzene)으로부터 *m*-다이나이트로벤젠(*m*-dinitrobenzene)이 생성된다. 또 클로로벤젠(chlorobenzene), 브로모벤젠(bromobenzene), 벤질 클로라이드(benzyl chloride), 톨루엔(toluene)으로부터 이들의 *p*-나이트로(*p*-nitro, *p*-NO_2) 유도체가 생성된다. 페놀(phenol), 아세트아닐라이드(acetanilide), 벤질 클로라이드(benzyl chloride), 바이페닐(biphenyl) 등은 다이나이트로(dinitro) 유도체를 생성한다.

실험 1: 하나의 NO_2기를 가지는 유도체 합성

1) 준비물

실험 기구: 스탠드, 집게, pyrex 시험관 또는 삼각 플라스크, 파이펫, 자석 가열 교반기, 여과 장치, 녹는점 측정기

시약: 진한 황산, 진한 질산, ethanol, 얼음, 미지 시료

2) 실험 방법

1. 시험관 또는 작은 삼각 플라스크에 진한 황산 4 mL와 약 1 g의 시료 화합물을 넣고 흔들어 준다.
2. 이 혼합물에 진한 질산 4 mL를 가한 다음 흔들어 준다.
3. 시료가 들어 있는 시험관을 약 5분간 45℃로 가열한다.
4. 반응물을 얼음 25 g에 붓고 냉각시킨다.
5. 생성된 침전을 여과시켜 모은다. 필요하면 고체를 에탄올이 섞인 수용액으로 재결정한다.
6. 생성물의 녹는점을 측정하고, 확인한다.

실험 2: 두 개 NO_2기를 가지는 유도체 합성

1) 이론

이 방법은 생성되는 두 개 NO_2기를 가지는 유도체의 녹는점이 높은 경우에 사용한다. 두 개 NO_2기를 포함하는 물질은 NO_2기가 하나인 물질보다 정제가 용이하다. 따라서 할로벤젠(halobenzene)의 나이트로화에 사용하면 유용하다.

자이렌(xylene), 메시틸렌(mesitylene) 그리고 슈도큐멘(pseudocumene)은 3개의 NO_2기가 있는 유도체가 생성된다.

2) 준비물

실험 기구: 스탠드, 집게, pyrex 시험관 또는 삼각 플라스크, 파이펫, 자석 가열 교반기, 여과 장치, 녹는점 측정기

시약: 진한 황산(*conc*–sulfuric acid) 또는 발연 황산(fuming sulfuric acid), 발연 질산(fuming nitric acid), ethanol, 얼음, 미지 시료

3) 실험 방법

1. 시험관 또는 작은 삼각 플라스크에 진한 황산 4 mL와 약 1 g의 시료 화합물을 넣고 흔들어 준다.
2. 이 혼합물에 발연 질산 4 mL를 가한 다음 흔들어 준다.
3. 시료가 들어 있는 시험관을 약 10분간 45℃로 가열한다.
   만일 나이트로화가 작게 일어나거나, 아주 일어나지 않으면 진한 황산을 발연 황산으로 교체시키고 반응을 진행시킨다.
4. 반응물을 얼음 25 g에 붓고, 냉각시킨다.
5. 생성된 침전을 여과시켜 모은다. 필요하면 고체를 에탄올이 섞인 수용액으로 재결정한다.
6. 생성물의 녹는점을 측정하고, 확인한다.

(2) 곁가지 사슬 산화 반응

알킬기가 치환된 방향족(Ar−R)을 $KMnO_4$나 크로뮴산(chromic acid)으로 산화시켜, 산으로 처리하면 상응하는 벤조산(benzoic acid)을 얻을 수 있다.

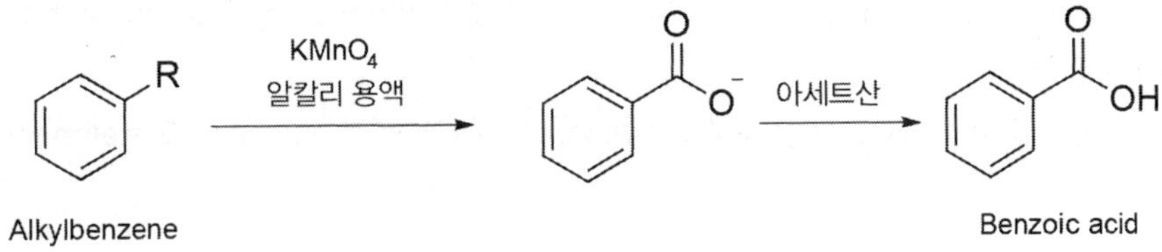

그림 4.14 알킬벤젠의 산화.

실험 1: 과망가니즈산염 법

1) 준비물

실험 기구: 스탠드, 집게, pyrex 시험관 또는 삼각 플라스크, 파이펫, 자석 가열 교반기, 여과 장치, 회전식 감압 증발기, 녹는점 측정기

시약: Potassium permanganate, 10% sodium hydroxide 용액, sulfuric acid, sodium bisulfite, benzene이나 ethanol, chloroform, ether 또는 dichloromethane, 미지 시료

2) 실험 방법

1. 과망가니즈산 칼륨(potassium permanganate) 4 g을 물 80 mL에 녹인 용액에 1 g의 미지 시료 화합물을 가한다.
2. 여기에 10% sodium hydroxide 용액 1 mL를 가하고 과망가니즈산염(permanganate)의 자주

색이 사라질 때까지 30분에서 3시간까지 환류시킨다.

3. 환류가 끝나면 혼합물을 냉각시키고 묽은 황산을 가하여 산성화시킨다.
4. 혼합물을 30분간 더 가열하고, 다시 냉각시킨다.
5. $NaHSO_3$(sodium bisulfite) 용액을 첨가하여, 과잉의 갈색 MnO_2(manganese dioxide)를 제거한다. 이때 $NHSO_3$가 MnO_2를 물에 녹는 MnO_4로 변환시킨다.
6. 감압 여과하여 남아 있는 고체 형태의 산을 모은 다음, 벤젠이나 에탄올 수용액으로 재결정한다. 만일 고체 형태의 산이 적거나, 없으면 얼마간 물에 녹았다고 생각한다. 이러한 경우에는 수용액층을 $CHCl_3$, $(Et)_2O$ 또는 CH_2Cl_2로 추출한다.
7. 추출한 유기 용액을 건조제로 처리한 후, 유기 용매를 제거한다.
8. 생성물의 녹는점을 측정하고, 확인한다.

크로뮴산법

1) 준비물

실험 기구: 스탠드, 집게, 환류 반응 장치, 파이펫, 자석 가열 교반기, 여과 장치, 회전식 감압 증발기, 녹는점 측정기

시약: sodium dichromate, *conc*-sulfuric acid, 5% NaOH 용액, benzene 또는 ethanol 미지 시료

2) 실험 방법

1. 환류 플라스크에 물 15 mL와 중크로뮴산 소듐(sodium dichromate) 7 g을 가하여 녹인다.
2. 이 플라스크에 2~3 g의 시료 화합물을 가하여 산화시킨다. 혼합물에 10 mL 진한 황산을 저어주고 냉각시키면서 가한다.
3. 플라스크에 환류 냉각기를 장치하고, 반응이 시작될 때까지 천천히 가열하다가 반응이 시작되면 가열을 멈춘다, 필요하다면 혼합물을 냉각시킨다.
4. 반응물의 끓음이 멈춘 후에 혼합물을 2시간 동안 환류시킨다.
5. 환류가 끝나면, 반응 혼합물에 25 mL의 물을 가한다.
6. 생성된 침전물을 여과한다.
7. 얻어진 고체 침전물을 플라스크에 옮기고, 5% NaOH 용액 20 mL로 녹인 후에 여과한다.
8. 여과 액에 10% 황산 25 mL를 교반하면서 천천히 가한다.
9. 생성된 침전물을 여과해서, 물로 씻고 건조한다.
10. 얻어진 생성물을 벤젠이나 에탄올 수용액에서 재결정한다.
11. 최종 생성물의 녹는점을 측정하고, 확인한다.

실험 4.5 페놀의 확인

1. 특성 시험

페놀성 하이드록시(phenolic OH)기의 존재를 결정하는 방법에는 1) 브로민수(bromine water) 2) 세릭 나이트레이트(ceric nitrate) 시약 3) 염화 철(iron chloride) 용액 등을 사용하는 방법들이 있다. 이 방법들 외에도 용해도 측정으로 페놀을 예비적으로 확인할 수 있다. 즉 페놀(PhOH)은 5% NaOH 용액에는 녹지만, 5% $NaHCO_3$ 용액에는 대체로 녹지 않는 원리를 이용한다.

브로민수 법

1) 이론

페놀(phenol, PhOH)은 브로민(Br_2)과 치환 반응을 쉽게 일으킨다. 따라서 페놀에 브로민 수용액을 처리하면 쉽게 브로민화된다. 브로민화 반응의 속도는 사염화 탄소 용액에서보다 물에서 훨씬 더 크다. 사염화 탄소보다 물이 극성이 더 커서 브로민의 이온화를 증가시키기 때문이다. 반응 용매로 물을 사용할 경우에는 HBr이 생성되어도 관찰되지 않는다. 페놀을 브로민화시키면 오쏘-(*ortho*), 파라-(*para*-) 위치에 브로민이 치환된다.

아닐린(aniline, $PhNH_2$)과 치환된 아닐린도 브로민에 대한 반응성이 매우 커서 브로민화 반응이 일어난다. 그러나 페놀 브로민 유도체와 아닐린의 브로민 유도체의 물에 대한 용해도가 다르므로 구별할 수 있다. 예를 들어 2,4,6-tribromophenol은 물에서 소량 녹지만, 2,4,6-tribromoaniline은 전혀 녹지 않는다.

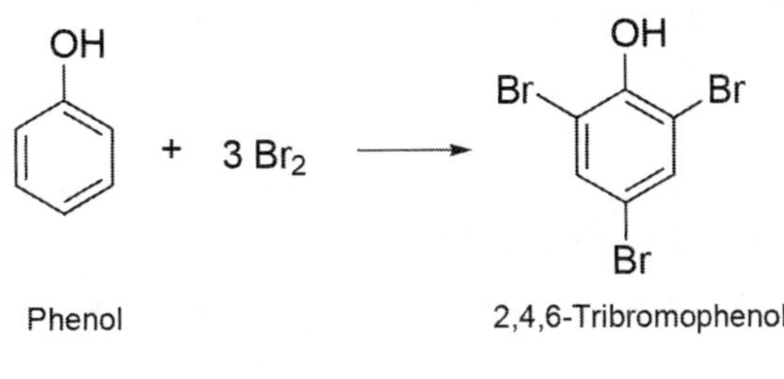

그림 4.15 페놀의 브로민화 반응.

2) 준비물

실험 기구: 스탠드, 집게, 시험관, 파이펫

시약: Br_2 수용액(농도를 알아야 함), 1% 미지 시료(phenol) 수용액, aniline 1% 수용액 시료

3) 실험 방법

1. 시험관에 미지 시료 화합물을 1% 수용액 적당량을 넣는다.
2. 이 시험관에 브로민색(갈색)이 나타날 때까지 농도를 알고 있는 브로민 수용액을 한 방울씩 가한다.
3. 갈색이 나타날 때까지 사용된 브로민 수용액의 양을 기록한다.
4. 결과를 비교, 검토하기 위하여 이러한 실험을 페놀과 아닐린에도 실시한다.
5. 생성물들의 용해도를 비교한다.

세릭 나이트레이트 시약법

1) 이론

지방족 알코올과 페놀은 세릭 나이트레이트(ceric nitrate) 착물과 반응하면, 알코올이 착물의 NO_3^- 이온 대신 치환된다. 반응이 진행되면 용액의 색이 노란색에서 적색으로 변한다.

$$(NH_4^+)_2Ce(NO_3)_6^- \quad + \quad PhO-H \longrightarrow (NH_4^+)_2Ce(OPh)(NO_3)_5^-$$

Ceric ammoniumnitrate	Ceric ammoniumphenoxynitrate
노란색	갈색 또는 녹황색

그림 4.16 페놀과 세릭 암모늄 나이트레이트의 반응.

지방족 알코올과 페놀이 양성 반응을 나타내려면 탄소 원자의 수가 10개 이하이어야 한다. 지방족 알코올은 적색 용액을 만드나, 페놀은 수용액에서는 갈색 내지는 녹황색 침전물이 되며, 다이옥세인(dioxane)에서는 적색-갈색 용액을 생성한다. 방향족 아민도 세릭 나이트레이트 시약에 의하여 산화되며, 양성 반응을 나타내는 색을 띤다.

2) 준비물

실험 기구: 스탠드, 집게, 시험관, 파이펫, 저울

시약: Ceric ammonium nitrate 시약, 미지 시료(phenol), dioxane

3) 실험 방법

1. 시험관에 고체 시료는 약 20 mg, 액체일 경우에는 대략 1방울의 미지 시료와 물 1~2 mL를 넣고 녹인다.
2. 알코올 시료가 물에 녹거나 섞이는 경우에는 앞의 시험관에 0.5 mL의 세릭 암모늄 나이트레이트 시약을 가한 다음 흔들어 주며 색을 관찰한다. 적색이면 양성이다.
3. 알코올 시료가 물에 녹지 않는 경우에는 알코올 시료에 먼저 1 mL의 다이옥세인을 가해 잘 흔든다. 이 시험관에 0.5 mL의 세릭 암모늄 나이트레이트 시약을 가한 다음 흔들어 주며 색을 관찰한다. 적색 착물이 나타나면 양성이다.

염화 철 시험법

1) 이론

대부분의 페놀과 엔올(enol)은 염화 철(III)(iron(III) chloride, $FeCl_3$)과 반응하여 색이 있는 착물을 형성한다. 이때의 용액 색은 페놀 또는 엔올의 종류뿐만 아니라 용매, 농도 그리고 관찰의 시간 등에 따라 변화된다. 색을 띠는 착물의 근원은 확실하지 않다. 그러나 가시광선을 흡수하는 $Fe(OPh)Cl_2$, $Fe(OPh)_2Cl$, $Fe(OPh)_3$ 및 $Fe(OPh)_6$ 같은 철 페녹사이드(ferric phenoxide) 염의 일종으로 본다.

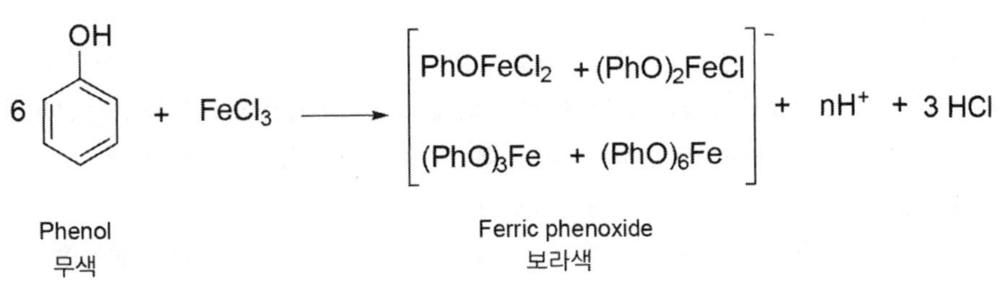

그림 4.17 페놀과 $FeCl_3$의 반응.

2) 준비물

실험 기구: 스탠드, 집게, 시험관, 파이펫, 저울

시약: ethanol, 2.5% ferric chloride 수용액, 미지 시료(phenol, enol 류)

3) 실험 방법

1. 시험관에 물 1~2 mL(시료가 물에 녹지 않을 경우에는 물과 에탄올의 혼합물)에 30~50 mg의 미지 시료를 녹인다.

2. 이 시험관에 2.5% $FeCl_3$ 수용액을 몇 방울 가한다. 대부분의 페놀은 적색, 청색, 자주색 혹은 초록색으로 변하며, 엔올은 적색, 보라색, 또는 황갈색으로 된다.

2. 유도체의 합성

1) 이론

페놀(PhOH)의 확인 시험에 유용한 유도체는 앞에서 다루었던 2,4,6-트라이브로모페놀(2,4,6-tribromophenol)이다. 2,4,6-트라이브로모페놀은 흰색 고체이고, 녹는점도 측정하기 적당한 범위(mp 95.5℃)에 있다.

2) 준비물

실험 기구: 스탠드, 집게, 삼각 플라스크, 자석 가열 교반기, 눈금 실린더, 저울, 여과 장치, 녹는점 측정기

시약: Ethanol, acetone, dioxane, phenol, sodium bisulfite, KOH

3) 실험 방법

1. 삼각 플라스크에 15 g의 KOH를 물 100 mL로 녹인다. 이 용액에 10 g의 Br_2을 가하여 브로민화 반응 용액을 만든다.
2. 삼각 플라스크에 페놀 1 g을 넣고 물, 에탄올, 아세톤 또는 다이옥세인을 가하여 녹인다.
3. 페놀이 들어 있는 삼각 플라스크에 단계 1에서 제조한 브로민화 반응 용액을 교반하면서 한 방울씩 가한다. 이때 용액이 브로민의 갈색을 나타낼 때까지 브로민화 반응 용액을 가한다.
4. 갈색 혼합물에 물 50 mL를 가하고, 활발하게 흔들어 준다.
5. 생성된 고체를 여과하여 분리한다. 고체 생성물을 $NaHSO_3$(sodium bisulfite)의 묽은 용액으로 씻어 과량의 브로민을 제거한다.
6. 에탄올 또는 에탄올 수용액을 사용하여 고체를 재결정한다.
7. 건조하고, 녹는점을 측정한다(녹는점 문헌값 95.5℃).

실험 4.6 카복실산의 확인

1. 특성 시험

1) 이론

카복실(-COOH)기에 대한 가장 좋은 정성적인 분석 중의 하나는 염기성 용액에서 용해도를 측정하는 것이다. 카복실산(carboxylic acid, RCOOH)은 5%의 NaOH 용액과 5%의 $NaHCO_3$ 용액에 잘 녹는다. 카복실산은 염기에 의해 카복실산 음이온(carboxylate, $RCOO^-$)으로 되고, 산 처리를 하면 다시 카복실산(RCOOH)으로 된다.

농도를 모르는 카복실산의 정량 분석 결과는 당량(equivalent weight)과 중화 당량(neutralization equivalent)으로 나타낸다. 산-염기 반응에서 당량은 1몰의 양성자를 주거나 받는 물질의 양이다. 또 중화 당량 값은 질량을 알고 있는 산을 표준화된 염기 용액으로 적정하여 사용된 염기 용액의 부피로 계산한다.

$$\text{중화당량} = \frac{\text{시료의 무게(mg)}}{\text{염기 부피(ml)} \times \text{노르말 농도}}$$

2) 준비물

실험 기구: 스탠드, 집게, 삼각 플라스크, 자석 가열 교반기, 눈금 실린더, 저울, 여과 장치, 녹는점 측정기

시약: Ethanol, phenolphthalein, 0.1 *N* NaOH 용액, 카복실산 시료

3) 실험 방법

1. 삼각 플라스크에 50~100 mL의 물 또는 에탄올 혹은 물-에탄올의 혼합물에 정확하게 측량된(대략 0.2 g 정도) 카복실산 시료를 녹인다. 만일 잘 녹지 않는다면 시료 화합물이 완전히 녹을 때까지 가열한다.
2. 준비된 시료 용액에 지시약으로 페놀프탈레인 용액 2~3방울을 넣는다.
3. 이 시료 용액을 약 0.1 *N*의 농도로 표준화된 NaOH 용액으로 적정한다. 종말점은 페놀프탈레인 보라색이 변색하기 시작하는 지점이다. 적정에 사용된 NaOH 용액의 부피를 정확히 측정하여, 시료 화합물의 당량을 계산한다.

2. 유도체의 합성 시험

카복실산(RCOOH)으로부터 아마이드(amide), 아닐라이드(anilide), *p*–톨루이딘(*p*–toluidine)의 세 가지 유도체를 만들 수 있다. 이 세 가지의 유도체들은 산 염화물(acid chloride, RCOX)과 유사하게 카복실산을 NH_3(ammonia), $PhNH_2$(aniline), *p*–$CH_3C_6H_4NH_2$(*p*–toluidine)와 반응시켜 합성한다. 아마이드 유도체는 다른 2가지의 유도체보다 상대적으로 물에 더 잘 녹는 경향이 있기 때문에 유용하지 않다. 산 염화물(acid chloride)은 산 또는 그 산의 염, 그리고 $SOCl_2$ (thionyl chloride)로부터 쉽게 합성할 수 있다.

Acid halide의 합성

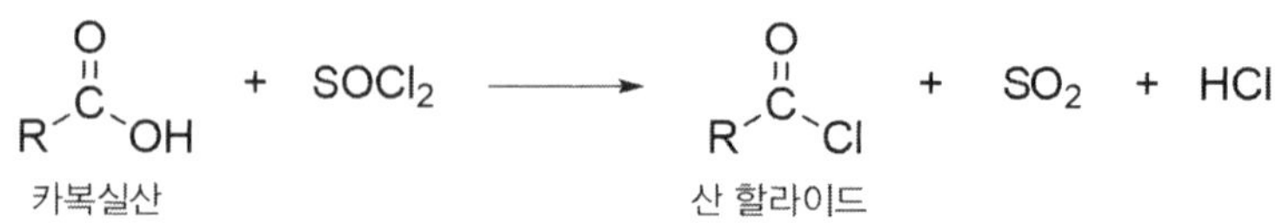

Amide의 합성

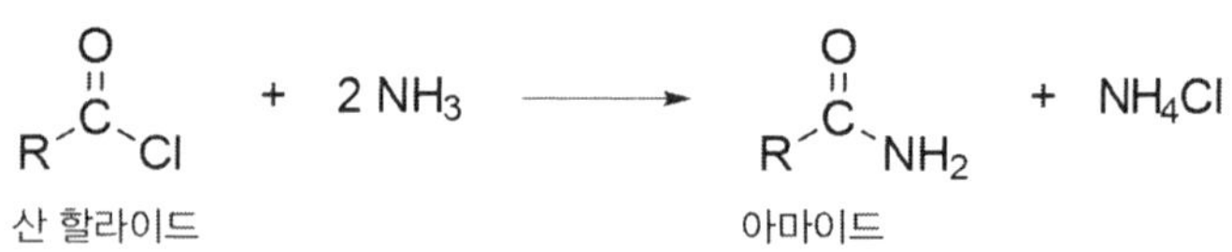

Anilide의 합성

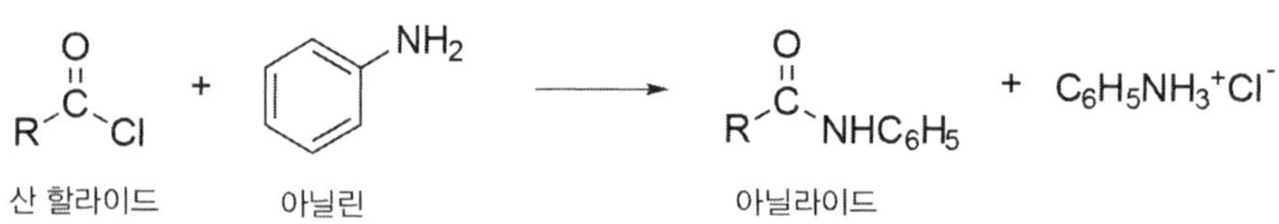

Touidine의 합성

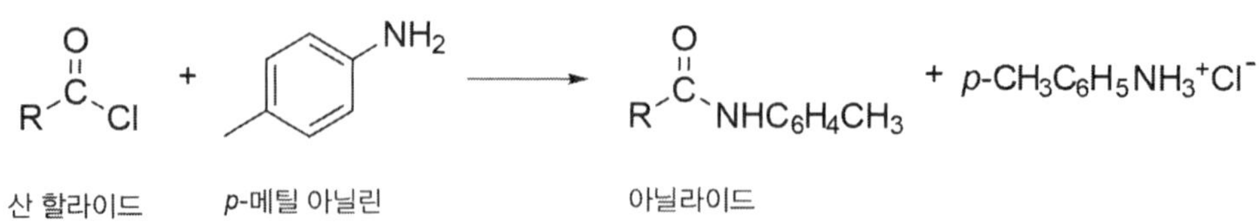

그림 4.18 카복실산 유도체의 반응.

실험 1: 산 염화물(RCOCl)의 합성

1) 준비물

실험 기구: 스탠드, 집게, 작은 이구 둥근 바닥 플라스크, 환류 냉각기, 자석 가열 교반기, 칼슘 관, 눈금 실린더, 저울

시약: Thionyl chloride, 카복실산 시료.

2) 실험 방법

1. 작은 이구 둥근 바닥 플라스크에 $SOCl_2$(thionyl chloride) 15 mL와 1 g의 산(RCOOH) 또는 산의 소듐 염(RCOONa)을 넣는다.
2. 반응 용액을 시료에 따라 5~30분간 환류시킨다. 생성물은 상응하는 산 염화물(acid chloride, RCOCl)이다.

   ❗ **주의**: 반응 용기 안으로 수증기가 들어가지 않도록 주의한다. 수분이 들어가면 생성물이 분해되어 카복실산이 된다. 수분이 들어가는 것을 막기 위해 환류 냉각관에 칼슘 관을 장치한다.

실험 2: 아마이드($RCONH_2$)의 합성

1) 준비물

실험 기구: 스탠드, 집게, 작은 이구 둥근 바닥 플라스크, 자석 가열 교반기, 눈금 실린더, 저울, 녹는점 측정기, 여과 장치

시약: Carboxylic acid chloride 시료, 진한 ammonia 용액

2) 실험 방법

1. 산 염화물 합성 실험에서처럼 산 염화물을 합성하고, 변하지 않는 $SOCl_2$가 포함된 혼합물에 얼음으로 냉각시킨 진한 암모니아(ammonia) 15 mL를 교반하면서 천천히 가한다.

   ❗ **주의**: 암모니아는 극히 조심스럽게 가한다. 반응이 폭발적으로 일어난다.
2. 반응 후 생성된 아마이드 침전물을 여과한다.
3. 분리된 생성물을 물 혹은 에탄올 수용액을 사용하여 재결정한다.
4. 얻어진 생성물의 수율을 계산하고, 녹는점을 측정하여 문헌 값과 비교한다.

실험 3: 아닐라이드 및 *p*-톨루이딘의 합성

1) 준비물

실험 기구: 스탠드, 집게, 작은 이구 둥근 바닥 플라스크, 환류 냉각기, 자석 가열 교반기, 칼슘관, 눈금 실린더, 저울, 녹는점 측정기

시약: Carboxylic acid 시료, $SOCl_2$, *conc*-HCl, benzene, aniline, *p*-toluidine, NaOH 용액, 진한 ammonia 용액

2) 실험 방법

1. 산 또는 산의 소듐 염 1 g과 $SOCl_2$(2 mL)를 30분 동안 조심스럽게 환류시키면서 가열한 다음 냉각시킨다.
2. 냉각된 반응 혼합물에 30 mL의 벤젠(benzene)에 1~2 g의 적당한 아민(aniline 또는 *p*-toluidine)을 녹인 용액을 가한다.
3. 혼합물을 수증기 중탕에서 약 2분간 가열하고, 냉각한다.
4. 이 용액을 분별 깔때기에 옮겨 유기층을 분리한다.
5. 유기층을 2 mL의 물, 5 mL의 염산, 5 mL의 NaOH 용액의 순으로 씻는다. 마지막으로 2 mL의 물로 다시 씻는다.
6. 벤젠을 증발시켜 제거하고, 아마이드를 물 또는 에탄올 수용액으로 재결정한다.
7. 얻어진 생성물의 녹는점을 측정하고 문헌값과 비교한다.

실험 4.7 아민의 확인

1. 특성 시험

아민을 확인하는 정성분석 법은 힌스버그(Hinsberg) 시험과 아질산(nitrous acid, HNO_2) 반응 등 두 가지가 있다. 이 분석법들로 아민이 1차인지 2차인지 또는 3차 아민인지를 구별할 수 있다.

힌스버그(Hinsberg) 시험

1) 이론

1차 및 2차 아민과 벤젠설폰일 클로라이드(benzenesulfonyl chloride, $PhSO_2Cl$)는 NaOH 용액 존재하에서 벤젠설폰일아마이드(benzenesulfoneamide, $PhSO_2NHR$)를 생성한다. 반면에 3차 아민은 이런 조건에서 반응하지 않는다.

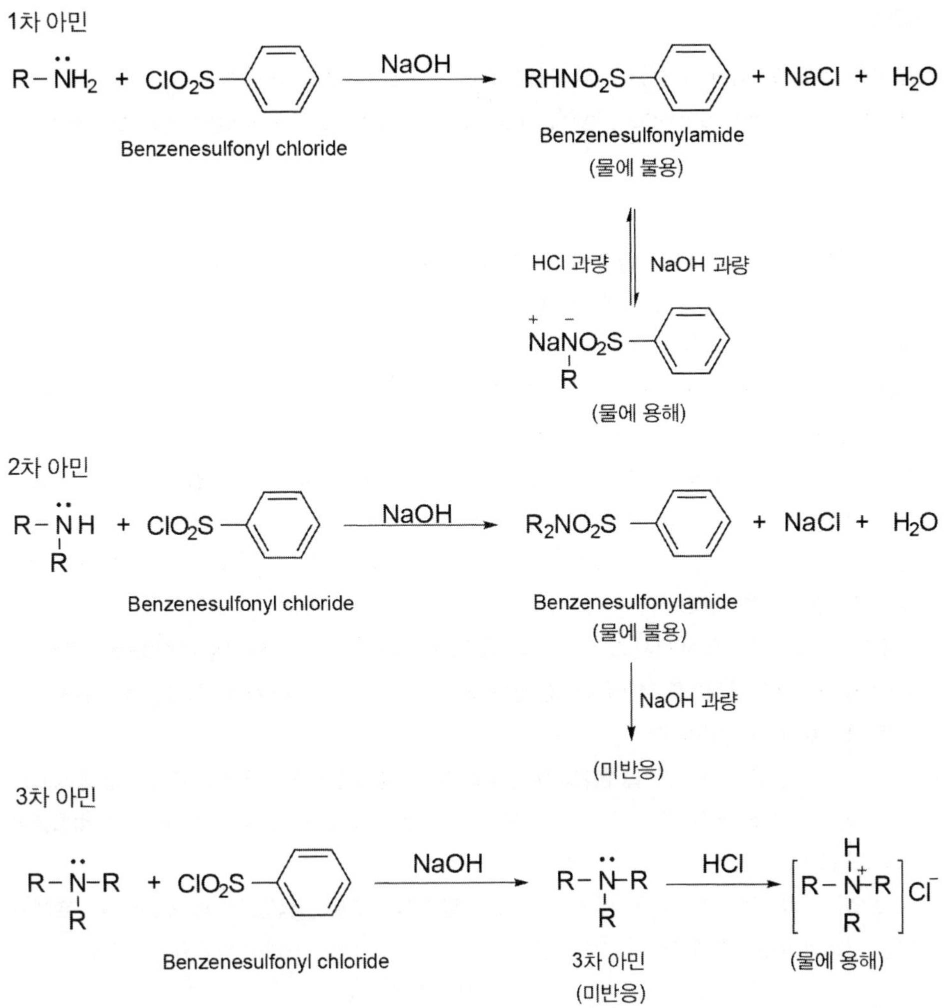

그림 4.19 아민과 벤젠설포닐 클로라이드의 반응.

이 반응들은 통상 과량의 염기 존재하에서 수행된다. 만일 아민이 1차라면, 생성된 설폰아마이드는 산성 수소를 가진다. 이 산성 수소는 NaOH와 반응하여 용해 가능한 소듐 염을 형성한다. 이 소듐 염은 HCl로 처리하면 설폰아마이드로 재생된다.

한편 2차 아민이 생성하는 설폰아마이드는 염기와 산에 모두 녹지 않으며, 3차 아민이라면 반응이 일어나지 않는다. 이와 같은 세 가지의 가능한 반응을 이용해 1차, 2차, 3차 아민을 확인하는 방법은 생성물의 산과 염기에 대한 용해도를 측정하는 것이다.

2) 준비물

실험 기구: 스탠드, 집게, 시험관, 자석 가열 교반기, 눈금 실린더, 여과 장치

시약: 10% sodium hydroxide 수용액, 아민 시료, benzenesulfonyl chloride, *conc*-HCl

3) 실험 방법

1. 시험관에 10% sodium hydroxide 수용액 5 mL, 아민 0.3 mL, 그리고 $PhSO_2Cl$ (benzenesulfonyl chloride) 0.4 mL를 넣고 섞는다

   ❗ **주의**: $PhSO_2Cl$은 최루성 물질이므로 주의한다.

2. 시험관을 마개로 막고 혼합물을 격렬하게 흔들어준다. 반응의 진행이 잘 관찰되지 않으면 반응 혼합물을 수증기 중탕에서 가열한다. 대부분의 2차 아민은 서서히 반응한다.
3. 반응 용액이 염기성이 될 때까지 반응시킨 후에 (만일 염기성이 되지 않으면 염기성이 되도록 염기를 더 가한다) 용액을 얼음 중탕에서 냉각시킨다.
4. 생성물이 고체이면 반응 용액을 여과한다. 만일 생성물이 액체이면, 위층을 가만히 따라 내고 남아 있는 잔류물을 얻어낸다.
5. 잔류물이 고체인지, 액체인지 그리고 수용액보다 농도가 높은지, 낮은지를 관찰하여 기록하고, 물·산·염기에 대한 용해도를 측정한다. 산에 용해되면 시료 화합물이 3차 아민이며, 물에 용해되면 시료 화합물이 1차 아민이다.
6. 수용액과 여과액에 진한 HCl을 첨가하여 산성화한다. 만일 침전이 형성되면 혼합물을 냉각시키고, 시험관의 벽을 긁어서 결정화가 일어나도록 한다. 이 실험에서 침전이 생성되면 미지 화합물은 1차 아민이다.
7. 알고 있는 1차, 2차, 3차 아민에 대하여서도 동일한 방법으로 실험을 실시하고, 미지 시료에서 얻은 결과와 비교·검토한다.

아질산 시험

1) 이론

아질산(nitrous acid, HNO_2) 실험은 항상 벤젠설폰일 클로라이드 실험을 확장시키고 재확인하는 데 사용된다.

2) 준비물

실험 기구: 스탠드, 집게, 시험관, 자석 가열 교반기, 눈금 실린더, 여과 장치, 저울, 녹는점 측정기

시약: 아민 시료, 2*N* acetic acid 수용액, 20% sodium nitrite, 2*N* NaOH 용액, β-naphthol

3) 실험 방법

1. 아민이 고체이면 50 mg, 액체이면 2방울을 시험관에 넣고, 2*N* 아세트산 2 mL를 가하여 녹인다.
2. 이 용액을 얼음 중탕에서 0~5℃까지 냉각시킨다. 여기에 20% $NaNO_2$(sodium nitrite) 수용액 5방울을 가한다.
3. 무색인 질소(N_2) 기체가 방출되면 지방족 1차 아민이다.

$$R{-}NH_2 \xrightarrow[HCl]{NaNO_2} \left[R{-}N_2^+Cl^-\right] \xrightarrow{H_2O} N_2(\uparrow) + ROH + RCl + \text{알켄}$$

1차 아민

그림 4.20 1차 아민과 $NaNO_2$/HCl의 반응.

4. 방향족 1차 아민은 낮은 온도에서 안정한 다이아조늄(diazonium) 염을 형성한다. 만일 질소 방출을 관찰할 수 없으면, 2*N* NaOH 2 mL에 50 mL의 β−나프톨(β−naphthol)을 녹인 차가운 용액에 냉각된 반응 혼합물 몇 방울을 가한다. 황색 또는 적색을 띤 아조 염이 형성되면 시료 화합물은 방향족 1차 아민이다.

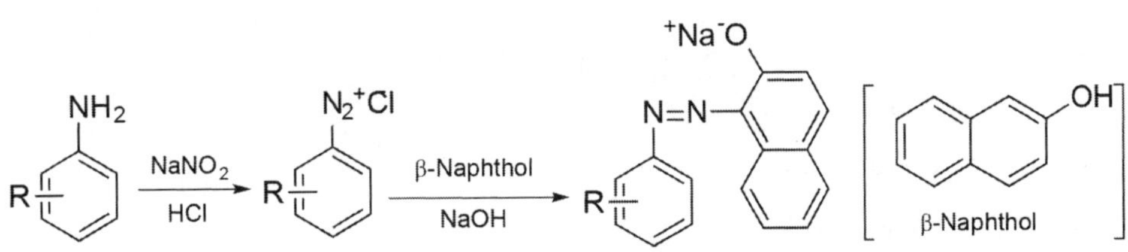

방향족 1차 아민 | Diazonium salt | Sodium 1-(phenyldiazenyl)-naphthalen-2-olate (아조 염료)

그림 4.21 방향족 1차 아민과 $NaNO_2$/HCl의 반응.

5. 질소는 방출되지 않으나, 불용성의 황색 또는 오렌지색의 액체가 분리되면 미지의 아민은 지방족 혹은 방향족 2차 아민이다.

$$NaNO_2 + HCl \downarrow HONO$$

$$R_2\text{-}NH \xrightarrow{HONO} R_2\text{-}N\text{-}N{=}O + H_2O$$

2차 아민

그림 4.22 2차 아민과 $NaNO_2$/HCl의 반응.

6. 만일 감지할 수 있을 정도의 반응이 관찰되지 않으면, 미지의 아민은 방향족 3차 아민이다. 방향족 3차 아민의 염산 염은 산성 용액에서 녹지 않는다. 용액이 노란색을 띠는 것은 *N, N*-다이알킬아닐린(*N, N*-dialkylaniline)과 HONO(nitrous acid)가 반응하여 생성되는 4-나이트로소 유도체 때문이다. 4-나이트로소 유도체는 산성 용액에서 초록색을 띠며, 염은 황색을 띤다.

$$Ar_3N + HCl \longrightarrow Ar_3NH^+Cl^-$$

방향족 3차 아민 (불용)

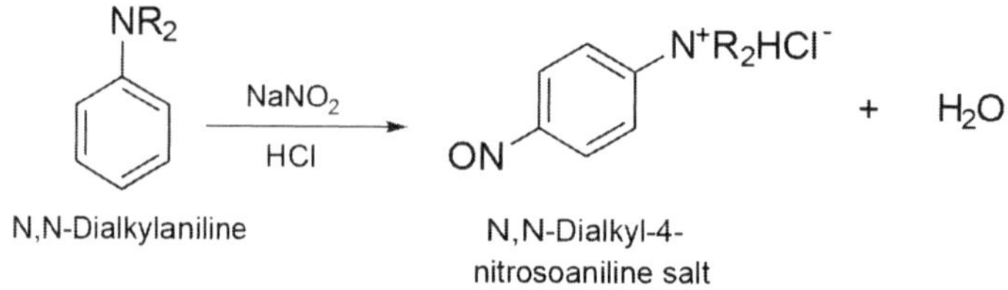

그림 4.23 방향족 아민의 반응.

2. 유도체 합성 시험

1차 아민과 2차 아민의 확인에 유용한 유도체에는 벤즈아마이드(benzamide)와 벤젠설폰아마이드(benzenesulfonamide)가 있다.

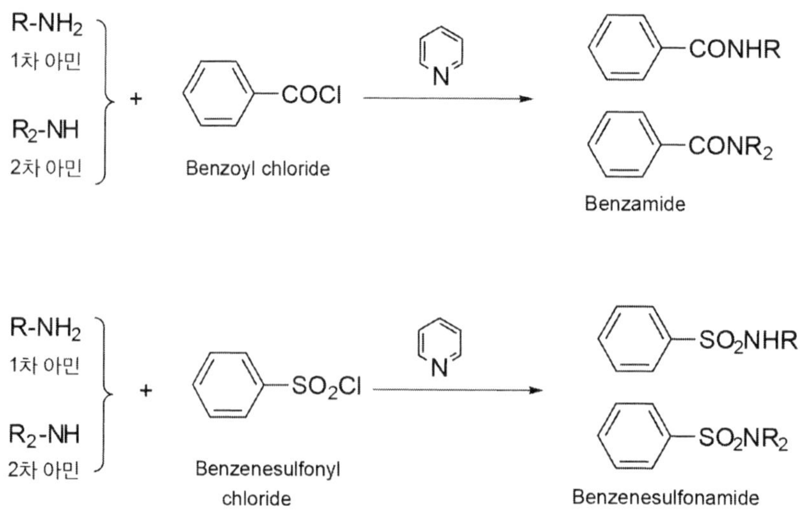

그림 4.24 1차/2차 아민과 벤젠설폰일 클로라이드의 반응.

위의 반응은 비록 1차 아민이나 2차 아민의 확인에는 만족스럽다. 그러나 3차 아민에는 적용시킬 수 없다. 3차 아민을 분석하는 데 유용한 두가지 결정형의 염은 $[R_3N^+CH_3I^-]$과 $[R_3N^+HO(Ph(NO_2)_3]$ 형이다. 이 염들은 3차 아민과 CH_3I(methyl iodide), 피크르산(picric acid)을 반응시켜 얻는다.

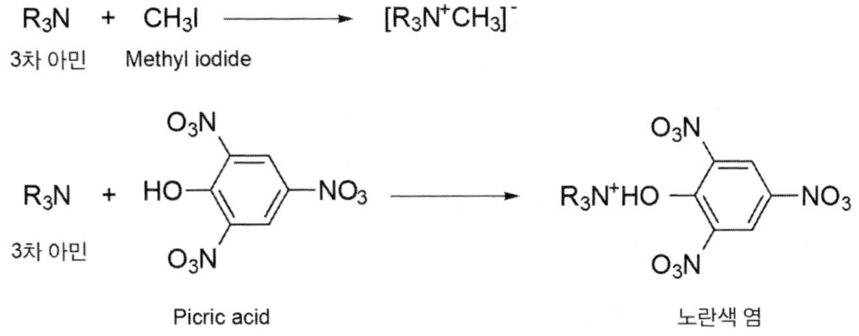

그림 4.25 3차 아민의 반응.

1차 및 2차 아민 확인 시험

1) 준비물

실험 기구: 스탠드, 집게, 시험관, 자석 가열 교반기, 눈금 실린더, 여과 장치, 저울, 녹는점 측정기

시약: Aniline, 10% sodium hydroxide 수용액, benzenesulfonyl chloride, *conc*-HCl Ethanol, pyridine, benzene, benzoyl chloride, 2*N* acetic acid 수용액, 20% sodium nitrite, 5% Na_2CO_3(sodium carbonate) 용액, 무수 $MgSO_4$, *n*-hexane, cyclohexane, ethyl acetate

2) 실험 방법

벤젠설폰아마이드의 제조

1. 벤젠설폰아마이드(benzenesulfonamide)는 힌스버그(Hinsberg) 시험에서 설명한 방법에 따라 제조한다.
2. 재결정(95% ethanol)해야 하므로 충분한 양의 출발 물질을 사용한다.
3. 얻어진 생성물의 구조를 확인하여 아민을 확인한다.

벤즈아마이드의 제조

1. 삼각 플라스크에 건조된 피리딘(pyridine) 5 mL와 건조된 벤젠(benzene) 10 mL의 혼합물에

0.5 mL의 아닐린(aniline)을 녹이고, 0.5 mL의 벤조일 클로라이드(benzoyl chloride)를 한 방울씩 가한다.
2. 혼합물을 물중탕에서 약 60~70℃로 30분간 가열하고, 벤젠 100 mL에 용액을 붓는다.
3. 벤젠층을 분리해 내고, 수용액층은 10 mL의 벤젠으로 한번 추출해낸 다음, 유기 추출물을 모아서 5% Na_2CO_3(sodium carbonate) 용액으로 씻어준다.
4. 유기층을 무수 $MgSO_4$(magnesium sulfate)로 건조시킨 후에, 건조제를 여과하여 제거한다.
5. 유기층을 감압 증류해서 벤젠을 제거한다.
6. 유기 용액의 부피가 3~4 mL 정도가 되면, 20 mL의 *n*-헥세인(*n*-hexane)을 가한다.
7. 생성된 고체를 여과하고, 소량의 *n*-헥세인으로 결정을 씻어준다.
8. 혼합 용매(cyclohexane/*n*-hexane 혼합물, cyclohexane/ethyl acetate 혼합물)이나 에탄올 또는 에탄올 수용액 중의 한 가지를 사용하여 재결정한다.
9. 얻어진 벤즈아마이드의 녹는점을 측정하고 구조를 확인한다.

3차 아민 확인 시험

1) 준비물

실험 기구: 스탠드, 집게, 시험관, 삼각 플라스크, 자석 가열 교반기, 눈금 실린더, 여과 장치, 저울
시약: 아민 시료, methyl iodide, ethanol, methanol, ethyl acetate, picric acid

2) 실험 방법

[$R_3N^+CH_3I^-$] 염의 제조

1. 시험관에 아민 시료 0.5 g을 0.5 mL의 CH_3I(methyl iodide)에 넣고, 물중탕에서 수 분간 가열한다.
2. 시험관을 얼음 물중탕에서 냉각시키고, 유리 봉으로 시험관을 저어준다.
3. 생성된 결정을 여과한다.
4. 무수 에탄올이나 메탄올 또는 에틸 아세테이트로 재결정한다. 염이 생성되면 양성이다.
5. 얻어진 염의 구조를 확인한다.

$R_3N^+HO(Ph(NO_2)_3)$ 염의 제조

1. 삼각 플라스크에 피크르산(picric acid) 포화 용액 10 mL, 95% 에탄올 10 mL, 0.3~0.5 g의 아민 시료를 넣는다.
2. 혼합물이 끓을 때까지 가열한다.
3. 용액을 천천히 냉각시키고, 생성된 황색의 $R_3N^+HO(Ph(NO_2)_3$ 염을 여과한다. 이 염이 생성되면 양성 반응이다.
4. 얻어진 염의 구조를 확인한다.

실험 4.8 나이트로 화합물의 확인

1. 특성 시험(수산화 철(II) 시험)

1) 이론

산화제인 유기 화합물들은 수산화 철(II)[iron(II) hydroxide, $Fe(OH)_2$(청색)]을 수산화 철(III)[iron(III) hydroxide, $Fe(OH)_3$ 또는 $Fe_2O_3 \cdot nH_2O$(갈색)]로 산화시킨다. 이 반응에서 작용하는 유기 화합물들의 대부분은 나이트로(nitro) 화합물들이다. 이러한 나이트로 화합물들은 반응을 일으켜 지방족 혹은 방향족 아민이 된다. 동일한 실험에서 얻어지는 화합물들로는 RNHOH(hydroxyl amine), $RONO_2$(alkyl nitrate), RCN(alkyl nitrile), RNO(nitroso) 등이 있다.

2) 준비물

실험 기구: 스탠드, 집게, 시험관, 파이펫, 저울

시약: 나이트로 시료, ferrous ammonium sulfate 용액, methanol, *2N* KOH, *6N* 황산

3) 실험 방법

1. 시험관에 20 mg의 고체 혹은 1방울의 액체 미지 시료를 넣고, 황산 철(II) 암모늄[ammonium iron(II) sulfate, $Fe(NH_4)(SO_4)_2$] 용액 1 mL를 섞는다.
2. 적당량의 메탄올(CH_3OH)에 녹이고, 1 mL의 *2N* KOH(potassium hydroxide)와 1방울의 6 N 황산을 가하고 즉시 시험관을 막고 흔들어준다.
3. 1분 동안에 청색 침전이 적갈색으로 변하면 양성 반응으로 판단한다.
4. 만일 약간 어둡게 된 녹색이나 유사한 녹색은 고려할 필요가 없다.

2. 유도체 합성 시험

1) 이론

나이트로 화합물들을 확인하는 편리한 방법은 나이트로기(NO_2)를 아미노(NH_2)기로 환원시켜 아마이드(amide) 유도체를 합성하여 확인하는 것이다. 즉 나이트로 화합물을 지방족 아민과 방향족 아민으로 환원하고, 이 아민을 '아민 특성 시험'에서 설명했던 벤즈아마이드(benzamide) 또는 벤젠설폰아마이드(benzenesulfonamide)로 변환시켜 확인하는 것이다.

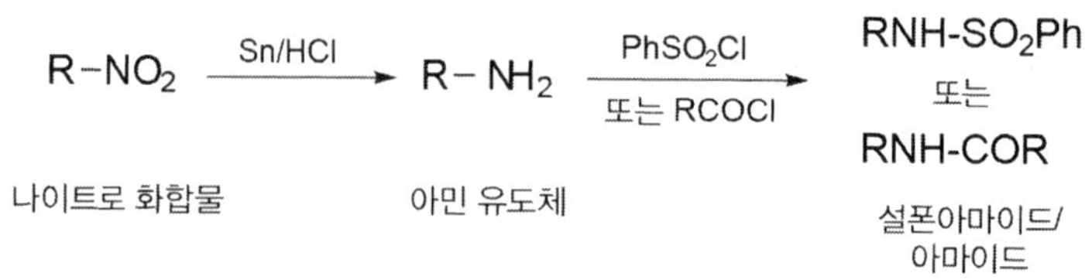

그림 4.26 나이트로 화합물의 반응.

2) 준비물

실험 기구: 스탠드, 집게, 환류 장치, 파이펫, 저울
시약: 나이트로 시료, tin, 95% ethanol, *conc*-HCl

3) 실험 방법

1. 작은 플라스크에 1 g의 시료 화합물과 알갱이로 된 주석(tin, Sn) 2 g을 혼합해서 나이트로기를 환원시킨다.
2. 플라스크에 환류 냉각기를 장치하고, 20 mL의 진한 염산(*conc*-HCl)을 조금씩 가한다. 각 과정에서 시약을 가한 후에는 반드시 흔들어 주거나 저어준다.
3. 시약을 모두 가한 후에 10분 동안 수증기 중탕을 사용하여 가열한다. 만일 나이트로 화합물이 녹지 않으면, 5 mL의 95% ethanol을 가한다.
4. 따뜻한 균질의 용액에 물 10 mL 가하고, 충분한 양의 40% NaOH 용액을 가해 수산화 주석[tin hydroxide, $Sn(OH)_2$]을 완전히 녹인다.
5. 다이에틸 에터(diethyl ether) 10 mL를 사용해 반응 용액을 2~3회 추출한다.
6. 추출한 에터 용액을 KOH(potassium hydroxide) 알갱이를 사용해 건조한다.
7. 용액을 증류하여 다이에틸 에터를 제거하여 다음 확인 반응(아마이드 합성)에 사용한다.

실험 4.9 에스터 확인

1. 특성 시험

1) 이론

에스터(ester, RCOOR')기의 존재 여부는 NH_2OH(hydroxylamine)과 $FeCl_3$(ferric chloride)를 반응시켜 생성되는 유도체를 이용하여 확인할 수 있다. 이 과정은 두 단계이다. 먼저 에스터를 NH_2OH와 반응시켜 하이드록삼산(hydroxamic acid, RCONHOH)을 만들고, 하이드록삼산과

$FeCl_3$를 반응시키면 붉은색 착물이 나타난다.

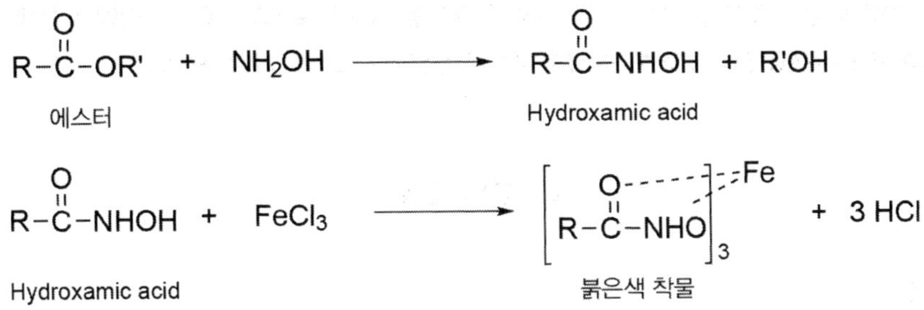

그림 4.27 에스터의 반응.

이 반응에서 생성되는 착물의 색은 에스터 분자 구조의 특징에 의존하며, 다양한 농도의 붉은색을 나타낸다. RCOCl(acid chloride)과 $(RCO)_2O$(acid anhydride)도 역시 양성 반응을 일으킨다. 한편 폼산(formic acid)은 적색을 나타내지만, 다른 산들은 반응을 일으키지 않는다. 대부분의 아마이드와 이미드도 양성 반응을 나타내지만, 대부분의 나이트릴(nitrile, RC≡N) 반응은 음성이다.

2) 준비물

실험 기구: 스탠드, 집게, 시험관, 파이펫, 저울

시약: 에스터 시료, tin, 95% ethanol, 1*M* HCl 용액, 5% ferric chloride 수용액, 0.5*M* $NH_2OH{\cdot}HCl$ 용액, 6*M* sodium hydroxide 용액

3) 실험 방법

예비 시험

1. 시험관에 95% EtOH(ethanol) 1 mL와 50~100 mg의 시료를 넣고, 여기에 1*M* 염산을 가한다.
2. 이 혼합 용액에 1방울의 5% $FeCl_3$ 수용액을 가하고 색을 관찰한다. 만일 오렌지색, 적색, 청색 또는 보라색이 나타나면 양성 반응이다. 따라서 다음 단계의 최종 실험을 실시할 필요가 없다.

최종 시험

1. 미지 시료 40~50 mg과, 0.5 *M* $NH_2OH{\cdot}HCl$ 용액 1mL, 6*M* NaOH 용액 0.2 mL를 1 mL의 95%의 에탄올과 섞어서 녹인다.
2. 혼합물이 끓을 때까지 가열하고, 끓으면 서서히 냉각시킨다.
3. 냉각된 혼합물에 6*M* NaOH 용액 2 mL를 가한다. 만일 용액이 탁하면 95% 에탄올 용액을 더(2 mL 가량) 가한다.

4. 이 용액에 1방울의 5% $FeCl_3$ 용액을 가하고 색을 관찰한다. 색이 지속되지 않으면 5% $FeCl_3$ 용액을 색이 지속될 때까지 더 가해준다.
5. 이 실험에서 얻은 결과와 예비 실험에서 얻은 결과를 비교·검토한다. 예비 실험에서 황색, 다음 실험에서 붉은색을 관찰했다면, 미지의 유기 화합물에 에스터기가 존재한다.

2. 정량 실험

1) 이론

에스터기를 검출하려면 에스터기의 당량에 대한 자료를 얻을 수 있어야 한다. 에스터 가수 분해 당량(saponification equivalent)은 다음과 같다.

$$\text{에스터 가수 분해 당량} = \frac{\text{에스터 무게(mg)}}{(\text{알칼리 양(mL)} \times \text{염기의 노르말 농도}) - (\text{산의 양(mL)} \times \text{산의 노르말 농도})}$$

2) 준비물

실험 기구: 스탠드, 집게, 삼각 플라스크, 환류 장치, 뷰렛, 파이펫, 저울
시약: 에스터 시료, 95% ethanol, KOH, phenolphthalene, 0.5 *N* HCl 용액

3) 실험 방법

1. 삼각 플라스크에 95% 에탄올 용액 60 mL와 약 3 g의 KOH(potassium hydroxide)를 녹인다. 이때 바닥에 소량의 녹지 않는 성분이 남아 있을 수 있다.
2. 맑은 용액만을 따라서 50 mL 용량의 뷰렛에 채운다.
3. 삼각 플라스크에서 25.0 mL의 알코올 용액을 취하여 2개의 둥근 바닥 플라스크에 각각 넣는다.
4. 하나의 플라스크에는 잘 건조되고, 순수한 에스터 시료 0.3~0.4 g을 넣는다. 다른 또 하나의 플라스크는 바탕 시험(blank test)을 위해 남겨둔다.
5. 각 플라스크에 환류 장치를 한다. 각 플라스크 안의 용액을 천천히 가열하여 환류시킨다.
6. 플라스크를 냉각시키고, 냉각기를 10 mL의 증류수로 씻는다. 씻은 물은 다른 플라스크에 모아둔다.
7. 반응 용액에 페놀프탈레인(지시약)을 가하고, 0.5 *N* 염산 용액(표준화된 것)으로 두 플라스크 용액을 각각을 적정한다.
8. 시료가 포함된 플라스크와 바탕 시험용 용액의 적정에 필요한 염산 용액의 부피는 다르다. 바탕 시험 용액 적정에 사용된 염산 용액의 양은 에스터와 반응한 KOH의 양이다.
9. 적정 결과를 사용하여 미지 시료의 에스터화 가수 분해 당량을 계산한다.

❶ **주의**: 할당된 시간 안에 완전한 에스터 가수 분해가 일어나지 않으면, 더 오랜 시간(2~4시간 정도) 환류시킨다. 이런 반응에서는 고온이 요구되므로 다이에틸렌 글리콜(diethylene glycol)을 용매로 사용한다.

3. 유도체 합성 시험

1) 이론

에스터를 정확히 확인하려면, 분해하여 고체 상태의 유도체를 얻어야 한다. 에스터의 가수 분해 생성물은 상응하는 산(RCOOH)과 알코올(ROH)이다.

이들을 순수하게 분리하여 확인하면 에스터의 구조를 확인할 수 있다.

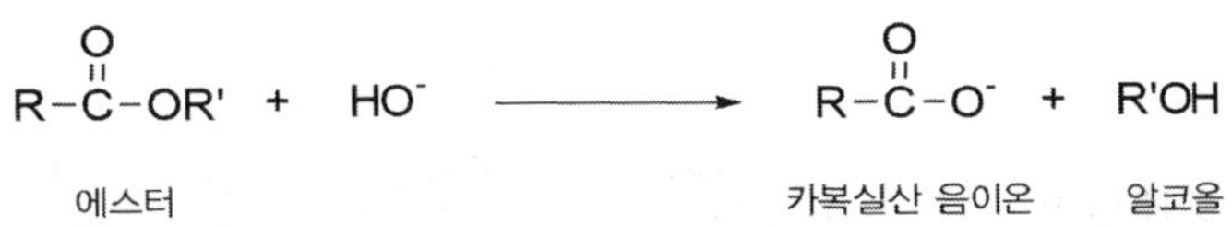

그림 4.28 에스터의 가수 분해.

2) 준비물

실험 기구: 스탠드, 집게, 작은 둥근 바닥 플라스크, 환류 장치, 단순 증류 장치, 여과 장치, 뷰렛, 파이펫, 저울

시약: 에스터 시료, diethyl glycol, KOH, 6 *N* 황산, diethyl ether, dichloromethane,

3) 실험 방법

1. 작은 반응 용기에 다이에틸 글리콜(diethyl glycol) 3 mL, KOH 0.6 g(2 알갱이), 10방울의 물을 섞는다. 용액이 균일하게 될 때까지 가열한 후, 상온까지 냉각시킨다.
2. 반응 혼합물에 에스터 시료 1 mL를 가하고 냉각기를 장치한다. 에스터층이 녹으면(대략 3~5분), 교반하면서 다시 끓을 때까지 가열한다.
3. 반응 용액을 냉각시킨다. 단순 증류 장치를 하고 알코올을 증류한다.
4. 건조된 알코올 증류 액은 비교적 순수하다. 따라서 고체 상태 유도체의 제조에 사용할 수 있다.
5. 증류 후에 남은 찌꺼기는 카복실산의 염을 포함하므로 찌꺼기에 10 mL의 물을 가하여 완전히 섞는다.
6. 위의 수용액을 6 *N* 황산으로 산성화시킨다. 만일 고체 상태의 산을 기대하면 산의 결정이 형성될 때까지 혼합물을 방치시킨다.
7. 생성된 결정을 여과하여 분리한다. 결정이 형성되지 않으면 다이에틸 에터 또는 CH_2Cl_2로 추출하

여 용매를 증발시킨다. 남은 산은 다른 유도체의 제조에 사용한다.

실험 4.10 나이트릴의 확인

1. 특성 시험

1) 이론

나이트릴 (nitrile, RC≡N)에 대한 정성분석 방법은 에스터의 분석 방법과 유사하다. 보통의 나이트릴은 (아마이드와 마찬가지로) NH_2OH와 $FeCl_3$로 처리하면 색이 있는 착물 용액을 형성한다.

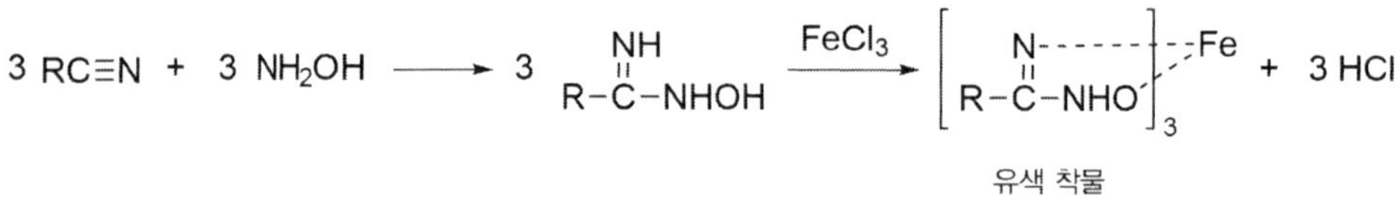

그림 4.29 나이트릴의 반응.

2) 준비물

실험 기구: 스탠드, 집게, 시험관, 가열 교반기, 뷰렛, 파이펫, 저울

시약: 나이트릴 시료, propylene glycol, 1 *M* $NH_2OH \cdot HCl$, 1 *N* KOH, 5% $FeCl_3$ 에탄올 용액

3) 실험 방법

1. 시험관에 프로필렌 글리콜(propylene glycol) 5 mL, 2 mL의 1 *M* $NH_2OH \cdot HCl$ 2 mL, 1 *N* KOH 용액을 넣어 혼합 용액을 만든다.
2. 이 용액에 30~50 mg의 나이트릴 시료를 최소 부피의 프로필렌 글리콜에 녹여서 가한다.
3. 이 혼합 용액을 끓을 정도로 약 2분간 가열한 다음, 실온까지 냉각시킨다.
4. 이 용액에 약 0.5~1.0 mL의 5% $FeCl_3$ 에탄올 용액을 가한다. 적색에서 자주색 범위의 색이 나타나면 양성 반응이다. 황색은 음성 반응이며, 갈색을 나타내거나 침전이 형성되면 어느 것도 아니다.

2. 유도체 합성 시험

산성 또는 염기성 용액에서 나이트릴(RCN)을 가수 분해하면 결국 나이트릴과 상응하는 카복실산(RCOOH)으로 변한다. 유도체의 합성은 앞에서 설명한 방법에 따라 실시한다.

염기성 가수 분해

$$\text{R-CN} + \text{NaOH} \xrightarrow{H_2O} \text{R-COO}^-\text{Na}^+ + NH_3$$

산 가수 분해

$$\text{R-CN} + H_2SO_4 \xrightarrow{H_2O} \text{R-CONH}_2 + H_2SO_4 \xrightarrow{H_2O} \text{R-COOH} + NH_3$$

그림 4.30 나이트릴의 가수 분해.

또 다른 유용한 유도체 합성에 의한 나이트릴의 확인 방법은 1951년 Magat 등(E. E. Magat, B. F. Faris, J. E. Reith and I. F. Salisbury, *J. Am. Chem., Soc.*, 73, 1028 (1951)에 의해 개발된 반응을 기초로 한다. 이 방법은 공업적으로 다이나이트릴(dinitrile)로부터 나일론 같은 폴리아마이드(polyamide)를 합성하는 데 이용되고 있다. 이 반응의 메커니즘은 탄소 양이온 전구체와 나이트릴이 리터(Ritter) 반응을 하는 것으로 생각된다. 리터 반응은 나이트릴로부터 *N*-알킬아마이드(*N*-alkyl amide, Naa)를 합성하는 반응이다.

$$2\ \text{R-CN} + CH_2O \xrightarrow[H_2O]{H_2SO_4} (\text{RCONH})_2CH_2$$

N-Alkyl amide

그림 4.31 나이트릴과 폼알데하이드의 반응.

나이트릴 대부분의 *N*-알킬아마이드 유도체는 녹는점이 매우 유사하다. 그러나 합성한 *N*-알킬아마이드 유도체를 깨끗이 정제하면 효과적으로 나이트릴을 확인할 수 있어, 이 방법은 간편하고 유용하다.

표 4.2 몇 가지 나이트릴 및 그 유도체들의 끓는점 및 녹는점

나이트릴	끓는점	녹는점(℃)		
		나이트릴	Naa유도체	카복실산 모체
Acrylonitrile	78	–	185	(oil)
Acetonitrile	82	–	(sol.)	(oil)
Propionitrile	97	–	189	(oil)
Isobutyronitrile	108	–	198	(oil)
Butyronitrile	118	–	186	(oil)
Pentanonitrile	141	–	187	(oil)
Benzonitrile	191	–	218	212
Octanonitrile	203	–	174	(oil)
o–Tolunitrile	205	–	173	105
m–Tolunitrile	212	–	174	111
p–Tolunitrile	218	29	221	178
Benzyl cyanide	234	–	215	76
4–Chlorobenzyl cyanide	267	30	221, 235	105
1–Naphthonitrile	299	37	265	162
2–Chlorobenzonitrile	232	43	191	141
4–Bromobenzyl cyanide	–	47	240	114
3,4–Dimethoxybenzylcyanide	–	63	177	99
4–Chlorobenzonitrile	–	93	220	240
4–Nitrobenzyl cyanide	–	116	240	153

실험 1: 염기성 가수 분해

1) 준비물

실험 기구: 스탠드, 집게, 시험관, 자석 가열 교반기, 뷰렛, 파이펫, 저울, 회전식 감압 증발기, 여과 장치

시약: 나이트릴 시료, 10% NaOH 용액, diethyl ether

2) 실험 방법

1. 시험관에 10% NaOH 용액 10 mL와 1g의 나이트릴 넣고 섞는다.
2. 혼합물을 끓을 때까지 가열하면서 암모니아의 냄새가 나는지 관찰한다.

3. 혼합물이 균일하게 되면 냉각시키고, 진한 염산을 가하여 용액을 산성으로 만든다.
4. 생성된 산이 고체이면 여과하여 결정을 분리한다.
5. 액체이면 산 용액을 다이에틸 에터로 추출하고, 에터 용매를 회전식 감압 증발기로 제거한다. 에터 증류 후에 남는 잔류물이 카복실산이다. 앞에서 설명한 방법으로 카복실산 유도체를 합성하여 확인할 수 있다.

실험 2: 산 가수 분해

1) 준비물

실험 기구: 스탠드, 집게, 작은 둥근 바닥 플라스크, 환류 장치, 자석 가열 교반기, 파이펫, 저울, 분획 깔때기, 회전식 감압 증발기, 여과 장치

시약: 나이트릴 시료, 진한 황산 또는 진한 염산, diethyl ether

2) 실험 방법

1. 둥근 바닥 플라스크에 나이트릴 시료 1g, 진한 황산 10 mL 또는 진한 염산을 가한다.
2. 이 혼합물을 약 30분 동안 50℃까지 가열한다.
3. 물을 가하여 혼합물을 묽힌다.
   주의: 앞에서 황산을 사용하였을 때는 열이 발생하므로 물을 천천히 가한다.
4. 용액을 30분~2시간 동안 환류시킨다.
5. 혼합물을 냉각시키고, 생성된 결정을 여과하고 확인한다.
6. 여액을 다이에틸 에터(diehtyl ether)로 추출하여 용매를 제거하고 확인한다.

실험 3: *N*-알킬아마이드(*N*aa) 유도체 합성

1) 준비물

실험 기구: 스탠드, 집게, 시험관, 자석 가열 교반기, 온도계, 파이펫, 저울, 분획 깔때기, 여과 장치, 녹는점 측정기

시약: 나이트릴 시료, 진한 황산, 37% formaldehyde, EtOH, sodium carbonate

2) 실험 방법

1. 시험관에 37% 폼알데하이드 용액(formalin) 10 mL와 물 한 방울, 0.5 mL의 진한 황산, 나이트릴 시료 0.002 mol(만일 분자량을 모르는 미지의 나이트릴인 경우는 0.2 g)을 순서대로 넣는다. 이때

시험관에 온도계를 넣고 35℃ 이하로 유지하면서 젓는다(필요하다면 얼음물 속에서 냉각시킨다).

2. 혼합물을 실온에서 10분간 방치한다.
3. 혼합물을 5 mL의 냉수에 부으면, 아마이드의 고체가 생성된다. 이 고체를 여과하고 소량의 냉수로 반복해서 씻는다. 만일 결정이 생기지 않거나 시료 나이트릴의 냄새가 검출되면 물에 붓기 전에 40~50℃에서 20분간 반응을 더 시킨다. 또 처음 반응 후 수용액에서 나이트릴이 검출되지 않으면서도 결정이 생기지 않으면 Na_2CO_3(sodium carbonate) 1 g을 가하고 흔든 후에 고체가 생길 때까지 냉각시킨다.
4. 얻어진 고체를 95% EtOH로 재결정한다. 대부분의 나이트릴의 *N*-알킬아마이드(*N*aa) 유도체의 녹는점이 매우 유사하므로 필요하면 재결정을 한 번 더 한다.
5. 건조시켜 녹는점을 측정하여 표 4.1의 자료와 비교한다.

실험 4.11 아마이드의 확인

1. 특성 시험

1) 이론

아마이드(amide, $RCONH_2$)기의 정성분석은 나이트릴기에 대한 분석 방법과 동일하다.

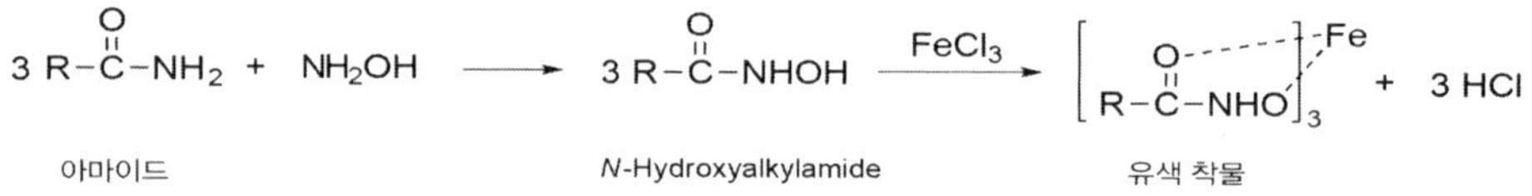

그림 4.32 아마이드의 반응.

2) 실험 방법(실험 4.10의 특성 실험 참고)

1. 나이트릴의 정성 분석 실험에 대한 과정 중에서 시료만을 변화시키고 그 이외에는 동일하게 실시한다.
2. 결과 해석도 나이트릴기 확인에서와 동일하다.

2. 유도체 합성 시험

1) 이론

아마이드를 카복실산으로 가수 분해하려면, 나이트릴과 같이 산 또는 염기 조건에서 가수 분해해야 한다. 아미노기(amino, NH_2)에 치환기를 갖지 않는 아마이드(예, $RCONH_2$)를 가수 분해하면 NH_3가 생성되지만, 치환된 아미노기를 가지는 아마이드(예, RCONHR')는 치환된 아민($R'NH_2$)을 생성한다. 이런 실험 결과는 아마이드의 질소에 있는 치환기 수를 구별하는 데 유용하다.

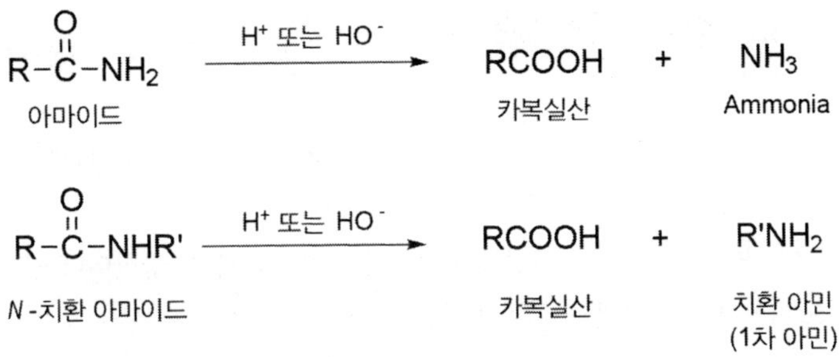

그림 4.33 아마이드의 가수 분해.

2) 준비물

실험 기구: 스탠드, 집게, 시험관, 자석 가열 교반기, 온도계, 파이펫, 저울, 분별 깔때기, 여과 장치, 녹는점 측정기

시약: 아마이드 시료, 진한 황산, 37% formaldehyde, EtOH, sodium carbonate

3) 실험 방법

염기성 가수 분해

1. 나이트릴(RCN)의 가수 분해 반응에서 설명한 과정과 동일하게 실시한다.
2. 즉 아마이드($RCOH_2$) 시료가 들어 있는 10% NaOH 용액을 가열한다.
3. 가열하는 혼합 용액에서 암모니아가 냄새가 나면 질소에 치환기가 없는 아민이다.
4. 또는 생성된 아민이 휘발성이면 증류한다. 증류해서 얻은 아민을 리트머스 시험지로 확인한다. 리트머스의 적색이 청색으로 변하면 양성이다.
5. 추가 실험이 필요하면, 아민의 힌스버그(Hinsberg) 시험을 실시하고, 아민의 유도체를 만들어 확인한다.

산 가수 분해

1. 플라스크에 나이트릴(nitrile, RCN) 시료 1 g, 진한 황산 또는 진한 염산 10 mL를 넣는다.
2. 이 혼합물을 약 30분 동안 50℃까지 가열한다.
3. 혼합물에 물 20 mL를 가하여 묽히고, 30분~2시간 동안 환류시킨다.
4. 혼합물을 냉각시키고, 생성된 고체를 여과하고, 여과액을 다이에틸 에터로 추출한다.
5. 추출한 용액에서 다이에틸 에터를 증류시켜 생성물을 얻는다.
6. 얻어진 생성물을 확인한다.

실험 4.12 알데하이드 및 케톤의 확인

알데하이드(aldehyde, RCHO)와 메틸 케톤[methyl ketone, $RC(=O)CH_3$] 등은 아황산 소듐(sodium bisulfite, Na_2SO_3) 또는 아황산수소 소듐(sodium hydrogen sulfite, $NaHSO_3$) 포화 수용액과 반응하여 하얀 결정의 첨가 생성물을 형성한다. 이 생성물에 강산이나 염기를 가하면 본래의 알데하이드나 케톤으로 재생시킬 수 있다.

카보닐기를 가지는 알데하이드와 케톤기의 확인 시험법으로 다음과 같은 방법들이 있다.

1) 2,4-DNP(2,4-dinitrophenylhydrazone) 시험법
2) 크로뮴산(chromic acid) 시험법
3) 톨렌스(Tollens) 시험법
4) 펠링(Fehling) 시험법
5) 아이오딘폼(iodoform) 시험법
6) 바이설파이트(bisulfite) 시험법

1. 특성 시험

2,4-DNP 시험

1) 이론

알데하이드(aldehyde, RCHO) 및 케톤(ketone, $R_2C=O$)은 2,4-다이나이트로 페닐하이드라존(2,4-dinitrophenylhydrazone, 2,4-DNP)과 반응하여 각각 상응하는 붉은 노란색 결정인 하이드라존(hydrazone, $R_2C=NNHR$)을 형성한다. 형성된 하이드라존의 녹는점이 뚜렷하게 차이가 나므로, 이 두 반응은 알데하이드 및 케톤 화합물의 정성 분석에 이용할 수 있다.

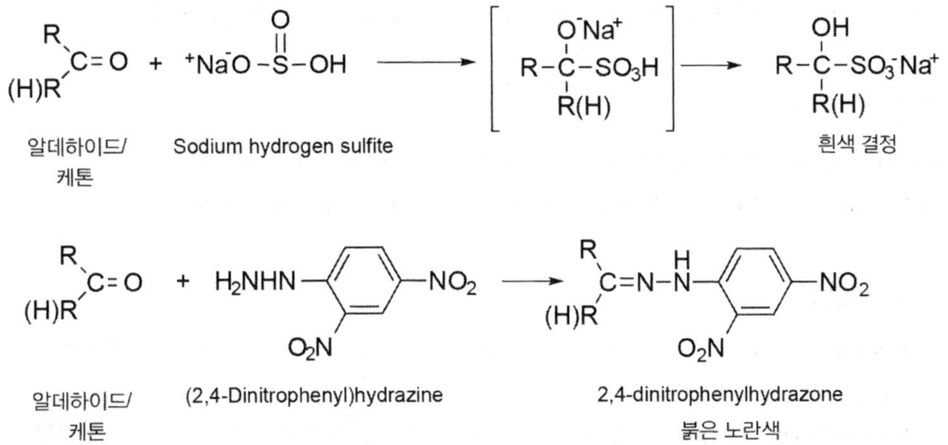

그림 4.34 알데하이드/케톤의 반응.

2) 준비물

실험 기구: 스탠드, 집게, 시험관, 온도계, 파이펫, 저울, 여과 장치, 녹는점 측정기

시약: 알데하이드/케톤 시료, 진한 황산, 2,4-dinitrophenylhydrazine, EtOH

3) 실험 방법

1. 아래의 방법에 따라 브래디 시약(Brady's reagent)을 제조한다.

   제조 방법: 2,4-다이나이트로페닐하이드라존(2,4-DNP) 0.5 g을 진한 황산 10 mL에 완전히 녹인다(필요하면 하룻밤 방치해야 한다). 이 용액을 에탄올(EtOH) 15 mL에 증류수 5 mL를 섞은 용액에 첨가한다. 이 용액의 색은 노란색이다.
2. 시험관에 브래디 시약 5 mL를 가하고, 미지 시료 10방울을 첨가한 뒤 흔들어 준다. 이때 침전이 생성된다. 만일 침전이 생기지 않으면, 60℃로 5분간 가열한다.
3. 혼합물을 결정이 생성될 때까지 냉각한다.
4. 생성된 적황색 결정을 여과하고, 건조한다. 필요하면, 건조된 고체를 최소량의 에탄올로 재결정한다.
5. 녹는점을 측정하여 문헌 값과 비교하여 확인한다.

크로뮴산 시험

1) 이론

아세톤(acetone) 용액에서 크로뮴산(chromic acid)은 알데하이드를 산으로 빠르게 산화시킨다. 반면에 케톤은 반응이 느리거나 일어나지 않는다(1차, 2차 알코올도 반응한다). 지방족 알데

하이드는 방향족 알데하이드보다 다소 빠르며, 이 속도의 차이로 이들을 구별할 수 있다.

2) 준비물

실험 기구: 스탠드, 집게, 시험관, 온도계, 파이펫, 저울, 여과 장치, 녹는점 측정기

시약: 알데하이드/케톤 시료, 진한 황산, chromium oxide, acetone, EtOH

3) 실험 방법

1. 진한 황산 1 mL와 산화 크로뮴(chromium oxide, CrO_3) 1 g을 녹이고, 물 3 mL로 희석하여 크로뮴산 시약을 제조한다.
2. 시험관에 아세톤(acetone) 1 mL에 시료 10 mg 또는 한 방울을 녹이고, 위에서 제조한 크로뮴산 시약 몇 방울을 가한다.
3. 녹색의 크로뮴(III) 이온 염이 생기면 양성이다. 지방족 알데하이드는 30초 이내, 방향족 알데하이드는 30~90초 이내에 녹색 침전이 생긴다.

톨렌스 시험법

1) 이론

알데하이드(RCHO)는 온화한 조건에서 산화시키면 카복실산(RCOOH)으로 되며, 이런 반응은 흔하다. 그러나 케톤(R_2CO)은 카보닐 탄소에 수소를 가지고 있지 않으므로 같은 반응 조건에서는 산화되지 않는다.

케톤을 산화시키려면 더 강한 반응 조건이 필요하다. 실험실에서 알데하이드와 케톤을 구분하는 반응으로 톨렌스(Tollens) 시험 및 펠링(Fehling) 시험법이 있다. 알데하이드를 톨렌스 시약(Tollens reagent)인 $Ag(NH_3)_2^+$와 반응시키면 카복실산 음이온으로 되고 금속의 은(Ag^0)이 형성된다. 그 결과로 유리 벽에 은막이 형성되므로 은거울 반응이라고도 한다.

$$2\,Ag^+NO_3^- + 2\,NaOH \longrightarrow \underset{\text{검은색}}{Ag_2O} + 2\,Na^+NO_3^- + H_2O$$

$$Ag_2O + 4\,NH_3 + H_2O \longrightarrow \underset{\substack{\text{Tollens 시약}\\ \text{무색}}}{2\,Ag(NH_3)_2^+} + 2\,HO^-$$

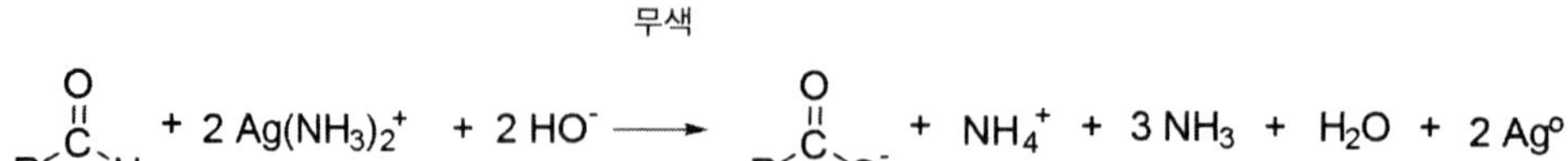

그림 4.35 알데하이드의 톨렌스 시험.

2) 준비물

실험 기구: 스탠드, 집게, 시험관, 파이펫, 저울

시약: 알데하이드/케톤 시료, Silver nitrate, 10% NaOH 용액, 2% 암모니아수

3) 실험 방법

1. 시험관에 5% 질산 은 용액 2 mL를 넣고, 여기에 10% NaOH 용액 한 방울을 가하여 톨렌스 시약(Tollens reagent)을 만든다.
2. 위 혼합물을 흔들어 주면서 산화 은(silver oxide)이 녹을 때까지 2% 암모니아수를 한 방울씩 가한다.
   ❗주의: 이 시약은 시험 직전에 제조한다. 폭발성의 침전을 생성하고, 방치하면 분해되므로 보관하지 말고 제조 즉시 사용한다.
3. 앞에서 제조한 시약에 50~100 mg의 미지 시료를 가한다. 은거울 반응이 나타나거나 검은색 침전이 생기면 양성이다. 만일 반응이 일어나지 않으면, 용액을 조심스럽게 가열해 준다.

펠링 시험

1) 이론

펠링(Fehling) 시험에서는 알데하이드(RCHO)를 카복실산 음이온($RCOO^-$)으로 산화시킨다. 알데하이드를 알칼리 용액에서 푸른색 Cu^{2+}와 반응시키면, 구리는 붉은색인 1가 양이온(Cu_2O)으로 환원되면서 알데하이드를 카복실산 음이온으로 변환시킨다.

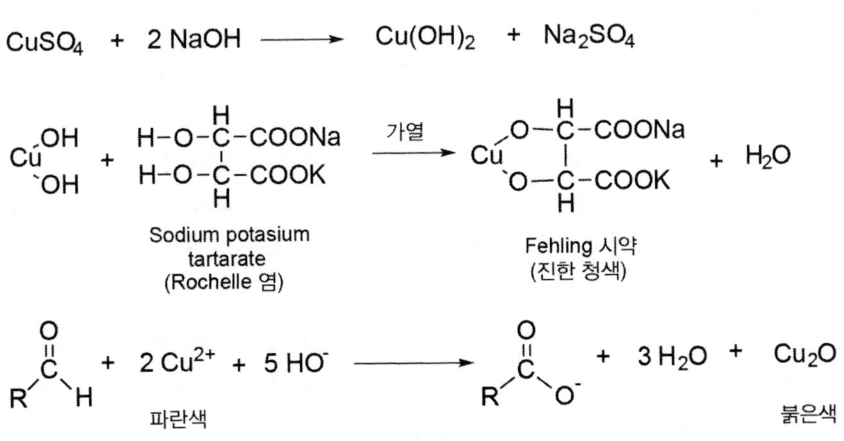

그림 4.36 알데하이드의 펠링 시험.

케톤은 톨렌스 시약과 펠링 시약에 의해 산화되지 않지만, 일부 하이드록시케톤(hydroxyketone)

이나 탄수화물은 펠링 시약에 의해 산화되기도 한다.

2) 준비물

실험 기구: 스탠드, 집게, 삼각 플라스크, 자석 가열 교반기, 시험관, 파이펫, 저울, 물중탕

시약: 알데하이드/케톤 시료, $CuSO_4.5H_2O$, potassium sodium tartarate(Rochelles salt), 10% NaOH 용액

3) 실험 방법

1. 두 가지 펠링 시약(Fehling regent)을 제조한다.
   용액 A: $CuSO_4.5H_2O$(copper sulphate pentahydrate) 6.9 g을 증류수 100 mL에 녹인다. 필요하면 가열하여 녹인다.
   용액 B: Potassium sodium tartarate(Rochelles salt) 34.6 g과 10% NaOH 용액 100 mL에 녹인다.
2. 펠링 시약 A와 B를 동일한 양으로 섞는다.
3. 두 개의 시험관을 준비한다. 1번 시험관에 미지 시료 적당량을 넣는다. 2번 시험관에는 기준으로 증류수를 넣는다.
4. 위의 1번과 2번 시험관에 각각 펠링 시약을 몇 방울씩 가한다.
5. 시험관들을 물중탕에서 적색 침전이 형성될 때까지 가열한다. 적색 침전이 나타나면 양성이다.

아이오도폼 시험

1) 이론

카보닐기는 전자를 당기는 작용기이다. 따라서 카보닐기가 존재하는 화합물의 α-탄소는 산성을 띤다. 카보닐기를 가지는 화합물에 염기로 처리하면 α-탄소가 음이온이 되며, 이 음이온은 엔올 음이온(enolate)으로 공명 안정화될 수 있다. 이 엔올 음이온이 아이오도폼(iodoform) 반응, 알돌 및 Perkin 축합반응(aldol and Perkin condensation) 같은 반응에서 친핵체로 작용한다.

메틸 케톤(methyl ketone, 한쪽 말단이 $-C(=O)-CH_3$로 된 케톤)을 염기에서 처리하여 I_2와 반응시키면 말단의 CH_3기가 HCI_3(iodoform)으로 분해되고 케톤의 나머지 부분은 카복실산 음이온($RCOO-$)으로 된다. 이 반응에서 노란색 침전물인 아이오도폼(iodoform)이 생성되므로 메틸케톤의 정성 시험에 이용된다.

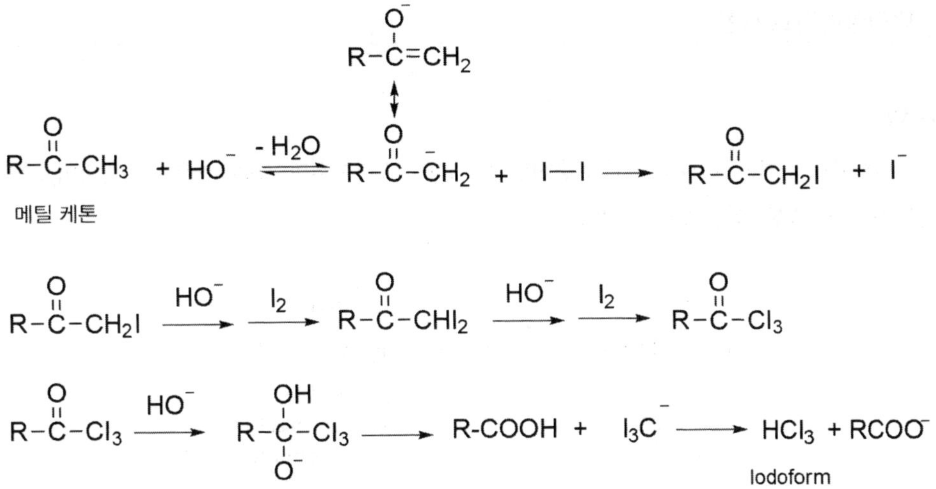

그림 4.37 메틸케톤의 아이오도폼 시험.

2) 준비물

실험 기구: 스탠드, 집게, 삼각 플라스크, 시험관, 시험관 마개, 눈금 실린더, 파이펫, 저울

시약: 알데하이드/케톤 미지 시료, potassium iodide, iodine, acetone, 3-pentanone, 2-propanol, 1,2-dimethoxyethane, 10% NaOH 수용액

3) 실험 방법

1. 다음과 같이 아이오도 시약을 제조한다.
   KI(potassium iodide) 20 g을 80 mL 물에 녹이고, 10 g의 I_2(iodine)을 가하여 녹을 때까지 잘 흔든다.
2. 아세톤(acetone), 3-펜탄온(3-pentanone), 2-프로판올(2-propanol), 미지 시료의 4가지 시료를 준비한다.
3. 마개가 있는 시험관 5개에 번호를 매기고, 한 개 시험관은 대조 시험용(blank test)으로 두고, 나머지 네 시험관에 물 0.5 mL와 시료 1방울씩을 가한다. 만일 시료가 물에 녹지 않으면, 물 대신 $CH_3OCH_2CH_2{}^{\circ}CH_3$(1,2-dimethoxyethane)을 사용한다.
4. 10% NaOH 수용액 0.5 mL를 가하고, 1 mL의 아이오딘 시약을 가한다.
5. 결과를 잘 관찰하라. 아이오도폼(HCI_3)의 노란색 침전이 생성되면 양성이다. 메틸케톤과 메틸카비놀(methyl carbinol, $RCH(OH)CH_3$)도 양성으로 나타난다.

바이설파이트 시험

1) 이론

알데하이드와 케톤은 $NaHSO_3$와 반응하면, 알데하이드 바이설파이트나 케톤 바이설파이트를 생성한다. 이 생성물들은 흰색 결정이다.

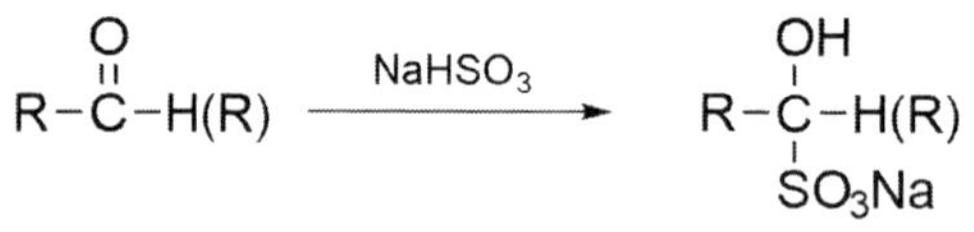

알데하이드/케톤 → Aldehyde bisulfite/Ketone bisulfite

그림 4.38 알데하이드/케톤의 바이설파이트 시험.

2) 준비물

실험 기구: 시험관 거치대, 시험관, 시험관 마개, 눈금 실린더, 삼각 플라스크, 여과 장치, 파이펫, 저울

시약: 알데하이드/케톤 미지 시료, heptanal, acetone, acetophenone, sodium bisulfite, ethanol

3) 실험 방법

1. $NaHSO_3$ 용액을 다음과 같이 제조한다.

   제조 방법: 240 mL의 $NaHSO_3$ 포화 수용액에 95% EtOH 60 mL를 가한다. 침전물을 여과하고 즉시 사용한다.
2. 헵탄알(heptanal), 아세톤(acetone), 아세토페논(acetophenone), 미지 시료의 4가지 시료를 준비한다.
3. 마개가 있는 시험관 5개에 번호를 매기고 0.5 mL씩 $NaHSO_3$ 용액을 넣는다.
4. 한 개 시험관은 대조 시험용(blank test)으로 두고, 나머지 네 시험관에 각 시료를 2방울씩 첨가한다.
5. 시험관 마개를 막고 잘 흔들어서 15~20분간 방치한다.
6. 결과를 잘 관찰하라. 흰색 침전이 생기면 양성 반응이다.

CHAPTER 05

탄화수소의 반응 및 합성

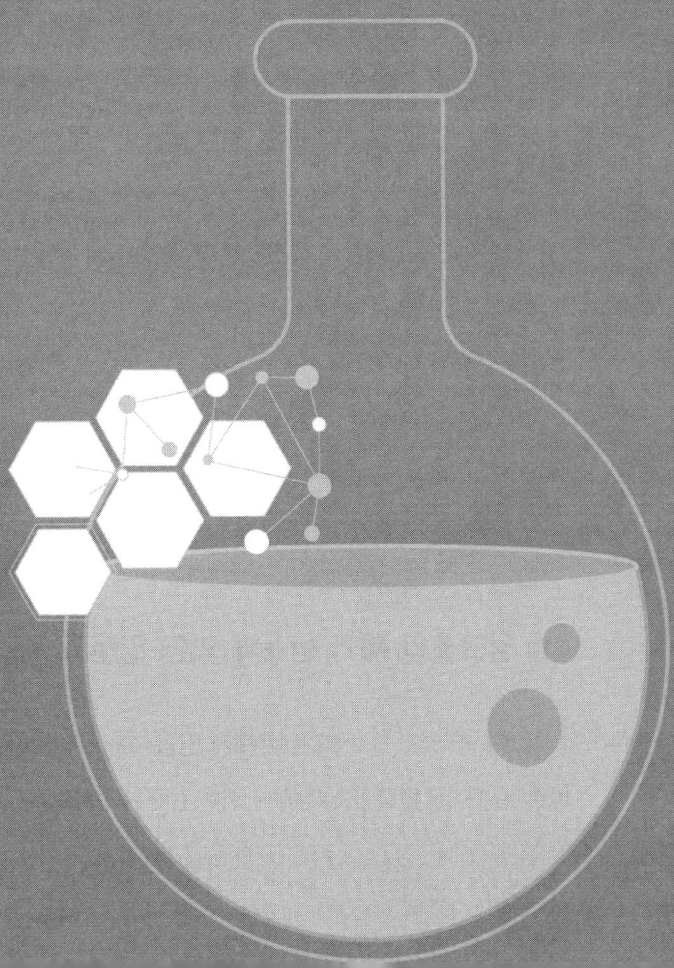

탄화수소(hydrocarbon)는 지방족 탄화수소(aliphatic hydrocarbon)과 방향족 탄화수소(aromatic hydrocarbon)로 구분된다. 이들은 포화 탄화수소로부터 직접 만들거나 헤테로 원자 작용기 화합물로부터 만들기도 한다. 이 장에서는 알켄(alkene)의 제조와 첨가 반응 및 방향족인 벤젠의 반응 등을 실험한다. 아울러 할로알케인(haloalkane, RX, X = 할로젠)의 친핵성 치환 반응 및 산화-환원 반응도 다룬다.

5.1 알켄의 제조와 반응

알켄(alkene)은 탄소-탄소 이중 결합(C=C)을 포함하는 탄화수소이다. 알켄은 다양한 화학종으로 변환할 수 있으므로 공업적으로나 실험실에서 매우 유용하다. 알켄은 자연에서도 많이 발견되며, 간단한 알켄류인 에텐(ethane, $CH_2=CH_2$), 프로펜(propene, $CH_3-CH_2=CH_2$), 1-뷰텐(1-butene, $CH_3CH_2CH_2=CH_2$) 등은 천연가스와 가솔린의 열분해에 의해 공업적으로 제조한다. 실험실에서 알켄은 보통 알코올 또는 할로젠화물의 제거 반응(elimination)으로 제조한다. 알코올에서 물을 제거하여 알켄으로 만드는 반응은 탈수 반응(dehydration)이라고도 한다.

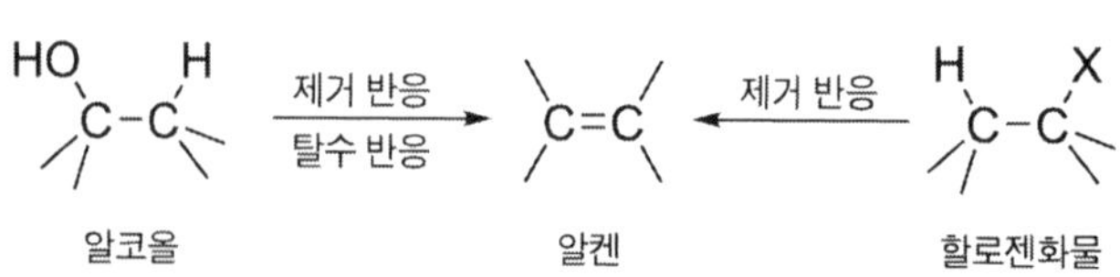

그림 5.1 제거 반응에 의한 알켄의 제조.

5.1.1 알코올의 제거 반응에 의한 알켄의 제조

알코올과 알코올 유도체의 제거 반응(elimination)은 합성에서 매우 중요한 반응으로 빈번하게 이용된다. 산 촉매에 의한 2차 및 3차 알코올의 탈수 반응은 간단하며 편리하다. 알코올의 탈수 반응의 속도 결정 단계는 양성자화된 알코올(ROH_2^+)의 탈수 단계이고, 이 제거 반응의 반응 속도는 반응 중에 생성되는 탄소 양이온의 안정도에 의존한다. 따라서 알코올의 반응성은 1차 〈 2차 〈 3차 순으로 증가한다. 그러나 제거 반응 생성물이 산에 대한 반응도가 매우 민감하거나, 알코올이 산에 민감한 작용기를 갖고 있다면 강산의 사용을 피해야 한다.

이 책에서는 사이클로헥산올(cyclohexanol)과 2-메틸사이클로헥산올(2-methylcyclohexanol)의 산 촉매 탈수 반응을 통해 이들의 반응성을 비교한다.

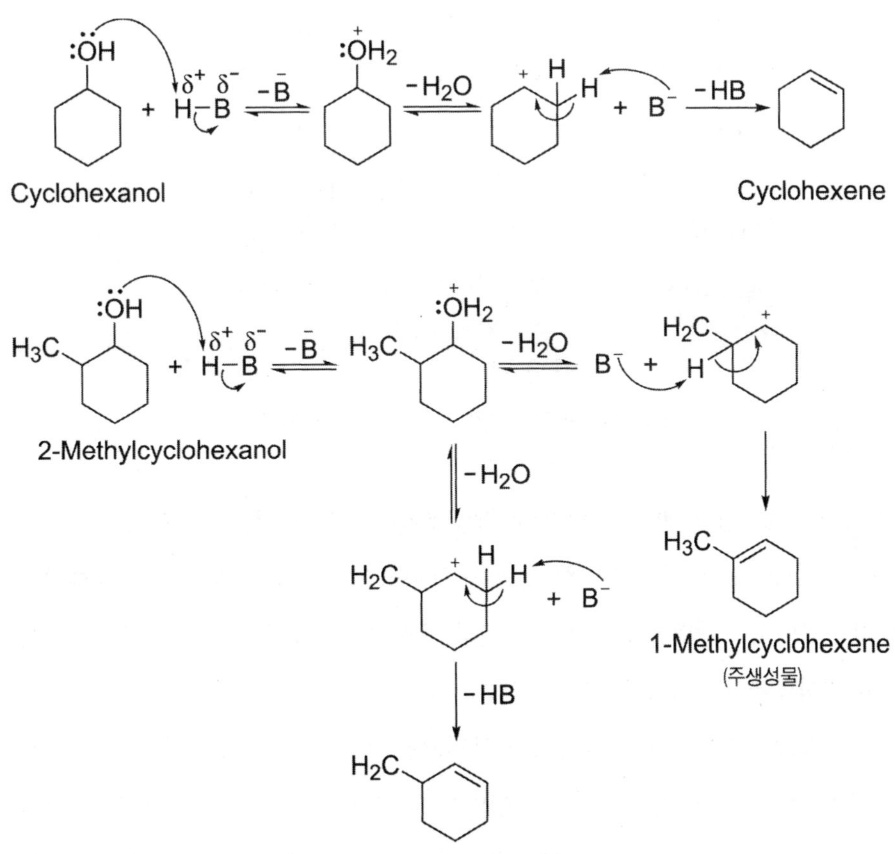

그림 5.2 사이클로헥산올 유도체의 탈수 반응.

알켄은 주로 첨가 반응(addition reaction), 환원 반응(reduction) 또는 산화 반응

(oxidation)을 일으키며, 이러한 반응을 통해 그림 5.3과 같은 다양한 계열의 화합물을 합성할 수 있어 중요하다. 비대칭 알켄의 첨가 반응에는 일반적으로 마르코브니코프(Markovnikov) 규칙이 적용된다.

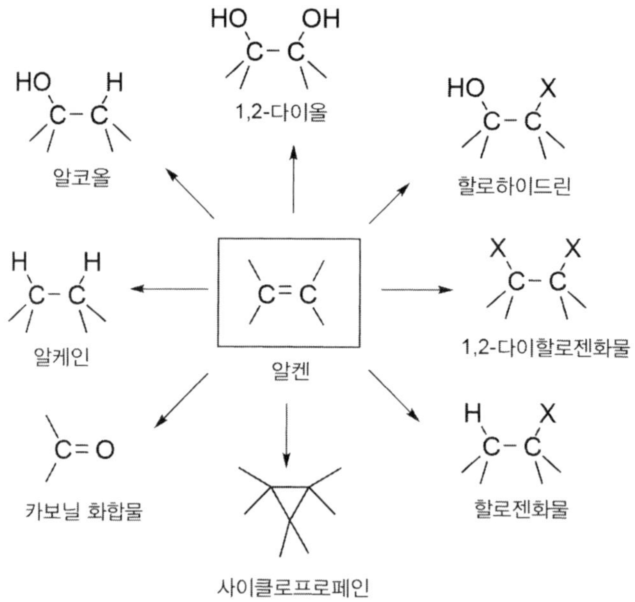

그림 5.3 알켄으로부터 만들 수 있는 화합물 계열.

마르코브니코프 첨가 반응은 알켄의 **위치 특이성 친전자 첨가 반응**(regiospecific electrophilic addition)이 가능하게 한다. 위치 특이성 반응이란, 반응 자리가 비대칭인 반응물의 반응에서 하나의 생성물만 주로(거의) 생성되는 반응이다. 따라서 위치 특이성 반응은 유기화학에서 중요하다. 이러한 알켄의 위치 특이성 친전자 첨가 반응은 마르코브니코프 규칙에 근거를 두고 있다. 마르코브니코프 규칙이 성립하는 이유는 반응 중간체가 보다 안정한 탄소 양이온을 거쳐 진행되기 때문이다. 여기서는 1−메틸사이클로헥센(1−methylcyclohexene)으로부터 상응하는 브로모하이드린(bromohydrin)을 합성하는 실험을 통해 마르코브니코프 첨가 반응을 이해한다.

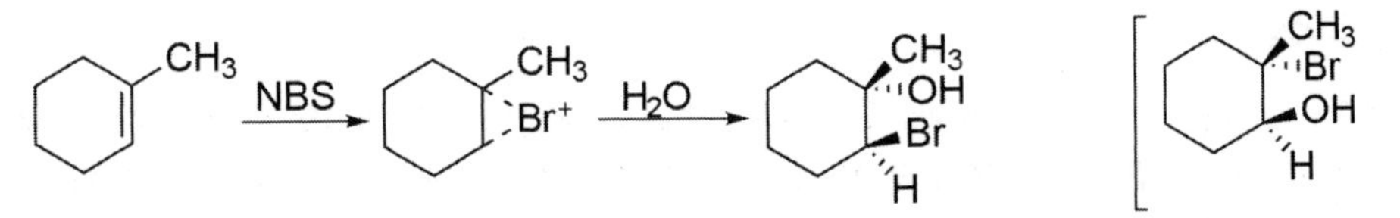

1-Methylcyclo-hexene　　2-Bromo-1-methylcyclohexanol　　생성되지 않음

그림 5.4 1-메틸사이클로헥센의 첨가 반응.

실험 5.1 사이클로헥산올의 탈수 반응

1) 이론

사이클로헥산올(cyclohexanol)은 2차 알코올이다. 산 촉매를 사용하여 탈수시키면 쉽게 사이클로헥센(cyclohexene)을 만들 수 있다. 사이클로헥산올을 진한 황산(*conc*-H_2SO_4) 또는 인산(phosphoric acid)으로 처리하면 물 한 분자가 탈수되어 사이클로알켄이 생성된다.

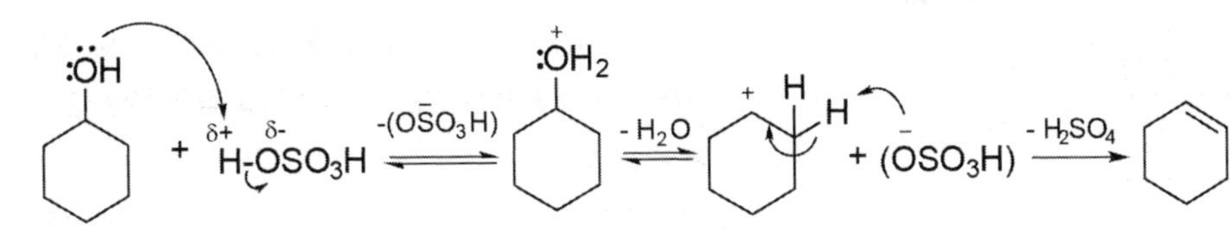

Cyclohexanol　　Cyclohexene

그림 5.5 사이클로헥산올의 탈수 반응.

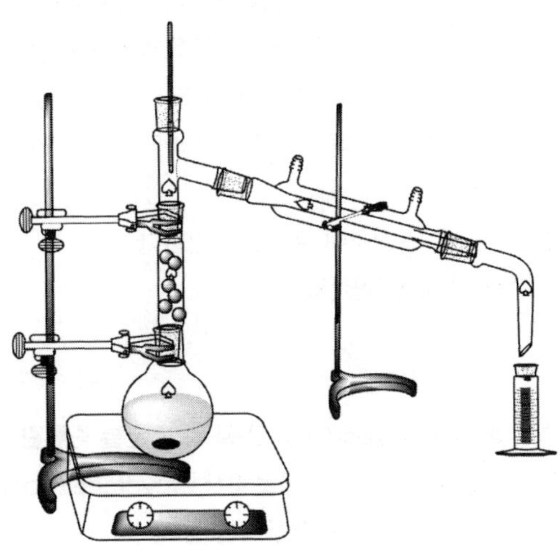

실험 장치

2) 준비물

실험 기구: 스탠드, 집게, 일구 플라스크, T자형 연결관, ㄱ자형 연결관, 냉각관, 온도계, 자석 가열 교반기, 분별 증류관, 분별관용 유리구슬, 눈금 실린더, 자석 젓개, 분별 깔때기, 적하 깔때기

시약: Cyclohexanol, *conc*–H_2SO_4(또는 H_3PO_4), 85%, 무수 $CaCl_2$, 무수 $MgSO_4$, NaCl, 5% Na_2CO_3 용액

3) 실험 방법

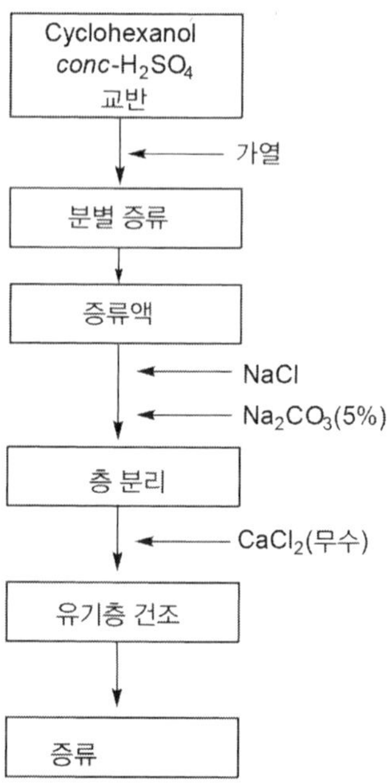

실험 흐름도 5.1
사이클로헥산올의 탈수 반응.

실험 1: 황산법

1. 분별 증류관이 설치된 둥근 바닥 플라스크(200 mL)에 사이클로헥산올(cyclohexanol) 20 g과 진한 황산(*conc*– H_2SO_4) 0.6 mL을 넣는다. 자석 젓개(또는 다공성 비등석 2~3조각)를 넣어 교반한다.
2. 플라스크를 가열하여 분별 증류관 끝의 온도가 80℃가 될 때부터 증류액을 받는다. 이때 온도가 90℃ 이상 되지 않도록 주의한다.
3. 소량의 잔유물이 남고, 이산화 황(sulfur dioxide, SO_2) 냄새가 날 때 증류를 멈춘다. 증류액을 작은 분별 깔때기에 옮긴다.
4. 증류액을 소금(NaCl)으로 포화시키고, 5% Na_2CO_3용액 2 mL을 가하고 흔든다.
5. 두 층을 분리한다. 수용액 층은 버리고 불순한 사이클로헥센(cyclohexene)은 작은 삼각 플라스크로 옮긴다.
6. 사이클로헥센 용액에 3~4 g의 무수 $CaCl_2$(또는 무수 $MgSO_4$)을 넣고 2~3분간 흔들고, 15분간 방치한다.
7. 건조된 사이클로헥센 용액을 여과하고, 작은 일구 둥근 바닥 플라스크(25~50 mL)에 옮겨 단순 증류한다.
8. 81~83℃의 분획을 받아 무게를 측정하여 수율을 계산한다.
9. TLC, IR, ^{1}H NMR, GC 등을 이용해 확인한다.

실험 2: 인산법

1. 일구 둥근 바닥 플라스크(500 mL)에 85% H_3PO_4을 넣고 분별 증류관 및 온도계를 설치한다.
2. 기름 중탕에서 160~170℃로 가열하고 사이클로헥산올(cyclohexanol) 250 g을 1.5~2시간 동안에 걸쳐 적가한다. 이때 적하 깔때기를 이용하면 편리하다.
3. 사이클로헥산올을 모두 가한 후에 온도를 200℃로 올려, 20~30분간 유지시킨 후 증류액을 받는다.

❗ **주의**: 이때 분별 증류관 끝의 온도가 90℃을 넘지 않도록 한다.

4. 증류액을 소금(NaCl)으로 포화시키고, 상층을 분리하여 무수 $MgSO_4$로 건조한다.
5. 건조된 불순한 사이클로헥센을 재증류하여 81~83℃의 분획을 받는다. 이때 남은 잔류액은 거의 사이클로헥산올(cyclohexanol)이다.
6. 사이클로헥센의 무게를 달고 수율을 계산한다.
7. TLC, IR, ^{1}H NMR, GC 등을 이용해 확인한다.

실험 5.2 2-메틸사이클로헥산올의 탈수 반응

1) 이론

메틸사이클로헥산올을 진한 인산(H_3PO_4, 85%)으로 처리하면 탈수 반응이 일어나 상응하는 메틸사이클로헥센(mythylcyclohexene)을 생성한다. 이 반응에서는 1-메틸사이클로헥센(1-mythyl-cyclohexene)과 3-메틸사이클로헥센(3-mythylcyclohexene)이 생성되며, 1-메틸사이클로헥센이 주 생성물이다. 분별 증류를 통해 두 생성물을 분리한다.

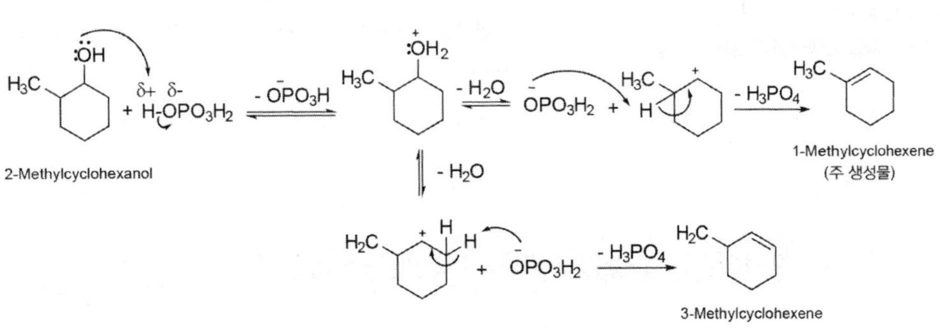

그림 5.6 2-메틸사이클로헥산올의 탈수 반응.

2) 준비물

실험 기구: 스탠드, 집게, 일구 플라스크, T자형 연결관, ㄱ자형 연결관, 냉각관, 온도계, 자석 가열 교반기, 분별 증류관, 삼각 플라스크, 분별관용 유리구슬, 눈금 실린더, 자석 젓개, 분별 깔때기, 여과 장치

참고: 이 실험의 실험 장치는 실험 5.1과 같다.

시약: 1-Methylcyclohexanol), H_3PO_4(85%), 무수 $CaCl_2$

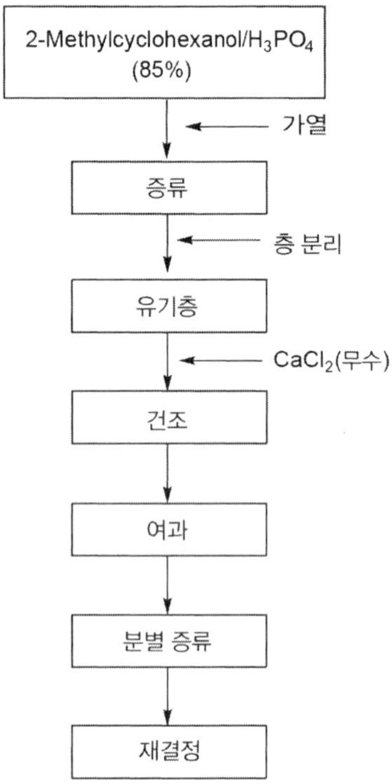

실험 흐름도 5.2
2-메틸사이클로헥산올의 탈수 반응.

3) 실험 방법

1. 둥근 바닥 플라스크(50 mL)에 분별 증류관을 장치하고, 10 mL의 2-메틸사이클로헥산올(2-methylcyclohexanol)과 85% 인산(H_3PO_4) 3 mL을 넣고 교반한다.
2. 혼합 용액이 끓을 때까지 천천히 가열하고, 생성물을 증류해 낸다. 이때 증류 온도는 90℃ 이하로 유지시켜야 한다.
3. 증류액이 8~10 mL가 될 때까지 증류하고, 증류액을 분별 깔때기에 옮겨 물 층을 분리한다.
4. 유기층을 삼각 플라스크에 옮기고, 무수 $CaCl_2$로 10분간 건조한다.
5. 유기층을 여과하여 분별 증류한다. 102~105℃에서 3-메틸사이클로헥센(3-methylcyclohexene)을 받는다. 계속해서 106~110℃까지 증류하여 1-메틸사이클로헥센(1-methylcyclohexene)을 받는다.
6. 각 분획을 재증류하여 순수한 3-메틸사이클로헥센(bp 104℃)과 1-메틸사이클로헥센(bp 110℃)을 얻는다.
7. 각 생성물의 수율을 계산하고, IR, NMR 또는 GC 등의 기기를 이용하여 확인한다.

실험 5.3 2-브로모-1-메틸사이클로헥산올의 합성

1) 이론

알켄은 불포화 화합물이므로 첨가 반응(addition)이 가능하다. C=C 결합을 포함하고 있는 화합물들은 일반적으로 H_2, HX, X_2, XOH(X=할로젠) 등이 쉽게 첨가될 수 있다. 여기서는 물속에서 메틸사이클로헥센과 NBS(*N*-bromosuccinimide)를 반응시켜 2-브로모-1-메틸사이클로헥산올(2-bromo-1-methylcyclohexanol)을 만드는 반응을 실험한다. 이 반응은 아래에 제시된 메커니즘으로 진행된다. NBS 시약은 브로민(Br)의 공급원이며, 석신이미드(succinimide)로 변형된다.

할로젠(X)과 OH기를 함께 포함하고 있는 화합물 부류를 할로하이드린(halohydrin)이라고 한다. 브로민(Br)과 OH로 이루어진 알코올을 브로모하이드린(bromohydrin)이라고 한다.

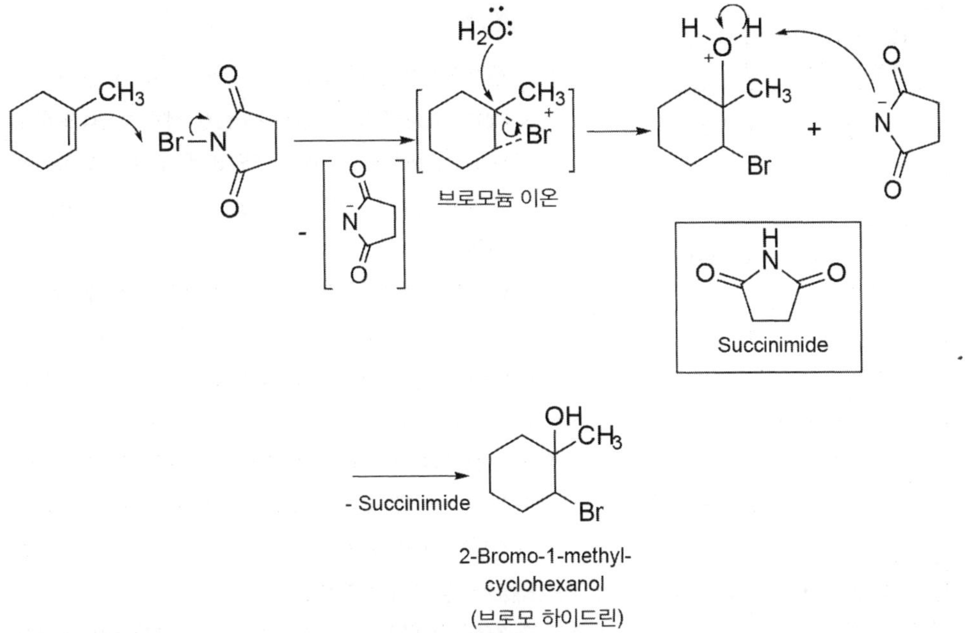

그림 5.7 2-브로모-1-메틸사이클로헥산올의 합성.

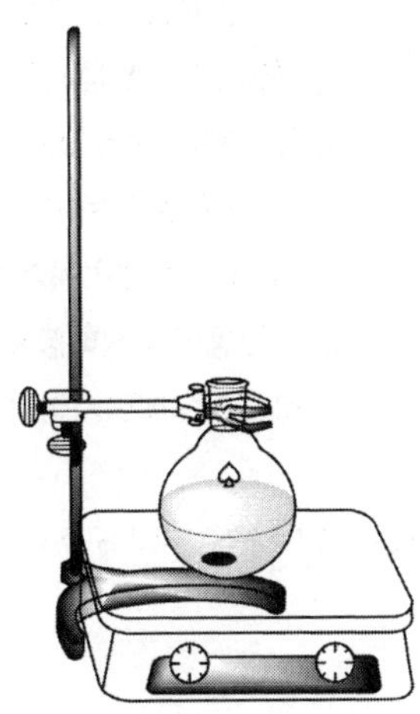

실험 장치

2) 준비물

실험 기구: 스탠드, 집게, 일구 둥근 바닥 플라스크, 자석 가열 교반기, 자석 젓개, Pasteur 피펫, 크로마토그래피용 칼럼

시약: NBS(*N*-bromosuccinimide), THF(tetrahydrofuran), 1-methylcyclohexne, 무수 $MgSO_4$, 칼럼용 실리카 젤(silicagel, Merck, 230-400 mesh), CH_2Cl_2

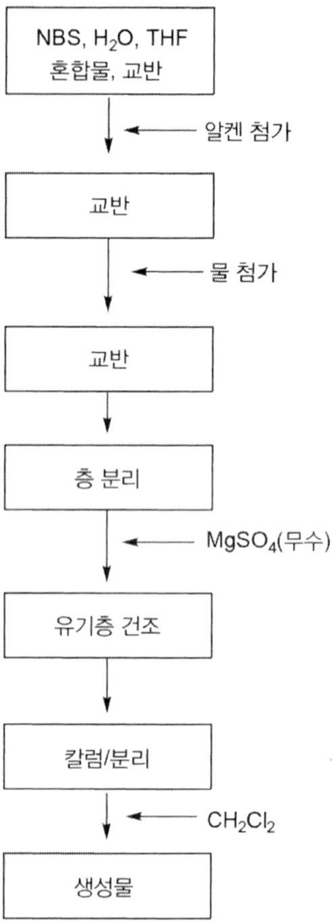

실험 흐름도 5.3 2-브로모-1-메틸사이클로헥산올의 합성.

3) 실험 방법

1. 작은 일구 둥근 바닥 플라스크에 NBS(*N*- bromo-succinimide) 350 mg, 물 1 mL 및 테트라하이드로퓨란(tetrahydrofuran, THF) 750 μL를 넣고, 교반하면서 1-메틸사이클로헥센(1-methylcyclohexene) 240 μL를 가한다.
2. 혼합 용액을 실온에서 NBS가 관찰되지 않을 때까지 교반(약 10분 정도)한다. 만일 NBS가 존재하거나 노란색이 나타나면, 1-메틸사이클로헥센 10 μL를 추가하여 무색 용액이 되도록 한다.
3. 혼합 용액을 물 2 mL로 희석하고, 2분간 더 교반한다.
4. 자석 젓개를 제거하고, 브로모하이드린(bromohydrin)이 포함된 아래층을 다른 시약 병에 옮긴다. 이 층을 무수 $MgSO_4$를 넣어 건조시킨다.
5. 파스테르 피펫 하단을 석면으로 막고, 500 mg의 실리카 젤(silicagel, Merck, 230~ 400 mesh)을 건조 상태로 충진시킨다. 칼럼 상층에 건조된 브로모하이드린 용액을 옮겨 흡착시킨다.
6. 건조제가 들어 있는 시약병에 CH_2Cl_2 소량을 넣어 씻고, 이 씻은 용액을 다시 칼럼 상층에 흡착시킨다. 칼럼을 CH_2Cl_2로 용리시켜 생성물이 포함된 분획만을 모은다.
7. 모인 용액의 용매를 제거하면, 맑고 점도가 큰 액체인 2-브로모-1-메틸사이클로헥산올(2-bromo-1-methyl-cyclohexanol)을 얻는다.
8. 생성물의 수율을 계산하고, IR 또는 ^1H NMR로부터 구조를 확인한다.

5.2 할로알케인의 제조와 반응

할로알케인(haloalkane, R-X, X= F, Cl, Br, I)은 자연계에 널리 존재한다. 뿐만 아니라 현대 산업의 공업 원료로서 또는 의약품 및 농약의 제조 등에 다양하게 이용되는 중요한 화합물 부류이다. 다중 할로젠화 알케인(polyhalogenated alkane)은 냉매, 방염제, 마취제 등으로 쓰이기도 하며, $CHCl_3$(chloroform)과 CH_2Cl_2(dichloromethane) 등은 유용한 유기 용매이다.

할로알케인 또는 할로아릴(aryl halide) 물질을 구리 표면에서 태우면 녹색의 불꽃을 낸다. 유기 화합물에 염소(Cl), 브로민(Br), 아이오딘(I)이 포함되어 있으면, 구리 표면에서 산화 구리(I)(cuprous oxide, Cu_2O)와 반응하여 휘발성이 있는 CuX(cuprous halide)로 변하므로 녹색을 띤다. 그러나 플루오린(F)을 포함하고 있으면 CuF(cuprous fluoride)가 비휘발성이므로 색을 띠지 않는다. 따라서 이 방법은 Cl, Br, I 등의 할로젠 화합물을 검출하는 데 이용할 수 있으며, 바일슈타인(Beilstein) 검사법으로 알려져 있다.

한편, 할로알케인과 $AgNO_3$(silver nitrate)을 에탄올(ethanol) 용매에서 반응시키면 알코올에 녹지 않는 AgX(silver halide)가 생성된다. 이 반응에서는 아이오도알케인(iodoalkane, RI)의 반응이 브로모알케인(bromoalkane, RBr) 또는 클로로알케인(chloroalkane, RCl)보다 빠르다. 반응은 S_N1 메커니즘으로 진행되므로 할로알케인의 반응성은 3° 〉 2° 〉 1° 순이다. 즉 중간체 탄소 양이온의 안정도에 영향을 받는다. 브로모알케인(RBr)이나 클로로알케인(RCl)은 아세톤(acetone) 용매 속에서 NaI와 반응하여 상응하는 아이오도알케인(RI)과 NaBr 또는 NaCl을 생성하며 이들은 아세톤에서 녹지 않는다. 이 반응은 S_N2 메커니즘으로 진행된다. 따라서 브로모알케인의 반응 속도가 클로로알케인의 반응 속도보다 빠르며, 1° 〉 2° 〉 3° 순으로 반응이 빨리 진행된다.

$$R-X + AgNO_3 \xrightarrow[\text{ethanol}]{} R-ONO_2 + AgX\downarrow$$

$$R-Cl + NaI \xrightarrow[\text{acetone}]{} R-I + NaCl\downarrow$$

$$R-Br + NaI \xrightarrow[\text{acetone}]{} R-I + NaBr\downarrow$$

그림 5.8 $AgNO_3$와 NaI를 이용한 할로알케인의 확인.

할로알케인은 라디칼 연쇄 반응(radical chain reaction)을 이용하여 알케인에 직접 할로젠화를 시키거나 알코올에 할로젠화 수소(hydrogen halide, HX), PX_3(phosphorus halide), SO_2Cl_2(thionyl chloride) 등을 반응시켜 제조한다.

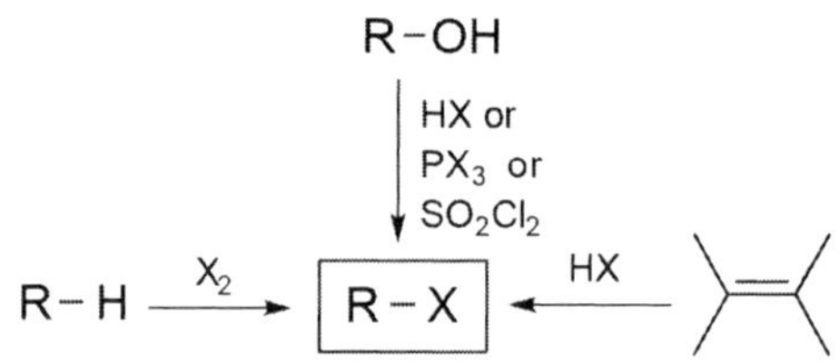

그림 5.9 할로알케인의 제조 방법.

할로알케인은 $C^{\delta+}-X^{\delta-}$의 극성 공유 결합을 이용하여 다양한 반응을 할 수 있어 유기 합성 화학에서 광범위하게 활용된다. 할로알케인의 반응은 3가지의 기본 유형으로 구분할 수 있다. 즉, 1) 치환 반응(substitution)[(a)~(d)], 2) 제거 반응 (elimination)[(e)] 또는 3) 금속과의 반응[(f)~(g)]이다. 특히 금속과의 반응 중 그리냐르 시약(Grignard reagent)의 반응[(f)]은 유기합성에서 매우 중요하다. 할로알케인의 중요한 몇 가지 반응을 요약하면 그림 5.10과 같다.

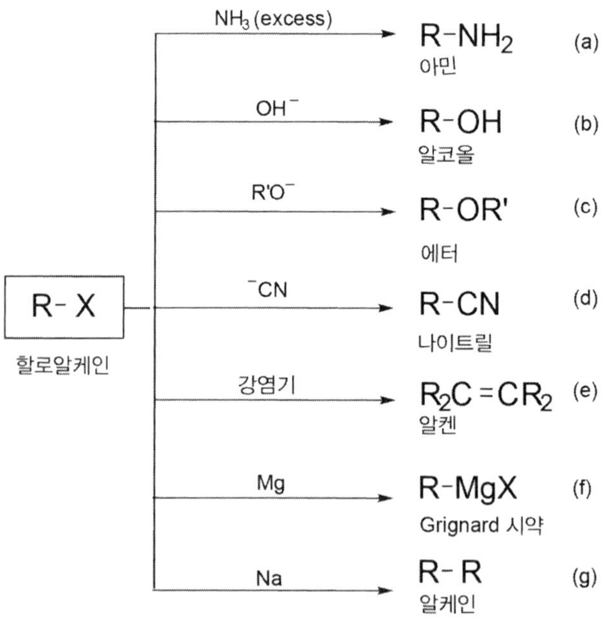

그림 5.10 할로알케인이 할 수 있는 반응의 예.

5.2.1 그리냐르 반응

할로젠 화합물의 반응 중 그리냐르(Grignard) 반응은 합성 화학적으로 매우 중요하고 유용하다. 다양한 구조의 알킬(alkyl), 아릴(aryl), 바이닐(vinyl) 할로젠화물들은 에터나 THF(tetrahydrofuran) 용매 속에서 Mg(magnesium) 금속과 반응하여 RMgX와 같은 유기금속 화합물을 만든다. 이 생성물은 발견자 그리냐르(Francois Auguste Victor Grignard)의 이름을 따서 그리냐르 시약(Grignard regent)이라 부른다. 이 그리냐르 시약은 $C^{\delta+}-X^{\delta-}$의 친전자성 탄소를 $C^{\delta-}-Mg^{\delta+}X$의 친핵성 탄소로 바꿀 수 있어 다양하게 이용된다. C–Mg의 결합은 공유 결합이다.

그리냐르 시약 합성에 이용되는 용매는 주로 Et_2O(diethyl ether)와 THF를 사용한다. 이들 용매 분자는 루이스(Lewis) 염기로 작용하여 그리냐르 시약과 용매화됨으로서 그리냐르 시약을 안정화 시킨다. 그리냐르 시약의 합성은 마그네슘(Mg) 금속의 표면에서 일어난다.

그리냐르 화합물을 만드는 데 있어서의 주된 방해 물질은, 물이나 알코올 또는 다른 산성 수소 화합물이다. 이러한 산성 수소는 생성된 그리냐르 시약과 반응하여 알케인(alkane)을 생성한다.

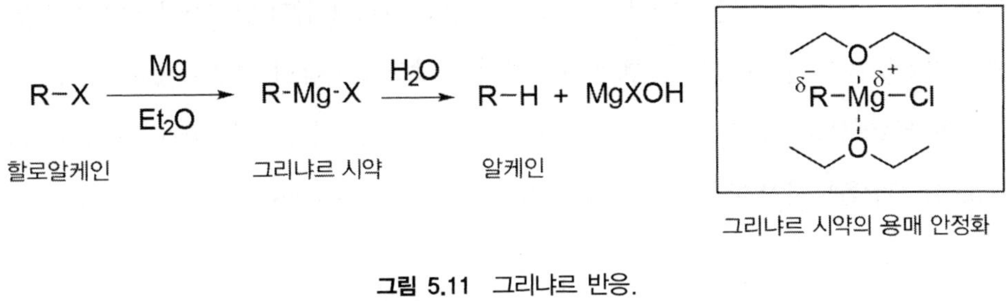

그림 5.11 그리냐르 반응.

여기에서는 사이클로헥실클로라이드(cyclohexyl chloride)로부터 사이클로헥실마그네슘 클로라이드(cyclohexylmagnesium chloride)를 만들고, 이로부터 사이클로헥실페닐 카비놀(cyclohexylphenyl carbinol)과 사이클로헥산 카복실산(cyclohexanecarboxylic acid)을 합성한다.

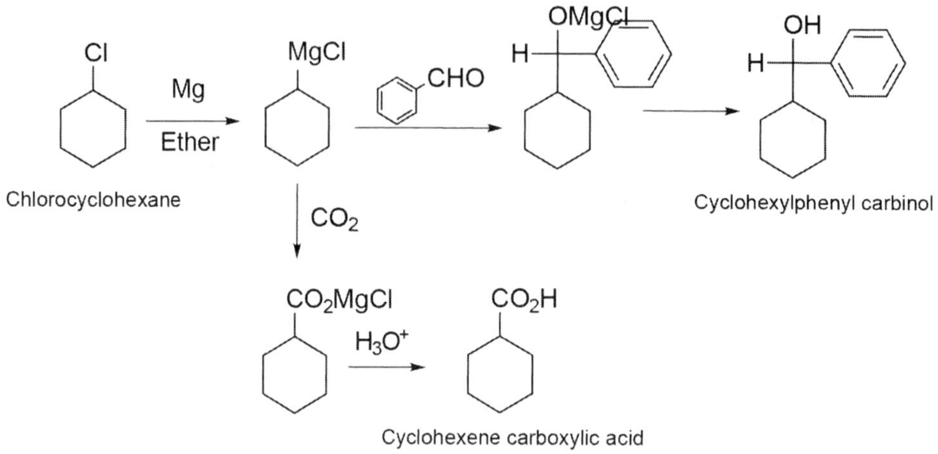

그림 5.12 클로로사이클로헥세인의 그리냐르 반응.

5.2.2 알코올의 할로젠화 반응

알코올(ROH)을 염화 알킬(alkyl chloride, RCl)로 바꾸는 것은 여러 가지 과정으로 수행할 수 있다. 일차 및 이차 알코올의 경우는 $SOCl_2$(thionyl chloride), $POCl_3$(phosphorus oxychloride) 또는 PCl_5(phosphorus pentachloride)가 주로 쓰인다.

한편, 알코올로부터 할로젠화물을 만드는 경우에는 알코올과 진한 염산(*conc*–HCl) 그리고 무수 $ZnCl_2$를 가열하여 얻는 방법도 쓰인다. 그러나 삼차 알코올은 진한 염산만으로 염화물을 만들 수 있으며, 때로는 가열하지 않고도 가능한 경우도 있다.

사이클로헥산올(cyclohexanol)은 이차 알코올이지만 반응성이 좋아 예외적으로 *conc*–HCl과 환류시키기만 해도 쉽게 염화물(chlorocyclohexane)로 바꿀 수가 있다.

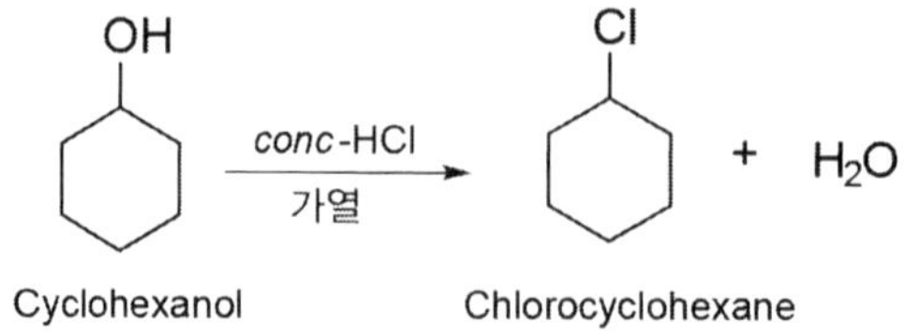

그림 5.13 클로로사이클로헥세인의 합성.

알코올의 이러한 반응성의 차이는 1°, 2°, 3° 알코올의 정성 시험의 기초가 된다. 루카스 시험(Lucas test)를 예로 들어보자.

루카스 시약은 $ZnCl_2$의 염산 용액이다. 루카스 시약과 알릴 알코올(allyl alcohol) 또는 3o 알코올은 몇 초 내에 반응한다. 그러나 2° 알코올은 10~15분 걸리고, 1° 알코올은 반응하지 않는다.

실험 5.4 할로젠 화합물의 검출 시험

1. 바일슈타인(Beilstein) 시험

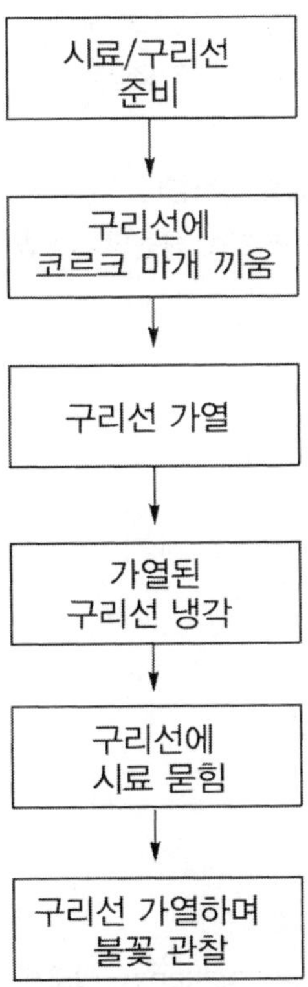

실험 흐름도 5.4
바일슈타인 시험.

1) 준비물

실험 기구: 알코올 램프(또는 버너), 구리선, 코르크 마개

시약: Chloroalkane, bromoalkane, fluoroalkane, iodoalkane, 할로젠 없는 알케인

2) 실험 방법

1. 검사 시료로 RCl(chloroalkane), RBr(bromoalkane), RF(fluoroalkane), RI (iodoalkane) 및 할로젠이 없는 알케인 화합물과 10 cm 길이의 구리선을 준비한다.
2. 구리선 한쪽에 코르크 마개를 끼운다. 코르크 마개를 끼운 부분을 잡고 실험한다.
3. 버너나 알코올 램프에서 녹색 불꽃이 나타나지 않을 때까지 가열한다.
4. 가열된 구리 선을 냉각시켜 시료 용액을 적신 후 다시 불꽃에서 가열하여 나타나는 불꽃 색깔을 관찰하여 기록한다.

2. 질산 은(Silver nitrate) 검사

1) 준비물

실험 기구: 물중탕, 시험관, 시험관 망

시약: Chloroalkane, bromoalkane, fluoroalkane, iodoalkane, 할로젠 없는 알케인, 0.1 *M* silver nitrate ethanol 용액

2) 실험 방법

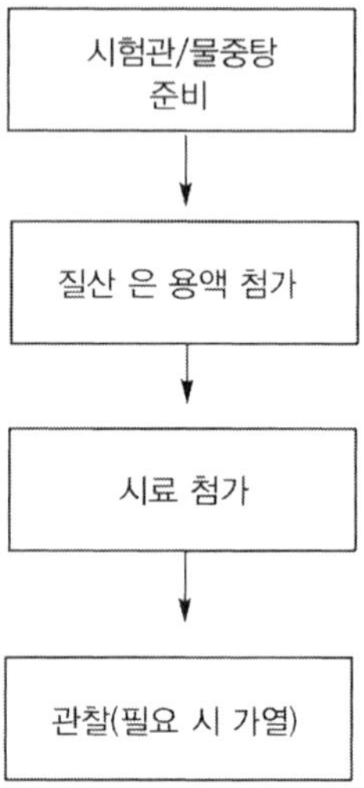

실험 흐름도 5.5
질산 은 검사.

1. 검사 시료로 RCl(chloroalkane), RBr (bromoalkane), RF (fluoroalkane), RI (iodoalkane) 및 할로젠이 없는 알케인 화합물과 동일한 할로젠을 포함하고 있는 1°, 2°, 3° 할로젠 화합물을 준비한다.
2. 준비된 시료 수만큼의 깨끗하고 건조된 시험관에 번호를 매긴다.
3. 각 시험관에 0.1 M 질산은(silver nitrate) 에탄올 용액을 각각 0.5 mL씩 넣는다.
4. 각 시험관에 준비된 시료를 각각 한 방울씩 첨가한다.
5. 상온에서 5분 이내에 침전이 생기지 않으면 80℃ 물중탕에서 가열하여 끓인다.
6. 결과를 관찰하여 기록한다.

3. 아이오딘화 소듐(sodium iodide) 검사

1) 준비물

실험 기구: 물중탕, 시험관, 시험관 망

시약: RCl(chloroalkane), RBr(bromoalkane), RF(fluoroalkane), RI(iodoalkane), 할로젠 없는 알케인, 0.1 *M* sodium iodide acetone 용액

2) 실험 방법

1. 검사 시료로 RCl(chloroalkane), RBr (bromoalkane), RF (fluoroalkane), RI (iodoalkane)

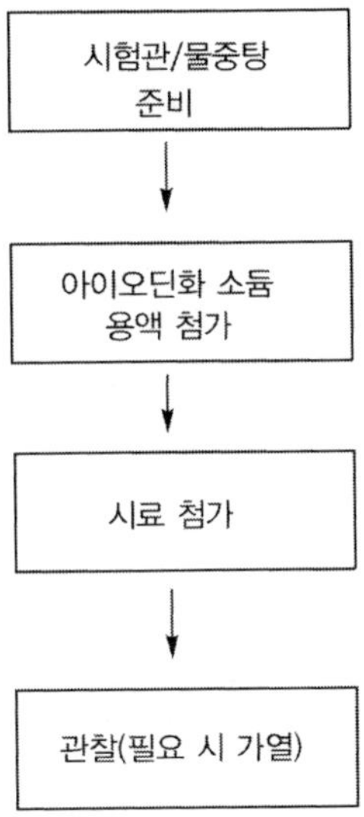

실험 흐름도 5.6
아이오딘화 소듐 검사.

및 할로젠이 없는 알케인 화합물과 동일한 할로젠을 포함하고 있는 1°, 2°, 3° 할로젠 화합물을 준비한다.

2. 준비된 시료 수만큼의 깨끗하고 건조된 시험관을 준비하여 번호를 매긴다.
3. 각 시험관에 0.1 M 아이오딘화 소듐(sodium iodide) 아세톤(acetone) 용액을 각각 0.5 mL씩 넣는다.
4. 준비된 시료를 각각 한 방울씩 첨가한다.
5. 상온에서 3분 이내에 침전이 생기지 않으면 50℃ 물중탕에서 가열한다.
6. 결과를 관찰하여 기록한다.

실험 5.5 클로로사이클로헥세인의 합성

1) 이론

사이클로헥산올(cyclohexanol)을 진한 염산으로 처리하면 OH가 Cl로 첨가되어 클로로사이클로헥세인(chlrorocyclohexane)으로 변한다. 반응의 결과는 치환 반응(substitution)이다. 이 반응에서는 OH기가 한 분자의 물로 이탈되므로 일종의 탈수 반응(dehydration)이기도 하다.

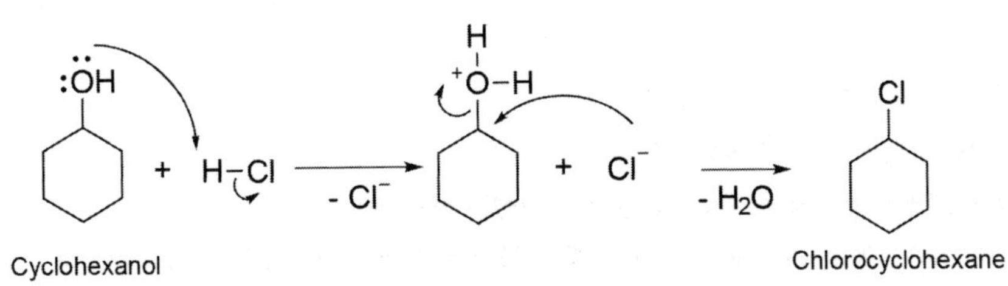

그림 5.14 클로로사이클로헥세인의 합성.

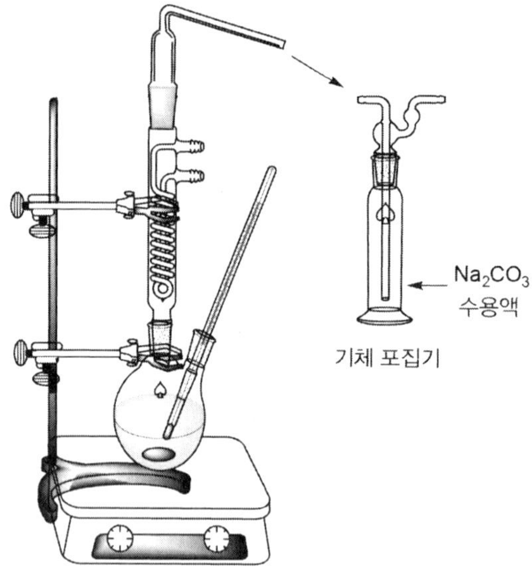

실험 장치

2) 준비물

실험 기구: 스탠드, 자석 가열 교반기, 집게, 환류 냉각기, 이구 둥근 바닥 플라스크, 일구 둥근 바닥 플라스크, 증류용 냉각관, 기체 포집기, 기체 포집기 연결관, 온도계, 자석 젓개, 고무관, 저울, 분별 깔때기

시약: Cyclohexanol, *conc*-HCl, *conc*-H_2SO_4, 무수 $CaCl_2$, Na_2CO_3, NaCl

3) 실험 방법

1. 이구 둥근 바닥 플라스크(250 mL)에 사이클로헥산올(cyclohexanol) 30 mL와 *conc*-HCl 120 mL 그리고 자석 젓개를 넣는다.
2. 플라스크에 기체 포집기가 부착된 환류 냉각기를 장치한다. 기체 포집기에는 Na_2CO_3 수용액으로 채운다.
3. 반응 용액을 가열하여 환류시킨다.
4. 반응 용액을 2~2.5시간 환류시킨 후, 냉각시킨다.
5. 용액을 분별 깔때기에 옮겨서 아래 물층을 완전히 제거한다.
6. 분리한 유기층에 *conc*-H_2SO_4 10 mL를 가하고 두 층이 완전히 섞일 때까지 흔든다.
7. 용액을 10~15분 동안 방치하고, 황산층을 천천히 제거한다.
8. 유기층(염화물)은 물 20 mL로 씻는다. 물로 씻은 염화물을 10% Na_2CO_3 수용액으로 다시 씻는다.
   ❗ 주의: 수 분간 방치했다가 곧 층을 분리한다. 만일 분리하는 데 시간이 걸리면 소량의 NaCl을 가한다.
9. 유기층을 물로 다시 씻고, 무수 $CaCl_2$로 건조시켜 여과한다.

10. 둥근 바닥 플라스크(50 mL)를 이용하여 단순 증류한다. 증류 액은 138~142℃에서 받는다. 만일 소량의 물이 증류액에 있으면, 다시 건조하거나 재증류한다.
11. 무게를 달아 수율을 계산하고, IR 및 NMR로 확인한다.

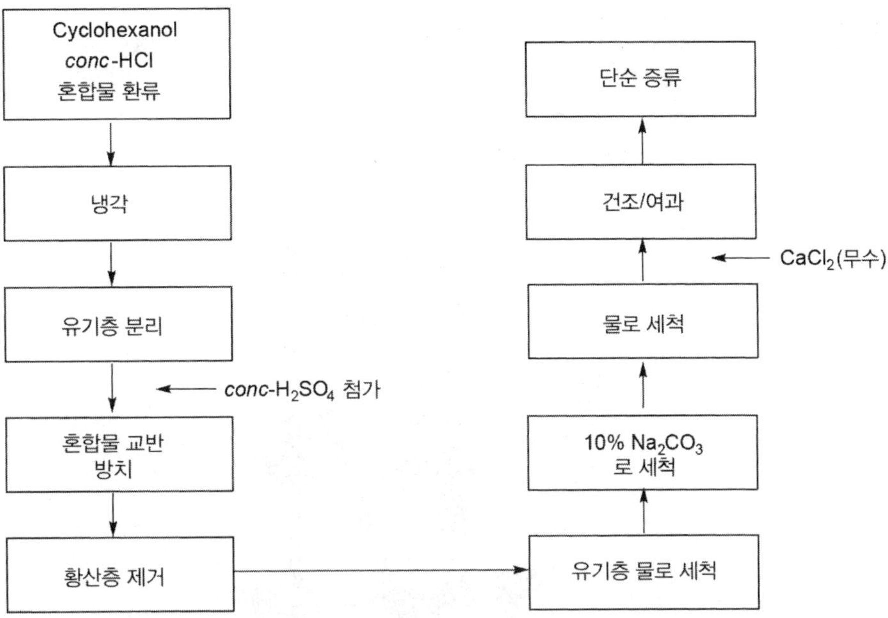

실험 흐름도 5.7 클로로사이클로헥세인의 합성.

실험 5.6 사이클로헥실 페닐카빈올의 합성

1) 이론

그리냐르 반응을 이용하면 할로알케인(haloalkane, RX)으로부터 2차 알코올(R_2CHOH)을 만들 수 있다. 이 실험에서는 클로로사이클로헥세인(chlorocycloheane)으로 그리냐르 시약을 만들고, 이어서 벤즈알데하이드(benzaldehyde)를 반응시켜 사이클로헥실 페닐카빈올(cyclohexyl penylcarbinol)을 합성한다.

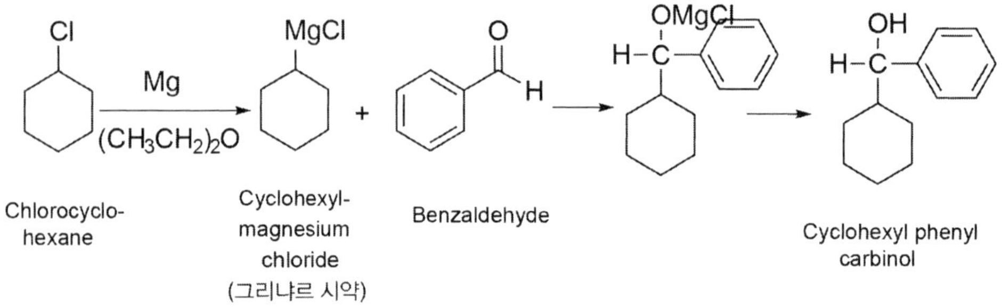

그림 5.15 사이클로헥실 페닐 카빈올의 합성.

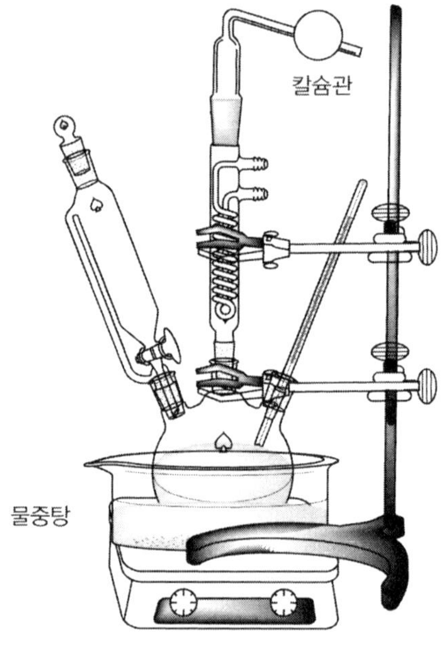

실험 장치

2) 준비물

실험 기구: 스탠드, 자석 가열 교반기, 집게, 환류 냉각기, 이구 둥근 바닥 플라스크, 온도계, 자석 젓개, 피펫, 고무관, 적하관(또는 분별 깔때기), 칼슘관(무수 $CaCl_2$로 채움), 저울, 시험관(25× 100 mm)

시약: Cyclohexane, Mg(turnings), diethyl ether, benzaldehyde, 1,2-dibromoethane, I_2, NH_4Cl 포화 용액, $NaHCO_3$ 포화 용액, $NaHSO_4$ 30% 용액(혹은 포화 용액), 무수 $MgSO_4$, *n*-pentane(또는 petroleum ether), 얼음

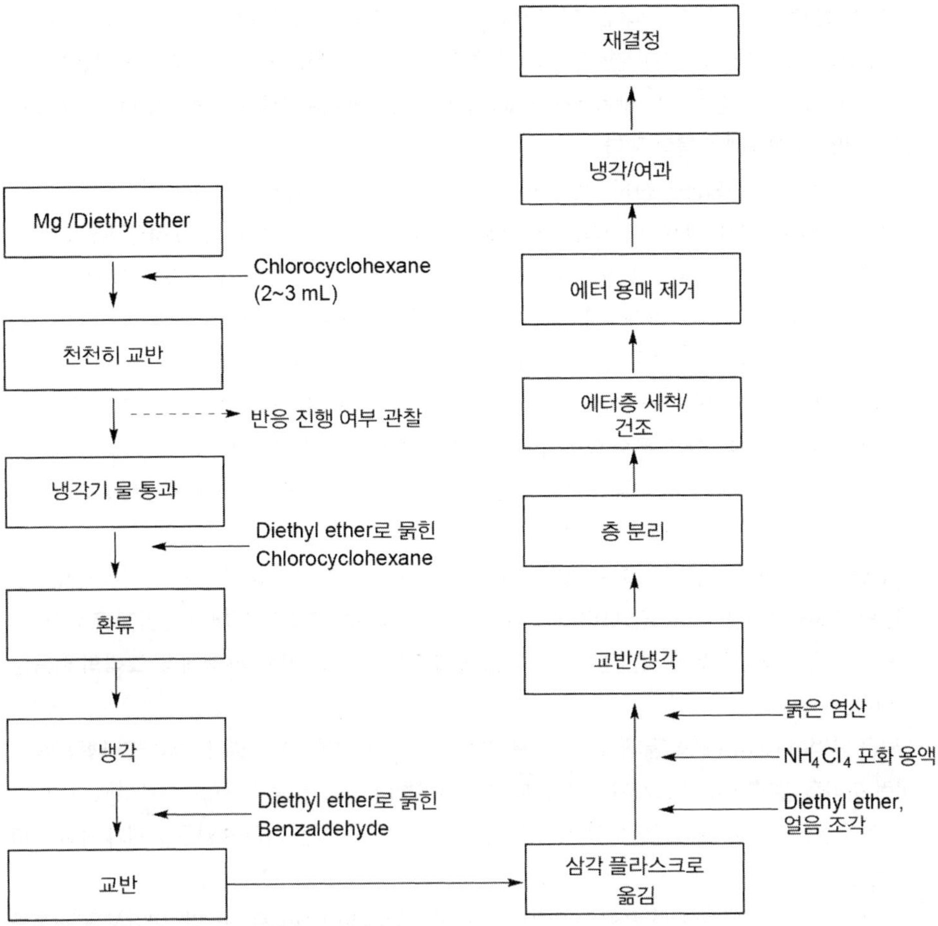

실험 흐름도 5.8 사이클로헥실 페닐 카빈올의 합성.

3) 실험 방법

1. 삼구 둥근 바닥 플라스크(500 mL)에 환류 냉각기, 적하관을 장치하고 다른 한쪽에는 온도계를 설치하거나 마개로 막는다. 이때 모든 기구는 충분히 건조된 것이어야 한다. 냉각기 끝에는 칼슘관을 부착한다.
2. 클로로사이클로헥세인(chlorocyclohexane)과 동일한 양(몰, mole)만큼의 Mg (turnings)을 플라스크에 넣고, 무수 다이에틸 에터(diethyl ether) 20 mL을 가한다.

   ❶ **주의**: 실험 담당자는 가능한 한 적은 양으로 실험할 수 있도록 실험 규모를 조절한다. 너무 많은 양을 시험하면 그만큼 위험도가 높다.
3. 피펫으로 2~3 mL의 클로로사이클로헥세인(chlorocyclohexane)을 가하고 플라스크 안의 Mg을 교반 봉으로 천천히 잘게 부순다.
4. 손바닥이나 따스한 물로 플라스크를 따뜻하게 한다. 그러나 교반하지는 않는다. 반응이 시작되면

기포가 발생하거나 용액이 혼탁해진다. 만일 5분이 지나도 반응 시작의 징후(기포 발생 및 혼탁해짐)가 보이지 않으면, 소량의 I_2 결정과 1 mL의 클로로사이클로헥세인을 더 가한다. 또는 몇 방울의 1,2-다이브로모에테인(1,2-dibromoethane)을 가하면 그리냐르 시약(cyclohexylmagnesium chloride)의 형성에 도움이 된다.

5. 반응이 격렬히 진행되면 천천히 교반하면서(열 발생) 얼음을 넣어 냉각시킨다.
6. 남아 있는 할로젠화물을 무수 다이에틸 에터(diethyl ether)로 희석하여(3 mL/g) 적하관에 붓는다.
7. 희석한 할로젠화물 용액을 한 방울씩 가하면서 가끔 흔들어 준다. 이때 환류 온도를 잘 유지하라.
8. 모든 할로겐화물이 가해진 후에 20분 동안 천천히 교반하면서 환류시킨다. 이때쯤이면 몇 조각의 마그네슘 금속이 남고, 용액은 검은색이 된다. 이 상태에서 곧 다음의 실험으로 넘어간다.
9. 그리냐르 용액이 환류되는 동안에, 사용한 클로로사이클로헥세인과 같은 몰 수의 벤즈알데하이드(benzaldehyde)를 3배의 무수 다이에틸 에터로 희석하여 적하관에 넣는다.
10. 그리냐르 반응이 끝나면 용액을 상온으로 냉각시키고, 환류 속도를 잘 유지시키면서 알데하이드 용액을 천천히 첨가한다. 필요하면 얼음으로 냉각한다.
11. 알데하이드의 첨가가 끝나면 수 분 동안 흔들어 주고, 반응 용액을 250 mL 삼각 플라스크에 붓는다. 반응 플라스크를 다이에틸 에터로 씻어 합친다. 이때 Mg 조각이 들어가지 않게 조심한다.
12. 반응 중 증발해서 없어진 양만큼의 다이에틸 에터를 더 가하고, 반응 용액에 몇 조각의 얼음을 가한다.
13. 반응 용액에 NH_4Cl 포화 용액 4~5 mL를 가하고 흔든다. 가한 후에 열이 발생하면 냉각한다. 이런 조작을 젤라틴 같은 고체가 사라질 때까지 반복한다.
14. 반응 혼합물을 분별 깔때기에 옮기고, 소량의 묽은 염산(1-2 *N*)을 가하여 남은 고체가 녹을 때까지 흔든다.
15. 에터층을 분리하고 $NaHCO_3$ 포화 용액 10 mL로 씻고, 다시 물 10 mL로 씻는다. 이어서 30%(혹은 포화 용액) $NaHSO_4$ 용액으로 10 mL씩 두 번 씻고, 다시 적당량의 물로 씻는다.
16. 에터층을 $MgSO_4$(무수)로 건조시켜 시험관에서 잔유물이 남을 때까지 증발시키고 냉각하여 결정으로 만든다. 만일 결정이 빨리 생기지 않으면 1 mL의 *n*-펜테인(*n*-pentane)을 가하라.
17. 결정이 생기면 여과하고, 같은 부피의 *n*-펜테인이나 끓는점이 낮은 석유 에터(petroleum ether)로 재결정한다.
18. 결정의 양을 평량하여 수율을 계산한다. 녹는점을 측정하고, IR 또는 NMR을 이용하여 구조를 확인한다.

실험 5.7 사이클로헥세인 카복실산의 합성

1) 이론

그리냐르 반응을 이용하면 할로젠 화합물(RX)로부터 카복실산(RCOOH)을 만들 수 있다. 클로로사이클로헥세인으로 그리냐르 시약을 만들어 이산화 탄소(carbon dioxide, CO_2)를 반응시키고, 산으로 처리하면 상응하는 카복실산을 합성할 수 있다.

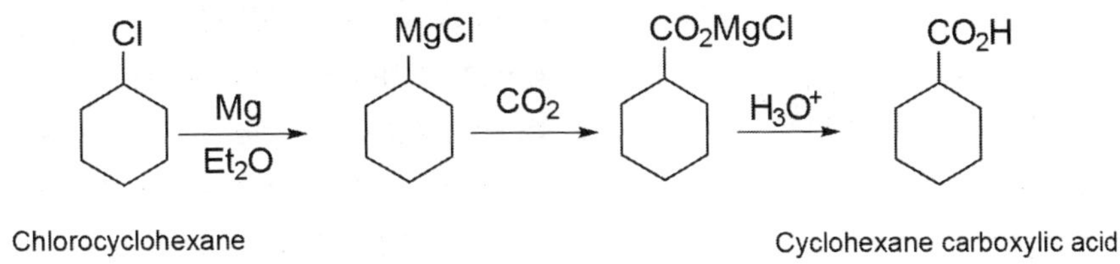

그림 5.16 사이클로헥세인 카복실산의 합성.

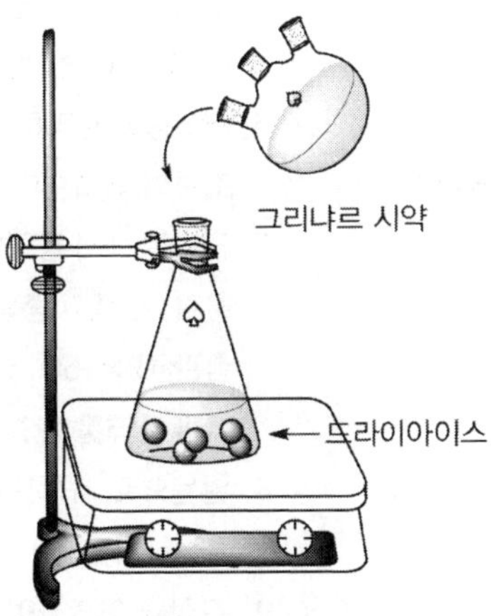

실험 장치

2) 준비물

실험 기구: 그리냐르 시약 제조 기구(실험 5.7 참고), 삼각 플라스크, 자석 가열 교반기, 자석 젓개, 분별 깔때기, 코르크 마개, 여과 장치, 저울, 수증기 중탕, 시험관(18×150mm), 아스피레이터 장치

시약: 그리냐르 제조 시약(실험 5.6 참고), 드라이아이스(CO_2), 다이에틸 에터(diethyl ether), 무수 Na_2SO_4, 6 *N* HCl 용액, 얼음

3) 실험 방법

1. 그리냐르 용액을 환류시키는 동안에 약 80 g의 드라이아이스(CO_2)를 준비해 수건에 쌓아 둔다. [실험 5.6]에서와 같이 사이클로헥실마그네슘 클로라이드(cyclohexylmagnesium chloride)를 제

조(실험 5.6의 단계 1~8까지)하고 정제 없이 실험에 사용한다.
2. 그리냐르 용액을 냉각시키고 적하관과 냉각기를 제거한다.
3. 드라이아이스(dry ice)를 250 mL 삼각 플라스크에 넣고, 그리냐르 용액을 붓는다.
4. 플라스크를 코르크 마개로 느슨하게 막고 과량으로 들어간 드라이아이스가 승화할 때까지 방치한다. (이 상태로 다음 실험 때까지 저장할 수도 있다.)
5. 젤라틴 같은 잔유물에 다이에틸 에터(diethyl ether) 20 mL을 가하고, 고체가 다 녹을 때까지 6 *N*의 HCl 용액을 소량씩 가하며 교반한다.
6. 에터층을 분리하여 물로 씻고, 무수 Na_2SO_4로 건조하여 여과한다.
7. 건조된 에터 용액을 50 mL 둥근 바닥 플라스크에 옮겨, 수증기 중탕에서 증발시킨다. 잔유물을 시험관(18×150 mm)에 옮겨 아스피레이터로 다이에틸 에터를 완전히 제거한다.
8. 얼음으로 시험관을 냉각시켜 생성된 카복실산을 결정화시킨다.
9. 결정을 여과하여 건조한다.
10. 결정의 무게를 측정하여 수율을 계산한다. 녹는점을 측정하고 IR 또는 NMR을 이용하여 구조를 확인한다.

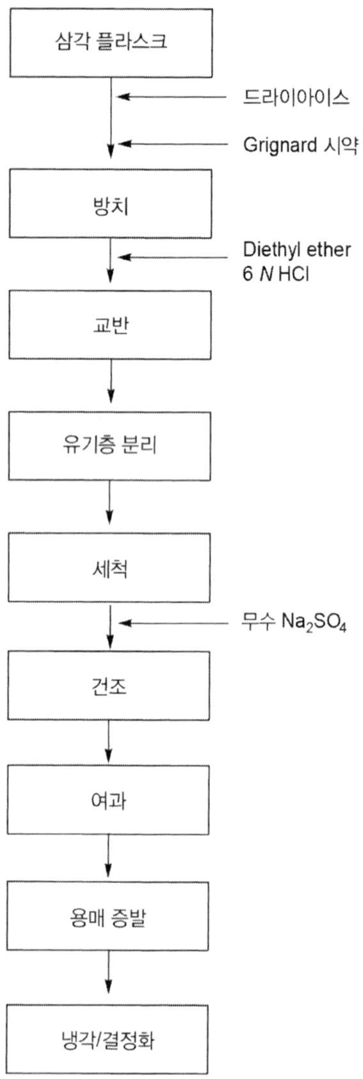

실험 흐름도 5.9 사이클로헥세인 카복실산의 합성.

5.2.3 할로알케인의 친핵성 치환 반응

할로알케인(haloalkane, R−X, X=할로젠)은 친핵성 치환 반응(nucleophilic substitution) 및 제거 반응(elimination)을 통해 다양한 화합물로 변환할 수 있다. 따라서 할로알케인은 유기합성에서 중심적인 역할을 하는 화합물이다.

친핵성 치환 반응은 반응 속도 결정 단계에서 한 분자가 관여하는 S_N1(monomolecular nucleophilic substitution) 반응과 두 분자가 관여하는 S_N2(bimolecular nucleophilic substitution) 반응이 있다. 이 치환 반응들은 제거 반응과 경쟁적이다. 제거 반응은 치환 반응 메커니즘과 유사한 경로로 진행된다. 속도 결정 단계에서 한 분자가 관여하는 **E1 제거 반응**(monomolecular elimination) 또는 두 분자가 관여하는 **E2 제거 반응**(bimolecular elimination)으로 구분된다.

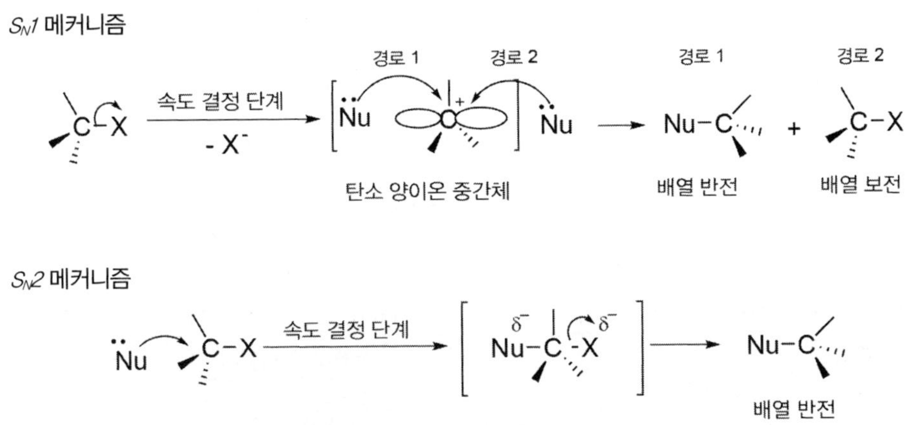

그림 5.17 S_N1 및 S_N2 반응 메커니즘.

S_N1 반응의 반응 속도는 할로알케인 분자만의 영향을 받는다. 따라서 일분자 치환 반응이라고 표기한다. 먼저 이탈기인 X(여기서는 할로젠)가 떨어져 나가 탄소 양이온(carbocation) 중간체가 형성된다. 이 단계가 속도 결정 단계이다. 생성된 중간체의 탄소 양이온은 탄소가 sp^2 혼성을 하고 있어 탄소와 결합된 3개 원자는 같은 평면에 존재한다. 따라서 친핵체와 반응하는 두 번째 단계에서는 친핵체가 오른편 또는 왼편 두 방향으로 공격해 들어갈 수 있다. 이 결과로 반응 자리 탄소의 배열이 절반은 보전(retention)되고 절반은 반전(inversion)된 혼합 생성물이 얻어진다. 만일 출발 물질이 카이랄성 물질(비대칭 물질)이라면 **라셈 혼합물**(racemic mixture)이 생성된다. 즉 S_N1 반응은 2단계 반응이며 반응 속도는 생성되는 중간체 탄소 양이온의 안정도에 크게 의존한다.

S_N2 반응의 반응 속도 결정 단계는 할로알케인과 친핵체 모두의 영향을 받는다. 따라서 이분자 치환 반응이라고 표기한다. 친핵체가 이탈기가 결합된 탄소를 반대편에서 공격하는 것이 유리하므로, 공격받는 탄소 주변이 구조적으로 단순한 것이 유리하다. S_N2

반응은 중간체가 없는 1단계 반응이다. 또 친핵체가 이탈기의 반대편에서만 도입되므로 반응 자리 탄소의 입체 배열이 완전히 반전되는 특성을 나타낸다.

이들 두 치환 반응은 할로알케인의 구조, 반응 용매, 이탈기의 종류 및 친핵체의 종류와 크기 등에 영향을 받는다.

S_N1 반응에서는 반응 용매가 생성되는 탄소 양이온을 얼마나 안정화시키는가에 달려 있다. S_N2 반응에서는 용매와 친핵체 간의 상호 작용이 반응 속도에 영향을 미친다. 이들 반응에 영향을 미치는 종류와 결과를 간단히 도표로 정리하였다(표 5.1).

표 5.1 S_N1 및 S_N2 반응의 요약

	S_N1 반응	S_N2 반응
할로알케인 구조	vinyl 〈 MeX 〈1° 〈2° 〈〈3°	vinyl 〉 MeX 〉 1° 〉 2° 〉〉 3°
친핵체 구조	영향 없음	크기 및 친핵성도에 따라 영향 받음
반응 속도식	R = k [RX]	R = k[RX][Nu]
메커니즘	2단계 반응: 속도 결정 단계에서 할로알케인 한 분자만 관여함	1단계 반응: 속도 결정 단계에서 할로알케인과 친핵체 두 분자가 관여함
자리옮김 반응	관찰될 수 있음	관찰되지 않음
입체화학 특징	라셈화	배열의 반전
이탈기 영향	H_2O 〈 Cl^-〈 Br^-〈 I^- ≈ $TosO^-$	NH_2^-, OH^-, RO^- 〈 Cl^-〈 Br^-〈 I^- ≈ $TosO^-$
용매 영향	전이 상태 안정화에 기인하여 영향을 받음, 극성 용매가 유리함	친핵체의 안정화에 기인하여 영향을 받음, 극성 비양성자성 용매가 유리함

실험 5.8 친핵성 치환 반응에서 할로알케인 구조의 영향

1) 이론

할로알케인(RX)의 친핵성 치환 반응의 메커니즘은 할로알케인의 구조에 영향을 받는다. 여기에서는 할로알케인이 구조에 따른 친핵성 치환 반응의 영향을 실험을 통해 이해한다.

실험 장치

2) 준비물

실험 기구: 시험관, 코르크 마개

시약: *n*–Butyl chloride, *n*–butyl bromide, *sec*–butyl chloride, *tert*–butyl chloride, crotyl Chloride, 15% NaI–acetone 용액, 1% ethanolic $AgNO_3$

3) 실험 방법

실험 1: S_N2 반응

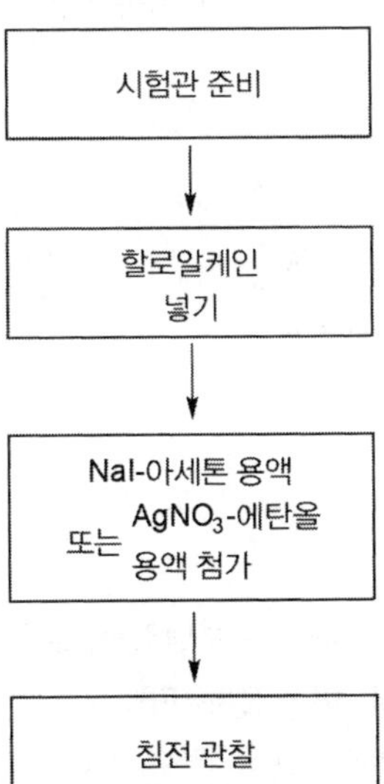

실험 흐름도 5.10
친핵성 치환 반응에서 할로알케인 구조의 영향.

1. 깨끗이 씻어 말린 시험관을 1~5까지 번호를 매겨 두 조를 만든다.
2. 각 조의 시험관에 번호를 매기고 다음의 화합물을 0.2 g씩 넣고 코르크 마개로 막는다.
(1) *n*–butyl chloride (2) *n*–butyl bromide (3) *sec*– butyl chloride
(4) *tert*–butyl chloride (5) crotyl chloride ($CH_3CH=CHCH_2Cl$)
3. 15% NaI–acetone 용액 15 mL를 만든다.
4. 시험관을 1부터 5까지 순서대로 배열하고, 1번 시험관에 2 mL씩의 NaI 용액을 가능한 한 빨리 가한다.

❗ **주의**: 적가하지 않는다.

5. 2~3분 후에 2번 시험관에 2 mL NaI 용액을 넣는다. 나머지 다른 시험관에도 앞에서와 같은 시간 간격으로 2 mL의 NaI 용액을 넣는다.
6. NaI 용액을 5개 시험관에 모두 가한 후에, 각 시험관을 관찰하여 침전이 생성되기 시작하는 시간과 완전히 생성되는 시간을

정확히 측정하여 기록한다. 다음 실험을 하는 동안 주기적으로 관찰한다.
7. 시험관 반응이 끝나면 관찰하고 폐시약통에 버린다.

실험 2: S_N1 반응

1. 깨끗한 5개의 시험관에 번호를 매기고 S_N2 실험에서 사용한 5개 화합물을 0.2 g씩을 넣는다.
2. 1% $AgNO_3$ 에탄올(ethanol) 용액 15 mL을 만든다.
3. 시료가 든 각 시험관에 2 mL씩의 $AgNO_3$ 용액을 2분 간격으로 가한다.
4. $AgNO_3$ 용액을 모두 가한 후에 즉시 각 시험관에서 일어나는 변화를 관찰한다. 처음 혼탁해질 때의 시간을 측정하여 기록하고 완전히 침전이 형성된 시간과의 시간 차이도 기록한다.
5. 이때까지 NaI를 가한 시험관이 투명하거나 맑으면, 코르크 마개를 조금 열고 50℃의 물중탕에서 가열하고 시험관에서 일어나는 변화를 관찰한다.
6. 시험관의 반응이 끝나면 관찰하고 폐시약통에 버린다.

실험 5.9 1-브로모뷰테인의 합성

1) 이론

뷰탄-1-올(butan-1-ol)을 황산 존재하에서 NaBr과 반응시키면 1-브로모뷰테인(1-bromobutane)으로 변환시킬 수 있다. 이 방법은 자주 사용하는 알코올(ROH)의 브로민화 반응이다.

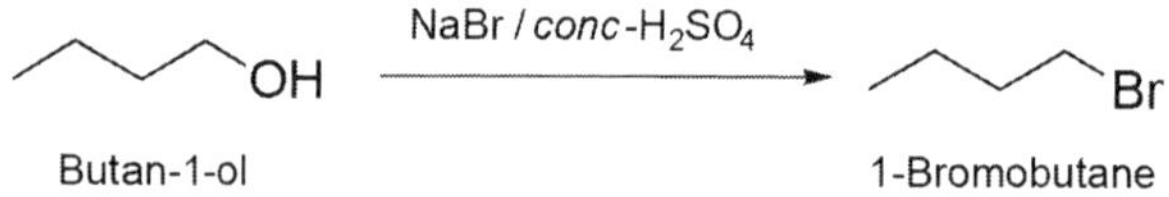

그림 5.18 1-브로모뷰테인의 합성.

2) 준비물

실험 기구: 스탠드, 집게, 삼구 플라스크, 자석 가열 교반기, 자석 젓개, 적하관, 환류 냉각관, 증류 냉각관, T자형 연결관, ㄱ자형 연결관, 분별 깔때기, 온도계, 물중탕, 여과 장치, 피펫

시약: Sodium bromide(NaBr), butan-1-ol, *conc*-H_2SO_4, 3*M* NaOH 용액, 무수 $CaCl_2$

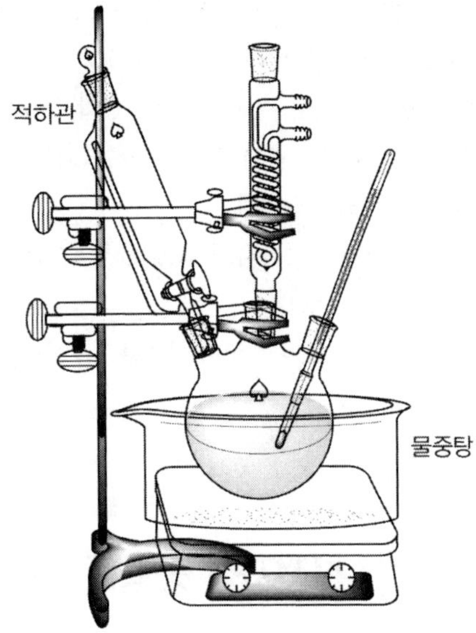

실험 장치

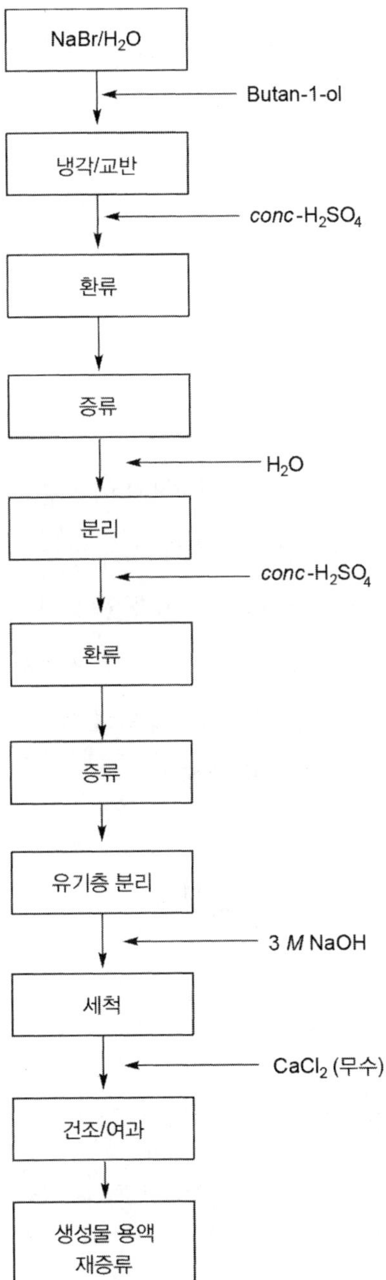

실험 흐름도 5.11 1-브로모뷰테인의 합성.

3) 실험 방법

1. 작은 둥근 바닥 삼구 플라스크에 브로민화 소듐(sodium bromide) 1.33 g을 넣고 물 1.5 mL를 가하여 녹인다.
2. 이 용액에 0.8 g의 뷰탄-1-올(butan-1-ol)을 가한다.
3. 얼음 중탕에서 용액을 냉각시키고, 일정하게 교반하면서 1.1 mL(2.0 g)의 진한 황산을 천천히 적가한다.
4. 플라스크에 환류 장치를 하고 반응물을 끓는 온도까지 가열하면 1-브로모뷰테인(bromobutane) 층(상층)이 분리된다.
5. 반응 용액을 45분 동안 환류하고, 환류 장치를 증류 장치로 바꾸어 증류한다.
6. 증류액을 소형 분별 깔때기나 시험관에 넣고 1 mL 물을 넣고 흔들면 아래층에 1-브로모뷰테인(1-bromobutane)층이 형성된다.
7. 피펫을 이용하여 1-브로모뷰테인을 건조된 다른 시험관에 옮긴다.

8. 이 시험관에 1 mL의 진한 황산을 가하고 조심스럽게 흔들어 섞는다. (부 생성물인 에터와 미반응 출발 물질을 제거하기 위해서이다.)
9. 유기층을 분리하여, 1 mL의 3 *M* 수산화 소듐(sodium hydroxide) 용액으로 씻어 황산을 제거한다.
10. 1-브로모뷰테인 층에 몇 개의 무수 $CaCl_2$ (calcium chloride)를 넣어 건조시키고, 여과하여 생성물 용액을 회수한다.
11. 더 순수하게 정제하려면 소형 증류 장치를 이용해 증류한다(1-bromo-butane의 끓는점은 101.6℃이다).
12. IR 또는 NMR을 이용하여 구조를 확인한다.

5.3 친전자성 방향족 치환 반응

방향족 화합물(aromatic compound)의 화학을 이해하는 것은 유기화학에서 매우 중요하다. 방향족 화합물에 새로운 치환기를 도입하는 방법에는 **친전자성 치환 반응**(electro-philic substitution)과 **친핵성 치환 반응**(nucleophilic substitution) 두 가지가 있다.

친핵성 치환 반응은 일반적으로 벤젠(benzene, C_6H_6)의 파이(π) 전자가 친전체(electrophile)를 공격하여 시그마 착물(σ complex)을 만드는 단계와 염기에 의해 수소가 제거되어 방향족성(aromaticity)을 다시 회복하는 두 단계를 거처 진행된다.

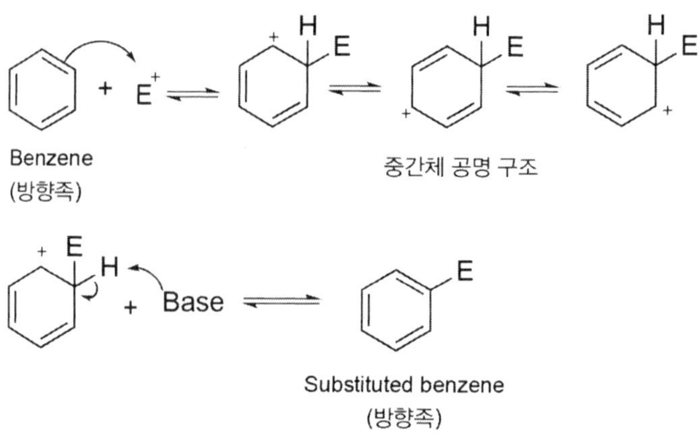

그림 5.19 친전자성 방향족 치환 반응.

벤젠에서 할 수 있는 친전자성 방향족 치환 반응은 나이트로화 반응(nitration), 할로젠화 반응(halogenation), 설폰화 반응(sulfonation), 프리델-크라프트 반응(Friedel-Craft reaction) 등이 있다. 이러한 친전자성 치환 반응의 반응성은 방향족 고리에 존재하는 치환기들의 성질에 의존한다. 즉 전자를 밀어주는 작용기는 치환 반응을 용이하게 하며, 이런 치환기를 **활성화기**(activating group)라고 한다.

한편, 전자를 당기는 작용기는 반응을 느리게 한다. 이런 치환기는 **활성 감소기**(deactivating group)라고 한다. 활성화기가 벤젠에 치환되어 있으면, 그다음에 도입되는 치환기는 오소-/파라-(*ortho-/para-*) 위치로 도입된다. 반대로 활성 감소기가 존재하면, 친전자성 치환 반응의 반응성은 감소한다. 활성 감소기가 치환된 경우에는 새로 도입되는 치환기가 메타(*meta-*) 위치로 도입된다. 치환기 종류에 따른 이런 도입 위치 선택성을 **지향 효과**(orientation effect)라고 한다. 다만 활성 감소기 중에서 할로겐 치환기는 새로 도입되는 치환기를 오소-/파라-(*ortho-/para-*) 위치로 도입되게 한다.

참고: 오소-(*ortho-*)는 1,2-이치환 관계를, 메타-(*meta-*)는 1,3-이치환 관계를, 파라-(*para-*)는 1,4-이치환 관계를 나타내는 용어이다.

벤젠의 치환기 효과

활성화기: 오소/파라 지향기 예) $-NH_2$, $-OH$, $-OR$, $-NHCOR$, $-NO$, $-CH_3$,

활성 감소기: 오소/파라 지향기 예) $-F$, $-Cl$, $-Br$, $-I$.

활성 감소기: 메타 지향기 예) $-CF_3$, $-CN$, $-COR$, $-CO_2R$, $-NO_2$, $-(NR_3)^+$

1) 나이트로화 반응(nitration)

벤젠의 나이트로화 반응은 순수한 질산(HNO_3), 진한 황산(H_2SO_4)과 질산의 혼합물, 그리고 빙초산 또는 아세트산 무수물(acetic anhydride)의 질산 용액을 사용하여 수행할 수 있다. 이 반응들은 반응 중 생성되는 나이트로늄 이온(nitronium ion, $O{=}N{=}O^+$)을 거쳐 진행된다. O_2N^+ 이온은 질산과 황산의 가역적인 상호 작용에 의해 나이트로화 반응 혼합물 안에서 형성된다. 생성된 나이트로늄 이온이 방향족 화합물을 공격하여 형성된 중간체에서 양성자 이탈 반응이 일어나는 방식으로 진행된다.

$$HNO_3 + 2\,H_2SO_4 \rightleftharpoons NO_2^+ + H_3O^+ + 2\,HSO_4^-$$ (나이트로늄 이온 형성)

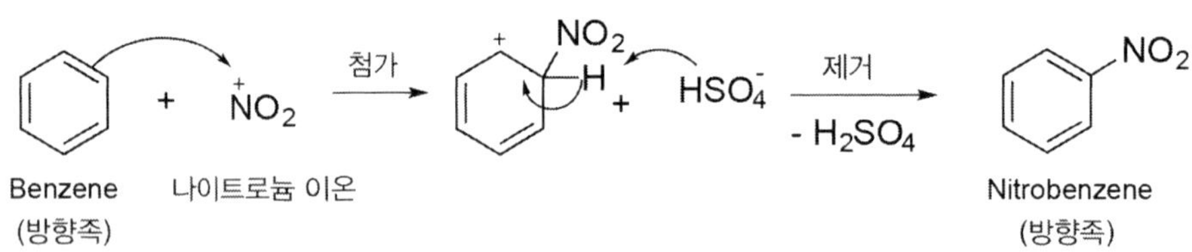

그림 5.20 벤젠의 나이트로화 반응.

이 교재에서는 먼저 벤젠의 나이트로화 반응에 대해 실험하고, 아울러 몇 가지 벤젠 유도체들의 나이트로화 반응을 실험한다. 이 실험들을 통해 치환기가 나이트로화의 위치 화학에 미치는 영향도 배우게 될 것이다.

아울러 톨루엔(toluene, $PhCH_3$)의 나이트로화를 통해 생성되는 모노나이트로톨로엔(mononitrotoluene)과 다이나이트로톨로엔(dinitrotoluene)의 생성 비율을 TLC를 이용해 간단히 확인할 수 있는 방법도 수행한다.

2) 할로젠화 반응(halogenation)

방향족 화합물의 할로젠화 반응은 Cl_2, Br_2 또는 I_2를 촉매 존재하에서 반응시키거나, 촉매 없이 직접 반응시켜 수행한다. F_2는 반응성이 너무 커서 F_2를 직접 반응시켜 플루오린화를 하는 경우는 매우 드물다. 염화나 브로민화 반응은 일반적으로 루이스(Lewis) 산 존재하에서 진행하며, 주로 $FeCl_3$나 $FeBr_3$ 등이 이용된다. X–X(X= Cl, Br) 결합은 촉매와 반응하여 $FeX_4^-X^+$ 형태로 활성화된다. 여기서 생성된 X^+가 벤젠 같은 방향족과 반응한다.

$$\underset{\text{할로겐}}{X\text{-}X} + \underset{\text{촉매}}{FeX_3} \longrightarrow [X_3Fe\cdots\overset{\delta-}{X}\cdots\overset{\delta+}{X}] \longrightarrow \underset{\text{활성화된 할로겐}}{X_4Fe^-X^+} \qquad X = Br, Cl$$

그림 5.21 할로겐의 활성화 반응.

방향족 고리의 아이오딘화 반응은 생물학, 의화학 및 약학에서 매우 중요한 반응이다. 그러나 아이오딘은 친전자성 방향족 치환 반응에 대한 반응성이 너무 낮다. 방향족 고리와 아이오딘 간의 반응은 가역적이어서 실용적이지 못하지만 Ag^+나 산화제인 질산(HNO_3)이 존재하면 반응의 평형은 생성물이 생성되는 정방향 쪽으로 이동하면서 I^+를 형성한다.

$$Ar\text{-}H + I_2 \rightleftharpoons Ar\text{-}I + HI$$

$$I_2 + Ag^+ \longrightarrow I^+ + AgI$$

$$I_2 + 2\,H^+ + HNO_3 \longrightarrow 2\,I^+ + 1/2\,NO + 1/2\,NO_2 + 3/2\,H_2O$$

그림 5.22 방향족 고리의 아이오딘화 반응.

방향족 화합물에 아이오딘화를 가장 깨끗하게 할 수 있는 방법은 I−Cl을 이용하는 것이다. I−Cl 결합은 $I^{\delta+}-Cl^{\delta-}$로 편극된다.

3) 설폰화 반응(sulfonation)

방향족 탄화수소들은 약간 과량의 진한 황산이나 발연 황산(fuming sulfuric acid)과 반응시키면 설폰화된다. 방향족 설폰화 반응은 앞에서 설명한 바와 같이 친전자성 $^+SO_3H$ 이온(혹은 SO_3)에 파이 전자가 공격하여 진행되는 반응이다.

$$2\,HO\text{-}SO_2\text{-}OH \rightleftharpoons H_2O^{+}\text{-}SO_2\text{-}OH + HSO_4^{-}$$

$$H_2O^{+}\text{-}SO_2\text{-}OH \rightleftharpoons H_2O + \boxed{^{+}SO_3H}$$

$$SO_3 + H_2SO_4 \rightleftharpoons HSO_3^{+} + HSO_4^{-}$$

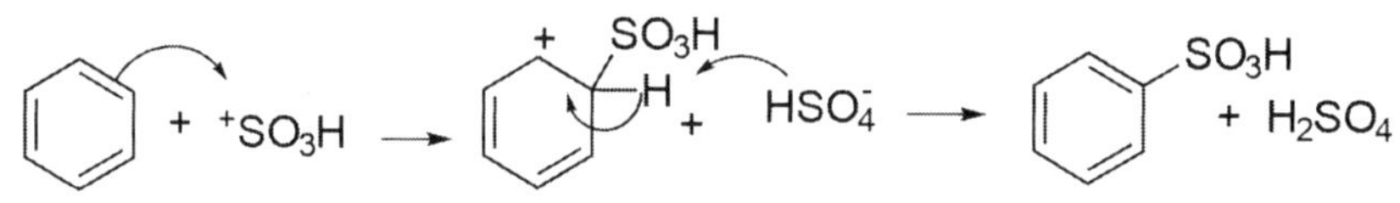

Benzene (친핵체) (친전자체) Benzenesulfonic acid

그림 5.23 벤젠의 설폰화 반응.

또한 SO_3도 유용한 설폰화 시약 중 하나이다. SO_3가 황산과 공존하면 HSO_3^{+}/HSO_4^{-}와 평형을 이룬다. 따라서 SO_3와 HSO_3^{+} 두 가지 모두가 설폰화에 유용한 시약이다.

4) 프리델-크라프츠 반응

프리델-크라프츠(Friedel-Crafts) 알킬화 반응(alkylation) 및 아실화 반응(acylation)은 벤젠 고리에 새로운 탄소-탄소 결합을 형성하는 반응으로 매우 유용하다. 할로알케인(haloalkane, RX)을 $AlCl_3$ (aluminum chloride) 촉매로 처리하면, R^{+} 양이온(alkyl cation)이 형성되고, 이 양이온이 벤젠과 반응한다. 이 반응은 1877년 프리델과(Charles Friedel)과 크라프츠(James Crafts)에 의해 보고되었다.

이 프리델-크라프츠 알킬화 반응의 일차 생성물은 알킬벤젠(alkylbenzene, C_6H_5R)이다. 알킬벤젠은 치환된 알킬기 때문에 벤젠보다 반응성이 더 좋다. 알킬 치환기는 전자를 벤젠 고리로 밀어주는 활성화기이기 때문이다. 만일 반응 혼합물에 벤젠과 알킬벤젠이 혼합되어 있으면, 이중 알킬화 반응이 일어나 다른 생성물이 생긴다든가 자리옮김 생성물이 생기는 등의 문제가 있다.

할로알케인 대신 카복실산 할로젠화물(carboxylic acid halide, RCOX)을 이용하면 상응하는 아실벤젠[acylbenzene, PhC(=O)R] 유도체를 만들 수 있다. 이 반응을 프리델-크라프츠 아실화 반응(Friedel-Craft acylation)이라고 한다.

프리델-크라프츠 알킬화 반응

$R\text{-}X + AlCl_3 \longrightarrow R^+ + AlCl_4^-$

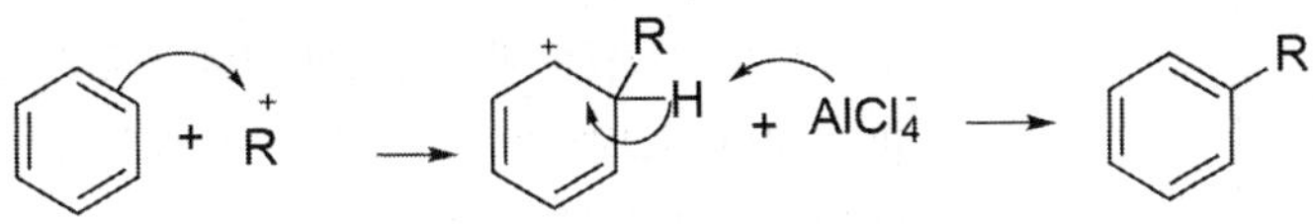

프리델-크라프츠 아실화 반응

$RCO\text{-}X + AlCl_3 \longrightarrow RC^+O + AlCl_4^-$

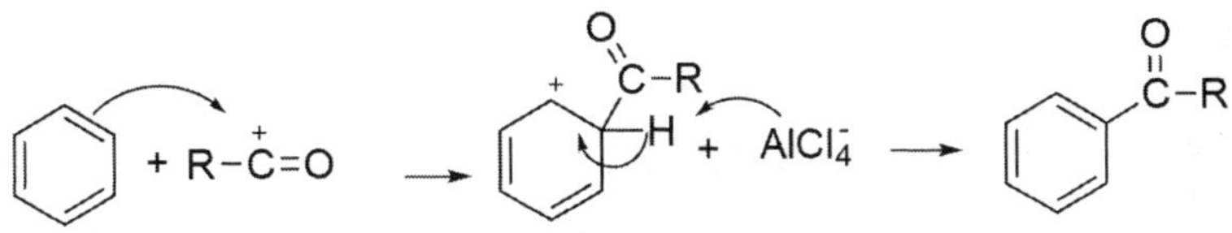

그림 5.24 벤젠의 프리델-크라프츠 반응.

프리델-크라프츠 반응이 보고된 초기에는 촉매로서 $AlCl_3$가 주로 사용되었으나, 그 후로는 알루미늄 아말감도 쓰인다. 학생 실험실에서 알루미늄 아말감을 사용하는 것은 문제가 있기 때문에 잘 사용하지 않는다.

실험 5.10 브로모벤젠의 합성

1) 이론

벤젠(benzene, PhH)을 피리딘(pyridine) 존재하에서 브로민(bromine, Br_2)과 반응시키면 브로모벤젠(bromobenzene, PhBr)을 얻을 수 있다. 이 반응에서 피리딘(pyridine)은 브로민을 활성화시키는 촉매로 작용한다.

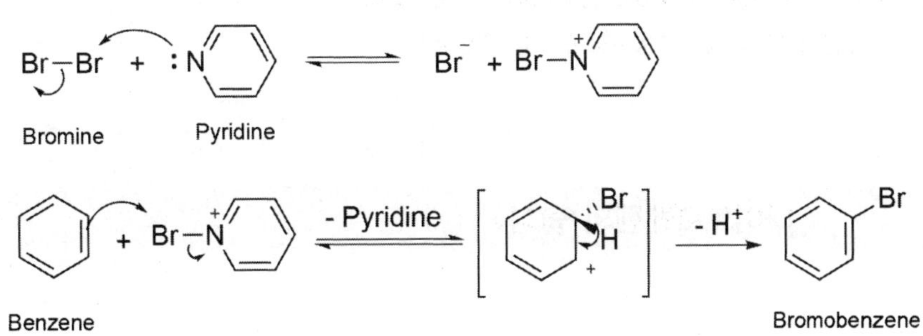

그림 5.25 브로모벤젠의 합성.

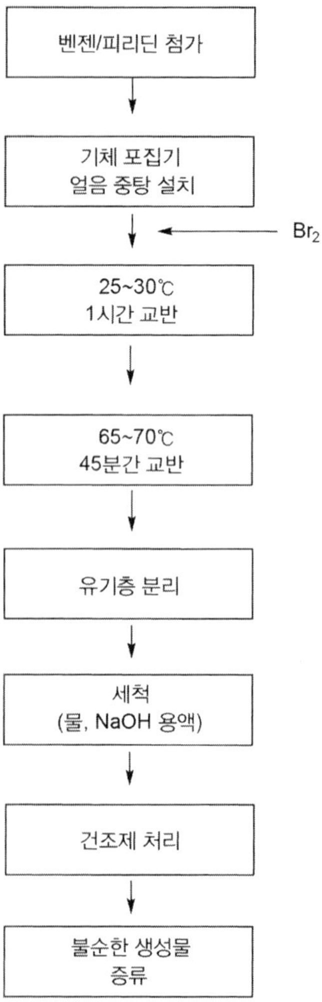

실험 흐름도 5.12
벤젠의 브로민화 반응.

2) 준비물

실험 기구: 스탠드, 집게, 삼구 플라스크, 자석 가열 교반기, 자석 젓개, 적하관, 환류 냉각관, 기체 포집기, 증류 냉각관, T자형 연결관, ㄱ자형 연결관, 분별 깔때기, 온도계, 물중탕, 여과 장치, 피펫

참고: 이 실험의 실험 장치는 실험 5.5와 같다.

시약: Benzene, pyridine, KOH, bromine(Br_2), 무수 $MgSO_4$(또는 $CaCl_2$), 5~10% NaOH 용액

3) 실험 방법

1. 건조된 벤젠(benzene) 5.0 g(5.7 mL, 0.064 mol)과 건조된 피리딘(pyridine) 0.05 mL를 이구 둥근 바닥 플라스크에 넣는다(피리딘은 KOH로 건조시킨 후 사용한다).
2. 환류 냉각기에 HBr 기체 포집기를 설치하고, 반응 플라스크를 얼음 중탕에 담근다.
3. 브로민(Br2) 12.5 g(4.0 mL)을 천천히 가한다. 반응은 즉시 일어난다.
4. 격렬한 반응이 멈추면, 중탕 온도를 25~30℃로 교반하면서 1시간 유지한다.
5. 마지막으로 반응 플라스크 온도를 65~70℃로 올려 45분간 교반한다. 이때쯤이면 브로민이 거의 다 사라진다.
6. 진한 어두운 색 반응 혼합물을 분별 깔때기로 옮겨 물로 씻어준다. 이어서 5~10% NaOH로 더 씻는다. 마지막으로 물로 한번 씻는다.
7. 얻어진 생성물을 무수 $MgSO_4$나 무수 $CaCl_2$로 건조한다.
8. 불순한 생성물을 154~157℃로 증류하여 순수한 브로모벤젠을 얻는다.
9. 수율을 계산하고, IR 또는 NMR로 구조를 확인한다.

실험 5.11 나이트로벤젠의 합성

1) 이론

벤젠의 나이트로화 반응은 진한 황산(sulfuric acid, H_2SO_4)과 질산(nitric acid, HNO_3)의 혼

합물에서 생성하는 나이트로늄 이온(nitronium ion, O=N=O)$^+$을 거쳐 진행된다. 벤젠의 파이(π) 전자가 나이트로늄 이온을 공격하여, 양이온 중간체가 형성되고, 이어서 양성자 이탈 반응이 일어나 생성물인 나이트로벤젠(nitrobenzene)을 생성한다. 벤젠의 파이 전자가 $^+NO_2$ 이온을 공격하여 중간체를 형성하는 단계는 일종의 첨가 반응이고, 중간체가 방향족성을 회복하는 단계는 일종의 제거 반응이다. 즉 방향족 화합물의 친전자성 치환 반응은 첨가–제거로 이루어지는 2단계 반응이다.

$$HNO_3 + 2\,H_2SO_4 \rightleftharpoons NO_2^+ + H_3O^+ + 2\,HSO_4^-$$ (나이트로늄 이온 형성)

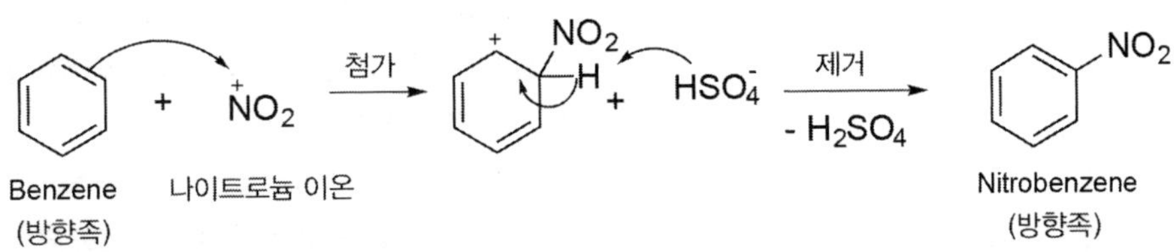

그림 5.26 나이트로벤젠의 합성.

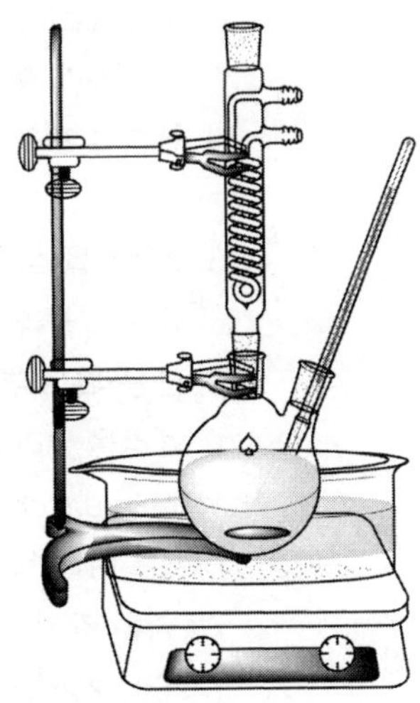

실험 장치

2) 준비물

실험 기구: 스탠드, 집게, 이구 둥근 바닥 플라스크, 자석 가열 교반기, 자석 젓개, 환류 냉각관, 증류 냉각관, T자형 연결관, ㄱ자형 연결관, 분별 깔때기, 온도계, 물중탕, 여과 장치, 눈금 실린더

시약: Benzene, *conc*–H_2SO_4, *conc*–HNO_3, 무수 $CaCl_2$

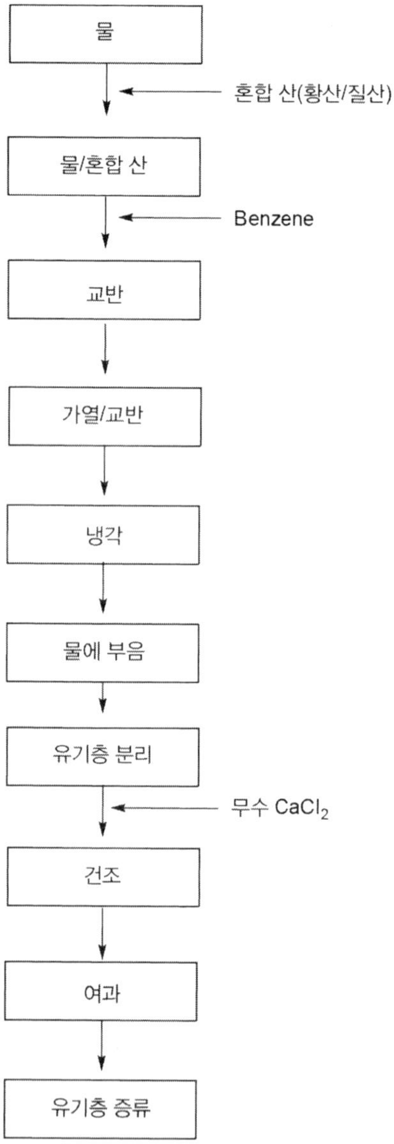

실험 흐름도 5.13 나이트로벤젠의 합성.

3) 실험 방법

1. 이구 둥근 바닥 플라스크(500 mL)에 4 mL의 물을 넣는다.
2. 냉각된 0.43 mol(35 g, 25 mL)의 진한 질산(*conc*-HNO_3)과 55 g(30 mL)의 진한 황산(*conc*-H_2SO_4)의 혼합물을 흔들어 주면서 벤젠(benzene) 0.3 mol(23.5 g, 27 mL)을 약 2 mL씩 나누어 첨가한다.
3. 혼합물을 격렬하게 저어주면서 온도가 50~60℃로 유지되도록 플라스크를 냉각시킨다. 벤젠을 모두 가하고, 온도가 더 이상 올라가지 않을 때까지 교반한다.
4. 온도가 더 이상 올라가지 않으면, 플라스크에 환류 냉각기를 장치하고 혼합물을 천천히 교반하면서 60℃로 40분 동안 가열한다.

❗주의: 나이트로벤젠의 증기는 유독하므로 흡입하지 않는다. 액체는 피부에 매우 유독하므로 만일 액체가 피부에 묻으면 소량의 EtOH로 세척한 다음 비누로 씻고 다시 따뜻한 물로 씻어 준다.

5. 혼합물을 상온까지 냉각시키고, 약 250 mL의 물이 든 플라스크에 조심스럽게 붓는다.
6. 산 용액으로부터 나이트로벤젠(nitrobenzene)의 층을 분리하고, 8~10 g의 무수 염화 칼슘(calcium chloride)으로 건조한다. 남은 건조제를 여과한다.
7. 증류 장치를 이용하여 유기층을 증류한다. 200~206℃(보정하지 않은 온도)에서 부분적으로 끓는다. 분획을 평량병에 모은다. 수득량은 약 25~30 g이다.

❗주의: 증류 플라스크에 찌꺼기로 *m*-다이나이트로벤젠(*m*-dinitrobenzene)이 남을 수도 있다. 이 물질은 폭발성이 있으므로 너무 가열하지 않도록 주의한다.

8. IR 또는 NMR을 이용하여 확인한다.

실험 5.12 *m*-다이나이트로벤젠의 합성

1) 이론

나이트로벤젠을 황산과 질산을 이용하여 나이트로화하면, *m*-다이나이드로벤젠(*m*-dinitro-benzene)을 만들 수 있다. 나이트로벤젠(nitrobenzene)의 나이트로화 반응성은 벤젠보다 낮다. 나이트로(nitro, NO_2)기는 벤젠 고리로부터 전자를 당기는 활성 감소기이기 때문이다. NO_2기는 *m*-지향성기이며, 메커니즘은 벤젠의 나이트로화와 같다.

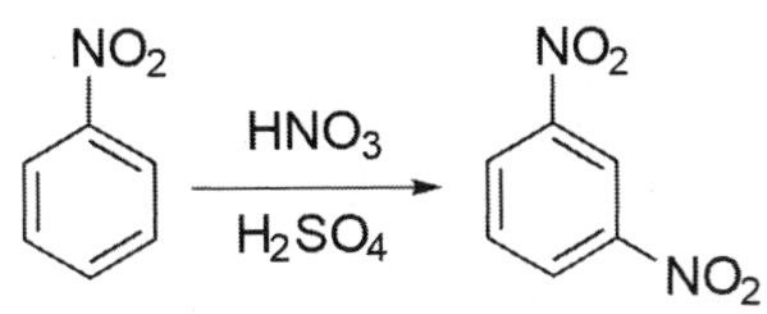

그림 5.27 *m*-다이나이트로벤젠의 합성.

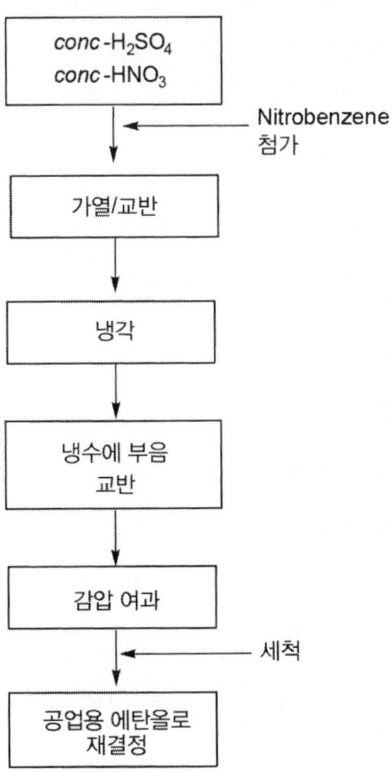

실험 흐름도 5.14
m-다이나이트로벤젠의 합성.

2) 준비물

실험 기구: 스탠드, 집게, 이구 둥근 바닥 플라스크, 자석 가열 교반기, 자석 젓개, 환류 냉각관, 온도계, 물중탕, 감압 여과 장치, 분별 깔때기, 눈금 실린더, 저울, 녹는점 측정기

참고: 이 실험의 실험 장치는 실험 5.11과 같다.

시약: Nitrobenzene, *conc*-H_2SO_4, *conc*-HNO_3 (70%), ethanol

3) 실험 방법

1. 둥근 바닥 플라스크(250 mL 또는 500 mL)에 진한 황산 37.5 g(21 mL)과 22.5 g(15 mL)의 발열 질산(fuming HNO_3)을 넣는다.
2. 반응 플라스크에 환류 냉각관과 증기 포집기를 설치하고, 나이트로벤젠(nitrobenzene) 15 g(12.5 mL, 0.122 mol)을 3 mL씩 천천히 가한다. 혼합물이 잘 섞이도록 천천히 교반한다.
3. 반응 혼합물을 물중탕에서 30분간 교반하면서 가열한다.

4. 반응 혼합물을 냉각시키고, 교반하면서 냉수 500 mL에 천천히 붓는다. 이때 *m*-다이나이나이트로벤젠(*m*-dinitrobenzene)이 고체로 형성된다.
5. 형성된 고체를 여과하고, 물로 충분히 씻는다.
6. 불순한 생성물을 공업용 에탄올 50~100 mL로 재결정한다. 에탄올 용액을 냉각하면 무색의 *m*-다이나이트로벤젠 결정이 얻어진다.

   주의: 환류 장치가 된 플라스크를 사용한다. 고체가 모두 녹을 때까지 가열한다. 만일 녹지 않는 물질이 있으면 뜨거운 상태로 여과한다. 여과 장치를 따뜻하게 하여 사용한다.
7. 결정을 여과하고, 건조한다.
8. 결정의 녹는점을 측정한다. *m*-다이나이트로벤젠의 녹는점은 89~90℃이다. 수율을 계산하고, IR 또는 NMR로 확인한다.

실험 5.13 *p*-브로모나이트로벤젠의 합성

1) 이론

브로모벤젠(bromobenzene)을 나이트로화하면 *p*-브로모나이트로벤젠(*p*-bromonitrobenzene)을 얻을 수 있다. 할로젠은 벤젠의 친전자성 치환 반응의 반응성을 낮아지게 하는 활성 감소기이다. 그러나 지향성은 활성화기처럼 *o,p*-지향성을 나타낸다. 메커니즘은 벤젠의 나이트로화 반응과 유사하다.

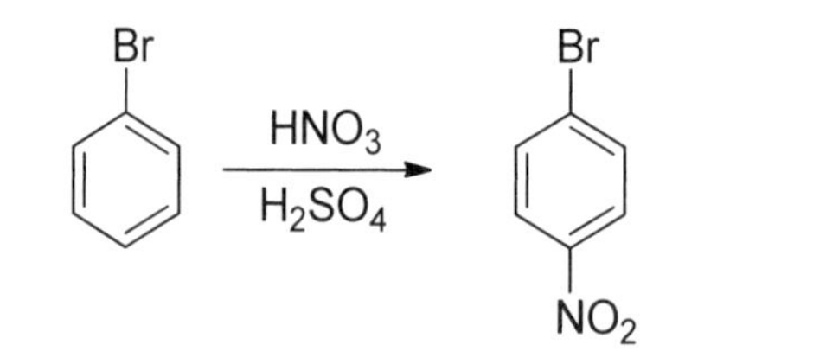

그림 5.28 *p*-브로모나이트로벤젠의 합성.

2) 준비물

실험 기구: 스탠드, 집게, 이구 둥근 바닥 플라스크, 자석 가열 교반기, 자석 젓개, 환류 냉각관, 온도계, 물중탕, 감압 여과 장치, 분별 깔때기, 눈금 실린더, 저울, 녹는점 측정기

참고: 이 실험의 실험 장치는 실험 5.11과 같다.

시약: Bromobenzene, *conc*-H_2SO_4, *conc*-HNO_3(70%), ethanol

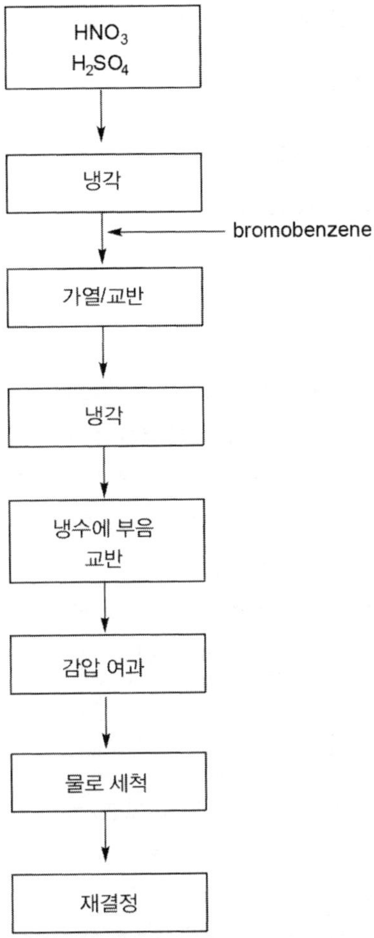

실험 흐름도 5.15
p-브로모나이트로벤젠의 합성.

3) 실험 방법

1. 둥근 바닥 플라스크(150 mL)에 *conc*-HNO_3 0.17 mol(14 g, 10 mL)을 넣고, 18 g(1 mL)의 *conc*-H_2SO_4을 조심스럽게 가한다.
2. 혼합물을 상온까지 냉각시키고, 0.05 mol(8 g, 5.5 mL)의 브로모벤젠(bromobenzene)을 2~3 회로 나누어 첨가한다.
3. 반응 혼합물이 들어있는 플라스크를 천천히 교반하면서, 냉수로 냉각시킨다. 이때 필요하다면 50-60℃로 유지시켜도 된다.
4. 브로모벤젠을 모두 첨가한 다음에 플라스크 내부 온도가 더 이상 오르지 않으면, 끓는 물 온도에서 0.5 시간 동안 교반한다.
5. 상온까지 플라스크를 냉각시키고, 반응 혼합물을 100 mL의 찬물에 부어 결정을 생성시킨다.
6. 생성물 결정(*p*-bromonitrobenzene의 결정, 약간의 *o*-bromonitrobenzene을 포함하고 있음)을 여과하고, 물로 세척한 다음 깨끗한 코르크 마개 또는 넓적한 유리 마개로 여과지를 눌러 수분을 제거한다.
7. 뜨거운 에탄올(ethanol) 50~60 mL로 생성물을 재결정한다. 용액을 냉각시키면 *ortho*- 이성질체는 에탄올 속에 녹아 있고, *para*- 이성질체는 결정화된다.
8. 결정을 여과하고 건조한다. 수득량은 5~7 g이다.
9. 녹는점을 측정하고, IR 또는 NMR로 확인한다.

실험 5.14 메틸 *m*-나이트로벤조에이트의 합성

1) 이론

메틸 벤조산(methyl benzoate)을 나이트로화하면 메틸 *m*-나이트로벤조에이트(methyl *m*-nitrobenzoate)가 합성된다. -C(=O)OR기는 벤젠 고리에서 전자를 당기는 활성 감소기이다. 또한 이 치환기의 지향성은 *m*-지향성기이고, 메커니즘은 벤젠의 나이트로화와 유사하다.

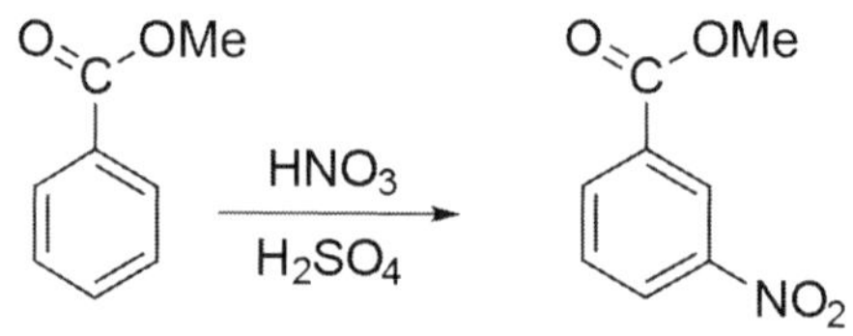

Methyl benzoate　　Methyl *m*-nitrobenzoate

그림 5.29 메틸 *m*-나이트로벤조에이트의 합성.

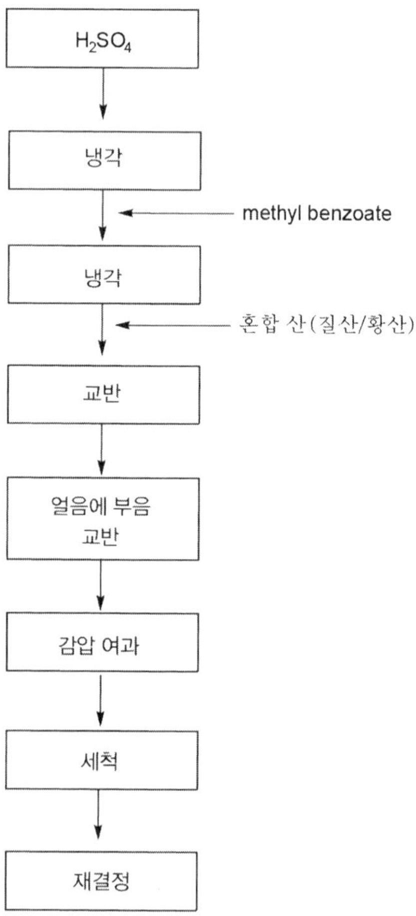

실험 흐름도 5.16
메틸 *m*-나이트로벤조에이트의 합성.

2) 준비물

실험 기구: 스탠드, 집게, 이구 둥근 바닥 플라스크, 자석 가열 교반기, 자석 젓개, 환류 냉각관, 온도계, 물중탕, 감압 여과 장치, 분별 깔때기, 눈금 실린더, 저울, 녹는점 측정기

참고: 이 실험의 실험 장치는 실험 5.11과 같다.

시약: Methyl benzoate, *conc*-H_2SO_4, *conc*-HNO_3(70%), ethanol

3) 실험 방법

1. 둥근 바닥 플라스크(150 mL)에 25 g(14.5 mL)의 진한 황산을 넣고, 산을 0℃까지 냉각시킨다.
2. 황산이 들어 있는 플라스크에 메틸 벤조에이트(methyl benzoate) 0.05 mol(6.8 g, 6.2 mL)을 교반하면서 첨가한다.
3. 필요하면 얼음이 섞인 물중탕에서 혼합 용액을 냉각시켜 내부 온도가 5~15℃가 되도록 유지한다.
4. 냉각된 혼합 용액에 진한 황산 9 g(5 mL)과 진한 질산 7 g(5 mL)의 찬 혼합물을 한 방울씩 가한다. 모든 양의 산을 가한 후 10분 동안 용액을 교반한다.
5. 반응 혼합물을 50 g의 얼음 조각이 든 비커에 교반하면서 붓는다. 이때 메틸 *m*-나이트로벤조에이트(methyl *m*-nitrobenzoate)가 생성된다. 여기에는 적은 양의 *ortho*-, *para*- 이성질체도 포함되어 있다.
6. 생성물(침전물)을 감압 여과하고, 15 mL의 물로 2~3회 나누어 세척하여 질산과 황산을 제거한다.

7. 마지막으로 여과된 결정을 눌러 주면서, 5 mL의 냉각된 에탄올(ethanol)로 2번 세척한다. 이 세척으로 대부분의 오소(*ortho*) 이성질체를 제거할 수 있다.
8. 불순한 생성물을 소량의 에탄올로 재결정하여, 깨끗한 메틸 *m*-나이트로벤조에이트 결정을 6~7 g 얻는다.
9. 녹는점을 측정하고, IR 또는 NMR로 확인한다.

실험 5.15 톨루엔의 나이트로화 반응

1) 이론

톨루엔(toluene)은 벤젠 고리에 활성화기인 CH_3(methyl)기를 가지고 있다. 메틸기의 지향성은 오소/파라-지향성기이다. 따라서, 톨루엔을 나이트로화시키면 *ortho*- 및 *para*-의 모노나이트로톨루엔(mononitrotoluene)과 다이나이트로톨루엔(dinitrotoluene) 등이 생성된다. 이 생성물들의 생성 비율을 TLC를 통해 간단하게 확인할 수 있다. 여기에서도 TLC를 이용하는 확인 방법을 시도할 것이다.

톨루엔과 황산-질산의 혼합산을 낮은 온도(10~15℃)에서 반응시킨다고 하더라도, 모노나이트로(mononitro-) 유도체와 다이나이트로(dinitro-) 유도체도 얼마간 섞여 나온다. 만일 반응 온도가 이보다 더 높으면 다이나이트로- 유도체의 생성 비율도 증가한다.

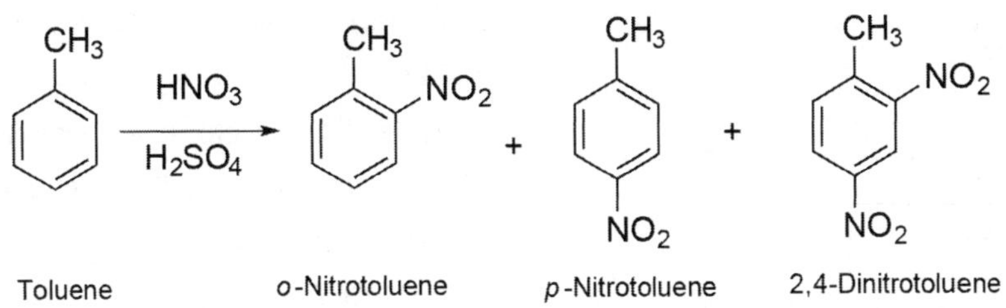

그림 5.30 톨루엔의 나이트로화 반응.

2) 준비물

실험 기구: 스탠드, 집게, 이구 둥근 바닥 플라스크, 적하관, 자석 가열 교반기, 자석 젓개, 환류 냉각관, 온도계, 물중탕, 감압 분별 증류 장치, 감압 여과 장치, 분별 깔때기, 눈금 실린더, 저울, 녹는점 측정기, TLC 판, TLC 전개 병, UV 등, I_2 증기 병

참고: 이 실험의 실험 장치는 실험 5.9와 같다.

시약: Toluene, *conc*-H_2SO_4, *conc*-HNO_3(70%), ethanol, 50% NaOH 수용액, 2,4-

dinitrotoluene, o-nitrotoluene, *p*-nitrotoluene, acetone, cyclohexane, *n*-hexane, CH_2Cl_2, I_2, 무수 $CaCl_2$

〈참고〉 TLC 전개 용매의 제조: Cyclohexane: *n*-Hexane = 1: 1 (v/v) 용액 5~7 mL에 CH_2Cl_2를 10~15방울을 가하여 제조한다.

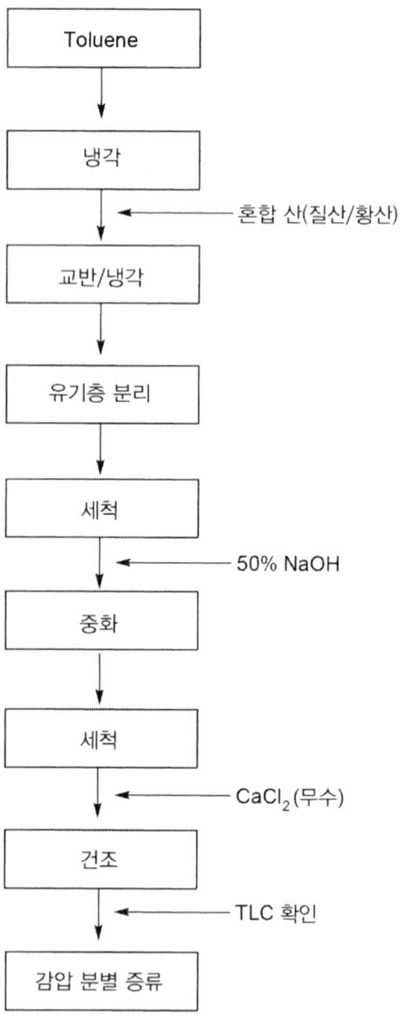

실험 흐름도 5.17 톨루엔의 나이트로화 반응.

3) 실험 방법

1. 톨루엔(toluene) 0.652 mol(60 g)을 삼구 둥근 바닥 플라스크(500 mL)에 넣고 반응물의 온도를 10~15℃로 유지한다. 물중탕을 사용한다.
2. 반응물에 *conc*-HNO_3 60 g과 *conc*- H_2SO_4 90 g을 혼합하여 1.5시간에 걸쳐 서서히 적가한다.
3. 혼합한 산을 전부 가하면, 동일한 조건에서 약 30분간 교반시킨다. 반응이 끝나면, 반응물의 온도가 물중탕 온도로 떨어진다.
4. 반응이 끝나면, 유기층을 분리하고, 온수로 한 번 씻는다.
5. 유기층을 50% NaOH 수용액으로 중화하고, 다시 온수로 2번 씻는다.
6. 유기층을 건조제(무수 $CaCl_2$)로 처리하여 건조한다.
7. 시약용 2,4-dinitrotoluene, *o*-nitrotoluene, *p*-nitrotoluene을 소량씩 acetone에 녹여 표준 시료로 만든다.
8. TLC 판에 준비된 표준 시료와 반응 생성물을 점적하고, 제조한 전개 용매로 전개시켜 TLC 판을 건조한다. UV 등이나 I_2 증기를 이용하여 TLC 판의 반점을 확인한다. TLC 판에 나타나는 각 반점의 상대적인 비를 육안으로 관측하여 기록하고 Rf 값을 계산한다.
9. 남은 생성물을 감압 분별 증류하고 얻어진 증류액을 위와 같은 전개 용매에서 전개시켜 나타난 결과를 관찰한다. *o*-나이트로 톨루엔은 실온에서 액체이고, *p*-나이트로톨루엔의 녹는점은 52~54℃, 그리고 2,4-다이나이트로톨루엔의 녹는점은 70℃이다.
10. 반응 생성물의 수율을 계산하고 IR, NMR로 확인한다.

실험 5.16 소듐 벤젠설포네이트의 합성

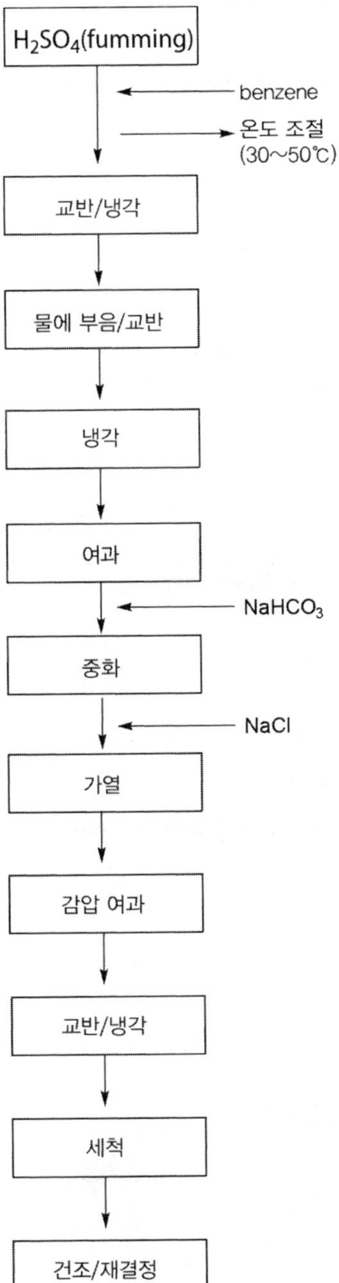

실험 흐름도 5.18
소듐 벤젠설포네이트의 합성.

1) 이론

벤젠을 발연 황산(fuming sulfuric acid)과 반응시키고, $NaHCO_3$로 처리하면 소듐 벤젠설포네이트(sodium benzenesulfonate)를 제조할 수 있다. 발연 황산에는 7~8%의 SO_3 (sulfur trioxide)가 포함되어 있다. 따라서 발연 황산은 유독하므로 취급에 주의하여야 한다.

이 반응에서는 얼마간의 다이페닐설폰(diphenylsulfone, $C_6H_5SO_2C_6H_5$)이 부산물로 생성되기도 한다.

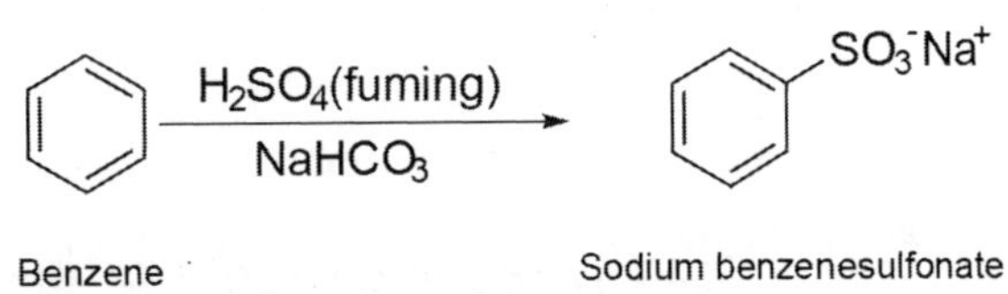

그림 5.31 소듐 벤젠설포네이트의 합성.

2) 준비물

실험 기구: 스탠드, 집게, 이구 둥근 바닥 플라스크, 적하관, 자석 가열 교반기, 자석 젓개, 환류 냉각관, 온도계, 물중탕, 감압 여과 장치, 분별 깔때기, 눈금 실린더, 저울, 녹는점 측정기

참고: 이 실험의 실험 장치는 실험 5.9와 같다.

시약: Benzene, *conc*-H_2SO_4(fuming), ethanol, $NaHCO_3$, NaCl

3) 실험 방법

1. 둥근 바닥 플라스크에 7~8%의 SO_3(sulfur trioxide)를 함유하고 있는 발연 황산 75 g(40 mL)을 넣는다.
2. 반응 용액을 천천히 교반하면서 20 g(22.5 mL)의 벤젠(benzene)을 약 15분에 걸쳐 적하관을 이용하여 천천히 첨가한다. 반응 혼합물의 온도를 30~50℃로 유지한다.
3. 반응이 종료되면 교반하면서 약 200 mL의 물에 반응 혼합물

을 천천히 흘려 넣는다. 필요하면 상온까지 냉각시킨다. 이 반응에서는 약간의 다이페닐설폰(diphenylsulfone, $C_6H_5SO_2C_6H_5$)이 부산물로 생성된다. 이 부산물을 여과하여 제거한다.

4. 여과액에 $NaHCO_3$(sodium bicarbonate) 24 g을 조금씩 가하여, 용액을 중화시킨다.
5. 반응 용액에 NaCl 40 g을 가하고 녹을 때까지 가열한다.
6. 뜨거운 용액을 뷰흐너(Büchner) 깔때기를 사용하여 감압 여과한다. 이때 사용하는 용기는 따뜻하게 하여 사용한다.
7. 따뜻한 여과 액을 비커에 옮기고, 교반하면서 빠르게 냉각시킨다.
8. 깔때기 안의 여과한 생성물을 넓은 유리 마개로 잘 눌러준다.
9. 얻어진 생성물을 30 mL의 NaCl 포화 용액으로 세척한다. 마지막으로 소량의 에탄올(ethanol)로 세척한다.
10. 얻어진 분말을 공기 중에서 건조시킨 다음, 오븐에서 100~110℃로 건조시킨다.
11. 건조된 생성물의 수득 양은 약 20 g 정도이다. 이 생성물을 에탄올 300 mL로 재결정한다.
12. 최종 수율을 계산하고, 녹는점을 측정한다. IR 또는 NMR로 확인한다.

실험 5.17 소듐 *p*–톨루엔설포네이트의 합성

1) 이론

앞에서 언급한 것처럼 톨루엔($C_6H_5CH_3$)은 친전자성 치환 반응에 대한 활성기로 메틸(CH_3)기를 가지고 있다. 따라서 벤젠보다 친전자성 치환 반응에 대한 반응성이 더 크다.

톨루엔을 진한 황산과 반응시켜 $NaHCO_3$로 처리하면, 소듐 *p*–톨루엔설포네이트(sodium *p*–tolenesulfonate)가 생성된다.

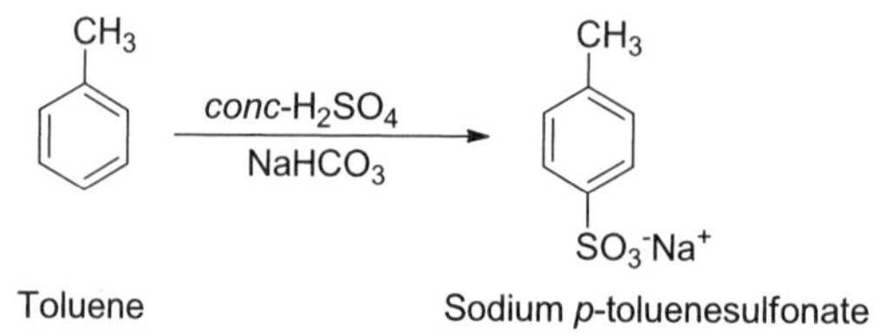

그림 5.32 소듐 *p*–톨루엔설포네이트의 합성.

2) 준비물

실험 기구: 스탠드, 집게, 이구 둥근 바닥 플라스크, 자석 가열 교반기, 자석 젓개, 환류 냉각관, 온도계, 물중탕, 감압 여과 장치, 분별 깔때기, 눈금 실린더, 저울, 녹는점 측정기

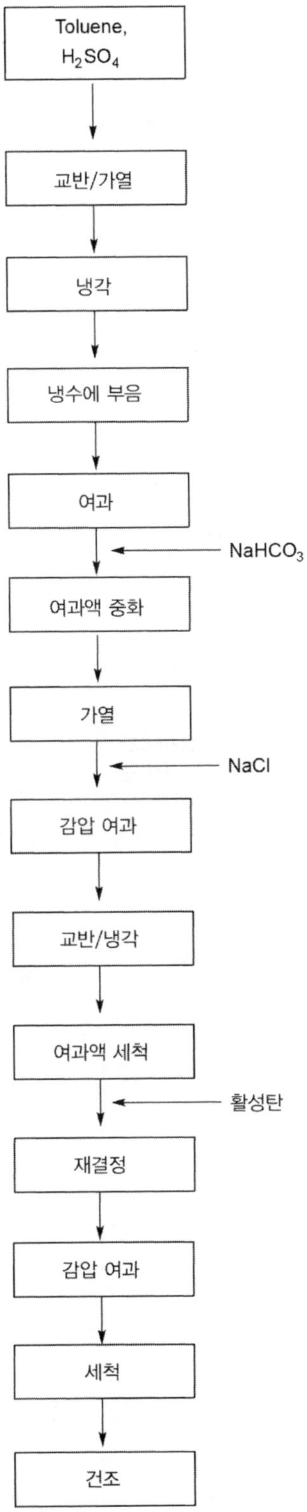

실험 흐름도 5.19 소듐 *p*–톨루엔설포네이트의 합성.

참고: 이 실험의 실험 장치는 실험 5.11과 같다.

시약: Toluene, *conc*–H_2SO_4, ethanol, $NaHCO_3$, NaCl, 활성탄

3) 실험 방법

1. 둥근 바닥 플라스크(500 mL)에 환류 냉각기를 장치하고 60 g(69 mL)의 톨루엔(toluene)과 진한 황산(*conc*–H_2SO_4) 60 g(33 mL)을 넣는다.
2. 혼합물을 기름 중탕에서 100~110℃로 교반하면서 가열한다.
3. 톨루엔층이 사라지면(약 1시간 후), 반응 혼합물을 상온까지 냉각시킨다.
4. 반응물을 찬물 250 mL에 교반하면서 흘려 넣는다. 생성된 고체를 여과하여 제거한다.
5. 여과액에 30 g의 $NaHCO_3$(sodium bicarbonate)를 소량씩 가하여 중화시킨다. 중화된 용액을 끓을 때까지 가열한다.
6. 용액을 NaCl(sodium chloride)로 포화시킨다(약 100 g의 NaCl이 필요).
7. 사전에 약 100℃까지 데워진 뷰흐너 깔때기를 사용하여 여과한다.
8. 뜨거운 여과 액을 비커에 옮기고 얼음 중탕에서 교반하면서 냉각시킨다.
9. 생성된 고체를 감압 여과하고, 30 mL의 NaCl 포화 용액으로 세척한다.
10. 얻어진 고체(sodium *p*–toluenesulfonate)를 200~250 mL의 물에 녹인다. 용액을 끓을 때까지 가열하고, NaCl로 포화시키고 2~3 g의 활성탄(용액은 색을 띔)을 넣고 교반한다.
11. 미리 데워진 뷰흐너 깔때기를 이용하여 뜨거운 용액을 감압 여과한다.
12. 따뜻한 여과액을 비커에 옮겨 얼음 중탕에서 냉각시켜 결정을 생성시킨다.
13. 생성된 고체를 감압 여과하고, 20 mL의 NaCl 포화 용액으로 세척한다. 마지막으로 소량의 에탄올로 세척한다.
14. 얻어진 결정을 여과지 위에 놓고 공기 중에서 건조시키고, 마지막으로 막자사발에 넣어 오븐에서 100~110℃로 건조시킨다.
15. 최종 생성물의 수득량은 약 50 g정도이다.
16. 수율을 계산하고, 녹는점을 측정한다. IR 또는 NMR로 구조를 확인한다.

실험 5.18 *sec*–뷰틸메틸벤젠의 합성

1) 이론

톨루엔과 2–클로로뷰테인(2–chlorobutane)을 Al(aluminum) 촉매 존재하에서 반응하면 상응하는 *sec*–뷰틸메틸벤젠(*sec*–butylmethylbenzene) 유도체를 얻을 수 있다. 톨루엔의 메틸기는 활성화기이면서 *o*,*p*–지향성기이다. 따라서 *o*, *p*–이성질체가 주로 생성되며, 소량의 *m*–이성질체도 생성될 수 있다.

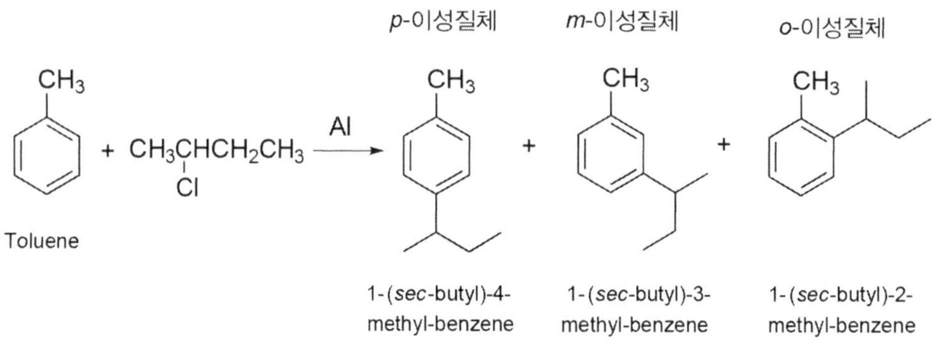

그림 5.33 *sec*–뷰틸메틸벤젠의 합성.

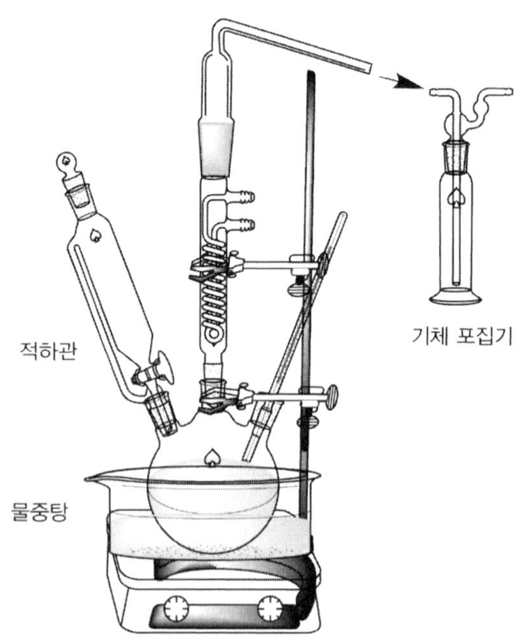

실험 장치

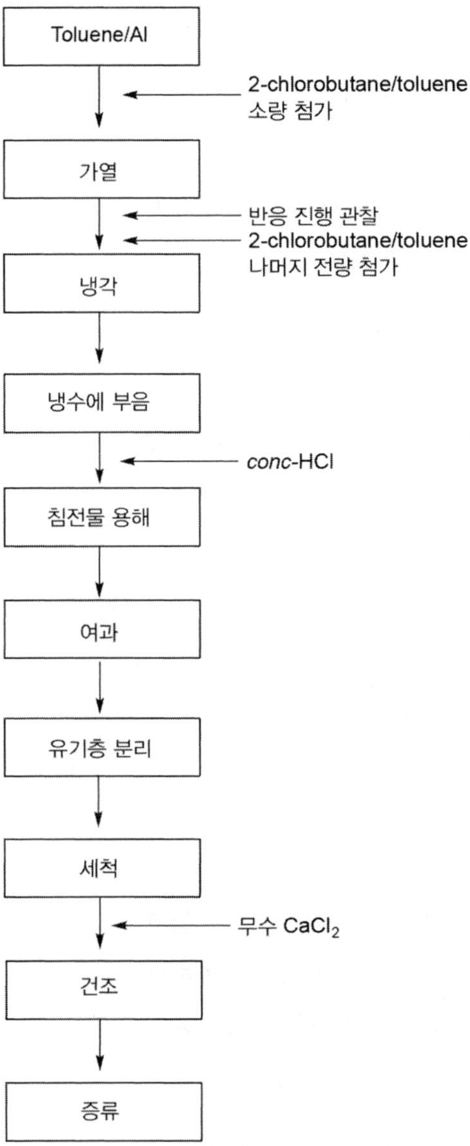

실험 흐름도 5.20 *sec*-뷰틸메틸벤젠의 합성.

2) 준비물

실험 기구: 스탠드, 집게, 삼구 둥근 바닥 플라스크, 자석 가열 교반기, 자석 젓개, 환류 냉각관, 적하관, ㄱ자형 연결관, 기체 포집기, 온도계, 물중탕, 감압 여과 장치, 증류 장치, 분별 깔때기, 눈금 실린더, 저울

시약: Toluene, Al(aluminum) 선, 2–chlorobutane, *conc*–HCl, 5% $NaHCO_3$ 용액, 무수 $CaCl_2$

3) 실험 방법

1. 삼구 둥근 바닥플라스크에 환류 냉각관, 적하관 및 기체 흡수관을 설치한다.
2. 잘 건조된 톨루엔(toluene, AR급) 30 mL에 0.1 g의 알루미늄(aluminum, Al)선 을 넣는다.
3. 적하관에 2–클로로뷰테인(2–chlorobutane) 21 mL(19.3 g)와 톨루엔 15 mL를 넣고 섞는다.
4. 반응 혼합물에 적하관에 있는 2–클로로뷰테인 톨루엔 용액의 일부를 가해서 반응이 진행되는지 관찰한다. 반응이 개시되는 것을 관찰할 수 있을 정도의 소량을 가한다.
5. 반응 용액을 천천히 가열하여 HCl 기체가 기체 흡착기에 포집되기 시작할 때까지 (이때부터 반응이 시작된다) 끓인다.
6. 반응이 시작되면 가열을 멈추고, 적하관에 남아 있는 2–클로로뷰테인/톨루엔 혼합 용액을 소량씩 일정한 속도로 첨가한다(매우 격렬하게 HCl 기체가 발생한다). 2–클로로뷰테인/톨루엔 혼합 용액을 모두 가하고 나서 15분 정도 지나면 반응은 완결된다.
7. 반응 혼합물을 냉각시켜 30 mL의 냉수에 붓고, 알루미늄 침전물이 녹을 만큼의 진한 염산 용액을 가한다. 남아 있는 알루미늄 자체를 녹일 필요는 없다.
8. 혼합물을 여과하고 유기층을 분리한다.
9. 유기층을 15 mL 물로 한번 씻고, 다시 5% $NaHCO_3$ 15mL로 한 번 씻는다.
10. 무수 $CaCl_2$로 건조하고, 증류하여 190~ 210℃ 범위의 증류액을 모은다.
11. 수율을 계산하고, IR 또는 NMR을 사용하여 *o*–, *p*– 이성질체인지 *m*– 이성질체인지를 확인한다.

5.4 친핵성 방향족 치환 반응

친핵성 방향족 치환 반응(nucleophilic aromatic substitution)에는 세 가지 유형이 있다. 1) 방향족 고리에 강한 전자 끌게 치환기를 가지고 있어, 친핵체에 의해 이탈기가 치환되는 반응, 2) 방향족 고리에 강한 전자 끌게 치환기가 없는 방향족 할로젠 화합물과 매우 강한 염기 간의 치환 반응, 3) 다이아조늄 염(diazonium salts)의 분해 반응 등이다.

오쏘(*o*–) 또는 파라(*p*–) 위치에 NO_2나 CN기 같이 강한 전자 끄는 기를 가지고 있는 방향족 고리는 친핵체와 치환 반응을 한다. 반응은 이탈기가 있는 자리에서 치환된다.

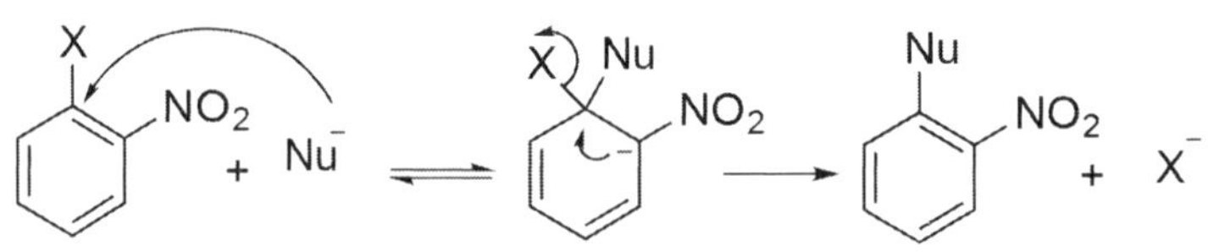

그림 5.34 벤젠 유도체의 친핵성 치환 반응.

벤젠 유도체의 친핵성 치환 반응은 2단계를 거쳐 진행된다. 처음 단계에서는 친핵체가 첨가되어 **마이젠하이머 착물**(Meisenheimer complex) 중간체가 형성된다. 두 번째 단계에는 이탈기(X)가 제거되어 생성물이 형성된다. 따라서 이 반응의 메커니즘을 **첨가–제거 메커니즘**(addition–elimination)이라고도 한다. 이 마이젠하이머 착물의 안정도는 방향족 고리에 결합되어 있는 치환기 종류, 공격해 들어가는 친핵체 그리고 이탈기의 종류에 의존하며 공명에 의해 안정화 된다. 이 착물은 분광학적으로 확인할 수 있을 정도로 안정하다. 실제로 2,4,6–트라이나이트로에톡시벤젠(2,4,6–trinitroethoxybenzene)과 $CH_3O^-K^+$(potassium methoxide)를 반응시켜 상응하는 착물을 분리하였다.

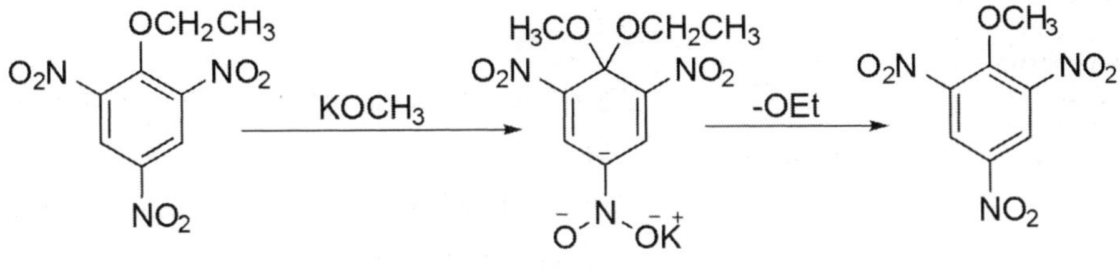

그림 5.35 2,4,6-트라이나이트로에톡시벤젠의 친핵성 치환 반응.

실험 5.19 *N*-(*n*-뷰틸)-2,4-다이나이트로아닐린의 합성

1) 이론

1-클로로-2,4-다이나이트로벤젠(1-chloro-2,4-dinitrobenzene)은 두 개의 나이트로(NO_2)기를 가지고 있다. 나이트로기는 강력한 전자 끄는 기이다. 따라서 이 분자에 극성 용매 속에서 아민(RNH_2) 친핵체를 반응시키면 친핵성 치환 반응이 가능하다. 생성물은 *N*-(*n*-뷰틸)-2,4-다이나이트로아닐린(*N*-(*n*-butyl)-2,4-dinitroaniline)이다. 이 반응에서는 부산물로 HCl이 생성되므로 이를 중화시키기 위해 반응물 아민을 더 많이 사용한다.

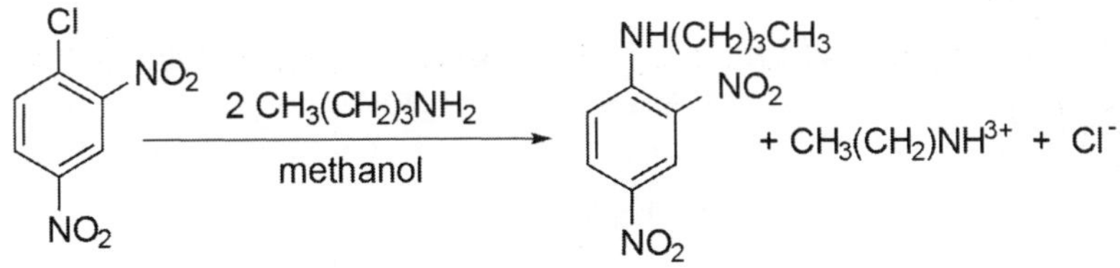

그림 5.36 *N*-(*n*-뷰틸)-2,4-다이나이트로아닐린의 합성.

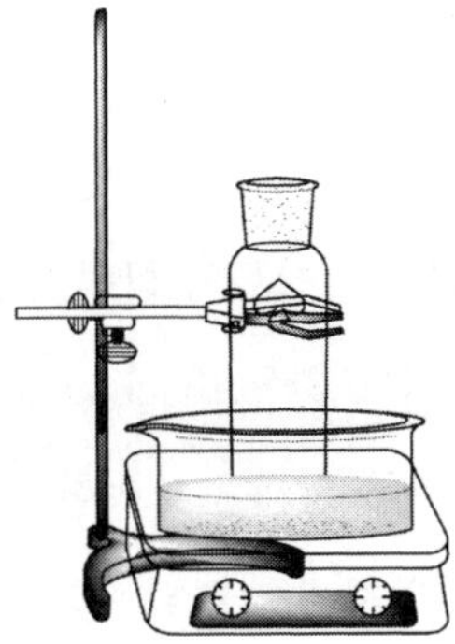

실험 장치

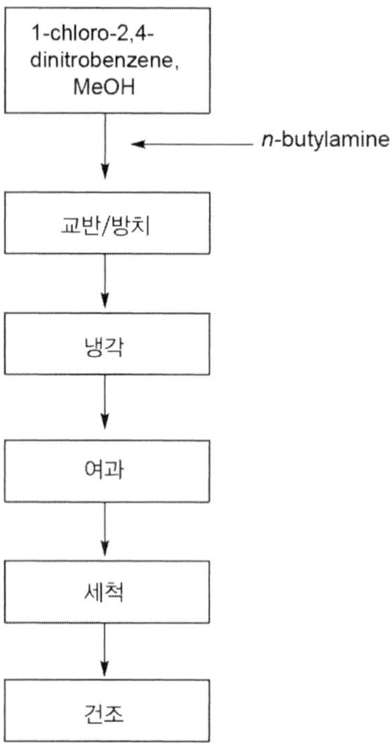

실험 흐름도 5.21 *N*-(*n*-뷰틸)-2,4-다이나이트로아닐린의 합성.

2) 준비물

실험 기구: 스탠드, 집게, 자석 가열 교반기, 자석 젓개(소형)

시약: 1-Chloro-2,4-dinitrobenzene, *n*-butylamine, methanol(무수), ethanol

3) 실험 방법

1. 시험관(13 × 100 mm)에 반응물(1- chloro-2,4-dinitrobenzene) 200 mg과 무수 메탄올 3.0 mL를 넣고 스탠드에 집게로 고정시킨다.
2. 시험관 속의 시료를 교반하여 녹인다.
3. 후두에서 1.2 mL의 *n*-뷰틸아민(*n*-butylamine)을 가하고 충분히 교반한다.
4. 시험관을 파라핀 종이로 막고 실온에서 15분간 방치한다.
5. 냉각(얼음 중탕)시키면 노란색 결정이 생성된다. 결정을 여과하고 0.5~1 mL의 차가운 메탄올로 씻는다(후드 내에서 수행하라). 노란색 결정이 생성물[(*N*-(*n*-뷰틸)-2,4-다이나이트로아닐린, *N*-(*n*-butyl)-2,4- dinitroaniline)]이다.
6. 결정을 건조하고 녹는점을 측정한다. IR 또는 NMR로 분석한다. 만일 분석 시료가 불순하면 에탄올로 재결정한다.

5.5 산화-환원 반응

합성 화학의 작용기 변환과정에서는 산화와 환원 반응이 자주 이용된다. 일반적으로 **산화**(oxidation)는 전자를 잃는 것이고, **환원**(reduction)은 전자를 얻는 것이다. 유기반응에서도 반응에 포함되는 탄소의 산화 상태를 고려한다.

탄소 원자의 산화 상태는 탄소 원자에 결합된 원자의 전기 음성도로 결정한다. 탄소 원자보다 전기 음성도가 큰 원자가 결합하면 탄소의 산화 상태(산화수)는 +1이고, 탄소

보다 전기 음성도가 작은 원자가 결합하면 탄소의 산화 상태(산화수)는 −1이다.

유기 화합물의 산화 반응에서는 탄소의 산화 상태(산화수)를 증가시키고, 환원 반응에서는 산화 상태(산화수)를 낮춘다. 따라서 탄소에 결합된 수소(H) 수가 증가하면 환원되었다고 한다. 반면에 수소(H) 수가 감소하거나 산소(O), 질소(N) 또는 할로젠(X) 같은 전기 음성적인 원자가 증가하면 산화되었다고 한다. 예를 들어 알코올(ROH)이 카복실산(RCOOH)으로 되는 경우를 보자. 알코올 C−O기 탄소는 산화 상태가 −1이고, 카복실산 C=O(OH)의 탄소는 산화 상태가 +3이다.

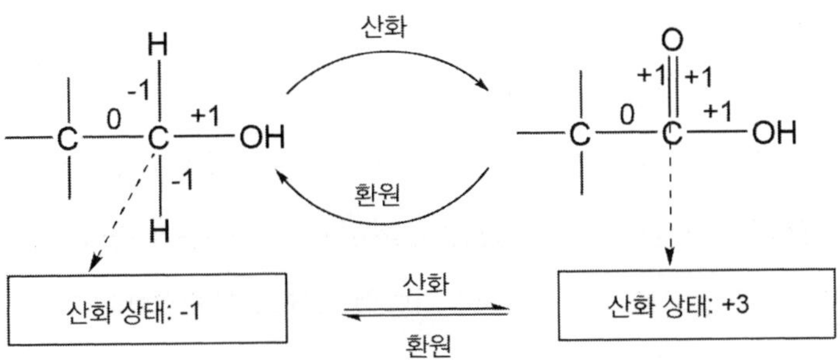

그림 5.37 알코올과 카복실산의 산화 상태.

크로뮴산(chromic acid)은 유기화학에서 가장 널리 사용되고 있는 산화제 중의 하나이다. 크로뮴산을 만드는 방법이 여러 가지 목적을 위해 개발되었으나, 가장 많이 쓰이는 것은 $Na_2Cr_2O_7$과 CrO_3를 황산 및 아세트산(acetic acid) 수용액에서 녹여 사용하는 방법이다.

적당한 산화제와 조건을 선택하면 2차 알코올 −OH기의 산화 반응을 매우 선택적인 방법으로 수행할 수 있다(분자 내에 산화될 수 있는 다른 작용기에 영향을 주지 않고도 산화시킬 수 있다). 반면에 뜨거운 크로뮴산으로 격렬하게 처리하면 화합물 내의 모든 탄소 원자들을 이산화 탄소(CO_2)와 아세트산(CH_3COOH)으로 산화시킬 수 있다. 따라서 크로뮴산 산화 반응에서의 온도 조절은 특별히 중요하다.

산화 반응에서 다시 고려하여야 할 것은 해당 반응의 화학량론에 의해 요구되는 산화제의 양이다. 산화제 양은 산화 반응에서 끊어지는 C−H나 혹은 C−C 결합이 어느 것인가를 알 수 있다면 쉽게 계산할 수 있다. 이 산화 반응에서 산화되는 분자는 두 개의 전자를 잃어버린다. 예를 들어 에틸벤젠(ethylbenzene)이 벤조산(benzoic acid)과 CO_2로 산화될 때 12개의 전자가 CrO_3 4 mol($Cr^{VI} \rightarrow Cr^{III}$)로 전달된다. 이 반응식에서 전하는 가해 준 산에 의해 균형이 이루어진다. 또 산소 원자 수의 균형은 물에 의해 맞춰진다.

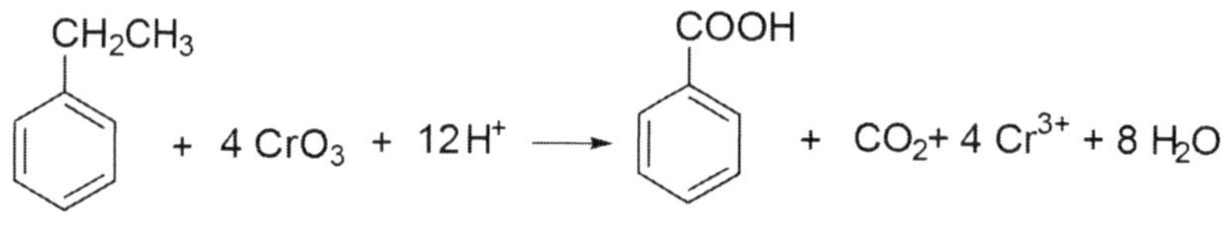

그림 5.38 에틸벤젠의 산화 반응.

크로뮴산 무수물-아세톤(cromic anhydride-acetone) 용액은 1차, 2차 알코올의 -OH 기의 정성적인 검출에 쓰인다. 이것은 알코올의 화학적 분류법에서 루카스(Lucas) 시약에 보조적인 방법으로 활용된다. 이 시험법은 환원된 Cr^{3+} 이온의 특성적인 색깔을 기초로 한다. 그러나 3차 알코올, 아민 그리고 지방족 알켄의 이중결합은 이 조건에서 반응하지 않는다.

표 5.2 환원 반응 종류와 환원제 이용 가능성

환원 반응 종류	$NaBH_4$ (ethanol)	$LiAlH_4$ (ether)	H_2/metal catalyst
$RCHO \rightarrow RCH_2OH$	+	+	+
$RCOR \rightarrow R_2CHOH$	+	+	+
$RCO_2H \rightarrow RCH_2OH$	−	+	−
$RCO_2R' \rightarrow RCH_2OH + R'OH$	−	+	+
$RCONR_2 \rightarrow RCH_2NR_2$	−	+	+
$RCOCl \rightarrow RCHO$	+	+	+
$RCN \rightarrow RCH_2NH_2$	−	+	+
$RNO_2 \rightarrow RNH_2$	−	+	+
$R_2C{=}CR_2 \rightarrow R_2CHCHR_2$	−	−	+

* (+)는 환원에 이용 가능, (−)는 환원되지 않음을 나타냄.

이 책에서는 사이클로헥산올(cyclohexenol)로부터 사이클로헥산온(cyclohexanone)을 제조한다. 아울러서 몇 가지 알코올, 알데하이드, 사이클로헥센(cyclohexene) 그리고 에

터 등을 이용한 반응 실험을 하게 될 것이다.

실험실에서 환원은 여러 가지 방법으로 수행한다. Pd/C나 PtO_2 존재하에서 수소(H_2) 기체를 반응시켜 환원하는 **촉매 수소화 반응**(catalytic hydrogenation)을 이용하거나, $NaBH_4$나 $LiAlH_4$ 등의 **금속 수소화물**(metal hydride) 또는 Sn, Fe나 Zn 같은 금속을 산성 용액에서 반응시켜 환원하는 방법들이 주로 이용된다. 환원제와 환원 반응 종류를 표 5.2에 나타냈다.

$LiAlH_4$(lithium aluminum hydride)와 $NaBH_4$(sodium borohydride)는 모두 네 개씩의 수소를 가지고 있어 환원력이 크다. $LiAlH_4$는 물과 격렬하게 반응하여 수소 기체, LiOH, $Al(OH)_3$를 생성한다. 따라서 $LiAlH_4$를 사용하려면 모든 용매의 수분을 제거해야 한다. 표 5.3에 $NaBH_4$와 $LiAlH_4$의 용매에 따른 용해도를 나타내었다.

$$LiAlH_4 + 4\,H_2O \longrightarrow LiOH + Al(OH)_3 + 4\,H_2$$

그림 5.39 $LiAlH_4$와 물의 반응.

표 5.3 몇 가지 용매에 대한 $LiAlH_4$와 $NaBH_4$의 상온에서의 용해도(g/100 mL)

용매	$NaBH_4$	$LiAlH_4$
Water	55	반응함
Methanol	16	반응함
Ethanol	4	반응함
THF	0.1	13
Diethyl ether	–	35~40

나이트로(NO_2)기와 카보닐(C=O)기의 환원은 유기 실험실에서 자주 수행되는 환원 반응이다. 아미노(NH_2)기는 흔히 나이트로(NO_2)기를 환원시켜 만들고 케톤(R_2C=O)을 환원시켜 2차 알코올(R_2CHOH)을 만든다.

또 경우에 따라서는 한 분자 내에 하나 이상의 불포화 결합이 존재할 때, 그중 하나만을 선택적으로 환원시킬 필요도 있다. 그러나 이러한 선택적인 환원(selective reduction)은 쉽지 않으며, 실험의 성공 여부는 어떤 종류의 환원제를 사용하는가에 달려있다.

이 실험 교재에서는 두 개의 불포화 결합을 포함하고 있는 3-나이트로아세토페논(3-nitroacetophenone)을 이용하여 나이트로기와 카보닐기의 선택적인 환원 반응을 수행하게 될 것이다. 먼저 1-(3-나이트로페닐)에타논[1-(3-nitrophenyl)ethanone]을 Sn-HCl 환원제로 처리하면, 나이트로기만 선택적으로 아미노기로 환원된다. 반면에 1-(3-나이트로페닐)에타논을 $NaBH_4$ 처리하면, 카보닐기만 2차 알코올(R_2CHOH)로 환원된다. 만일 이들 환원 반응에서 두 환원제의 순서를 바꾸어 환원시켜도, 결국에는 동일한 생성물인 1-(3-아미노페닐)에탄올[1-(3-aminophenyl)ethanol]을 얻게 된다. 이들 단계별 생성물은 IR을 이용하여 쉽게 구분할 수 있다.

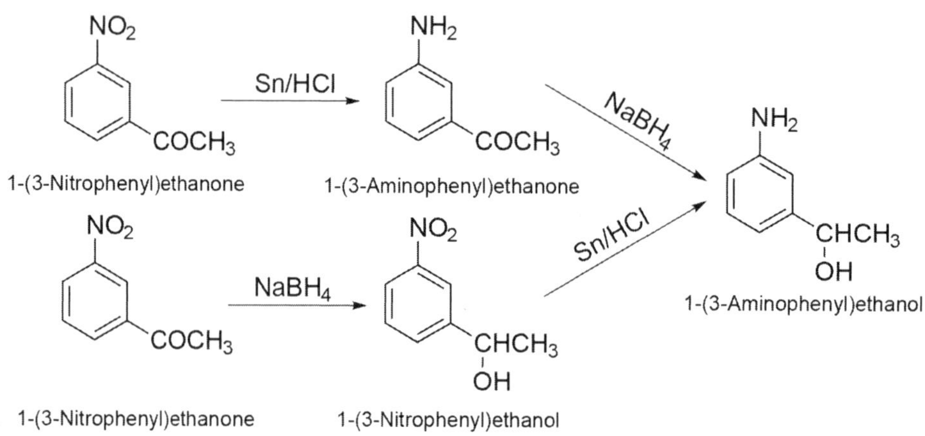

그림 5.40 1-(3-나이트로페닐)에타논의 환원 반응.

실험 5.20 사이클로헥산온의 합성

1) 이론

사이클로헥산올(cyclohexanol)을 진한 황산 존재하에서 $Na_2Cr_2O_7$ 산화제로 처리하면 사이클로헥산온(cyclohexanone)을 합성할 수 있다. 즉 2차 알코올로부터 상응하는 케톤을 만드는 것이다.

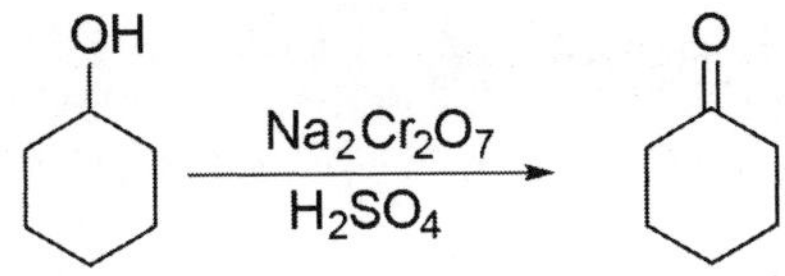

Cyclohexanol Cyclohexanone

그림 5.41 사이클로헥산온의 합성.

2) 준비물

실험 기구: 스탠드, 집게, 삼구 둥근 바닥 플라스크, 자석 가열 교반기, 자석 젓개, 환류 냉각관, 적하관, ㄱ자형 연결관, 기체 포집기, 온도계, 물중탕, 증류 장치, 감압 여과 장치, 분별 깔때기, 눈금 실린더, 저울

참고: 이 실험의 실험 장치는 실험 5.9와 같다.

시약: Cyclohexanol, $Na_2Cr_2O_7.2H_2O$, *conc*-H_2SO_4, methanol, NaCl, 무수 $MgSO_4$

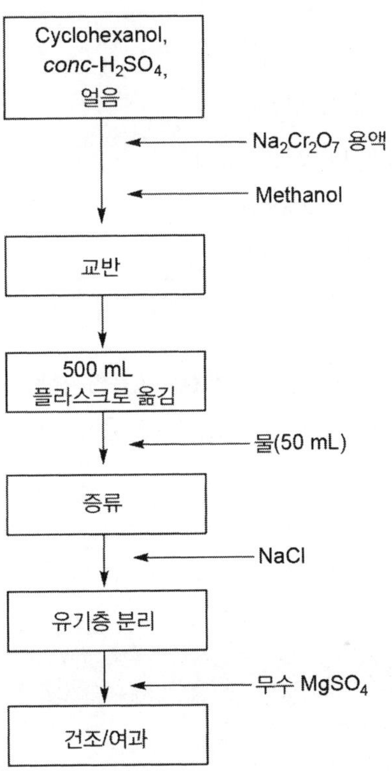

실험 흐름도 5.22 사이클로헥산올의 합성.

3) 실험 방법

1. 삼구 둥근 바닥 플라스크에 얼음 60 g을 넣고, *conc*-H_2SO_4 (96%) 20 mL를 가한다. 여기에 사이클로헥산올(cyclohexanol) 20 g(20.7 mL)을 가해 충분히 섞는다.
2. H_2O(10 mL)에 $Na_2Cr_2O_7.2H_2O$ 21 g을 녹여 적하관에 넣는다.
3. 플라스크의 용액을 교반하면서 다이크로뮴산(dichromate) 용액을 소량씩 적가한다. 플라스크 내부 온도는 27~35℃로 유지한다.
4. 다이크로뮴산 용액을 모두 가한 후, 온도가 떨어지면 2 mL의 메탄올을 가하여 여분의 다이크로뮴산을 반응시킨다.
5. 얻어진 진한 녹색의 반응 혼합액을 500 mL 플라스크에 옮기고, 물 50 mL를 가하여 증류한다.
6. 얻어진 증류액에 NaCl 15 g을 가하여 유기층을 분리한다. NaCl은 층 분리를 용이하게 한다.
7. 분리된 케톤층을 적당량의 건조제(무수 $MgSO_4$)로 건조한다.
8. 생성물의 무게를 측정하여 수율을 계산한다. IR로부터 CO기의 흡수 피크를 확인한다.

실험 5.21 알코올의 크로뮴산 시험

1) 이론

앞에서 언급한 것처럼, 크로뮴산 무수물-아세톤(cromic anhydride-acetone) 용액은 1차, 2차 알코올의 -OH기의 정성적인 검출에 쓰인다. 이 시험은 환원된 Cr^{III} 이온의 특성적인 색깔을 기초로 한다. 그러나 3차 알코올, 아민 그리고 지방족 알켄의 이중 결합은 이 조건에서 반응하지 않는다.

2) 준비물

실험 기구: 시험관, 피펫

시약: 1-Butanol, 2-butanol, c) *tert*-butyl alcohol, benzaldehyde, cyclohexene, diethyl ether, 미지 시료(임의로 선정), acetone, chromic anhydride-sulfuric acid 용액

3) 실험 방법

1. 번호 표시를 한 시험관에 다음 화합물을 각각 1방울씩 가한다.

   a) 1-butanol
   b) 2-butanol
   c) *tert*-butyl alcohol
   d) benzaldehyde
   e) cyclohexene
   f) diethyl ether
   g) 미지 시료
2. 이들 각 시험관에 아세톤(acetone) 1 mL씩을 가한다.
3. 각 시험관에 크로뮴산 무수물-황산(chromic anhydride-sulfuric acid) 용액을 1방울씩 가한다. 5초 이내에 시험관에서 일어나는 변화를 각각 관찰 기록한다. 이 시간보다 느린 반응은 음성 반응으로 간주한다.
4. 미지 시료가 1차 혹은 2차-OH기를 갖고 있는지 설명한다.

실험 5.22 1-(3-아미노페닐)에탄온의 합성

1) 이론

나이트로(NO_2)기의 환원은 아민 화합물(RNH_2)을 만드는 데 중요한 수단이다. 나이트로기의 환원에는 Sn/HCl 시스템을 사용한다. 이 환원제는 NO_2기와 C=O기가 공존하는 물질에서 선택적으로

NO_2기만 환원시킬 수 있다. 여기서는 1-(3-나이트로페닐)에탄온[1-(3-nitrophenyl)ethanone]의 선택적 환원을 통해 1-(3-아미노페닐)에탄온[1-(3-aminophenyl)ethanone]을 합성할 것이다.

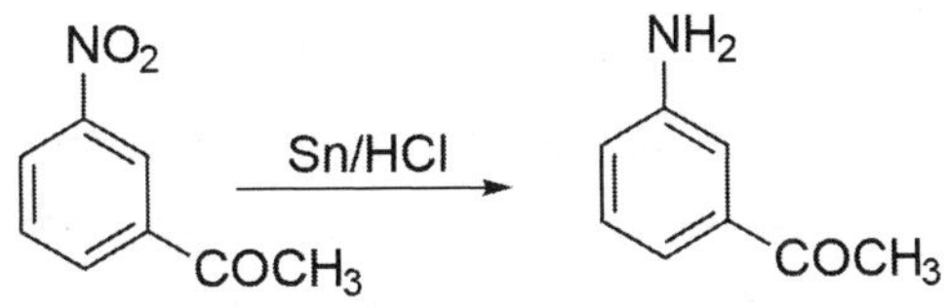

그림 5.42 1-(3-아미노페닐)에탄온의 합성.

2) 준비물

실험 기구: 스탠드, 집게, 삼구 둥근 바닥 플라스크, 자석 가열 교반기, 자석 젓개, 환류 냉각관, 적하관, ㄱ자형 연결관, 기체 포집기, 온도계, 물중탕, 증류 장치, 감압 여과 장치, 분별 깔때기, 눈금 실린더, 저울

참고: 이 실험의 실험 장치는 실험 5.9와 같다.

시약: 1-(3-Nitrophenyl)ethanone, Sn(granulated), 10% HCl, 40% NaOH, Na_2SO_4(무수), diethyl ether

3) 실험 방법

1. 1-(3-나이트로페닐)에탄온[1-(3-Nitrophenyl)ethanone](2.0 g)과 Sn (granulated, 4 g)을 삼구 둥근 바닥 플라스크에 넣고 10% HCl 40 mL(진한 염산 11 mL에 물 29 mL을 가하여 제조)을 가하여 물중탕에서 1.5시간 가열 교반한다.
2. 반응 혼합물을 냉각시키고, 녹지 않은 주석(tin)을 여과시켜 제거한다.
3. 여과액에 40% NaOH 24 mL를 가하고 잠시 교반한 후 냉각시킨다.
4. 노란색 부유물을 다이에틸 에터(diethyl ether)로 두 번(한 번에 30 mL씩) 추출한다.
5. 에터층을 모아서 Na_2SO_4(무수)로 건조시키고, 용매를 회전식 감압 증발기에서 제거하여 결정을 얻는다.
6. 얻어진 결정을 최소량의 뜨거운 물로 재결정한다.
7. 재결정한 1-(3-아미노페닐)에탄온[1-(3- aminophenyl)ethanone]의 무게를 측정하여 수율을 계산한다.
8. 생성물의 녹는점을 측정하여 문헌값(96~ 97℃)과 비교한다. IR 또는 ^1H NMR을 사용하여 구조를 확인한다.

실험 5.23 1-(3-나이트로페닐)에탄올의 합성

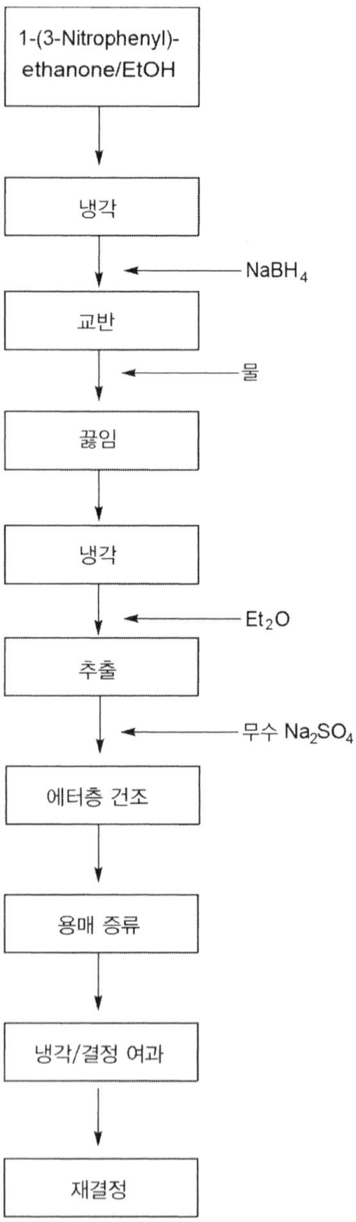

실험 흐름도 5.23
1-(3-나이트로페닐)에탄올의 합성.

1) 이론

1-(3-나이트로페닐)에탄온[1-(3-nitrophenyl) ethanone]을 $NaBH_4$를 이용하여 선택적으로 환원하면, 1-(3-나이트로페닐)에탄올[1-(3-nitrophenyl)ethanol]을 제조할 수 있다. 이런 선택적 환원 반응은 유기합성에서 매우 유용한 방법이다.

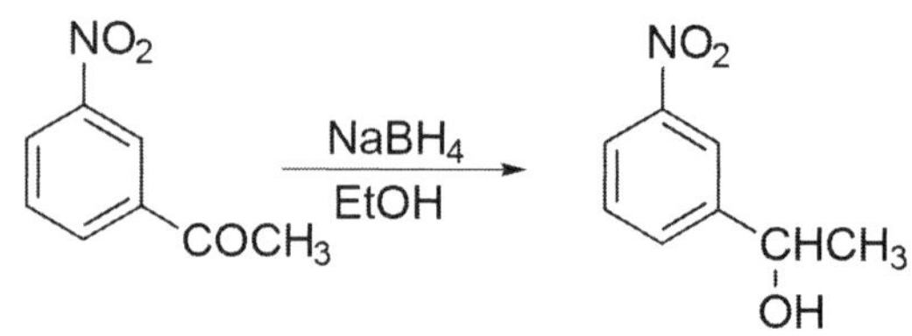

1-(3-Nitrophenyl)ethanone 1-(3-Nitrophenyl)ethanol

그림 5.43 1-(3-나이트로페닐)에탄올의 합성.

2) 준비물

실험 기구: 스탠드, 집게, 이구 둥근 바닥 플라스크, 자석 가열 교반기, 자석 젓개, 환류 냉각관, 물중탕, 회전식 감압 증발기, 증류 장치, 감압 여과 장치, 분별 깔때기, 눈금 실린더, 저울

참고: 이 실험의 실험 장치는 실험 5.11과 같다.

시약: 1-(3-Nitrophenyl)ethanone, $NaBH_4$, Ethanol, Na_2SO_4(무수), diethyl ether

3) 실험 방법

1. 이구 둥근 바닥 플라스크에서 1-(3-나이트로페닐)에탄온[1-(3- nitrophenyl) ethanone] (2.2 g)을 에탄올(ethanol) 28mL로 가열하면서 녹인다.
2. 이 용액을 얼음으로 냉각시키고, $NaBH_4$ (sodium borohydride) 0.6 g을 가한다. 혼합 용액을 15분 정도 교반하면 용액의 색깔이 연해진다.
3. 반응 혼합물에 물 20 mL를 가하고, 여분의 $NaBH_4$가 분해될 때까지 끓인다.
4. 반응 혼합물을 냉각시키고, 다이에틸 에터(diethyl ether) (30 mL)로 두 번 추출한다.

5. 추출한 에터 용액을 무수 Na_2SO_4로 건조시키고, 에터 용매를 제거하면, 갈색의 기름 상으로 생성물을 얻는다.
6. 잔류물을 냉각시켜 결정을 회수하여 톨루엔(toluene)으로 재결정하면 순수한 1-(3-나이트로페닐)에탄올[1-(3-nitrophenyl)ethanol]을 얻는다.
7. 생성물의 녹는점(문헌값 62℃)을 측정하고, 수율을 계산한다. IR 또는 ^{1}H NMR로 구조를 확인한다.

실험 5.24 1-(3-아미노페닐)에탄올의 합성

1) 이론

앞의 두 실험에서 선택적으로 NO_2기와 C=O기를 환원하는 방법을 수행하였다. 이 두 실험의 생성물을 각기 다르게 환원하면 최종적으로 1-(3-아미노페닐)에탄올[1-(3-aminophenyl)ethanol]을 만들 수 있다. 여기서는 두 가지 환원법을 실험한다.

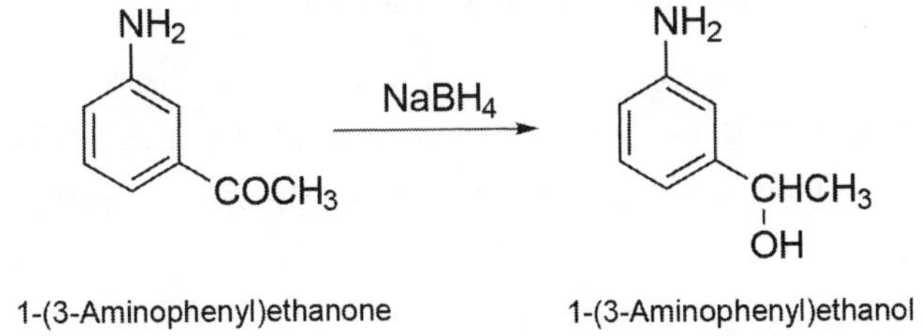

그림 5.44 1-(3-아미노페닐)에탄올의 합성 A.

2) 준비물

실험 기구: 스탠드, 집게, 이구 둥근 바닥 플라스크, 자석 가열 교반기, 자석 젓개, 환류 냉각관, 물중탕, 회전식 감압 증발기, 증류 장치, 감압 여과 장치, 분별 깔때기, 눈금 실린더, 저울

참고: 이 실험의 실험 장치는 실험 5.11과 같다.

시약: 1-(3-Aminophenyl)ethanone, $NaBH_4$, Ethanol, Na_2SO_4(무수), diethyl ether, 1-(3-Nitrophenyl)ethanol, Sn(granulated), 10% HCl, 40% NaOH, Na_2SO_4(무수)

3) 실험 방법

방법 A

1. 1-(3-아미노페닐)에탄온[1-(3-aminophenyl) ethanone (2.2g)과 에탄올(ethanol) 28 mL

를 이구 둥근 바닥 플라스크에 넣고, 가열하여 녹인다.

2. 용액을 실온으로 냉각시킨 후에 $NaBH_4$(0.6 g)을 가하고, 15분간 실온에서 교반한다. 이때 색깔이 다소 연해진다.
3. 반응 혼합물에 물 20 mL를 가하고, 여분의 $NaBH_4$가 분해될 때까지 가열한다.
4. 반응 혼합물을 실온으로 냉각시키고, 다이에틸 에터(diethyl ether) 30 mL씩 2번 추출한다.
5. 에터 용액을 Na_2SO_4 (무수)로 건조시키고, 에터 용매를 증발시켜 생성물을 얻는다.
6. 생성물을 톨루엔(toluene)으로 재결정한다.
7. 수율을 계산하고, 얻어진 백색 결정의 녹는점(문헌값 68~69℃)을 측정한다. IR 또는 ^{1}H NMR로 구조를 확인한다.

방법 B

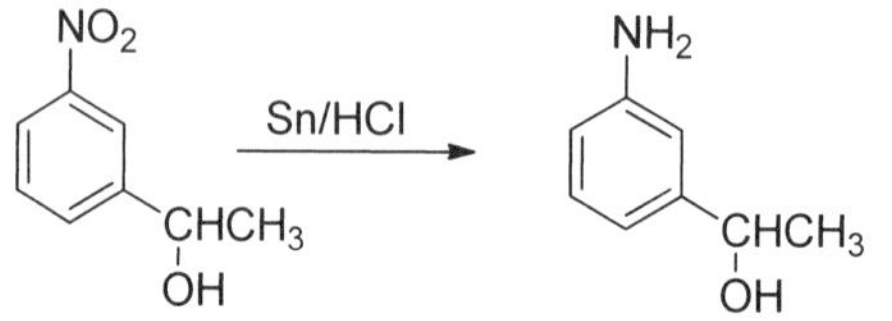

1-(3-Nitrophenyl)ethanol   1-(3-Aminophenyl)ethanol

그림 5.45 1-(3-아미노페닐)에탄올의 합성.

1. 1-(3-나이트로페닐)에탄올[1-(3-nitrophenyl) ethanol] (2.0 g)과 주석(tin, granulated, 4 g)을 이구 둥근 바닥 플라스크에 넣고 10% HCl(40 mL: 진한 염산 11 mL에 물 29 mL을 가하여 만든다.)을 가한다.
2. 물중탕에서 1.5시간 가열하여 반응시킨다.
3. 반응 혼합물을 냉각하고, 녹지 않은 주석은 여과하여 제거한다.
4. 여과액에 40% NaOH(24 mL)을 교반하면서 가하고, 냉각시킨다.
5. 노란색 부유물을 다이에틸 에터(diethyl ether)로 30 mL씩 두 번 추출한다.
6. 에터층을 모아 Na_2SO_4(무수)로 건조시키고, 회전식 감압 증발기로 용매를 제거하여 결정을 얻는다.
7. 얻어진 결정을 최소량의 톨루엔으로 재결정한다. 수율을 계산한다.
8. 재결정한 1-(3-아미노페닐)에탄올[1-(3-aminophenyl)ethanol]의 녹는점을 측정하고, IR 또는 ^{1}H NMR을 사용하여 구조를 확인한다.
9. 방법 A에서 얻은 생성물과 비교한다. 각기 다른 경로로 합성한 생성물의 전체 수득률을 비교한다.

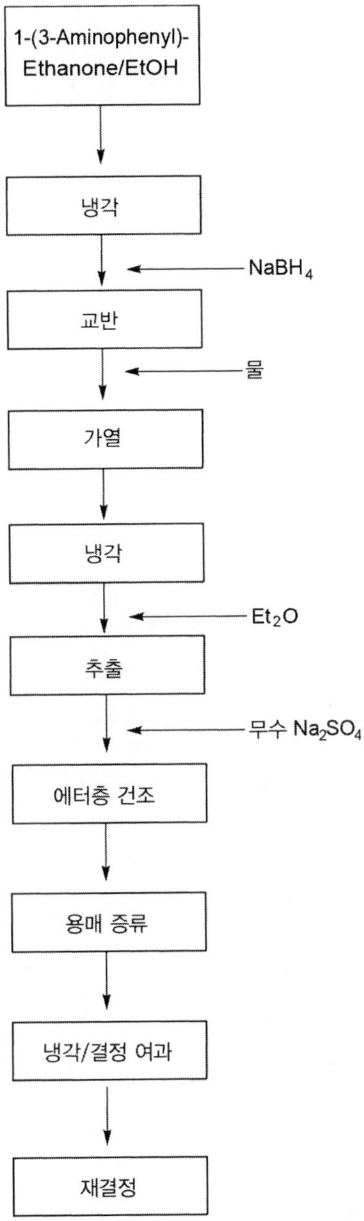

실험 흐름도 5.24 1-(3-아미노페닐)에탄올의 합성(방법 A).

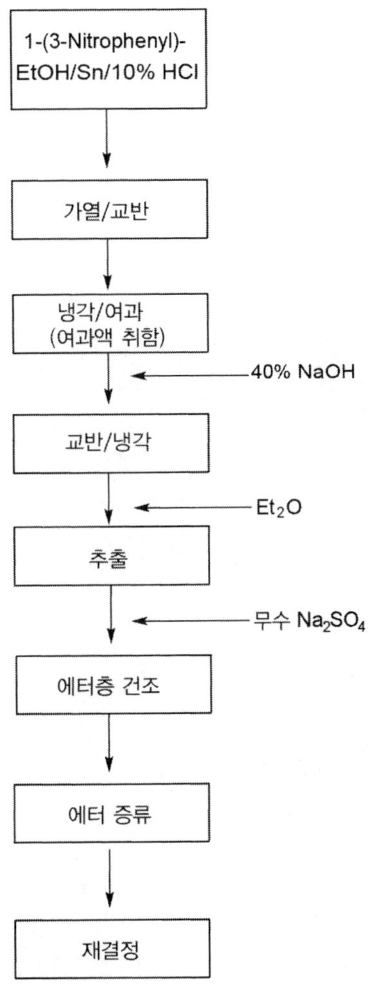

실험 흐름도 5.25 1-(3-아미노페닐)에탄올의 합성 B.

CHAPTER 06

산소 작용기 화합물 합성 및 반응

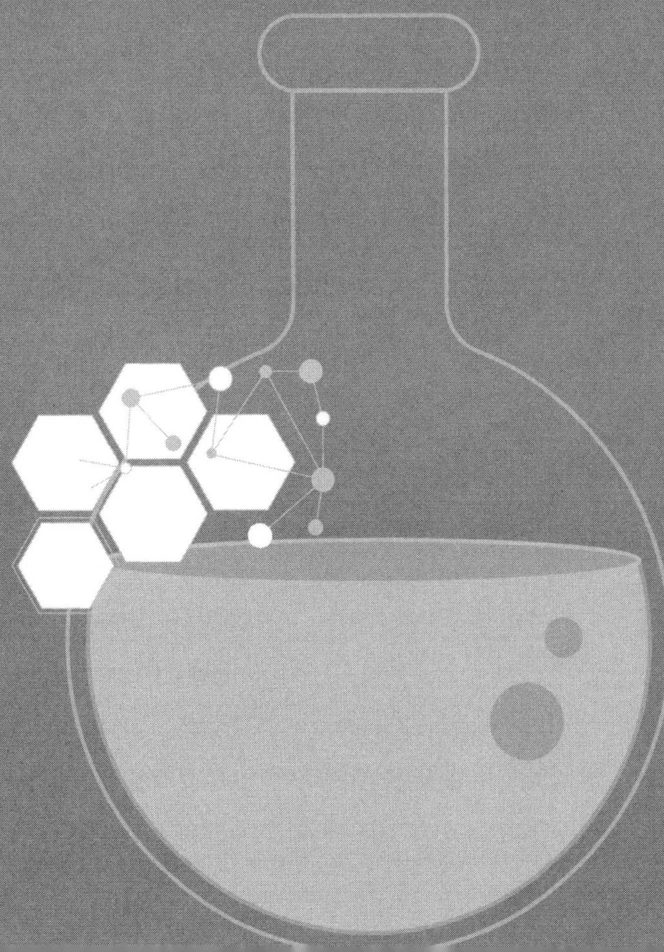

산소를 포함하는 작용기 화합물의 대표적인 부류는 알코올(ROH), 에터(ROR) 그리고 카보닐기(C=O)를 포함하는 알데하이드(RCHO), 케톤(R_2C=O), 카복실산(RCOOH) 및 카복실산 유도체(RCOX, X=할로젠, OR, NH_2, RCO) 등이 있다. 알코올과 에터는 C–O 단일 결합을 포함하지만, 카보닐기는 탄소–산소 불포화 결합을 가지고 있어, 탄소–산소 단일 결합 작용기들과는 반응성이 다르다. 이 장에서는 이들의 반응에 대해 다룬다.

6.1 에터와 페놀

에터(ether)는 R–O–R(R = alkyl 또는 aryl)의 일반 구조식을 가지는 화합물 계열이다. 에터는 강산을 제외하고는 대부분의 유기 화합물에 대해 비교적 안정한 화합물이며, 실험실에서 자주 만나는 용매 중의 하나이다. 에터 화합물의 용도는 매우 다양하다. 대표적인 에터 계열 용매로 테트라하이드로퓨란(tetrahydrofuran, THF)과 *tert*–뷰틸 메틸 에터(*tert*–butyl methyl ether, BME)를 들 수 있다.

에터를 합성하는 가장 대표적인 방법은 할로알케인(haloalkane, RX)과 알콕사이드 이온(alkoxide, RO^-)을 반응시키는 것이다. 이 방법을 **윌리엄슨 합성법**(Williamson synthesis)이라고 한다. 이 반응은 S_N2 메커니즘에 의해 진행된다.

$$\text{R-OH} + \text{NaH} \xrightarrow[\text{용매}]{\text{비양성자성}} \underset{\text{Alkoxide}}{\text{R-O}^-} + H_2$$

$$\text{R-O}^- + \text{R'CH}_2\text{-X} \xrightarrow[\text{용매}]{\text{비양성자성}} \underset{\text{Ether}}{\text{R-O-CH}_2\text{R'}} + X^-$$

$$S_N2$$

그림 6.1 윌리엄슨 합성.

이차 및 삼차 할로알케인은 이 조건에서 제거 반응이 일어나므로 윌리엄슨 에터 합성법에서는 기질로 이용되지 않는다. 윌리엄스 합성법은 알킬 아릴 에터(alkyl aryl ether, ROAr)의 합성에 특히 유용하다.

페놀(phenol, C_6H_5OH)은 지방족 알코올보다 매우 큰 산성도를 가진다. 따라서 NaOH(물 용매 사용)나 K_2CO_3(acetone 또는 butanone 용매 사용) 같은 염기로도 페녹사이드(phenoxide, $C_6H_5O^-$) 염을 만들 수 있다. 페놀의 산성도는 고리에 치환된 치환기의 종류와 위치에 크게 의존한다. 페놀은 삼염화 철(iron trichloride, $FeCl_3$)과 반응하여 색을 띠는 착물을 만들며, 페놀 구조에 따라 녹색에서부터 적색까지의 색을 띤다. 이 방법을 이용하여 페놀의 정성 분석이 가능하다.

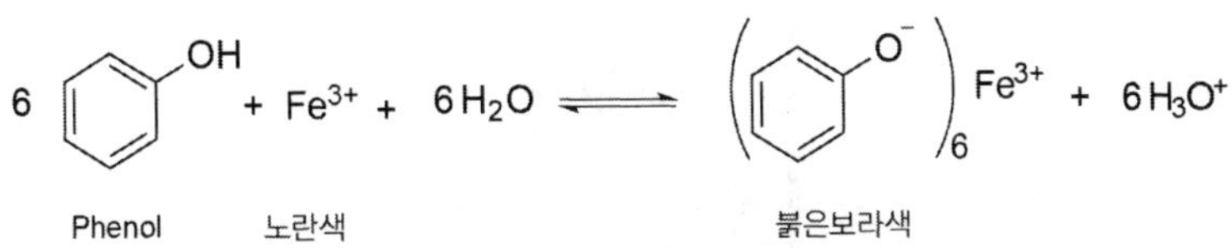

그림 6.2 페놀과 철의 착물 형성.

이 실험에서는 페놀이나 페놀 유도체로부터 상응하는 소듐(Na)염을 만들고, 이 염들과 벤질 클로라이드(benzyl chloride, $PhCH_2Cl$)을 반응시켜 각기 상응하는 에터를 합성한다. 반응의 진행 정도는 TLC와 $FeCl_3$ 시험법으로 관찰하고, 생성물은 IR 등의 분광기로 분석한다.

실험 6.1 벤질 페닐 에터의 합성

1) 이론

소듐 페놀레이트(sodium phenolate, PhO^-Na^+)와 벤질 클로라이드(benzyl chloride)로 윌리엄슨 반응을 하면 상응하는 에터(benzyl phenyl ether)를 생성한다. 소듐 페놀레이트는 페놀과 NaOH를 에탄올(EtOH) 용매에서 반응시켜 제조한다.

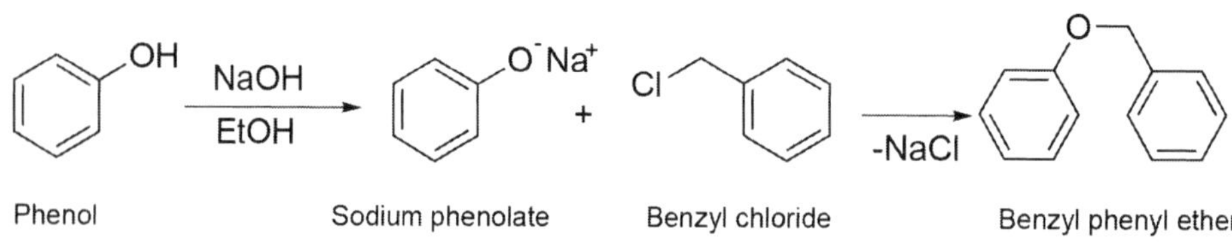

그림 6.3 벤질페닐에테르의 합성.

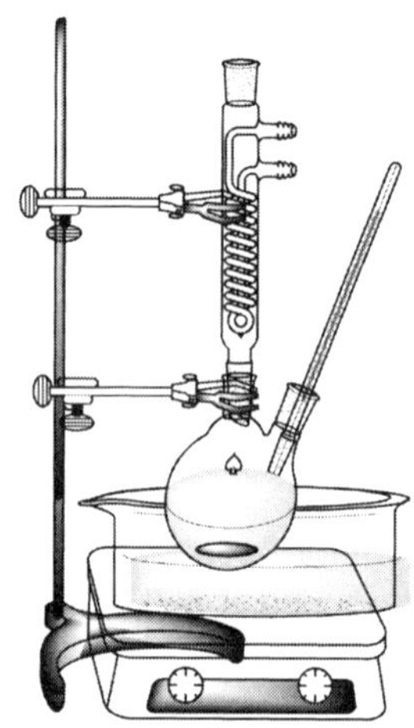

실험 장치

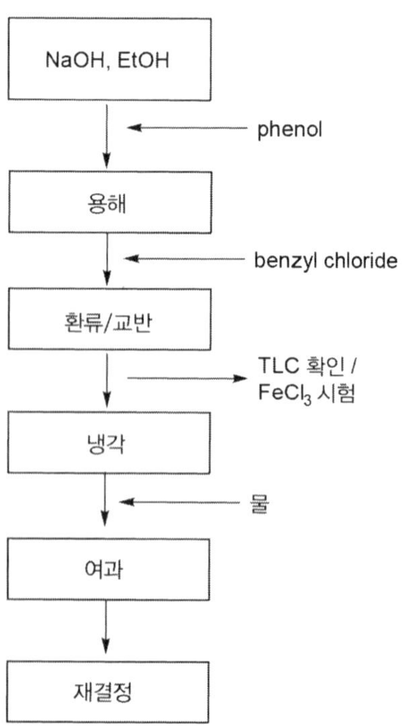

실험 흐름도 6.1 벤질 페닐 에테르의 합성.

2) 준비물

실험 기구: 스탠드, 집게, 이구 둥근 바닥 플라스크, 자석 가열 교반기, 자석 젓개, 환류 냉각관, 물(기름)중탕, 감압 여과 장치, 분별 깔때기, 눈금 실린더, 저울

시약: Phenol, benzyl chloride, toluene, NaOH, EtOH, Na_2SO_4(무수), $FeCl_3$ 용액(0.1% 수용액)

3) 실험 방법

1. 이구 둥근 바닥 플라스크에 온도계와 환류 냉각관을 장치하고, 0.25 *M* NaOH(0.44 g, 11 mmol)을 에탄올(ethanol, 20 mL)에 녹인다.
2. 이 용액에 페놀(phenol) 1 g(10.6mmol)을 가하여 녹인다.
3. 벤질클로라이드(benzyl chloride, 1.33 g, 10.6 mmol)를 가하고 2시간 동안 교반하면서 환류시킨다. 반

응 진행 정도를 TLC로 확인한다. (TLC 전개 용매: toluene/ethanol = 98:2, v/v)

4. $FeCl_3$ 용액(0.1% 수용액) 1 mL를 시험관에 넣고, 소량의 반응 용액을 첨가하여 색깔의 변화가 있는지 확인한다. 색의 변화가 없으면 페놀이 완전히 반응한 것이다.
5. 반응 혼합물을 실온으로 냉각시켜, 물(100 mL)에 붓는다.
6. 생성된 고체를 여과하고 에탄올-물 혼합 용매로 재결정한다.
7. 생성물의 녹는점을 측정하여 문헌값과 비교한다. IR로 구조를 확인한다.

6.2 알데하이드와 케톤

알데하이드(aldehyde, RCHO)와 케톤(ketone, $R_2C=O$)은 식물이나 동물에 널리 분포되어 있을 뿐만 아니라, 유기화학 공업에서도 중요하다. 특히 HCHO(formaldehyde), CH_3CHO(acetaldehyde), $(CH_3)_2C=O$(acetone) 및 $CH_3C(=O)HCH_2CH_3$(2-butanone) 등은 화학공업 원료로 매우 유용하다. 알데하이드와 케톤은 공통적으로 카보닐기(carbonyl group, C=O)를 가지고 있고, 이들의 반응은 주로 이 작용기에서 일어난다. 카보닐 탄소는 sp^2 혼성을 하고 있고, 결합각은 거의 120°이며 평면 구조를 이룬다.

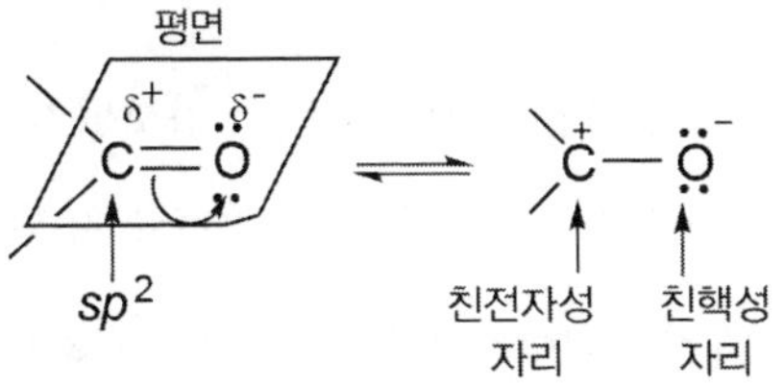

그림 6.4 카보닐기의 구조.

카보닐기의 탄소는 전자가 부족한 친전자성 자리(electrophilic site)이다. sp^2 혼성 탄소에 전기 음성적인 산소 원자가 결합되어 있기 때문이다. 반면에 카보닐기의 산소는 전자가 풍부한 친핵성 자리(nucleophilic site)가 된다. 따라서 친핵성 첨가 반응은 카보닐 탄소에서 일어나게 되고, 친전자체인 양성자의 첨가 반응(예: protonation) 등은 산소에서 일어나게 된다.

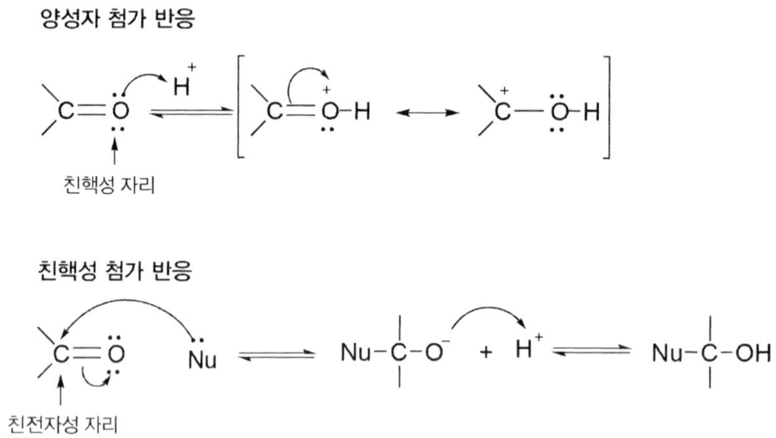

그림 6.5 카보닐기의 반응.

알데하이드(RCHO)와 메틸 케톤(methyl ketone, CH_3COR) 등은 $HOSO_2Na$(sodium hydrogen sulfite) 포화 수용액과 반응하여 하얀 결정의 첨가 생성물을 형성한다. 이 첨가 생성물에 강산이나 염기를 가하면 본래의 알데하이드나 케톤으로 재생된다. 또, 알데하이드 및 케톤은 2,4-다이나이트로페닐하이드라진(2,4-dinitrophenylhydrazine)과 반응하여 상응하는 붉은 노란색 결정인 하이드라존(hydrazone, R_2C=NNH-R형의 화합물 계열 이름)을 형성한다. 이 두 반응은 알데하이드 및 케톤 화합물의 정성 분석에도 이용할 수 있다.

한편, 카보닐기는 전자를 끄는 작용기이다. 따라서 카보닐기가 존재하는 화합물의 α-탄소는 산성을 띤다. 카보닐기를 가지는 화합물에 염기로 처리하면 α-탄소가 음이온으로 된다. 이 음이온은 엔올 음이온(enolate)이라고 하며, 공명 안정화될 수 있다. 이 엔올 음이온은 **아이오도폼**(iodoform) 반응, **알돌 및 퍼킨 축합 반응**(aldol and Perkin condensation) 같은 반응에서 친핵체로 작용한다.

알데하이드 및 케톤의 엔올 음이온은 친핵체로 작용하여 또 다른 카보닐 기와 반응할 수도 있다. 이런 반응은 새로운 탄소-탄소 결합(C-C)을 만들 수 있어 합성적으로 매우 유용하다.

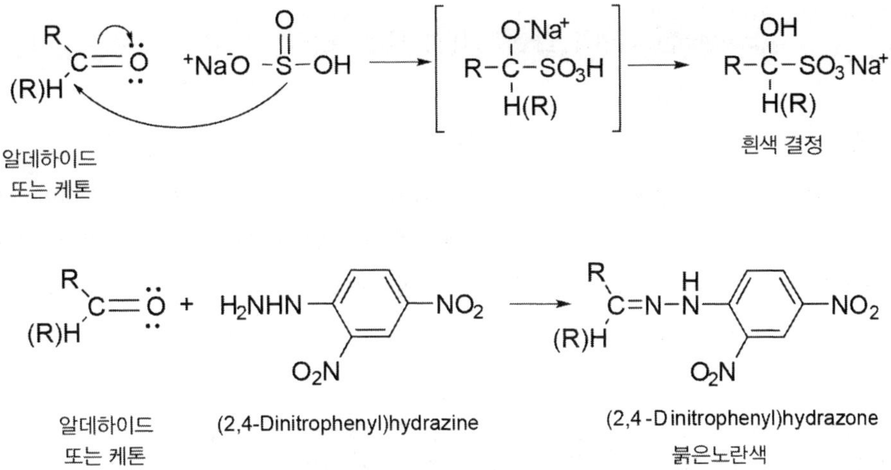

그림 6.6 알데하이드/케톤의 반응.

α–탄소에 수소를 가진 알데하이드나 케톤을 염기로 처리하면, 상응하는 엔올 음이온을 생성한다. 이 엔올 음이온이 다른 카보닐기의 카보닐 탄소와 반응하면, β–하이드록시 카보닐(β–hydroxy carbonyl) 화합물을 생성한다. β–하이드록시 카보닐 화합물에서 한 분자의 물이 이탈되면, α,β–**불포화 카보닐 화합물**(α,β–unsaturated carbonyl compound)이 형성된다. 이 반응을 **알돌 축합 반응**(aldol condensation)이라고 한다.

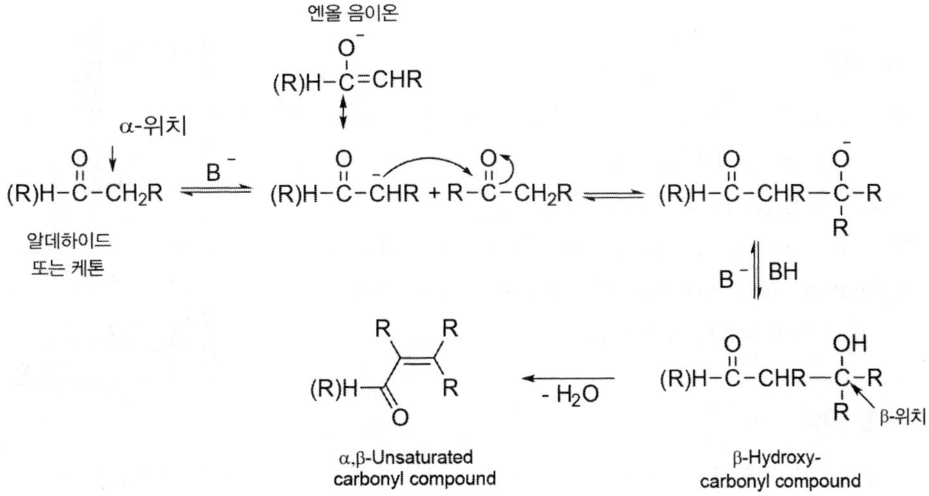

그림 6.7 알돌 축합 반응.

실험 6.2 *trans*-신남산의 합성: 퍼킨 축합 반응

1) 이론

알돌 축합 반응과 유사한 반응으로 아세테이트(acetate) 이온(CH_3COO^-)을 촉매로 하여 아세트산 무수물(acetic anhydride)의 엔올 음이온과 α-수소가 없는 방향족 알데하이드를 반응시키면 신남산(cinnamic acid)과 같은 α,β-불포화 카복실산 유도체를 합성할 수 있다. 이 반응을 퍼킨 축합 반응(Perkin condensation)이라고 한다.

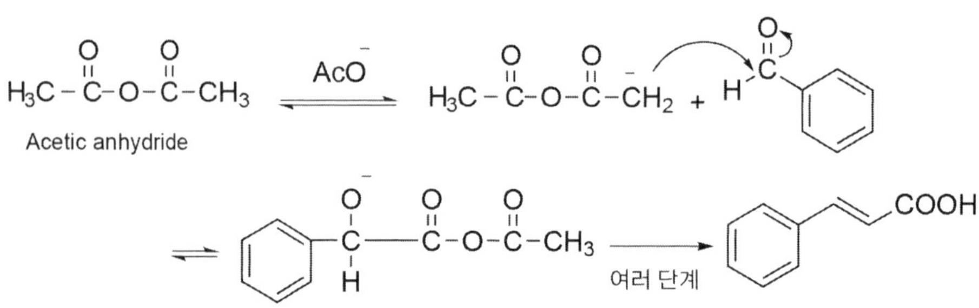

그림 6.8 퍼킨 축합 반응.

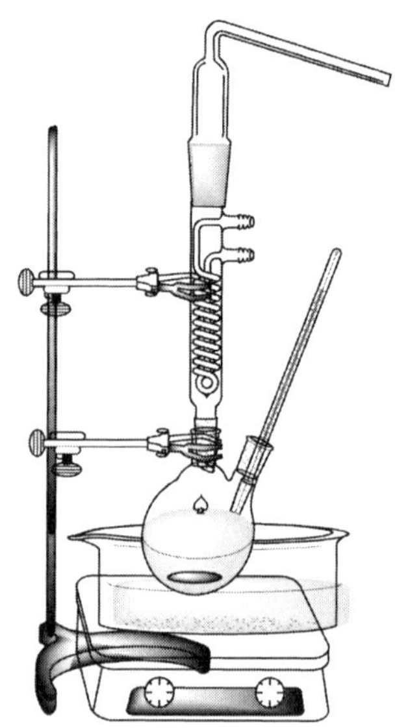

실험 장치

2) 준비물

실험 기구: 스탠드, 집게, 이구 둥근 바닥 플라스크, 자석 가열 교반기, 자석 젓개, 환류 냉각관, 물(기름)중탕, 칼슘관, 감압 여과 장치, 분별 깔때기, 눈금 실린더, 저울, pH 시험지

시약: Benzaldehyde, potassium acetate(무수), acetic anhydride, sodium carbonate 포화 용액, *tert*-butyl methyl ether, 6*M* HCl 용액, methanol

3) 실험 방법

1. 잘 건조된 이구 둥근 바닥 플라스크에 환류 냉각관과 칼슘 관, 그리고 가열 장치를 설치한다.
2. 벤즈알데하이드(benzaldehyde) 1 mL, 포타슘 아세테이트(potassium acetate, 무수) 0.6 g 및 아세트산 무수물(acetic anhydride) 1.4 mL를 반응 플라스크에 넣는다.

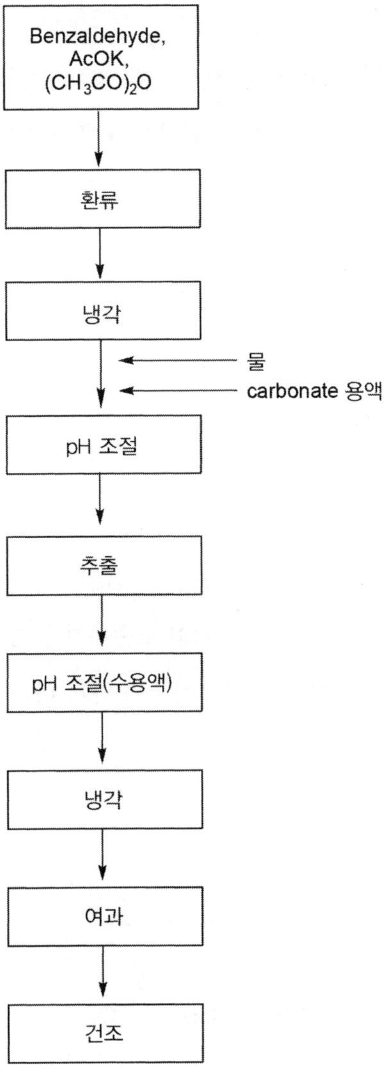

실험 흐름도 6.2
trans–신남산의 합성: 퍼킨 축합 반응.

3. 한 시간 동안 환류하고, 상온까지 냉각시킨다. 반응 혼합물을 물 40 mL에 천천히 따른다.
4. 반응물에 소듐 카보네이트(sodium carbonate) 포화 용액을 pH 8~10이 될 때까지 교반하면서 가한다.

주의: 이때 CO_2가 발생되어 끓어 넘칠 수도 있으므로 조심해야 한다.

5. 반응 혼합물을 분별 깔때기로 옮겨, *tert*–뷰틸 메틸 에터(*tert*–butyl methyl ether, BME)로 10 mL씩 두 번에 걸쳐 추출한다.
6. 수용액층을 삼각플라스크에 옮겨, 6 *M* HCl 용액으로 pH 2까지 산성화시킨다.
7. 용액을 얼음 중탕에서 냉각시켜, *trans*–신남산(*trans*–cinnamic acid) 결정을 생성시킨다.
8. 결정을 여과하고, 얻어진 결정을 찬물로 씻어준다.
9. 진공에서 건조시키고 무게를 측정하여 수율을 계산한다. 필요하면 물/methanol 혼합 용매로 재결정한다.
10. 녹는점을 측정하고, IR 또는 NMR로 확인한다.

6.3 카복실산 및 유도체

카복실산(carboxylic acid, RCOOH)은 카보닐 화합물의 중심 화합물이며, 그 자체로서도 중요하다. 뿐만 아니라 카복실산과 더불어 에스터(ester, RCOOR), 아마이드(amide, $RCONH_2$), 산 할로젠화물(acid halide, RCOX), 산 무수물[acid anhydride, $(RCO)_2O$], 나이트릴(nitrile, RCN) 화합물과 같은 카복실산 유도체들도 자연에 널리 분포되어 있다. 이들은 공업적으로도 다양하게 이용된다.

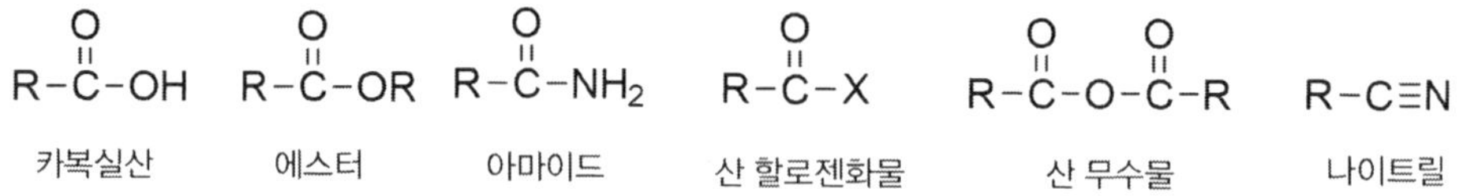

그림 6.9 카복실산 유도체들.

카복실산의 반응성과 산성도는 주 사슬에 결합된 치환기의 종류에 따라 큰 영향을 받는다. 카복실산의 α−탄소에 전자를 끄는 기가 있으면, 산성도가 증가한다. 반대로 전자를 주는 치환기가 있으면 산성도가 감소한다. 이러한 경향성은 같은 치환기 숫자가 증가할수록 커진다. 벤조산(benzoic acid) 유도체의 경우도 이러한 경향성이 뚜렷하게 나타난다.

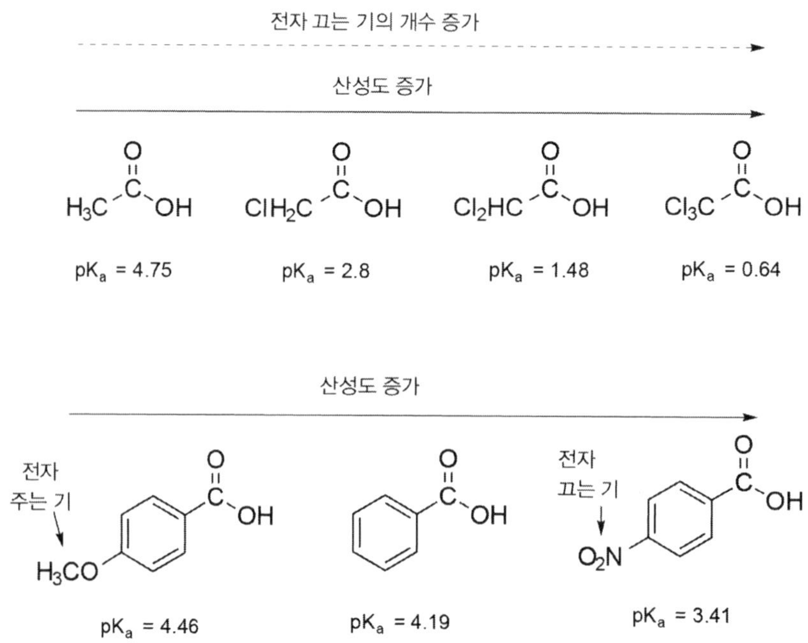

그림 6.10 카복실산 유도체의 산성도 영향.

벤젠(benzene) 고리에 전자 주는 기인 CH_3O-(methoxy)기가 있으면 산성도가 낮아지고(pK_a = 4.46), 전자를 끄는 기인 $-NO_2$(nitro)기가 있으면 산성도는 높아진다 (pK_a = 3.41).

카복실산은 그림 6.9와 같은 다양한 방법으로 제조할 수 있다.

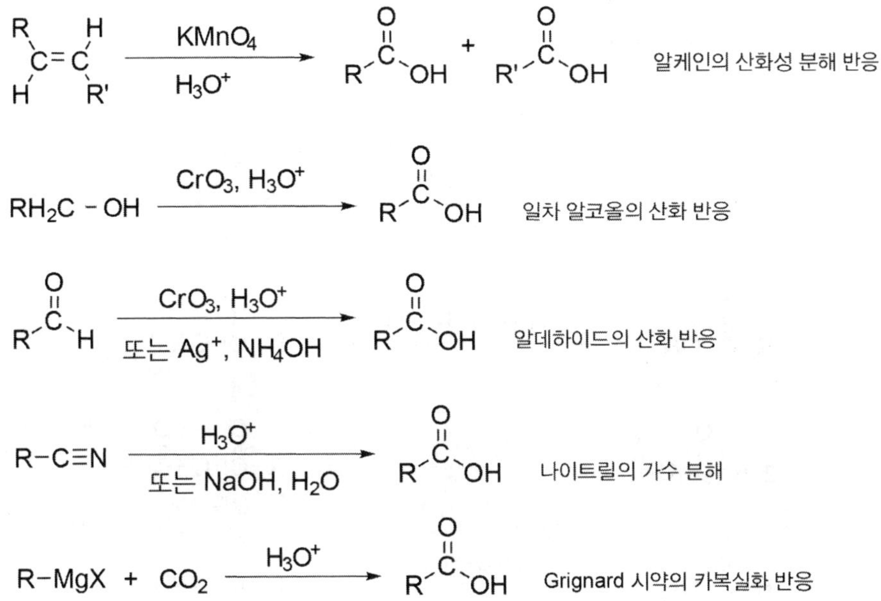

그림 6.11 카복실산의 제조방법.

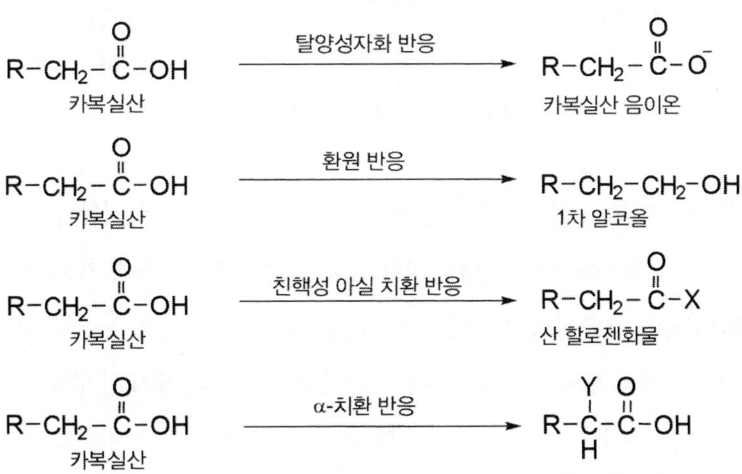

그림 6.12 카복실산의 반응 종류.

카복실산의 반응 종류는 –COOH 기의 **탈양성자화 반응**(deprotonation), 상응하는 알코올로의 **환원 반응**(reduction), **알파–치환 반응**(α–substitution), **친핵성 아실 치환 반응**(nucleophilic acyl substitution) 등이 있다.

산 할로젠화물, 산 무수물, 에스터, 아마이드, 나이트릴 등의 카복실산 유도체들은 카복실산에 친핵성 아실 치환 반응을 시켜 제조한다. 다만 나이트릴 화합물은 아마이드 화합물의 탈수 반응을 이용하여 합성한다.

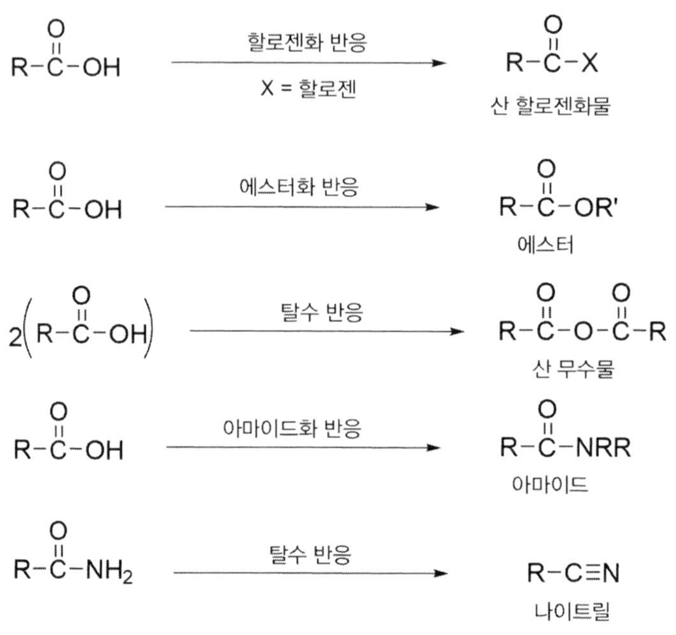

그림 6.13 카복실산 유도체의 합성.

좋은 이탈기를 가지고 있는 카복실산 유도체도 카복실산에서 일어날 수 있는 친핵성 아실 치환 반응이 가능하다. 이 친핵성 치환 반응은 첨가와 제거 두 단계로 진행되며, 일반적인 메커니즘은 그림 6.12와 같다.

카복실산 유도체의 친핵성 아실 치환 반응에서 첨가 단계와 제거 단계 모두가 전체 반응 속도에 영향을 주지만, 첫 번째 단계가 일반적으로 반응 속도 결정 단계(reaction rate determination step)이다. 이런 이유로 카보닐기가 친핵체에 의해 더 쉽게 반응할 수 있도록 하면 반응은 유리해진다. 구조의 입체적 요인과 전자적 요인 둘 다 반응성을 결정하는 데 중요하다. 동일한 카복실산 유도체 계열에서는 카보닐기 주변의 **입체 장애**(steric hindrance)가 적은 화합물이 더 유리하다. 전자적 요인의 관점으로 보면 카보닐 탄소에 전자 부족 현상이 큰 유도체(편극도가 크다)의 반응성이 더 크다.

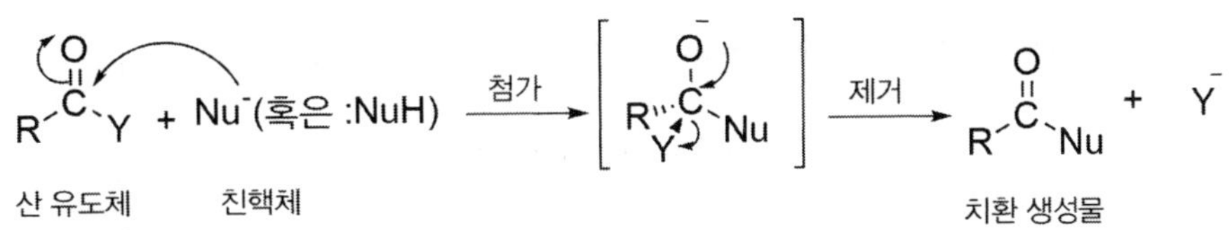

그림 6.14 카복실산 유도체의 친핵성 아실 치환 반응.

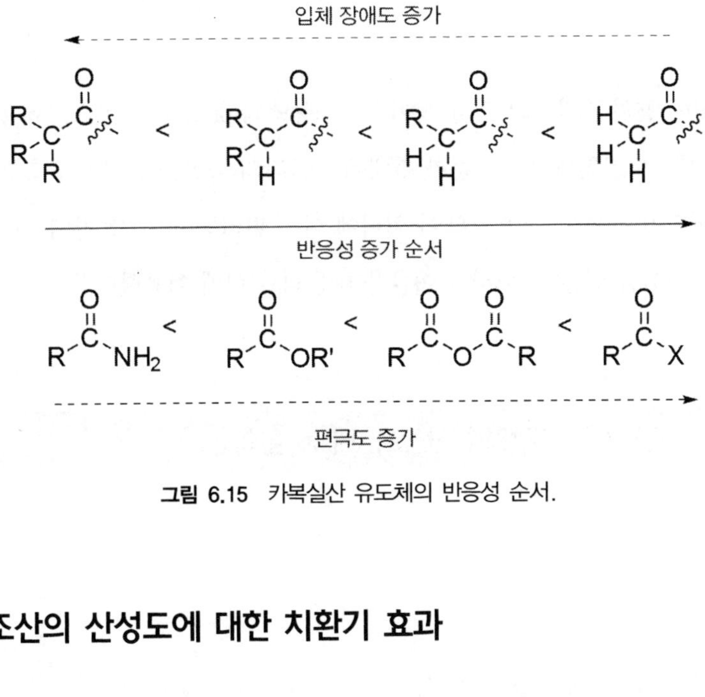

그림 6.15 카복실산 유도체의 반응성 순서.

6.3.1 벤조산의 산성도에 대한 치환기 효과

본 실험의 목적은 벤조산(benzoic acid)의 산성도가 다양한 고리 치환기에 대하여 어떠한 효과를 받는가를 측정하는 것이다. 산성도는 카복실산 음이온과 하이드로늄(hydronium) 이온에서 산의 해리 정도로 정의되며(식-1), 평형에서 이러한 화학종의 농도 함수인 평형 상수 K_a의 항으로 측정한다(식-2).

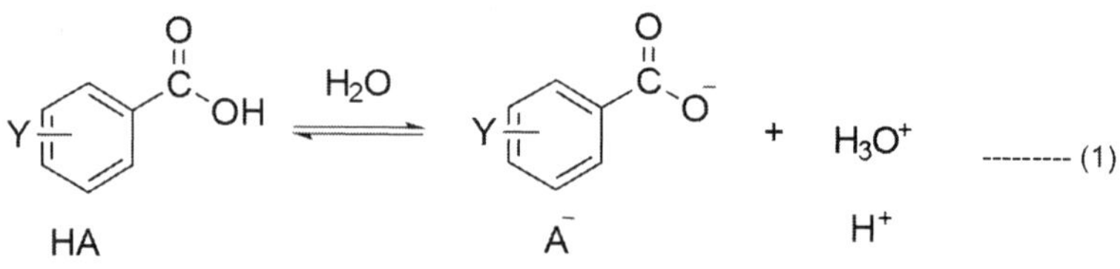

$K_a = [H^+][A^-]/[HA] = [H^+] \times [A^-]/[HA]$ ---------------------------------- (2)

그림 6.16 벤조산 유도체의 산성도 측정.

위 식에서 관련된 A^-와 HA의 농도를 알고 있다면, K_a 값은 $[H^+]$를 측정하면 쉽게 계산할 수 있다. 식-(2)의 대수 형은 H^+ 농도가 보통 $pH = -\log[H^+]$로 측정되고, 표현되기 때문에 더욱 편리하다. 즉, $[HA]=[A^-]$, $pH = pK_a$라 하면, $\log K_a = \log [H^+] + \log([A^-]/[AH])$ 혹은 $pK_a = pH - \log([A^-]/[HA])$이다.

산의 동일한 양의 혼합물과 염을 녹이고, 그 용액의 pH를 측정함으로써 산의 pK_a를 직접 측정한다. 이 실험에서는 단순한 형태에서 각각의 물질을 엄밀하게 측량하는 것을 요구한다. 따라서 순수한 산의 용액이 실험에 더욱 편리하며, 이를 강염기로 적정하여 중화점에서의 pH를 얻는다. 이러한 이론을 다음의 실험에 이용한다.

실험 6.3 벤조산 유도체의 산성도 비교 실험

주의: 실험에 들어가기 전에 pH 미터의 사용법을 숙지한다.

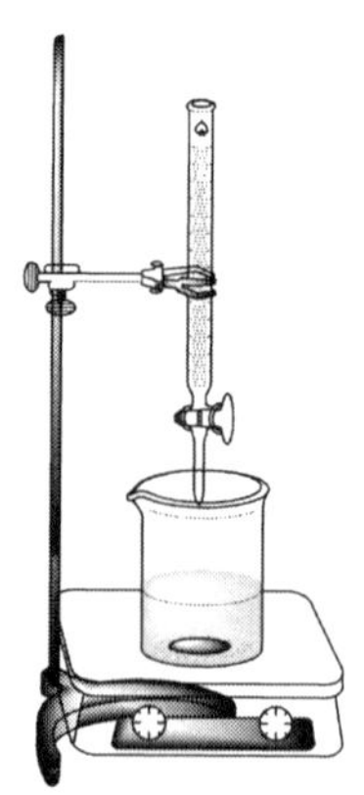

실험 장치

1) 이론

이미 언급한 것처럼 카복실산의 산성도는 사슬의 치환기 종류 및 수 그리고 위치에 따라 크게 영향을 받는다. 여기서는 벤조산 유도체(benzoic acid derivative)의 산성도를 측정한다.

2) 준비물

실험 기구: 비커, 적정용 뷰렛, 저울, pH 미터, 스탠드, 집게, 자석 가열 교반기, 자석 젓개

시약: Benzoic acid, *meta*–와 *para*–에 산성도 비교에 적당한 작용기를 가진 benzoic acid 유도체, ethanol, 0.1 *N* NaOH 용액

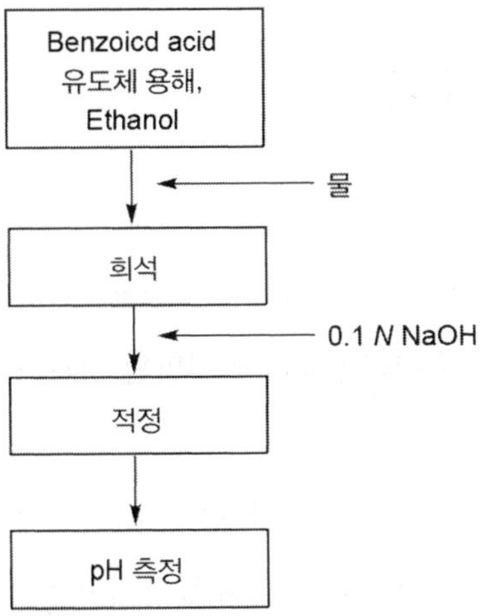

실험 흐름도 6.3
벤조산 유도체의 산성도 비교.

3) 실험 방법

1. 비커에 벤조산(benzoic acid)과 *meta*–와 *para*–에 각기 다른 치환기를 갖고 있는 벤조산(benzoic acid) 유도체의 시료(약 20 mg)를 에탄올(ethanol) 25 mL로 녹인다.
2. 이 용액을 물 25 mL로 희석하고, 0.1 *N* NaOH 용액으로 적정한다. 적정은 뷰렛을 사용하여 1.0 mL씩 잘 섞으면서 실시한 후, pH를 측정하고 표에 pH와 첨가한 전체 부피를 기록한다.
3. 종말점(즉 pH가 가장 급격히 변하는 곳) 가까이에서는 0.5 mL씩 적정하며 pH를 측정하여 적정 곡선을 그린다.

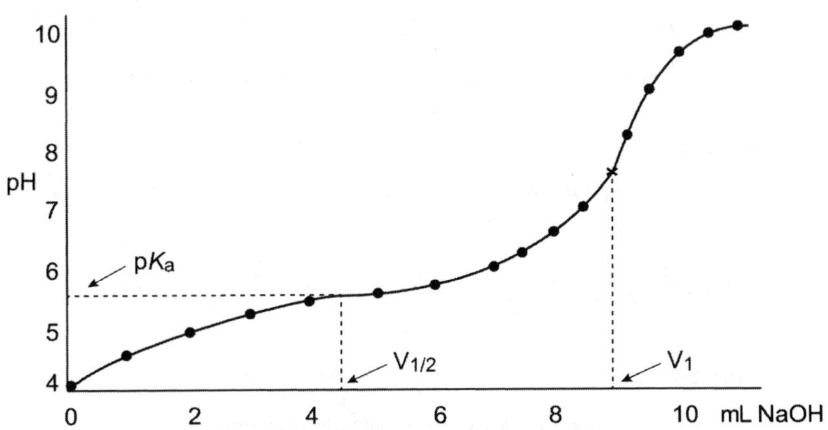

그림 6.17 적정 곡선.

4. 종말점을 지난 후 3~4 mL를 더 적정하여 적정 곡선을 그린다.
5. 측정한 pH값과 적정 부피를 이용하여 그래프 용지에 적정 곡선을 그린다(그림 6.15). 각 점을 통과하는 완만한 곡선을 그린다. 이때 곡선이 가장 가파른 점을 표시한다.
6. 그래프로부터 곡선이 가장 가파른 점에 대한 실제 부피(V1)를 얻어낸다.
7. 이 부피의 1/2에서 $V_{1/2}$는 산의 절반이 중화된, 즉 $[A^-]=[HA]$인 점이다. 이 점에서의 pH는 산의 pK_a와 같다. $V_{1/2}$의 점을 pH 축으로 확장시켜 다시 그리면, 더 정확한 pK_a 값을 얻을 수 있다.

8. 실험한 산들의 pK_a 값을 표로 만든다. 또, 산의 산도 순서에 대한 표도 만든다.
9. *meta*-, *para*- 치환 효과에 대한 차이점을 설명한다.

6.3.2 벤조산 유도체의 반응성에 대한 치환기 효과

앞의 실험 6.3에서는 벤조산(benzoic acid)의 산성도에 대한 고리 치환기의 영향을 고찰했다. 산의 해리 상수(K_a)는 산의 해리 속도(K_1)를 카복실산 음이온의 양성자화 속도(K_{-1})로 나눈 값에 해당한다. 벤조산 유도체의 해리 속도는 벤젠 고리에 치환된 치환기 종류에 의해 영향을 받는다.

이 교재에서는 벤조산으로부터 메틸 벤조에이트(methyl benzoate)를 합성하고 이 에스터의 염기 촉매 가수 분해(base-catalyzed hydrolysis), 즉 비누화(saponification)의 속도를 측정한다.

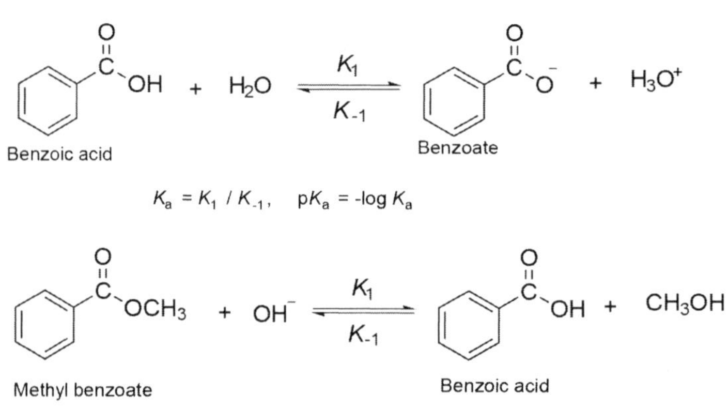

그림 6.18 벤조산과 메틸 벤조에이트의 해리.

실험 6.4 메틸 벤조에이트의 합성

1) 이론

벤조산(C_6H_5COOH)을 산 촉매 존재하에서 알코올과 반응시키면, 상응하는 에스터(C_6H_5COOR)를 합성할 수 있다.

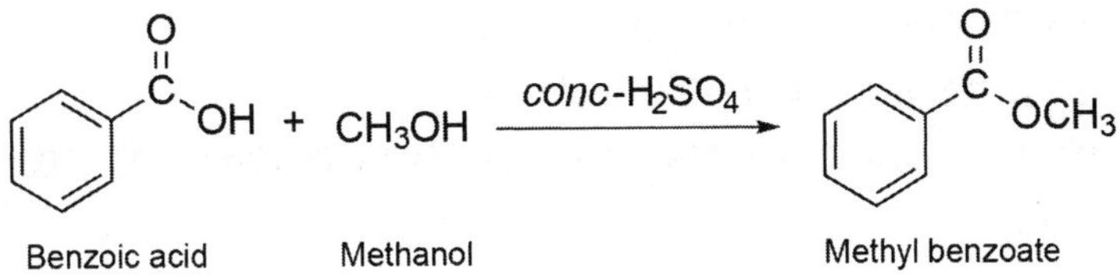

그림 6.19 메틸 벤조에이트의 합성.

2) 준비물

실험 기구: 스탠드, 집게, 이구 둥근 바닥 플라스크, 자석 가열 교반기, 자석 젓개, 환류 냉각관, 물(기름)중탕, 감압 여과 장치, 분별 깔때기, 눈금 실린더, 저울, 회전식 감압 증발기

참고: 이 실험의 실험 장치는 실험 6.1과 같다.

시약: Benzoic acid, methanol, *conc*–H_2SO_4, diethyl ether, Na_2SO_4(무수)

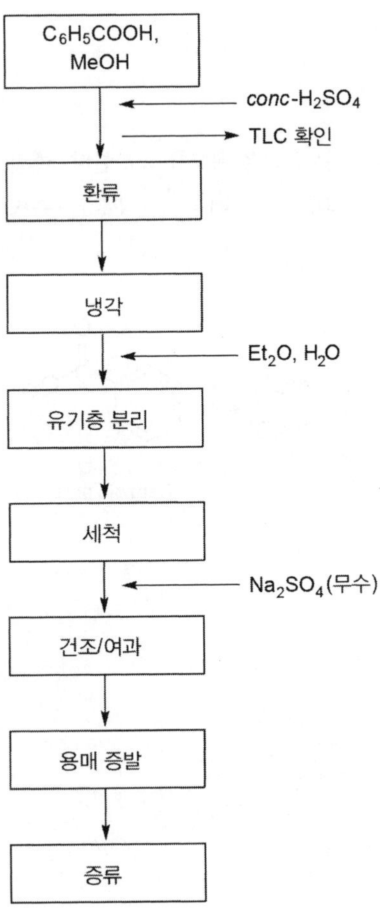

실험 흐름도 6.4
메틸 벤조에이트의 합성.

3) 실험 방법

〈참고〉

반응 시작 전에 예비 실험을 통해 TLC 전개 용매를 결정한다.

1. 이구 둥근 바닥 플라스크에 벤조산(benzoic acid) 5 g을 넣고, 메탄올(methanol) 50 mL와 촉매로 *conc*–H_2SO_4 1 mL(약 1 방울 정도)를 가한다.
2. 반응 혼합물을 교반하면서 1~2시간 동안 환류한다.
3. 반응 진행을 TLC로 20분마다 확인한다.
4. TLC 분석에서 출발 물질이 모두 사라지면, 반응 용액을 상온까지 냉각시킨다.
5. 반응 용액을 분별 깔때기(250 mL)에 옮기고, 여기에 다이에틸 에터(diethyl ether) 50 mL와 물 75 mL를 가하고 충분히 흔들어 준다.
6. 유기층을 분리하여 물 25 mL로 한번 씻고, 10% $NaHCO_3$ 용액 25mL로 두 번, 그리고 NaCl 포화 용액 25 mL로 한 번씩 연속해서 씻는다.
7. 무수 Na_2SO_4로 5~10분간 건조시키고, 건조제를 여과하여 제거한다. 이때 마지막으로 다이에틸

에터로 걸러진 건조제를 한 번 더 씻어 준다.

8. 여과액의 용매를 회전식 감압 증발기에서 증발시킨다.
9. 용매 제거 후에 남은 잔류물을 작은 증류 플라스크를 이용해서 증류한다. 190~200℃ 범위에서 생성물을 받는다.
10. 생성물(methyl benzoate)의 끓는점 범위를 문헌값(199℃)과 비교하고, 양을 측정하여 수율을 계산한다.
11. IR 또는 NMR로 구조를 확인한다.

실험 6.5 에스터의 비누화 반응 속도 측정

1. 반응 속도 측정 실험

1) 이론

이 실험에서는 메틸 벤조에이트(methyl benzoate)의 가수 분해 반응 속도를 측정한다. 메틸 벤조에이트를 NaOH로 가수 분해시키고, HCl로 중화시켜 생성되는 벤조산(benzoic acid)을 측정하여 속도 상수를 결정한다.

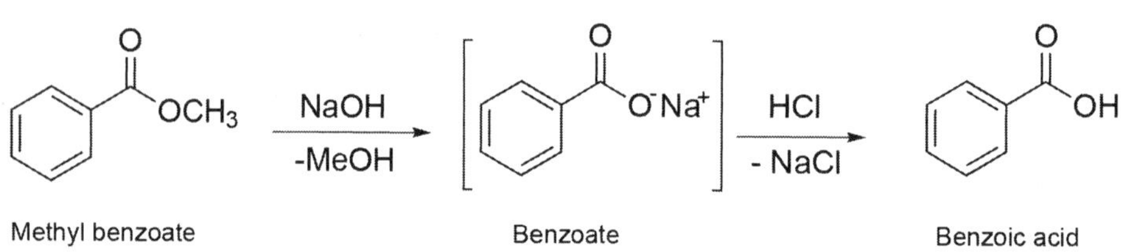

그림 6.20 메틸 벤조에이트의 가수 분해.

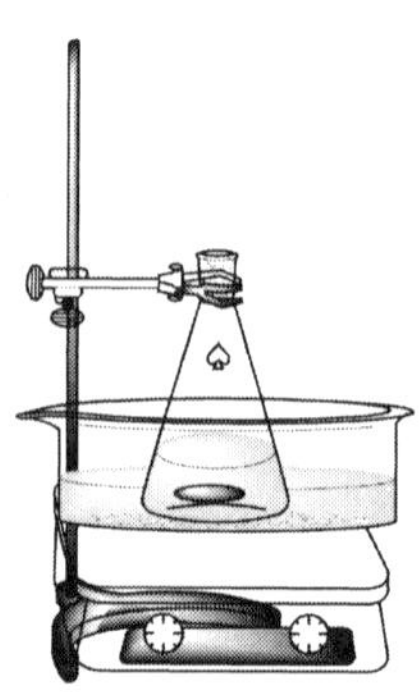

실험 장치

2) 준비물

실험 기구: 스탠드, 집게, 삼각 플라스크, 저울, 물중탕, 자석 가열 교반기. 자석 젓개, 눈금 실린더, 적정용 뷰렛, 피펫

시약: Methyl benzoate, acetone, 0.250 *M* NaOH 용액, 0.100 *N* HCl 용액, phenol-phthalein,0.010 *N* NaOH 용액

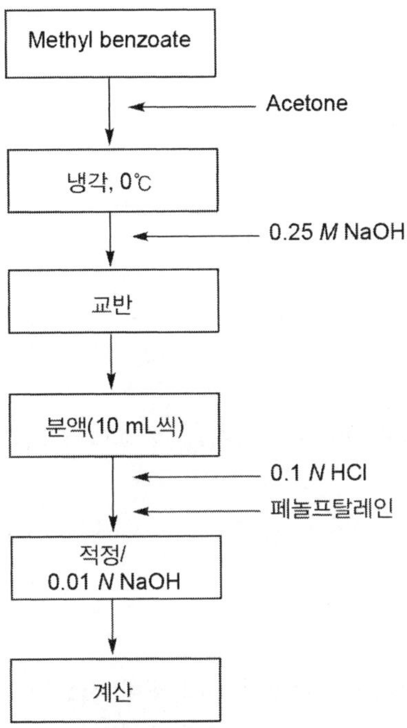

실험 흐름도 6.5
에스터의 비누화 반응 속도 측정.

3) 실험 방법

1. 무게를 측정한 150 mL 삼각 플라스크 안에 0.01 mol의 메틸 벤조에이트(methyl benzoate)를 넣은 후 전체 무게를 정확히 측정한다.
2. 아세톤(acetone) 60 mL를 플라스크에 넣고 에스터를 완전히 녹인다. 이 플라스크를 얼음물에 넣고 고정시킨다. 반응 중에 온도가 0℃로 유지되도록 한다.
3. 반응물을 교반하면서 0℃로 냉각된 0.25 *M* NaOH 용액 40 mL를 가한다. 이때 반응 시간을 측정한다.
4. 피펫을 사용하여 용액을 10 mL씩 일정한 간격으로 뽑아내, 10 mL의 0.1 *N* HCl이 들어 있는 각각의 플라스크에 넣는다. HCl 용액을 첨가한 시간을 기록한다.
5. 각 플라스크에 3방울의 페놀프탈레인(phenol-phthalein) 용액을 넣고 0.01 *N* NaOH 용액을 종말점(분홍색)까지 적정한다. 종말점까지의 시간과 소비된 적정 용액의 양을 기록한다. 적정되는 산은 에스터 가수 분해 반응(saponification)에서 생성된 벤조산이다.
6. 적정 용액의 부피와 노르말 농도(normality, *N*)를 사용하여 각 시료 중의 산의 몰수를 계산하고, 반응하지 않고 남아 있는 에스터의 몰수를 계산한다. 에스터의 농도는 몰수를 시료의 부피로 나누어 간단히 구할 수 있다.
7. 각 결과를 표로 작성하여 비교하고, 이 결과를 사용하여 속도 상수(K)를 계산한다.

2. 에스터 가수 분해 반응에 대한 속도 상수의 계산

1) 이론

에스터의 염기 가수 분해 반응의 속도 결정 단계는 HO^-가 에스터를 공격하는 단계이다. 따라서 에스터의 소멸 속도는 아래 식과 같이 염기(HO^-)와 에스터의 농도에 비례한다.

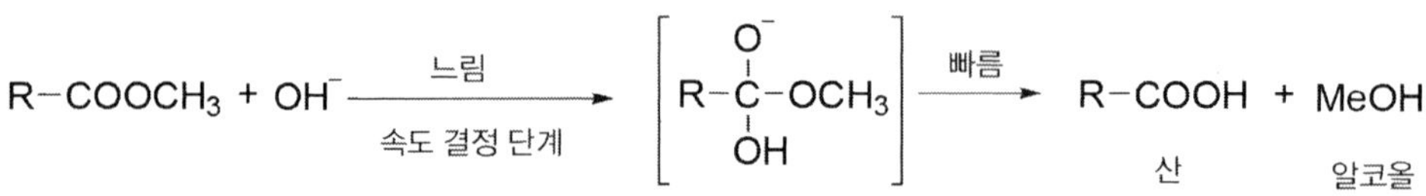

그림 6.21 메틸 에스터의 염기성 가수 분해.

$$속도 = K[OH^-]\,[ester]$$

이 실험에서는 $[OH^-] = [ester]$이므로, 속도식은 다음과 같이 쓸 수 있다.

$$속도 = K\,[ester]^2$$

이 속도 방정식의 미분 형태를 적분하면, 아래의 식과 같다. 여기서 [ester]t는 t초 후의 반응된 에스터의 농도이다.

$$속도 = Kt + 1/[ester]_o$$

K의 값은 위 식에 [ester]t, t, $[ester]_o$(= 0.1 M)을 대입하여 구할 수 있다. 그러나 이 식보다 더 간단하고 정확한 방법은 $[ester]_t^{-1}$와 t의 그래프를 이용하는 것이다. 이 그래프의 기울기가 곧 K에 해당한다.

표 6.1 시료 별 적정한 NaOH의 부피와 산 및 에스터의 농도

시료 번호	시간 (sec)	0.01N NaOH (mL)	산의 mmol	에스터 mmol	에스터 농도(M)	(에스터 농도)−1 (M^{-1})
1	65	5.1	0.051	0.95	0.095	10.5
2	250	9.9	0.099	0.90	0.090	11.1
3	600	35.3	0.353	0.647	0.065	15.4
4	1200	62.1	0.621	0.349	0.0379	26.4
5	1800	76.6	0.766	0.234	0.0234	42.7

그래프 용지에 [에스터 농도]$^{-1}$과 시간을 그래프로 그리면, 에스터에 대한 K값을 얻을 수 있다 (**실험 오차가 존재하므로 각각의 점들이 직선을 통과하기를 기대하지는 마라**).

선위의 2개의 멀리 떨어진 점들 (x_1, y_1)과 (x_2, y_2)을 이용한 선의 기울기는 $K = (y_2 - y_1)/(x_2 - x_1)$를 이용하여 계산한다. 이때 y축의 단위는 M^{-1}(liters/mole)이고, x축은 초(sec) 단위이므로, 속도 상수는 M^{-1}sec^{-1}의 단위를 갖는다. 각각 다른 에스터에 대한 K의 값을 계산하고 그 결과를 종합하여 비교한다.

6.3.3 사이아노 화합물의 가수 분해

사이아노 화합물(cyano compound, 혹은 nitrile, RCN)은 카복실산 유도체를 만드는 중요 출발 물질이기도 하다. 사이아노(-CN)기는 산이나 염기 촉매하에서 가수 분해되면, 아마이드(amide, $-CONH_2$)를 거쳐 카복실산(carboxylic acid, -COOH)으로 된다. 한편 반응 조건을 적절히 조절하면, 아마이드의 생성 단계에서 가수 분해를 멈출 수도 있다. 그러나 3차 탄소 원자를 가진 방향족 나이트릴의 가수 분해는 매우 어렵다.

나이트릴의 가수 분해는 보통 산 촉매하에서 수행되며, 촉매의 양에 따라 다양하게 반응한다. 이 교재에서는 간단한 방향족 사이아노 화합물로부터 상응하는 아마이드와 카복실산을 합성한다.

실험 6.6 벤질 사이아나이드의 가수 분해

벤질 사이아나이드(benzyl cyanide, 2-phenylacetonitrile)을 산 촉매에서 가수 분해하면 상응하는 아마이드를 거쳐 카복실산으로 된다. 특별히 진한 염산(*conc*-HCl) 촉매를 사용하면 상응하는 아마이드를 얻을 수 있다. 또 다르게는 진한 황산(*conc*-H_2SO_4)을 촉매로 사용하면 2-페닐아세트산(2-phenylacetic acid)을 얻을 수 있다.

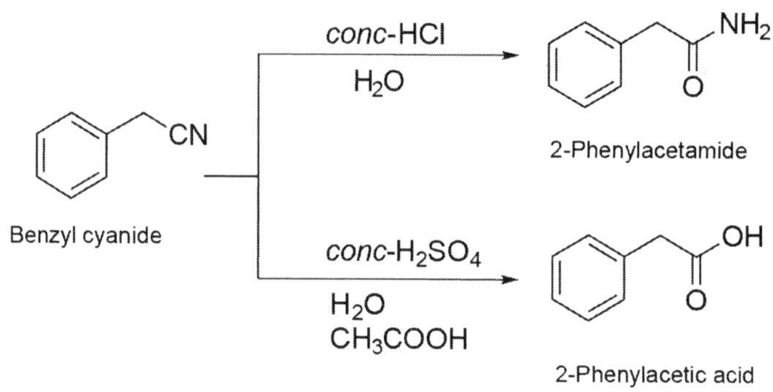

그림 6.22 벤질 사이아나이드의 가수 분해.

1. 2-페닐아세트아마이드의 합성

1) 준비물

실험 기구: 스탠드, 집게, 자석 가열 교반기, 자석 젓개, 환류 냉각관, 온도계, 물중탕, 여과 장치

참고: 이 실험의 실험 장치는 실험 6.1과 같다.

시약: Benzyl cyanide, *conc*-HCl, benzene

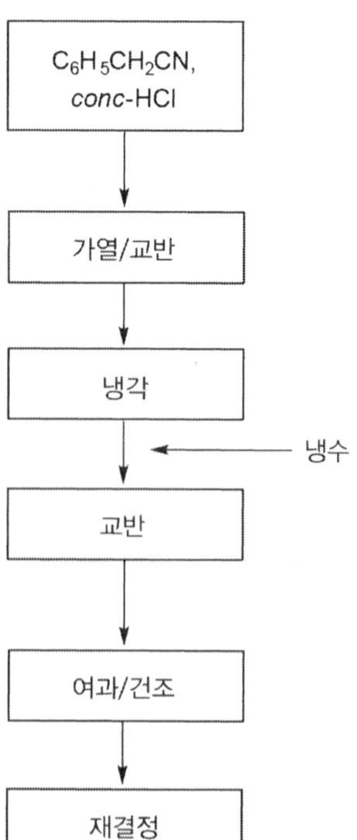

실험 흐름도 6.6
2-페닐아세트아마이드의 합성.

2) 실험 방법

1. 이구 플라스크에 온도계, 환류 냉각관 및 교반 장치를 설치하고, 벤질 사이아나이드(benzyl cyanide) 100 g(98 mL)과 *conc*-HCl 40 mL를 가한다.
2. 반응 플라스크 온도를 40℃로 올리고, 혼합물을 잘 교반한다.
3. 반응 혼합물의 온도가 50℃까지 되도록 천천히 가열한다(20~40분이 소요된다). 혼합물을 잘 교반하면서, 같은 조건에서 20~30분간 더 반응을 시킨다.
4. 물중탕의 온도를 15℃까지 냉각시키고, 온도계 대신 적하관을 설치하여 교반하면서 40 mL 냉수를 가한다. 물을 가하는 동안 얼음 중탕으로 반응 플라스크를 계속 냉각시킨다.
5. 냉수를 모두 가한 후, 냉각시키면서 30분간 더 교반한다.
6. 생성된 2-페닐아세트아마이드(2-phenylacetamide) 결정을 여과하고, 냉수 50 mL로 두 번 씻는다.
7. 얻어진 결정을 50~80℃에서 건조시키고, 벤젠(benzene)으로 재결정한다.
8. 수율을 계산하고, 녹는점을 측정하여 문헌값과 비교한다. IR 또는 NMR로 구조를 확인한다.

2. 2-페닐아세트산의 합성

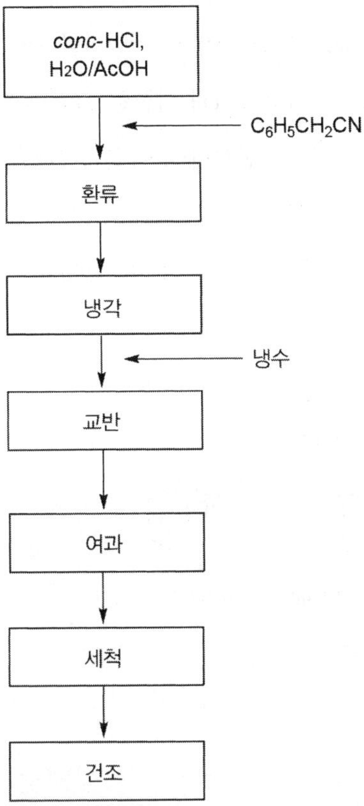

실험 흐름도 6.7
2-페닐아세트산의 합성.

1) 준비물

실험 기구: 스탠드, 집게, 자석 가열 교반기, 자석 젓개, 환류 냉각관, 온도계, 물중탕, 여과 장치,

참고: 이 실험의 실험 장치는 실험 6.1과 같다.

시약: Benzyl cyanide, *conc*-H_2SO_4, acetic acid(glacial), sodium carbonate 포화 용액, light petroleum ether

2) 실험 방법

1. 이구 플라스크에 환류 냉각관과 온도계를 장치하고, 물 10 mL와 *conc*-H_2SO_4 10 mL 및 빙초산(glacial acetic acid) 10 mL를 넣는다.
2. 이 혼합물에 벤질 사이아나이드(benzyl cyanide) 10 g(9.8 mL)을 가한다.
3. 반응 혼합물을 가열하여 45~60분간 교반하면서 환류한다.
4. 가수 분해가 완료되면, 반응물을 냉각시켜 냉수(반응 용액의 2-3배 양)에 교반하면서 서서히 붓는다.
5. 생성물 결정을 감압 여과하고, 2~3회 소량의 따뜻한 물로 씻는다.
6. 생성물에 2-페닐아세트아마이드가 존재하는지를 확인한다(**참고**란의 방법을 사용).
7. 결정을 건조하여 무게를 재고, 수율을 계산한다.
8. 결정의 녹는점을 측정한다. IR 또는 NMR로 구조를 확인한다.

〈참고〉 벤즈아마이드의 확인 시험 방법

탄산 소듐(sodium carbonate) 포화 수용액에 생성물 소량을 녹인다. 만일 용액이 맑다면 2-페닐아세트아마이드는 존재하지 않는 것으로 간주한다. 그러나 용액이 혼탁하면 생성물 전부를 과량의 탄산 소듐 용액에 넣고, 흔든 후에 여과한다. 여과 액에 묽은 황산을 가해 2-페닐아세트산을 침전시킨다. 결정을 여과하여 뜨거운 물이나 석유 에터(light petroleum ether)로 재결정한다.

6.3.4 벤조산 무수물의 합성

산 무수물(acid anhydride)의 합성에는 카복실산 염(carboxylate)이나 산 염화물(acid halide) 등을 이용할 수 있다. 그러나 보다 유용한 방법으로 카복실산과 설폰일(sulfonyl) 혹은 아실피리디니윰 이온(acylpyridinium ion)을 이용한다. 이 반응에서 아실피리디윰 염은 아실 염화물(acyl chloride, RCOCl) 혹은 설폰일 염화물(sulfonyl chloride, RSO_2Cl)로부터 쉽게 만들 수 있다. 대부분의 아실화(acylation) 반응에서는 피리딘(pyridine)을 촉매로 이용한다.

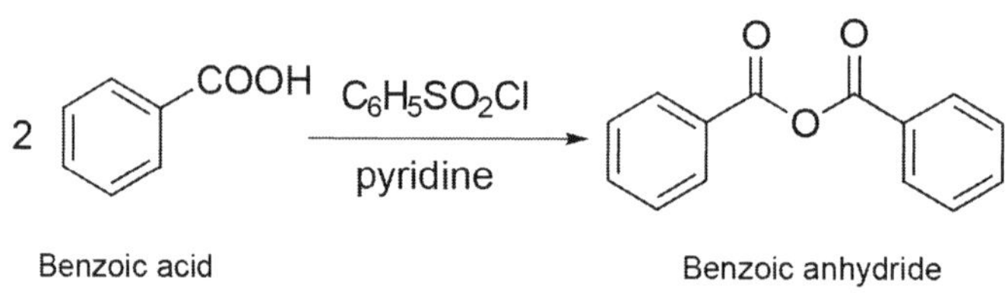

그림 6.23 벤조산 무수물의 합성.

실험 6.7 벤조산 무수물의 합성

1) 이론

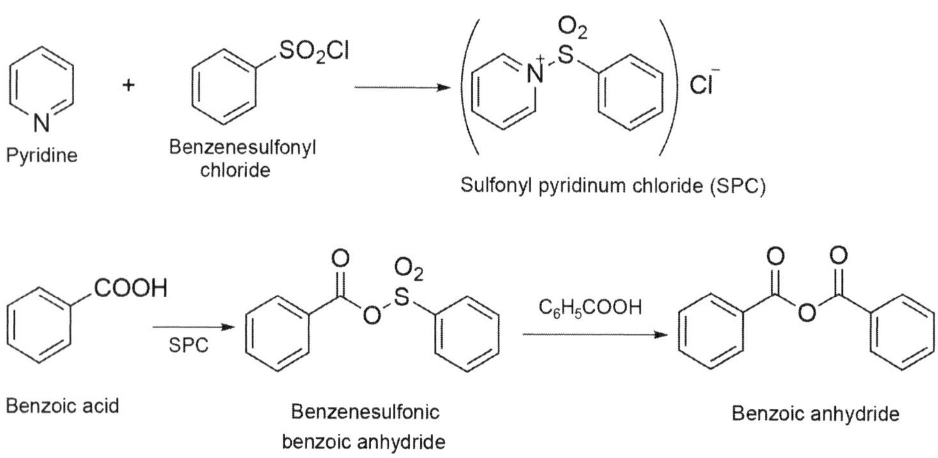

그림 6.24 벤조산 무수물의 합성.

이 실험에서는 산(RCOOH)과 설폰일 피리디니윰 염화물(sulfonyl pyridinium chloride, SPC)이 촉매로 작용하여 벤조산 무수물(benzoic anhydride)을 생성한다. 첫 단계에서 설폰일-카복실산 무수물(sulfonic-carboxylic anhydride) 중간체가 형성되고, 다음 단계에서 중간체와 여분의 산이 반응하여 최종 생성물로 벤조산 무수물을 생성한다.

2) 준비물

실험 기구: 스탠드, 집게, 자석 가열 교반기, 자석 젓개, 삼각 플라스크, 감압 여과 장치

참고: 이 실험의 실험 장치는 실험 6.5와 같다.

시약: Benzoic acid, pyridine, benzenesulfonyl chloride, diethyl ether, petroleum ether, $MgSO_4$(무수)

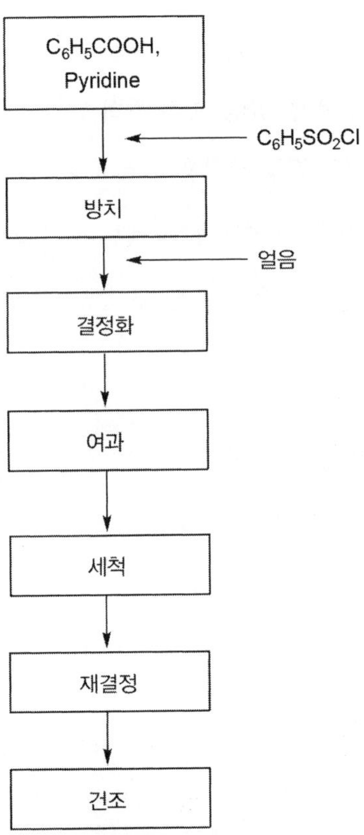

실험 흐름도 6.8
벤조산 무수물의 합성.

3) 실험 방법

1. 삼각 플라스크에 벤조산(benzoic acid) 3 g을 넣고 pyridine 5 mL를 가한다.
2. 산이 모두 녹으면 벤젠설폰일 클로라이드(benzene-sulfonyl chloride) 1.6 mL(2.2 g)를 가한다.
3. 혼합 용액을 5분간 방치한 후, 약 30 mL 얼음 조각을 넣는다. 플라스크 유리 벽을 긁어 결정화시킨다.
4. 감압 여과하여 생성물(benzoic anhydride)을 분리한다. 축축한 생성물을 찬 $NaHCO_3$ 묽은 용액으로 씻는다. 물로 다시 한번 씻은 후, 눌러서 물을 제거한다.
5. 얻어진 고체를 다른 삼각 플라스크에 옮겨, 다이에틸 에터/석유 에터(diethyl ether/petroleum ether) 혼합 용액으로 재결정한다(**참고**란을 보라). 이때 모액(mother liquor)으로부터 두 번째 생성물도 회수한다.
6. 여과하여 얻은 생성물을 공기에서 건조시킨다.
7. 건조된 생성물의 수율을 계산하고, 녹는점을 측정한다. IR 또는 NMR로 구조도 확인한다.

〈참고〉 최소 부피의 다이에틸 에터(diethyl ether)에 녹이고, 같은 부피의 석유 에터(petroleum ether)로 희석시킨 후 무수 $MgSO_4$를 충분히 넣어 건조시킨다. 잠시 방치하였다. 여과하여 용액을 냉각시킨다. 결정이 잘 생기지 않으면, 용액이 탁해질 때까지 석유 에터를 더 가하여 결정을 형성시킨다.

6.3.5 에스터화 반응의 평형 상수

산 촉매 에스터화 반응(esterification)은 에스터를 합성하는 고전적인 방법이다. 이 반응은 가역 반응이지만, 공증류(codistillation)를 실시하여 반응이 오른쪽으로 더 많이 진행되도록 물을 제거한다. 섞이지 않는 용매를 이용하여 동시에 실시해야 한다.

이 반응의 평형 상수(*K*)는 다음과 같은 식으로 표현된다. C는 각각의 농도이다.

$$K = \frac{(C_{ester})(C_{H_2O})}{(C_{acid})(C_{alcohol})}$$

만일 동일한 양의 산과 염기를 사용하고, 부피 변화가 전혀 없다고 가정하면, 처음 평형 상태에서 존재하는 산의 양은 적정에 의해서 간단하게 결정할 수 있다. 또한 산의 양은 적정에 소모된 염기의 부피로부터 직접 얻을 수 있다. 그러나 적정에 사용된 염기의 농도를 정확히 표준화할 수 없으므로 실제적인 노르말(*N*) 농도는 요구할 수 없다.

n = 초기 산의 몰수 = 초기 알코올의 몰수 = $V_o N$ (염기로부터)

V_o는 사용된 염기의 부피, *N*은 노르말 농도.

X = 평형에서 산의 몰수 = 평형에서 알코올의 몰수 = $V_E N$(염기로부터)

V_E는 사용된 염기의 부피. n−x = 에스터 몰수 = 평형에서 물의 몰수

따라서 반응 상수는 다음과 같다.

$$K = [(n-x)(n-x)]/[(x)(x)] = (n-x)^2/x^2$$

실험 6.8 에스터화 반응의 평형 상수 결정

1) 이론

이 실험에서는 *n*-뷰탄올(*n*-butanol)과 아세트산(acetic acid)의 반응에 대한 평형 상수를 계

산한다. 반응은 황산 촉매하에서 진행되고, 반응식은 다음과 같다.

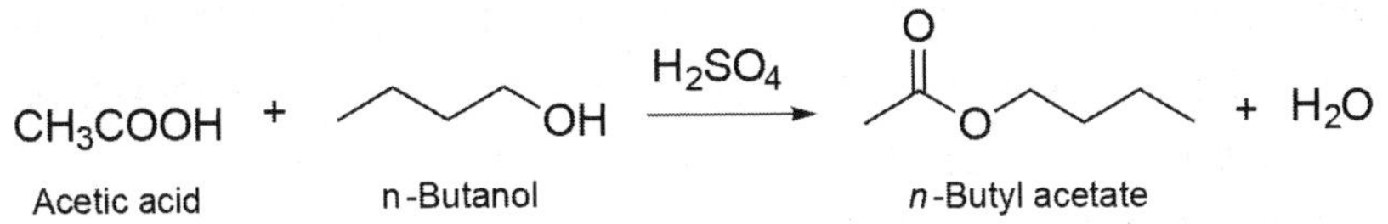

그림 6.25 아세트산의 에스터화 반응.

2) 준비물

실험 기구: 스탠드, 집게, 자석 가열 교반기, 자석 젓개, 이구 둥근 바닥 플라스크, 온도계, 환류 냉각관, 기름 중탕, 적정용 뷰렛, 피펫

참고: 이 실험의 실험 장치는 실험 6.1과 같다.

시약: *n*–Butanol, acetic acid(glacial), *conc*–H_2SO_4, phenolphthalein , 0.5*N* sodim hydroxide 용액

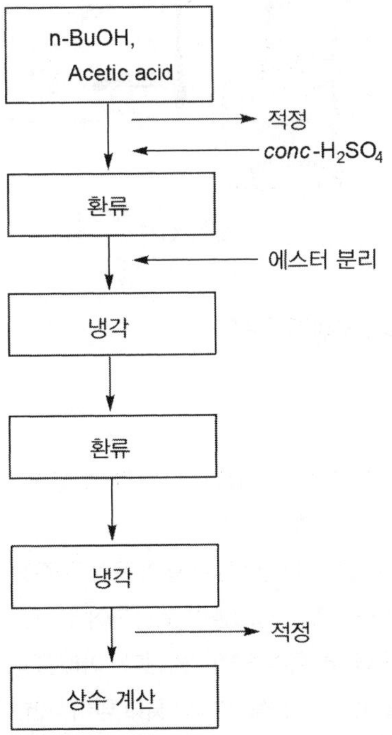

실험 흐름도 6.9
에스터화 반응의 평형 상수 결정.

3) 실험 방법

1. 이구 둥근 바닥 플라스크에 *n*–뷰탄올(*n*–butanol) 25.9 g(0.35 mol)과 빙초산(glacial acetic acid) 21 g(0.35 mol)를 넣는다.
2. 완전히 섞은 후에, 시료 용액 1 mL를 물 20 mL와 2~3방울의 페놀프탈레인 용액이 포함된 삼각 플라스크에 넣는다. 이 용액을 0.5 *N* NaOH 용액으로 핑크색 종말점까지 적정한다. 이때 사용된 염기 용액의 농도는 정확해야 한다.
3. 알코올–산 혼합물에 진한 황산(대략 100 mg) 4방울을 가하고, 교반하면서 40분 동안 환류시킨다. 환류가 끝나고 교반을 멈추면, 용액 아래층에서 소량의 에스터를 분리할 수 있다.
4. 알코올–산 용액을 냉각시켜 또 다른 1.00 mL의 적정 시료를 채취한다. 앞에서와 같이 0.5*N* NaOH 용액으로 시료를 적정한다.

❗ **주의**: 적정 시료를 취할 때는 피펫을 표면의 밑까지 집어넣고, 기포 몇 개를 내보낸 다음 피펫에 시료 용액을 채운다.

5. 반응 용액을 20분 동안 추가로 환류시키고, 다시 냉각시켜 아래층에서 1 mL의 적정 시료를 취하여 적정한다.

   주의: 만일 이와 같은 적정에서 염기의 부피가 앞에서 실시한 적정에서 사용한 부피와 비교하여 0.3 mL 이상 차이가 나면 30분 동안 환류를 반복하고 1 mL의 시료를 취하여 다시 적정한다. 마지막 적정에서 주어진 VE는 평형에서 존재하는 산의 양을 나타낸다.

6. 적정 자료를 이용하여 에스터화 반응에 대한 평형 상수(K)를 계산한다. 이때 두 가지 상태의 분리에 의하여 생긴 작은 오차는 무시한다.

실험 6.9 *n*-뷰틸아세테이트의 분리

1) 이론

앞의 실험에서 얻은 에스터(*n*-butylacetate)는 물에 녹거나 섞이지 않는다. 따라서 다이에틸에터 같은 비수용성 용매에 녹여 분리할 수 있다. 이 실험을 통해 에스터 화합물을 분리하는 방법을 습득한다.

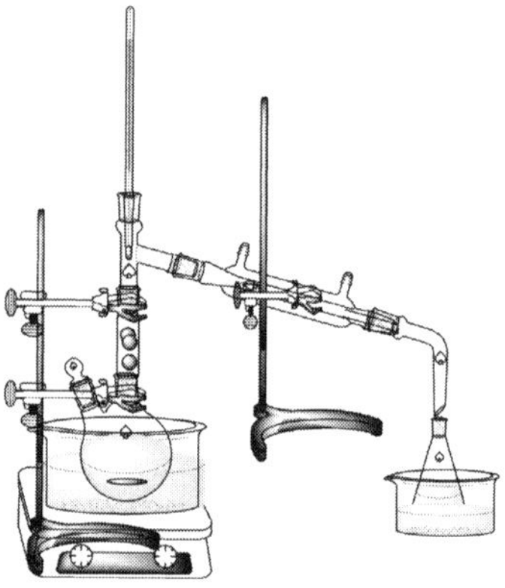

실험 장치

2) 준비물

실험 기구: 스탠드, 집게, 자석 가열 교반기, 자석 젓개, T자형 연결관, ㄱ자형 연결관, 분별 증류관, 가열 중탕, 얼음 중탕, 온도계, 분별 깔때기

시약: *n*-Butylacetate 합성 용액, diethyl ether, $NaHCO_3$, $MgSO_4$(무수)

3) 실험 방법

1. 분별 증류 장치가 된 둥근 바닥 플라스크에 앞의 실험 6.9에서 합성한 *n*-뷰틸아세테이트(*n*-butylacetate) 용액을 넣고, 20 mL의 증류액이 모아질 때까지 증류한다.
2. 증류액에서 두 층을 분리하고 수용액 상(아래층)의 부피를 측정, 기록한다. 위층의 용액은 증류 플라스크에 다시 넣는다. 이 위층에는 주로 에스터와 반응하지 않은 알코올이 포함되어 있다.
3. 증류를 반복하여 15~20 mL의 증류액을 모은 다음, 위층은 증류 플라스크로 옮긴다. 아래층의 부피를 측정하여 기록한다. 만일 두 번째의 증류에서 감지할 수 있는 정도 부피의 물이 얻어지면, 증류를 다시 반복한다.
4. 증류로부터 얻은 증류액 중 위층(유기 혼합물)을 모두 분별 깔때기에 모은다. 증류 관과 냉각기도 20 mL의 다이에틸 에터(diethyl ether)로 씻어 깔때기에 합친다.

5. 분별 깔때기의 다이에틸 에터 용액을 $NaHCO_3$ 용액 10 mL로 중성이 될 때까지 씻는다.

❗**주의**: 세척할 동안에 CO_2가 생성되기 때문에 압력이 증가한다. 따라서 자주 CO_2를 배출해야 한다.

6. 에터 용액을 $MgSO_4$(무수)로 건조시키고, 여과한다.
7. 여과 액을 단순 증류한다.

❗**주의**: 다이에틸 에터와 뷰틸아세테이트의 끓는점 차이(90℃)가 크므로 분별 증류관은 사용할 필요가 없다. 다이에틸 에터 증기 방출을 방지하려면 증류액을 받는 용기를 냉각시킨다. 증류는 온도가 120℃에 도달할 때까지 천천히 실시하며, 이 온도에서 증류액을 받는 용기를 교체한다.

8. 에스터를 모으고 끓는점 범위를 기록한다. 양을 측정하여 수율을 계산한다. IR 또는 NMR을 이용하여 구조를 확인한다.

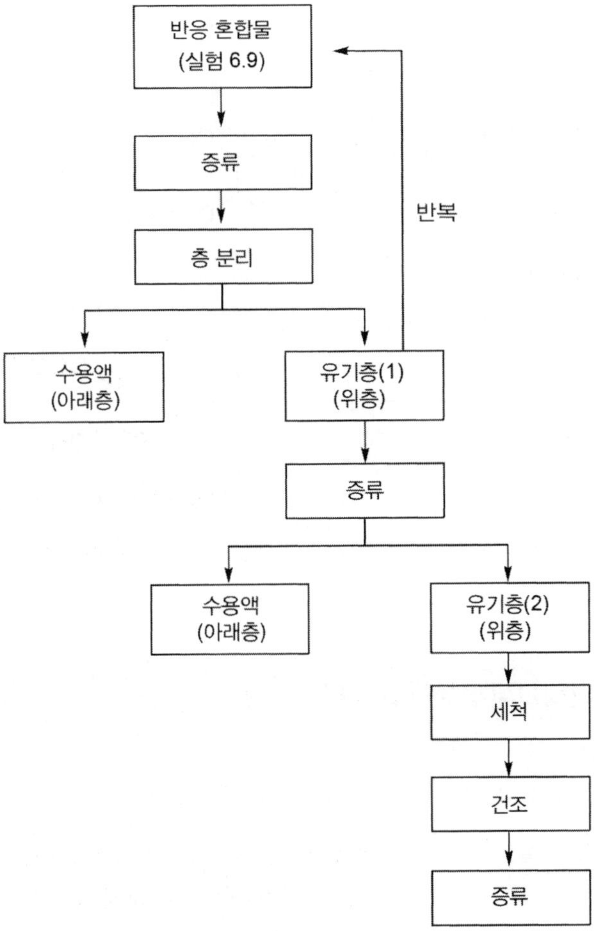

실험 흐름도 6.10 *n*-뷰틸아세테이트의 분리.

6.3.6 에스터의 가수 분해 및 합성

에스터 화합물의 합성 및 가수 분해 반응은 유기 실험실에서 보편적으로 사용되는 실험들이다.

에스터의 가수 분해는 산이나 염기 촉매를 이용하는 두 가지 방법이 이용된다. 이 교재에서는 3장의 실험 3.13에서 추출한 아스피린을 산 촉매 가수 분해시켜 살리실산(salicylic acid)을 합성한다. 또 이 살리실산으로부터 에스터인 에틸 2-하이드록시벤조에이트(ethyl 2-hydroxybenzoate)를 합성한다. 이 실험들을 통해 메커니즘을 이해하고, 실험 방법을 습득한다.

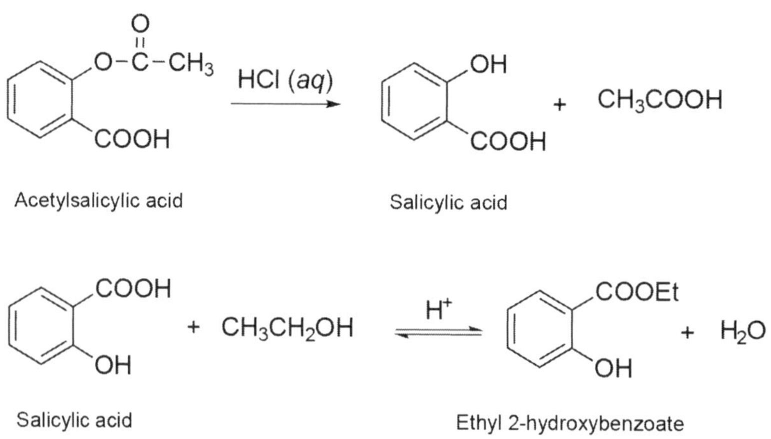

그림 6.26 아세틸살리실산의 가수 분해 및 에틸 2-하이드록시벤조에이트의 합성.

실험 6.10 아세틸살리실산의 가수 분해

1) 이론

에스터인 아세틸살리실산(acetylsalicylic acid)을 HCl 촉매 존재하에서 가수 분해하면 살리실산(salicylic acid)과 아세트산(acetic acid)으로 분해된다. 가수 분해 생성물로 두 가지 카복실산이 얻어진다. 두 산 중에서 살리실산은 물에 대한 용해도가 낮다. 따라서 냉각시키면 살리실산을 결정으로 얻을 수 있어 두 물질을 쉽게 분리할 수 있다.

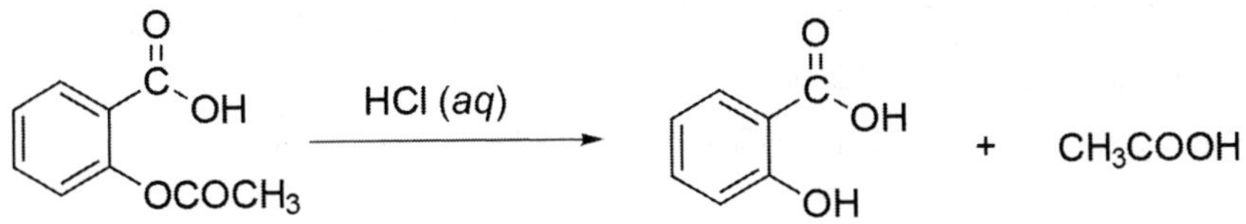

Acetylsalicylic acid (Acetoxybezoic acid) | Salicylic acid (2-Hydroxybenzoic acid) | Acetic acid (Ethanoic acid)

그림 6.27 아세틸살리실산의 가수 분해.

2) 준비물

실험 기구: 스탠드, 집게, 자석 가열 교반기, 자석 젓개, 이구 둥근 바닥 플라스크, 온도계, 환류 냉각관, 기름 중탕, 적정용 뷰렛, 피펫

참고: 이 실험의 실험 장치는 실험 6.1과 같다.

시약: Acetylsalicylic acid, 20% hydrochloric acid, isopropyl alcohol, 철분이 함유된 수돗물

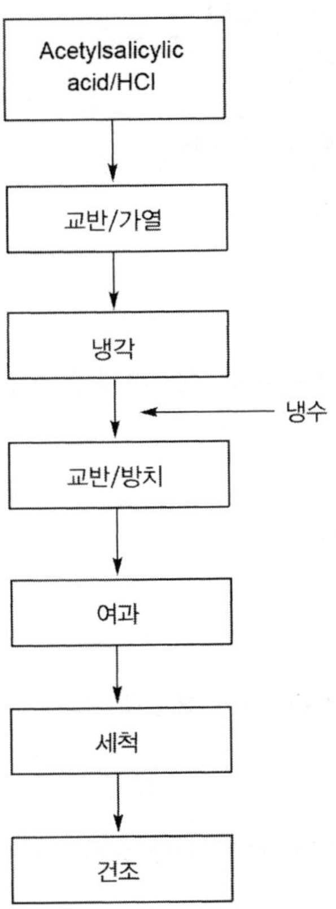

실험 흐름도 6.11 아세틸살리실산의 가수 분해 반응.

3) 실험 방법

1. 이구 둥근 바닥 플라스크에 20% HCl 용액 100 mL를 넣고 10~12 g의 아세틸살리실산(acetylsalicylic acid)을 가한다.
2. 반응 혼합물을 50~60℃로 교반하면서 용액이 묽어질 때까지 가열한다.

❗ **주의**: 이때 끓지 않도록 주의한다. 이 온도에서 아세틸살리실산은 녹지 않는다.

3. 반응물의 가수 분해가 거의 완결되면, 아세트산(acetic acid) 냄새가 나며 용액이 묽어진다. 추가로 같은 온도를 10분간 더 유지한다.
4. 반응 용액을 실온까지 냉각시키고, 100 mL의 냉수를 붓는다.
5. 반응물을 교반하면서 얼마간 방치시켜 결정을 생성시킨다.
6. 생성된 결정을 여과한다. 이때 여과된 고체를 냉수 5~10 mL씩으로 여러 번 반복 세척하여 아세트산을 제거한다.
7. 얻어진 결정을 건조하면 살리실산(salicylic acid, 약 80%)을 얻는다. 얻어진 생성물의 녹는점을 측정하여 문헌값(158~160℃)과 비교하고 IR로 확인한다.
8. 각기 다른 시험관에 출발 물질(acetylsalicylic acid)과 살리실산을 소량씩 넣고 철분이 함유된 수돗물 5 mL와 아이소

프로필 알코올(isopropyl alcohol, 70%) 5 mL씩을 가하여 흔들어 준다. 필요하면 열을 가한다. 어느 것이 보라색을 띠는지 관찰한다.

참고: Salicylic acid는 철과 쉽게 착물을 형성하며 보라색 용액으로 나타난다.

실험 6.11 에틸 2-하이드록시벤조에이트의 합성

1) 이론

이 실험에서는 카복실산(salicylic acid)과 알코올(ethanol)을 산 촉매(boric acid) 조건에서 반응시켜 상응하는 에스터(ethyl salicylate)를 합성한다. 출발 물질 살리실산에는 알코올기인 OH 기가 존재하지만, 에탄올이 COOH 기와 반응하여 에스터를 형성한다.

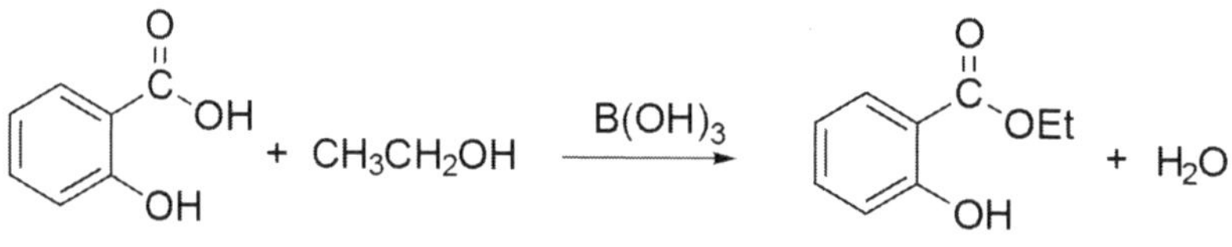

그림 6.28 에틸 2-하이드록시벤조에이트의 합성.

2) 준비물

실험 기구: 스탠드, 집게, 자석 가열 교반기, 자석 젓개, 이구 둥근 바닥 플라스크, 온도계, 환류 냉각관, 기름 중탕, 적정용 뷰렛, 피펫

참고: 이 실험의 실험 장치는 실험 6.1과 같다.

시약: Salicylic acid, EtOH, boric acid, NaOH(2M) 수용액, $MgSO_4$(무수)

3) 실험 방법

1. 이구 둥근 바닥 플라스크에 위에서 얻은 건조된 살리실산(salicylic acid) 6 g, 에탄올(ethanol, 100%) 12 mL, 붕산(boric acid) 0.5 g를 가한다.
2. 반응 혼합물을 2시간 동안 환류시킨다.
3. 반응 혼합물을 실온까지 냉각시키고, 2*M* NaOH 수용액 10 mL를 가하여 미반응한 살리실산을 중화시킨다. 이때 용액은 탁한 에멀션이 된다.
4. 반응 혼합물을 15분 정도 방치하면 맑아진다. 용액 아래층에 에스터가 있다.

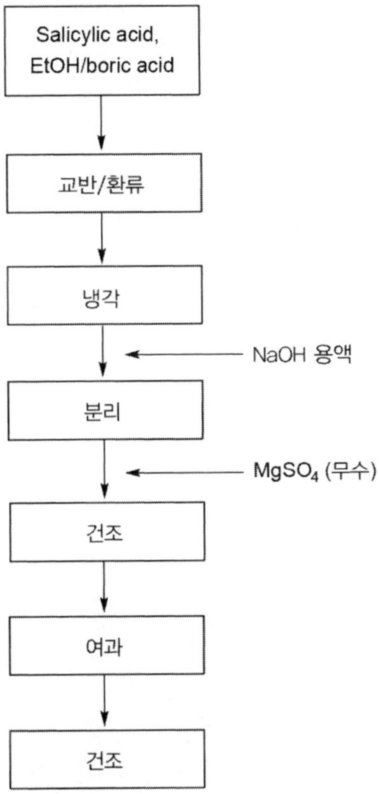

실험 흐름도 6.12
에틸 2-하이드록시벤조에이트의 합성.

5. 반응 용액을 큰 시험관에 옮겨 피펫으로 물 층을 조심스럽게 분리한다. 분리한 에스터의 부피를 측정하여 수율을 계산한다. 에틸 살리실레이트(ethyl salicylate)의 밀도는 1.1 g/mL이다. 비교적 정확하게 실험하였다면 약 43%의 수율로 에스터를 얻을 수 있다.
6. 얻어진 에스터를 무수 $MgSO_4$로 건조시키고, IR로 구조를 확인한다.

〈참고〉 실제로 6 g의 살리실산 에스터화 반응하는 데는 6시간이 소요되지만 2시간 동안 환류시키면 2.5~3.0 mL 정도의 생성물을 얻을 수 있다.

CHAPTER 07

헤테로 고리, 염료 및 당의 합성 및 반응

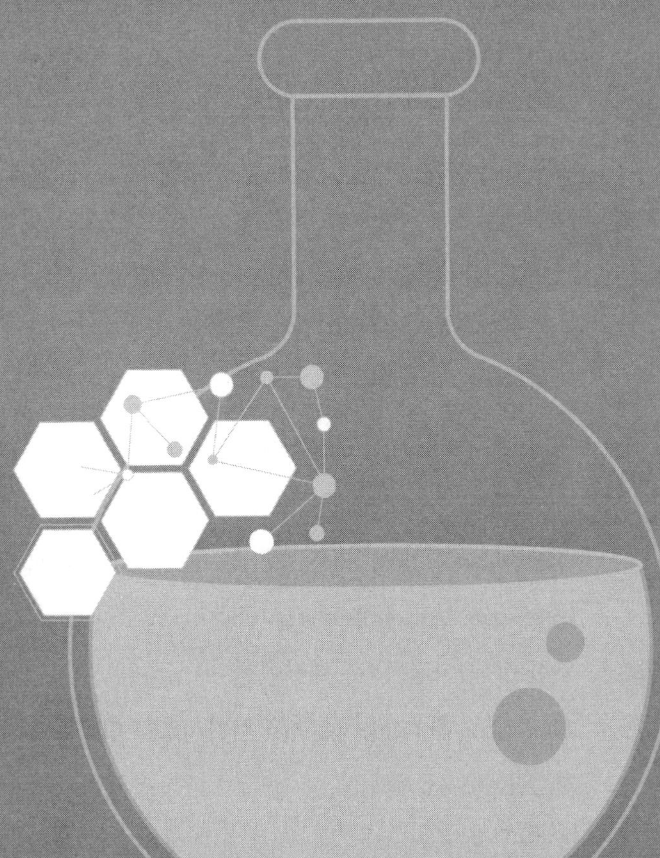

이 장에서는 헤테로 고리 화합물, 염료, 당류 및 중합체의 합성 및 반응에 대해 다룬다.

헤테로 고리 화합물(heterocyclic compound)은 그 종류가 방대하고, 반응성도 매우 독특하며 다양하다. 여기에서는 일상에서 흔하게 접할 수 있는 사카린(saccharin)과 그 유도체들의 합성을 시도한다. 사카린은 감미료와 농약 및 의약품 합성 출발 물질로 사용된다.

아울러, 염료의 합성과 당류의 화학 변화 그리고 중합체 합성 등도 다룬다.

7.1 헤테로 고리 화합물의 합성 및 반응

7.1.1 사카린의 합성

사카린(saccharin)은 1879년 존스 홉킨스(Johns Hopkins) 대학의 렘센(Ira Remsen)에 의해 개발된 감미료이다. 사카린의 당도는 설탕보다 300배나 높아 오랫동안 식용으로 사용되어 왔다. 보통 시판되는 식용 사카린은 물에 잘 녹는 사카린 소듐 염이다. 1960년대 발암물질로의 가능성 때문에 사용을 억제해왔으나, 1990년 실험 결과 발암물질이 아님이 판정되어 감미료로 다시 시판되고 있다. 사카린은 농약이나 의약품 합성의 출발 물질로서의 용도로도 쓰이고 있다.

사카린은 2-메틸벤젠설폰아마이드(2-methylbenzenesulfonamide)로부터 두 단계를 거쳐 합성할 수 있다. 2-메틸벤젠설폰아마이드를 알칼리(NaOH) 용액에서 $KMnO_4$ (potassium permanganate)로 산화시키면 소듐 2-설파모일벤조에이트(sodium 2-sulfamoylbenzoate)가 생성된다. 생성된 소듐 염을 HCl로 처리하거나, 계속 가열하면 사카린(saccharin, benzo[*d*]isothiazol-3(2*H*)-one 1,1-dioxide)이 형성된다.

한편 사카린은 2-메틸벤젠-1-설폰일 클로라이드(2-methylbenzene-1-sulfonyl chloride)로부터 상응하는 설폰아마이드를 만들고, 이를 산화시켜 고리화하는 방법으로 합성할 수도 있다.

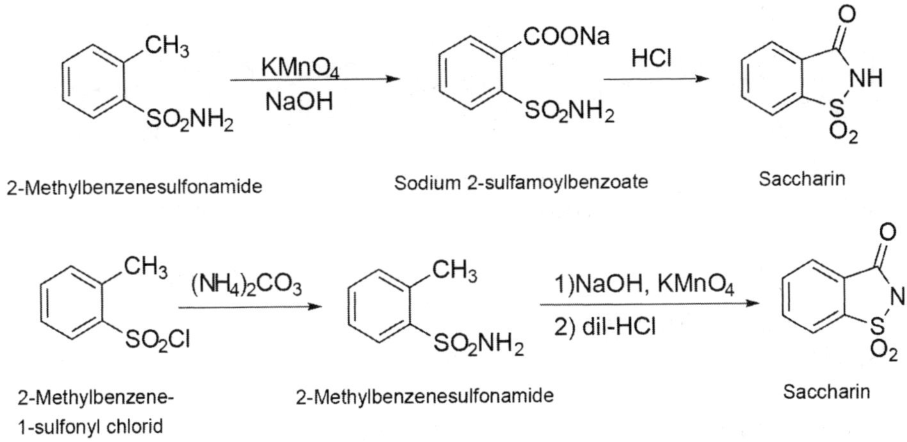

그림 7.1 사카린의 합성.

사카린 자체는 찬물에 조금밖에 녹지 않지만, 이미노 수소(imino hydrogen, =NH)가 산성이어서 수용성 소듐 염을 쉽게 형성한다. 공업용 사카린 소듐 염이 저렴한 가격으로 시판되고 있다. 이 교재에서는 실험 시간의 제약 때문에 사카린 합성 실험은 제외하였다.

1) 사카린 유도체의 합성

사카린은 그 자체는 감미료로 사용되지만, 농약 및 의약품의 합성 출발물로도 다양하게 사용된다. 여기서는 몇 가지 관심 있는 사카린 유도체를 합성한다.

이차 아민의 질소에 $-CH_2OH$(*N*-hydroxymethylation)을 시키는 반응은 **만니히 반응**(Mannich reaction)의 일부이다. 이러한 반응은 유기 합성 특히 헤테로 고리 화합물 화학에서 자주 수행하게 되는 반응 중의 하나이다. 사카린에 만니히 반응을 이용해 *N*-하이드록시메틸사카린(*N*-hydroxymethylsaccharin)을 합성하고, 이 생성물을 염소화시켜 *N*-클로로메틸사카린(*N*-chloromethylsaccharin)을 합성한다.

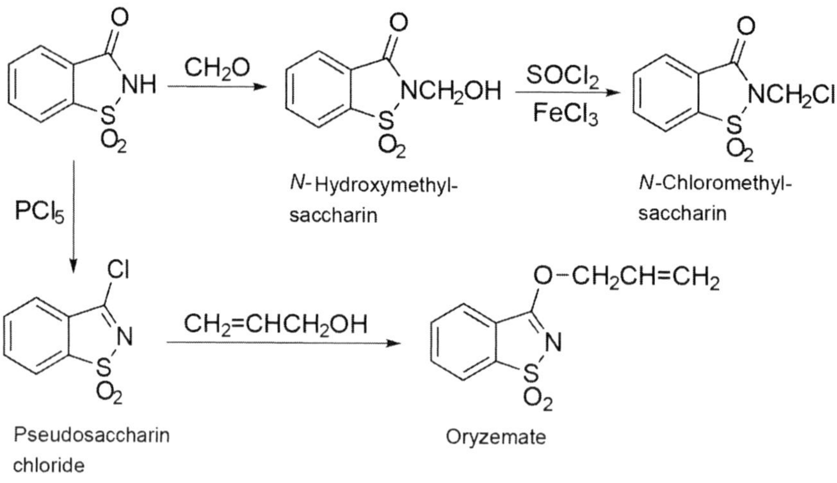

그림 7.2 사카린 유도체의 합성.

이 실험에서 처음 합성하는 *N*–하이드록시메틸사카린(*N*–hydroxymethyl–saccharin)은 열이나 염기에 의해 출발 물질인 사카린으로 되돌아간다. 이 반응을 **레트로–엔 반응**(retro–ene reaction, 'retro' 역으로 간다는 의미)이라고 한다. 따라서 합성 과정이나 보관에 주의하여야 한다.

참고

레트로–엔(retro–ene)이란 명칭은 생성물이 반응 전 출발 물질의 이중 결합으로 되돌아간다는 의미로 붙여졌다.

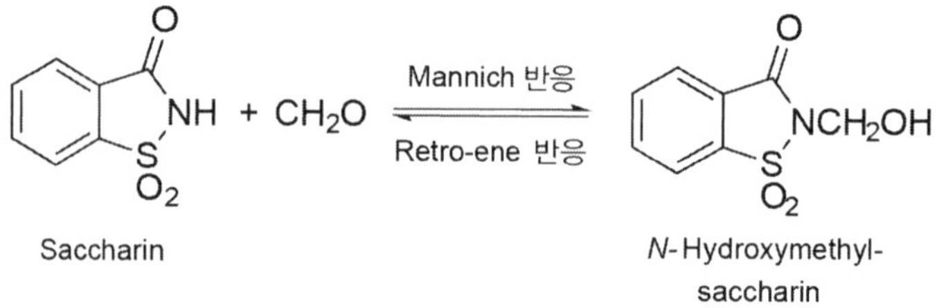

그림 7.3 만니히 반응과 레트로엔 반응.

알코올을 염소화 하는 반응 시약으로 $SOCl_2$, $POCl_3$ 및 PCl_5 등이 일반적으로 사용된다. 이 실험에서는 $SOCl_2$(thionyl chloride)와 $FeCl_3$ 촉매를 이용하여 합성한다.

아울러 슈도사카린 클로라이드(pseudosaccharin chloride)를 합성하고, 이어서 도열병 방제용 농약인 오리제메이트(Oryzemate®)도 합성한다.

실험 7.1 *N*-하이드록시메틸사카린의 합성

1) 이론

사카린(saccharin)의 -NH는 일종의 이차 아민처럼 거동한다. 이차 아민의 질소에 $-CH_2OH$기를 도입하려면, 만니히 반응을 이용하면 가능하다. 즉 사카린에 CH_2O(formaldehyde)를 반응시키면, 상응하는 *N*-하이드록시메틸사카린(*N*-hydroxymethylsaccharin)이 생성된다. 이러한 반응은 유기 합성, 특히 헤테로 고리 화합물 화학에서 자주 수행하게 되는 반응 중의 하나이다.

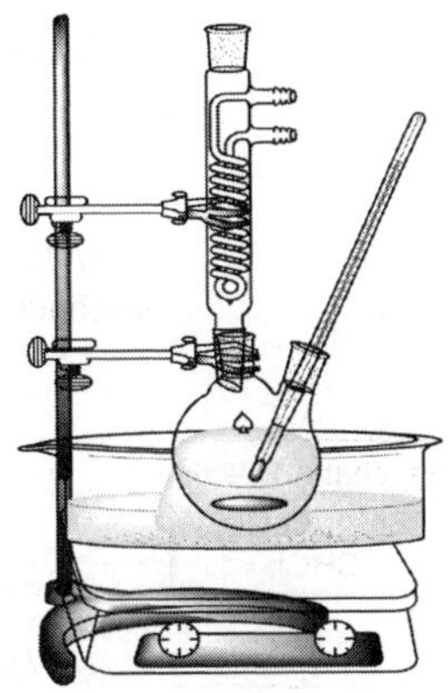

실험 장치

Saccharin formalin/물 → 교반/환류 → 냉각 → 여과 → 세척/건조

실험 흐름도 7.1 *N*-하이드록시메틸사카린의 합성.

2) 준비물

실험 기구: 스탠드, 집게, 자석 가열 교반기, 자석 젓개, 이구 둥근 바닥 플라스크, 온도계, 환류 냉각관, 기름 중탕

시약: Saccharin, formaldehyde(formalin)

3) 실험 방법

1. 이구 둥근 바닥 플라스크에 사카린(saccharin, 18.3 g, 0.1 mol), 포르말린(formalin 용액, 37%, 8 mL) 및 물 60 mL를 넣고 1시간 동안 환류시킨 후에 상온까지 냉각시킨다.
2. 생성된 백색 결정을 여과하고, 찬물로 2~3회 씻는다.
3. 결정을 대기 중에서 건조시켜, 무게를 측정하고 수율을 계산한다.
4. 녹는점(문헌값 127~128℃)을 측정하고, IR 또는 NMR로부터 구조를 확인한다.

실험 7.2 *N*-클로로메틸사카린의 합성

1) 이론

앞 실험에서 합성한 *N*-하이드록시메틸사카린(*N*-hydroxymethylsaccharin)을 $FeCl_3$ 촉매 존재하에서 $SOCl_2$와 반응시켜 *N*-클로로메틸사카린(*N*-chloromethylsaccharin)을 합성한다. 이 반응으로 $-NCH_2OH$를 $-NCH_2Cl$로 변환한다.

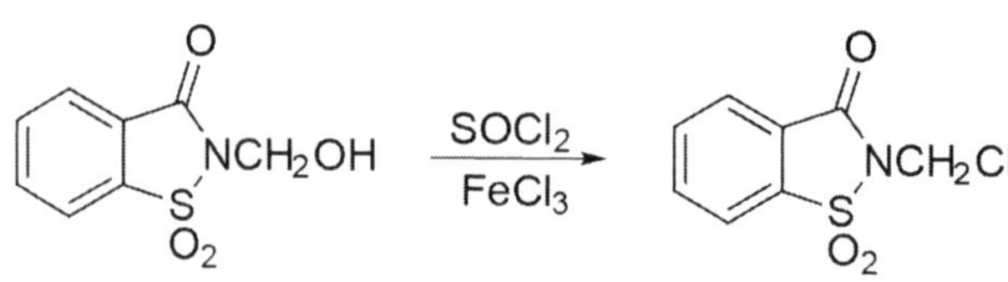

N-Hydroxymethyl-saccharin *N*-Chloromethyl-saccharin

그림 7.4 *N*-클로로메틸사카린의 합성.

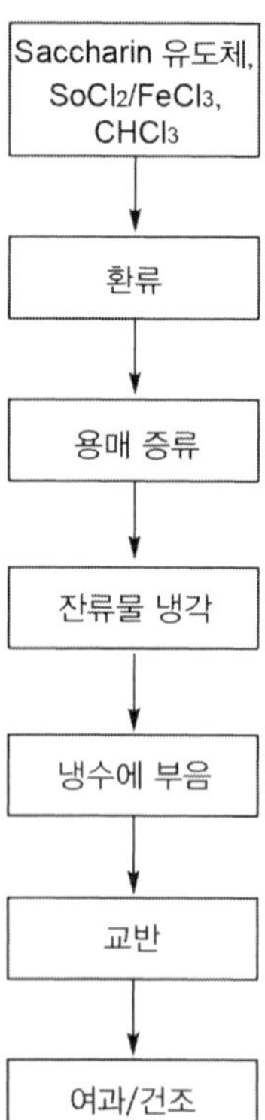

실험 흐름도 7.2 *N*-클로로메틸사카린의 합성.

2) 준비물

실험 기구: 스탠드, 집게, 자석 가열 교반기, 자석 젓개, 이구 둥근 바닥 플라스크, 온도계, 환류 냉각관, 기름 중탕

참고: 이 실험의 실험 장치는 실험 7.1과 같다.

시약: *N*-Hydroxymethylsaccharin, $FeCl_3$, $SOCl_2$, $CHCl_3$

3) 실험 방법

1. 이구 둥근 바닥 플라스크에 *N*-하이드록시사카린(*N*-hydroxymethylsaccharin, 21.4 g, 0.1 mol), $SOCl_2$(8 mL), $CHCl_3$ (50 mL) 및 촉매 양의 $FeCl_3$를 넣는다.
2. 반응 용액을 1~1.5시간 환류한다.
3. 반응이 끝나면, 용매를 증류한다.
4. 잔류물을 냉각시켜, 차가운 물(100~200 mL)에 붓고 저어 준다.
5. 생성된 결정(*N*-chloromethylsaccharin)을 건조하고, 무게를 측정하여 수율을 계산한다.
6. 생성물의 녹는점을 측정한다(문헌값 145~146℃). IR 또는 NMR로 구조를 확인한다.

실험 7.3 슈도사카린 클로라이드의 합성

1) 이론

사카린을 PCl_5로 염소화시키면, 3-클로로벤조[*d*]아이소티아졸 1,1-다이옥사이드(3-chlorobenzo[d]isothiazole 1,1-dioxide, 또는 pseudosaccharin chloride)가 얻어진다. 슈도사카린 클로라이드는 도열병 방제용 농약인 오리제메이트(Oryzemate®)을 합성하는 데 중요한 물질이다.

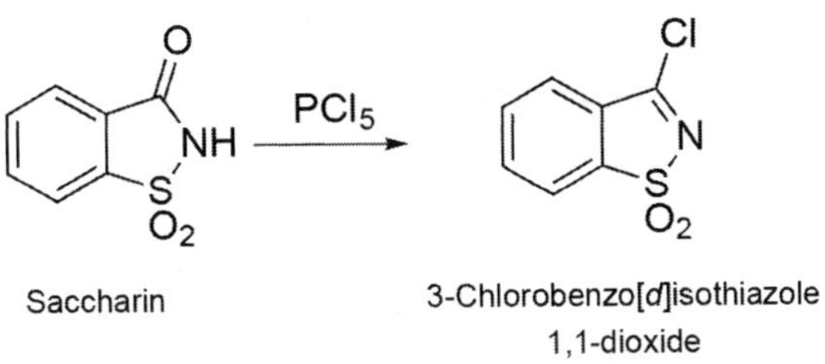

그림 7.5 슈도사카린 클로라이드의 합성.

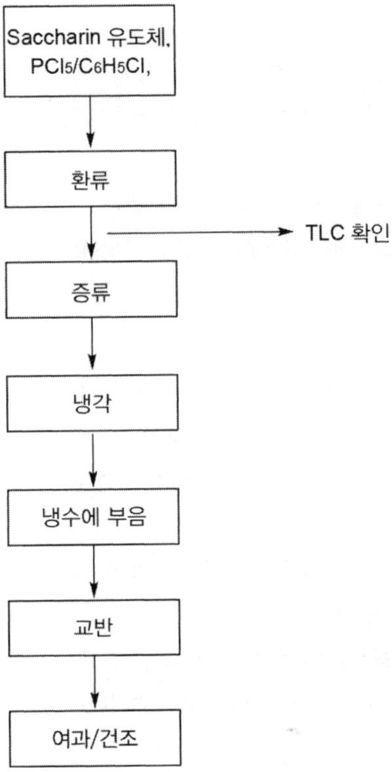

실험 흐름도 7.3
슈도사카린 클로라이드의 합성.

2) 준비물

실험 기구: 스탠드, 집게, 자석 가열 교반기, 자석 젓개, 이구 둥근 바닥 플라스크, 온도계, 환류 냉각관, 기름 중탕, TLC판

참고: 이 실험의 실험 장치는 실험 7.1과 같다.

시약: Saccharin, PCl_5, chlorobenzene, CH_2Cl_2

3) 실험 방법

1. 이구 둥근 바닥 플라스크에 사카린(saccharin, 0.1 mol, 18.3 g)과 PCl_5(0.11 mol, 23 g), 클로로벤젠(chlorobenzene, 50 mL)을 넣고 환류시킨다.
2. TLC (전개 용매: CH_2Cl_2)로 반응 진행을 확인한다.
3. 반응이 종료되면 $POCl_3$을 증류하고, 잔류물을 상온으로 냉각시켜 냉수(200 mL)에 붓고 충분히 교반한다.
4. 생성된 백색 결정을 여과하여 건조시키고, 수율을 계산한다. 녹는점(문헌값 143~146℃), IR 또는 NMR로 구조를 확인한다.

실험 7.4 오리제메이트 농약의 합성

1) 이론

오리제메이트(oryzamate®, 또는 benasol)는 슈도사카린 클로라이드와 알릴 알코올(allyl alcohol)을 반응시켜 제조한다. 이 농약은 벼 도열병 방제에 사용된다. 여기서는 앞 실험에서 합성한 슈도사카린 클로라이드를 이용하여 합성한다.

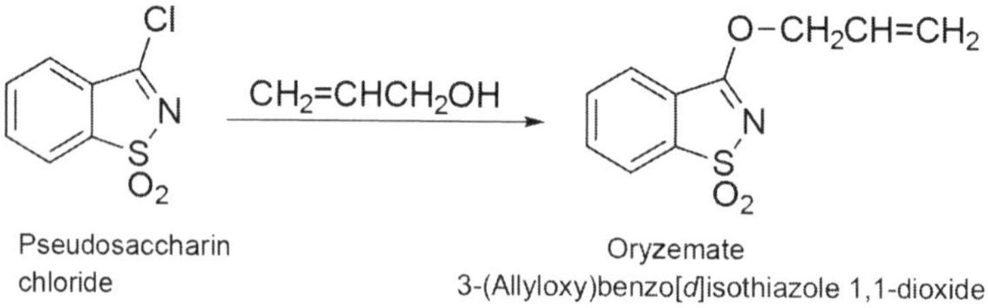

그림 7.6 오리제메이트의 합성.

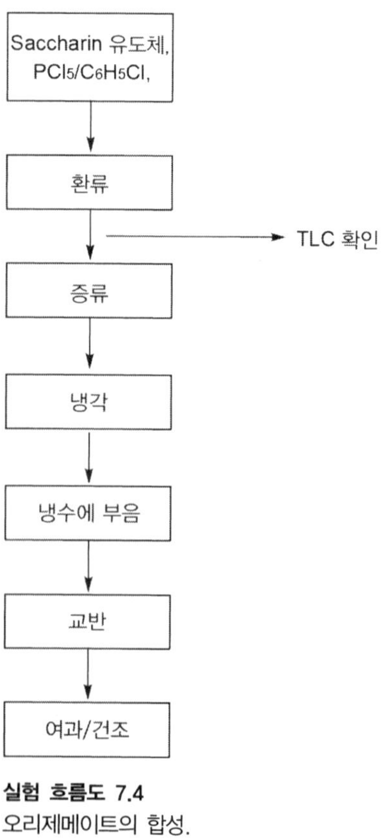

실험 흐름도 7.4
오리제메이트의 합성.

2) 준비물

실험 기구: 스탠드, 집게, 자석 가열 교반기, 자석 젓개, 이구 둥근 바닥 플라스크, 온도계, 환류 냉각관, 기름 중탕, TLC판

참고: 이 실험의 실험 장치는 실험 7.1과 같다.

시약: Pseudoaccharin chloride, allyl alcohol

3) 실험 방법

1. 슈도사카린 클로라이드(pseudosaccharin chloride, 0.0246 mol, 5 g)과 무수 알릴 알코올(allyl alcohol, 15 mL)의 혼합물을 1시간 동안 환류한다.
2. 반응 혼합물을 상온으로 냉각시키고, 400 mL의 냉수에 붓고 충분히 교반한다.
3. 생성된 미색 결정(Oryzemate, 3−allyl−1,2−benzisothiazole−1,1−dioxide)을 여과하고 건조시켜 수율을 계산한다.
4. 생성물의 녹는점(문헌값 130~134℃)을 측정하고, IR 또는 NMR로 구조를 확인한다.

7.2 염료

염료(dyes)와 색소(pigments)는 물질의 색을 변환하는 데 이용된다. 염료와 색소는 이들을 용해하는 용매에 대한 용해도로 구분한다. 즉, **염료**는 보통 물에 잘 녹지만, 색소는 물에 녹지 않는다. 염료는 구조에 따라 아조(azo) 염료, 양이온 염료, 안트라퀴논(anthraquinone) 염료, 인디고(indigo) 염료로 구분한다. 또 염색하는 방법에 따라 직접 염료(direct dye), 매염 물감(mordant dye), 원료 염색 염료(ingrain dye), 분산 염료(disperse dye), 배트 물감(vat dye), 반응성 염료(reactive dye), 용매 염료(solvent dye) 등으로 구분된다.

색의 스펙트럼은 **색 로젯트**(color rosette)로 배열하고, 이 표에서는 시계 방향으로 가면서 파장이 감소하고 보색 관계에 있는 색이 서로 반대편에 놓인다. 색깔은 물질에 의해 흡수되고, 보색은 눈으로 관찰된다.

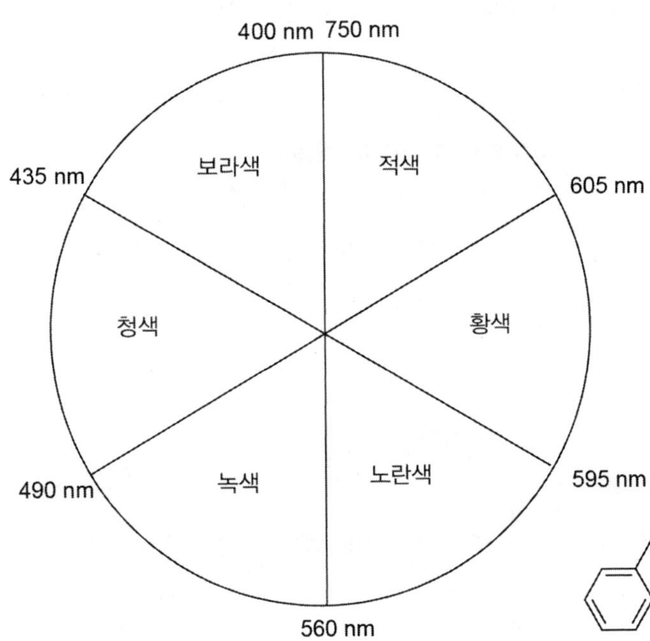

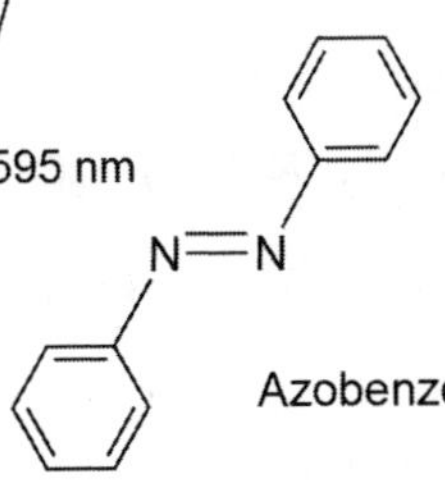

Azobenzene

그림 7.7 색 로젯트.

아조 염료는 가장 중요하고 널리 사용되는 염료 중 하나이며, 두 개 벤젠 고리가 –N=N– 결합에 의해 연결되어 있다. 방향족 아조 화합물들은 콘쥬게이션 파이–오비탈계가 확장되어 있어, 전자기 스펙트럼의 가시선 영역에서 흡수가 일어나고 진한 색을 나타낸다. 대부분의 아조 화합물은 보라색–녹색 범위에서 복사선을 흡수하므로, 노란색~적색 범위의 색을 띤다(그림 7.7 참고). 아조 화합물의 색깔은 벤젠 고리의 치환기와 콘쥬게이션 정도에 따라 결정된다.

아조 화합물이 유용한 염료로 사용되려면 물에 잘 녹아야 한다. 그러기 위해서 벤젠 고리에 극성 작용기나 이온을 도입한다.

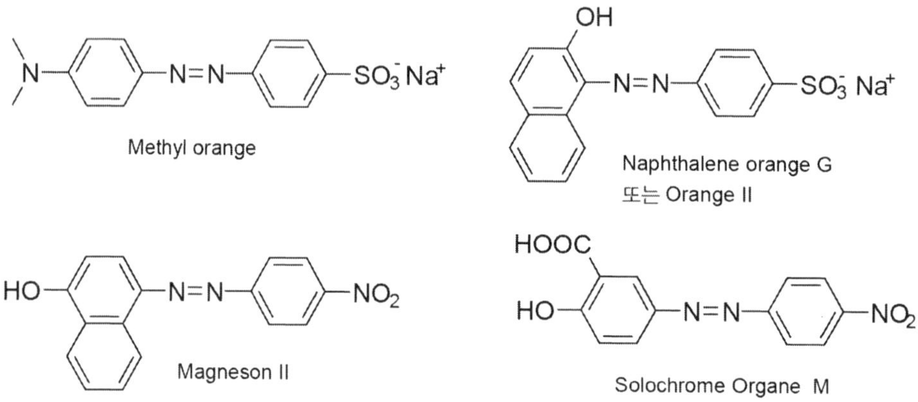

그림 7.8 몇 가지 아조 염료.

아조 염료는 방향족 아민으로부터 **다이아조화 반응**(diazotization) 단계와 다이아조 화합물과 방향족 화합물의 **커플링 반응**(coupling reaction) 단계를 거쳐 합성한다.

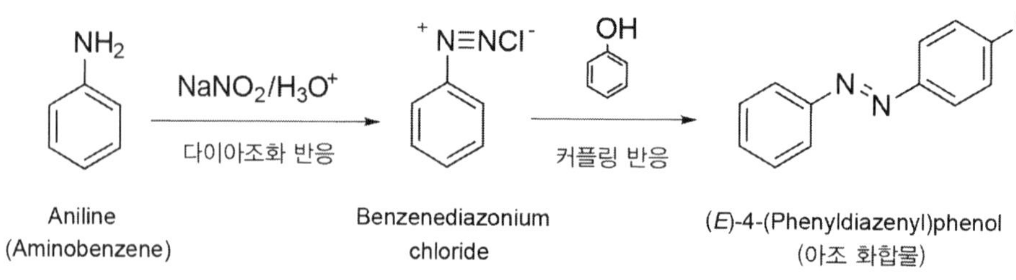

그림 7.9 아닐린의 다이아조화 반응과 커플링 반응.

이 교재의 실험에서는 여러 가지 염료 중에서 **오랜지 II**(organe II)와 **솔로크롬 오랜지 M**(solochrome orange M)을 제조하고 이를 이용한 염색을 간단히 실험한다.

실험 7.5 오랜지 II의 합성

1) 이론

오랜지 II는 2단계를 거쳐 합성된다. 첫 단계에서는 4-아미노벤젠설폰산(4-aminobenzene-sulfonic acid)으로 상응하는 다이아조늄 클로라이드를 합성하고, 여기에 2-나프톨(2-naphthol)을 반응시켜 오랜지 II 소듐 염을 합성한다.

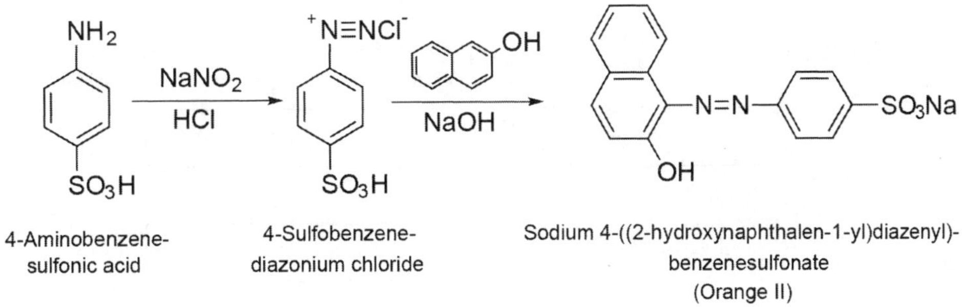

그림 7.10 오랜지 II의 합성.

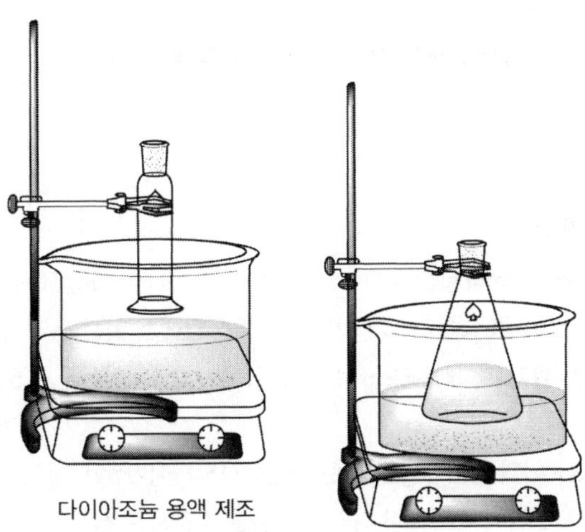

실험 장치

2) 준비물

실험 기구: 스탠드, 자석 가열 교반기, 집게, 물중탕, 시험관 2 종류, 삼각 플라스크, 교반용 유리봉, 피펫

시약: 4-Aminobenzenesulfonic acid(sulfanilic acid), Na_2CO_3, $NaNO_2$, *conc*-HCl, 2-naphthol, 2.5 *M* NaOH 수용액, NaCl, 염색용 조각, 얼음

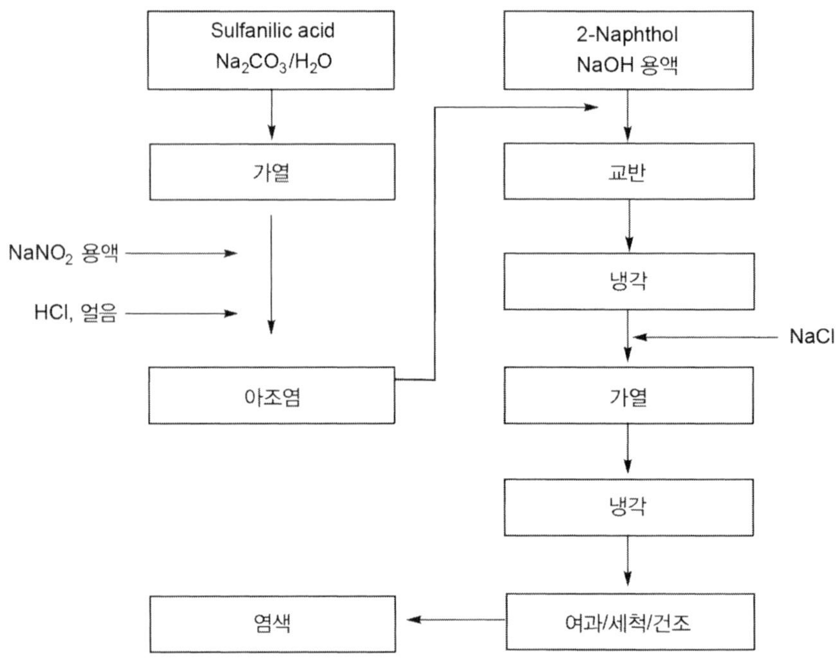

실험 흐름도 7.5 오랜지 II 소듐 염의 합성.

3) 실험 방법

다이아조늄 이온 용액 제조

1. 시험관(13 × 100 mm)에 설파닐산(sulfanilic acid, 0.49 g), Na_2CO_3(sodium carbonate, 0.13 g) 그리고 물 15 mL를 넣는다. 이 시험관을 물중탕에서 맑은 용액이 될 때까지 가열한다.
2. 시험관을 물중탕에서 옮기고, $NaNO_2$(sodium nitrite, 0.2 g)를 물 0.5 mL에 녹여 아민이 든 시험관에 넣는다.
3. 진한 염산 용액(0.53 mL)과 얼음 3 g을 더 큰 시험관(18 × 150 mm)에 넣고, 시험관을 얼음 중탕에 둔다. 이 염산 용액에 위에서 제조한 아민 혼합물을 피펫으로 천천히 가한다. 이때 설파닐산의 다이아조염 침전이 생성된다.

커플링 반응

1. 삼각 플라스크(25 mL)에 0.38 g의 2-나프톨(2-naphthol)과 2 mL의 2.5 *M* NaOH 수용액을 넣는다. 이 플라스크를 얼음 중탕에 둔다.
2. 이 삼각 플라스크에 위에서 제조한 다이아조늄 용액을 피펫을 이용하여 아주 천천히 가하고, 유리 막대로 교반한다. 용액 전부를 가할 때까지 반복한다.
3. 색깔의 변화를 관찰하고 기록한다. 10분간 얼음 중탕에 두고 가끔씩 교반한다.
4. 플라스크를 가열 판으로 옮겨, 고체가 다 녹을 때까지 가열한다. 용액에 소금(NaCl) 1 g을 가하고 소금이 모두 녹을 때까지 가열한다.
5. 용액을 먼저 상온으로 냉각시키고, 다시 얼음 중탕에서 냉각시키면 결정이 생성된다.
6. 생성된 고체를 여과하고, 포화 소금 용액 2 mL로 세척한 뒤 건조한다.
7. 생성물의 무게를 측정하여 수율을 계산한다. 여기에는 약 20%의 NaCl이 포함되어 있다.

염색

1. 오랜지 II 염료 50 mg를 20 mL 물에 녹인다. 준비된 천(면) 조각을 넣고 약 5분간 끓인다.
2. 천 조각을 꺼내어 수돗물로 잘 세척하고 건조한다.

실험 7.6 솔로크롬 오랜지 M의 합성

1) 이론

솔로크롬 오랜지 M(solochrome Orange M)도 아조 염료의 일종으로 4-나이트로아닐린(4-nitroaniline)으로부터 두 단계를 거쳐 합성한다.

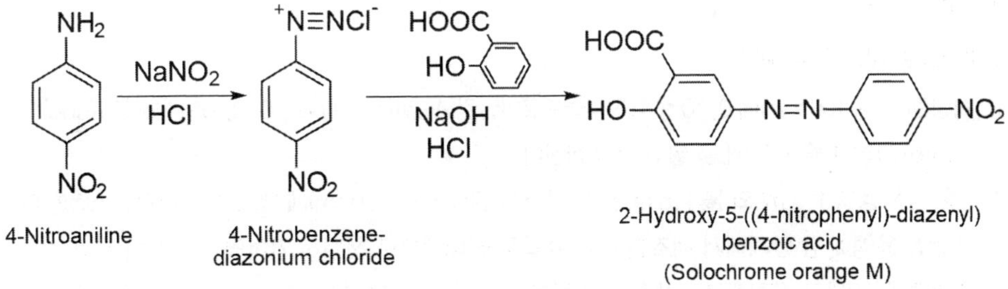

그림 7.11 솔로크롬 오랜지 M의 합성.

2) 준비물

실험 기구: 스탠드, 자석 가열 교반기, 집게, 물중탕, 시험관 2종류, 삼각 플라스크, 교반용 유리봉, 피펫

참고: 이 실험의 실험 장치는 실험 7.5와 같다.

시약: 4-Nitroaniline, $NaNO_2$, *conc*-HCl, salicylic acid, 2.5 *M* NaOH 수용액, NaCl, 염색용 조각, 얼음

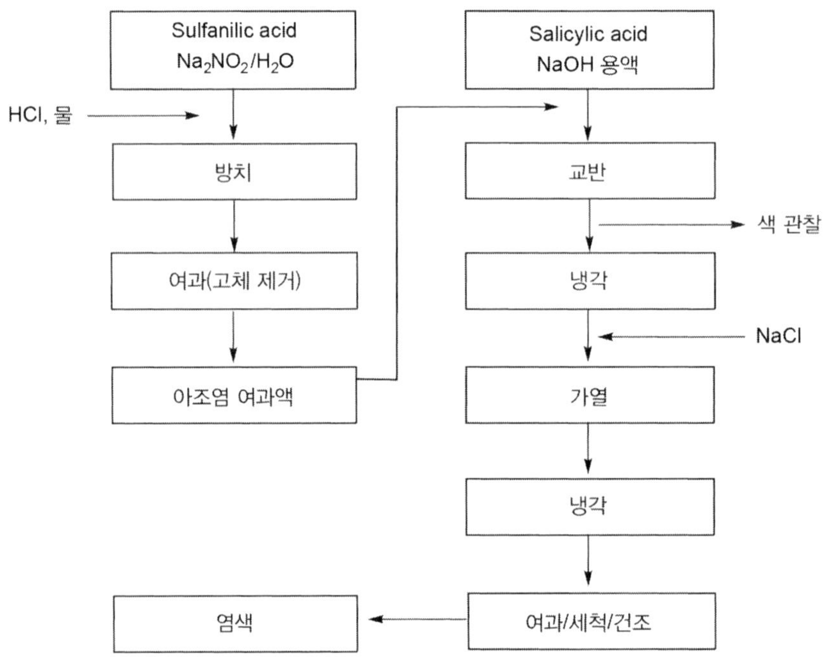

실험 흐름도 7.6 솔로크롬 오랜지 M의 합성.

3) 실험 방법

다이아조늄 이온 용액 제조

1. 시험관(13 × 100 mm)에 0.70 g의 4-나이트로아닐린(4-nitroaniline), 0.38 g의 $NaNO_2$ (sodium nitrite) 그리고 물 1.5 mL를 넣어 잘 혼합한다.
2. 진한 염산 용액 1.5 mL와 물 1.5 mL를 더 큰 시험관(18 × 150 mm)에 넣고 얼음 중탕에 설치한다. 이 염산 용액에 앞 단계에서 제조한 아민 혼합물을 피펫으로 천천히 가하면서 가끔씩 저어 준다.
3. 혼합액을 10분간 방치한 후, 생성된 고체를 여과하여 제거한다. 얻어진 여액은 다른 시험관에 모은다.

커플링 반응

1. 삼각 플라스크(25 mL)를 얼음 중탕에 설치하고, 0.68 g의 살리실산(salicylic acid)과 10 mL의

2.5 *M* NaOH 수용액을 넣는다.

2. 이 삼각 플라스크에 3단계에서 얻은 다이아조늄 용액 전체를 피펫으로 아주 천천히 가한다. 이때 혼합물을 유리 막대로 교반한다.
3. 색깔의 변화를 관찰하고 기록한다. 10분간 얼음 중탕에 방치하고 가끔씩 교반한다.
4. 플라스크를 가열 판으로 옮겨, 용액에 NaCl 1 g을 가하고 소금이 다 녹을 때까지 가열한다.
5. 용액을 상온으로 냉각시키고, 다시 얼음 중탕에서 냉각시켜 고체를 생성시킨다.
6. 생성된 고체를 여과하고, 소량의 물로 세척하고 건조한다.
7. 생성물의 무게를 측정하고 수율을 계산한다.

염색

1. 합성한 고체 염료 50 mg을 20 mL 물에 녹이고, 1.5 mL의 2.5 *M* NaOH 수용액을 가한다.
2. 준비된 천(면) 조각을 넣고 약 3분간 끓인다. 천 조각을 꺼내어 수돗물로 잘 세척하고 건조한다.
3. 염료 용액을 상온으로 냉각시킨다. 또 다른 면(천) 조각을 넣고 5분간 담갔다 꺼내어 세척하고 건조한다.
4. 색깔을 관찰하여 기록한다. 온도에 따라 다른 색이 나타난다.

7.3 지문의 화학적 검출

사람의 **지문**(fingerprint)을 확인하고 구분하는 것은 법화학에서 매우 중요한 기초적인 일이다.

오늘날 지구의 총인구는 77억 명을 넘는다. 그러나 통계학적으로 동일한 지문을 가진 사람을 찾을 수 있는 확률은 870억분의 1이다. 그렇기 때문에 사람을 식별하는 효과적인 수단으로 지문을 사용하는 것이다.

최초로 지문을 이용해 범인을 검거했던 사람은 아르헨티나 경찰관 부체티크(Juan Vucetich)로 알려져 있다. 부체티크는 영국의 프랜시스 골든(Francis Galton)이 쓴 '지문(1892)'이라는 책을 토대로 수사했다고 한다.

보다 쉽고 선명한 지문을 얻어내기 위한 노력도 계속되어 왔다. 근대적인 지문 확인법에 사용되는 시약들은 기체 형태(기체법), 분말 형태(고체법) 및 용액의 형태(액체법)로 되어있다.

지문 검출 시약은 크게 두 가지 유형으로 나눌 수 있는데 한 가지는 **발색 시약**(colorimetric reagent)이고, 다른 한 가지는 **형광 시약**(fluorogenic reagent)이다. 이러한 지문 채취 법은 모두 사람의 손으로부터 물체에 남게 되는 소금이나 유기 화합물의 성질을 이용한다.

지문 확인을 위해 가장 보편적으로 사용되는 발색 시약으로는 닌하이드린(ninhydrin)으로 더 잘 알려진 2,2-다이하이드록시-1,3-인단다이온(2,2-dihydroxy-1,3-indanedione)과 그 몇 가지 유도체들이다. 형광 시약으로는 4-플루오르-7-나이트로벤즈-2,1,3-옥사다이아졸(4-fluoro-7-nitrobenz-2,1,3-oxadiazole, NBD-fluoride), 5-다이메틸아미노-1-나프탈렌설포닐 클로라이드(5-dimethylamino-1-naphthalene-sulfonyl chloride, dansyl chloride), 4-*N,N*-다이메틸아미노아조벤젠-4-설포닐 클로라이드(4-*N,N*-dimethylaminoazobenzene-4-sulfonyl chloride, Dabsyl chloride, DABS-Cl), 9,10-다이메톡시안트라센-2-설폰산(9,10-dimethoxyanthracene-2-sulfonic acid)의 소듐염(DAS-Na) 등이 있다. 이 시약들은 대부분 아미노산과의 반응에 의해 색깔이나 형광을 나타내므로 지문을 검출할 수 있다.

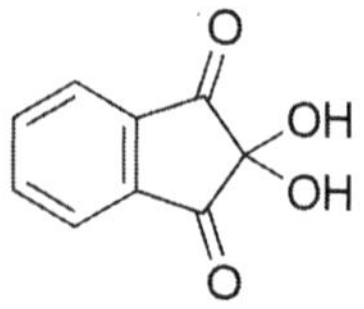

2,2-Dihydroxy-1,3-indanedione (Ninhydrin)

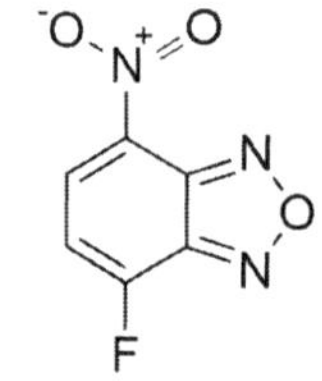

4-Fluoro-7-nitrobenz-2,1,3-oxadiazole (NBD Fluoride)

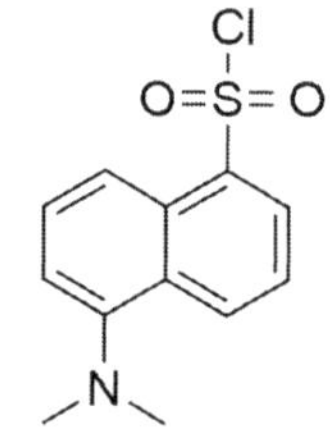

5-Dimethylamino-1-naphthalene-sulfonyl chloride (Dansyl chloride)

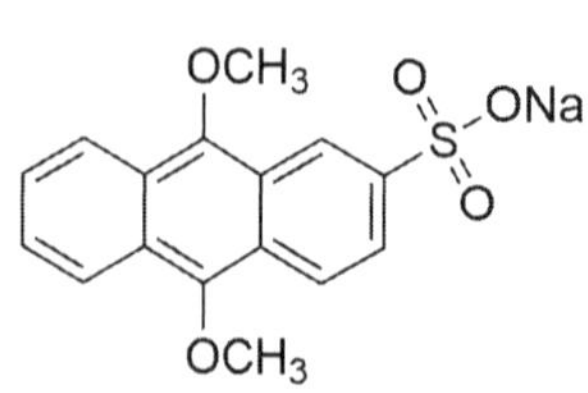

9,10-Dimethoxyanthracene-2-sulfonic acid (DAS Na)

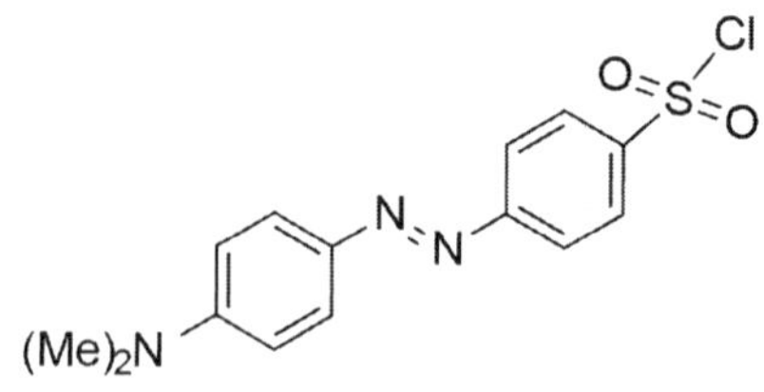

4-(*N,N*-Dimethylamino)azobenzene-4-sulfonyl chloride (DABS-Cl)

그림 7.12 지문 확인에 사용되는 시약들.

참고

그 외의 알려진 지문 검출 시약 일부 목록은 다음과 같다.
Benzo[e]ninhydrin; Benzo[f]ninhydrin; Assorted ninhydrin derivatives; 5-Methoxyninhydrin: 5-Dimethylaminninhydrin; 4-Phenylspiro[furan-(2,3),1'-phthalan]-3,3'-dione (Fluorescamine); *o*-Phthalaldehyde, Iodine vapor, 4-Dimethylaminocinnamaldehyde; anthranilic acid, anthracene; 4-Chloro-7-nitrobenz-2,1,3-oxadiazole (NBD-chloride); 8-Anilinonaphthalene-1-sulfonate; 1,8-Diazafluoren-9-one; CH3COOAg(Silver acetate)

여기서는 가장 간편한 아이오딘 증기법과 닌하이드린(ninhydrin)법, 댄실클로라이드(dansyl chloride) 법을 실험한다.

아이오딘 증기법은 발색단이 없는 화합물의 얇은 막 크로마토그래피(TLC) 관찰에서 아이오딘를 이용하는 것과 같이 아이오딘(I2) 증기의 단순한 흡착 원리를 이용하는 것이다.

닌하이드린 법은 지문에 있는 아미노산과 닌하이드린이 반응하여 형성하는 하이드린단틴(hydrindantin)이 보라색을 나타내므로 확인할 수 있다.

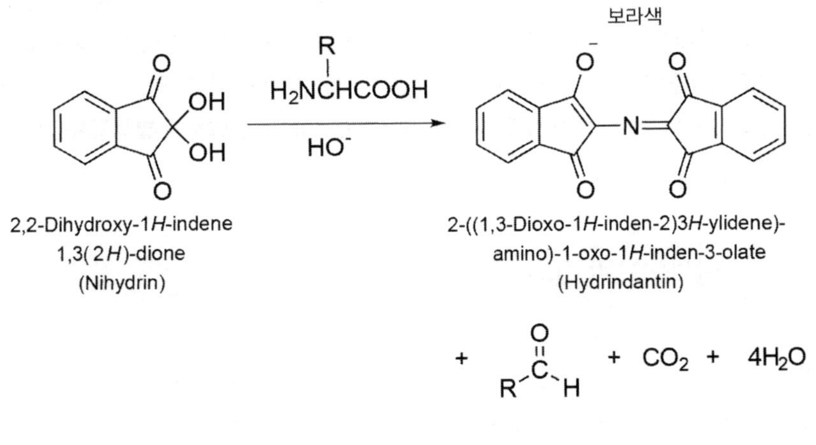

그림 7.13 닌하이드린과 아미노산의 반응.

한편 댄실클로라이드(dansyl chloride) 법은 형광을 나타내지 않는 댄실클로라이드와 아미노산이 반응하여 댄실레이트(dansylate)가 형성되고, 이 생성물이 형광을 나타내는 반응을 이용하는 방법이다.

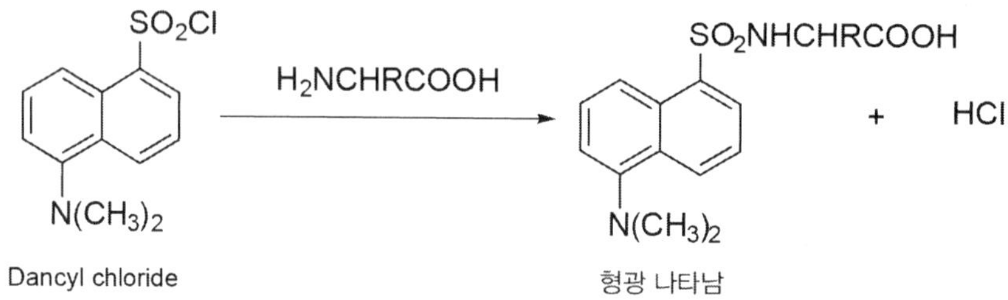

그림 7.14 댄실 클로라이드와 아미노산의 반응.

실험 7.7 아이오딘 증기 법

1) 준비물

실험 기구: 종이, 가위, 마개가 있는 큰 유리병
시약: I_2, 인주

3) 실험 방법

1. 적당한 크기로 자른 깨끗한 종이에 손에 땀이 난 상태에서 한 번 지문을 찍어 두고, 또 손을 깨끗이 씻은 후에 지문을 찍는다. 각각에 표시한다. **인주를 사용하여 동일한 손가락의 지문을 찍어 둔다.**
2. 준비된 지문 종이를 아이오딘 고체가 들어 있는 용기에 넣었다가 잠시 후 꺼내 본다. 앞에서 인주로 찍은 지문과 비교해 본다. **손을 깨끗이 씻은 후에 찍은 지문은 선명하게 발색되지 않는다.**

실험 7.8 닌하이드린 법

1) 준비물

실험 기구: A4 종이, 스프레이, 자외선 등
시약: Ethanol, ninhydrin

3) 실험 방법

1. 에탄올(ethanol, 95%) 40 mL에 닌하이드린(ninhydrin) 0.1 g을 녹여서, 스프레이 통에 넣는다.

2. A4 용지에 지문을 찍는다(손에 땀이 나게 하면 더 선명한 지문을 얻을 수 있다).
3. 지문이 찍힌 종이에 닌하이드린 알코올 용액을 고르게 뿌린다.
4. 닌하이드린을 뿌린 종이에 자외선 등을 이용하여 열을 가한다. 지문이 찍힌 자리에 보라색 지문 모양이 나타난다.

실험 7.9 댄실 클로라이드 법

1) 준비물

실험 기구: A4 종이, 스프레이, 자외선 등, 오븐
시약: Acetone, dansyl chloride

2) 실험 방법

1. 댄실 클로라이드(dansyl chloride) 10 mg을 20 mL 아세톤(acetone)에 녹여 스프레이 통에 담는다.
2. A4 용지에 지문을 찍는다.
3. 지문이 찍힌 종이 표면 위에 댄실 클로라이드 용액을 4. 20~25 cm 거리에서 살짝 뿌린다.
5. 댄실 클로라이드를 뿌린 종이를 50℃ 오븐에서 약 1분간 가열하고 TLC 용 UV(254 nm) 등으로 비추어 본다.
6. 위 아이오딘 증기법, 닌하이드린법, 댄실 클로라이드법으로 얻은 지문들과 인주로 채취한 지문을 비교해 보자. 어느 것이 더 선명한가?

7.4 당의 화학 반응

당 화학(sugar chemistry)은 유기화학의 중요한 분야를 형성한다. 이는 당류가 갖는 다작용기 구조(polyfunctional structure) 때문이다. 당(sugar)은 여러 가지 변위를 포함하며 폭넓은 반응을 일으킨다. 산, 염기 그리고 다른 간단한 시약들, 또 효소 촉매 반응에 의한 당류의 변환은 탄수화물 화학에서 탁월한 역할을 담당한다. 또한 당류는 효소 작용 연구에 좋은 대상이다.

당류에 대한 실험 조작은 여러 가지의 특이한 문제와 기술을 필요로 한다. 당류는 일반적으로 물에 잘 녹고, 보통의 유기용매에는 매우 적게 녹는다. 또한 당류는 복잡한 화합물이며 반응에 민감한 분자들이고, 증류시키거나 승화시킬 수 없다. 대부분의 당류는 어렵기는 하나 결정화도 가능하다.

7.4.1 당의 반응

당은 포함하고 있는 탄수화물의 수에 따라 단당류(monosaccharide), 이당류(disaccharide), 올리고당(oligosaccharide), 다당류(polysaccharide)로 구분된다. 올리고 당은 3~9의 단당류로 구성되며, 다당류는 9개 이상의 단당류로 구성된 당들이다. 당류의 반응성을 이해하기 위해서는 가장 작은 단위인 단당류를 이해하는 것부터 시작해야 한다.

단당류는 카보닐기의 위치, 탄소 원자의 수, 카이랄 탄소의 세 가지 특성에 따라 분류된다. 단당류의 카보닐기가 알데하이드(RCHO)인 경우는 **알도스**(aldose)이고, 카보닐기가 케톤($R_2C=O$)인 경우는 **케토스**(ketose)이다. 단당류가 3개의 탄소 원자를 가지는 경우는 **삼탄당**(triose)이라 부르고, 4개는 **사탄당**(tetrose), 5개는 **오탄당**(pentose), 6개는 **육탄당**(hexose)으로 구분한다. 당의 탄소 원자 수와 카보닐기 위치로 분류하는 이 분류 체계는 통상적으로 합쳐서 명명한다. 예를 들어, 포도당(glucose)은 **알도헥소스**(aldohexose, 6개 탄소로 된 알데하이드)이고, 리보스(ribose)는 **알도펜토스**(aldopentose, 5개 탄소로 된 알데하이드)이며, 과당(fructose)은 **케토헥소스**(ketohexose, 6개 탄소로 된 케톤)이다.

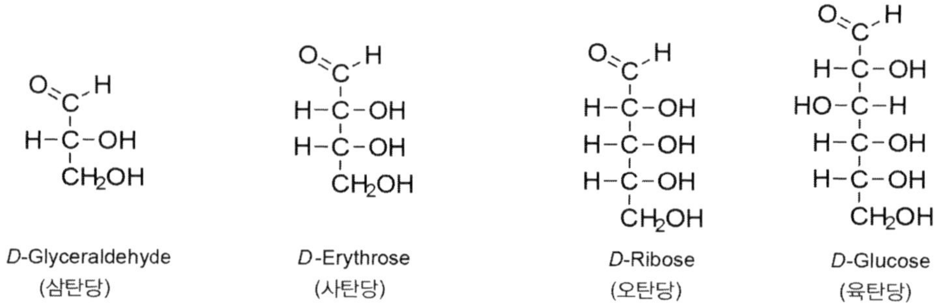

그림 7.15 탄소 수로 구분하는 당의 명칭.

한편 단당류의 카보닐기와 마지막 카이랄 탄소의 OH기의 배열을 기준으로 *D*– 또는 *L*–당으로 구분한다. 즉 마지막 카이랄 탄소의 OH기가 오른편으로 배열되면 *D*–당, 왼편으로 배열되면 *L*–당으로 구분한다.

또 단당류가 수용액에서 만드는 고리(hemiacetal)의 비대칭 탄소(아노머 탄소, 1번 탄소, anomer carbon)에 있는 OH기의 배열에 따라 구분하기도 한다. 1번 탄소의 OH기와 5번 탄소의 CH_2OH가 서로 반대편으로 배열되면 α–아노머(α–anomer)라고 하고, 두 기가 서로 같은 편으로 배열되면 β–아노머(β–anomer)라고 한다.

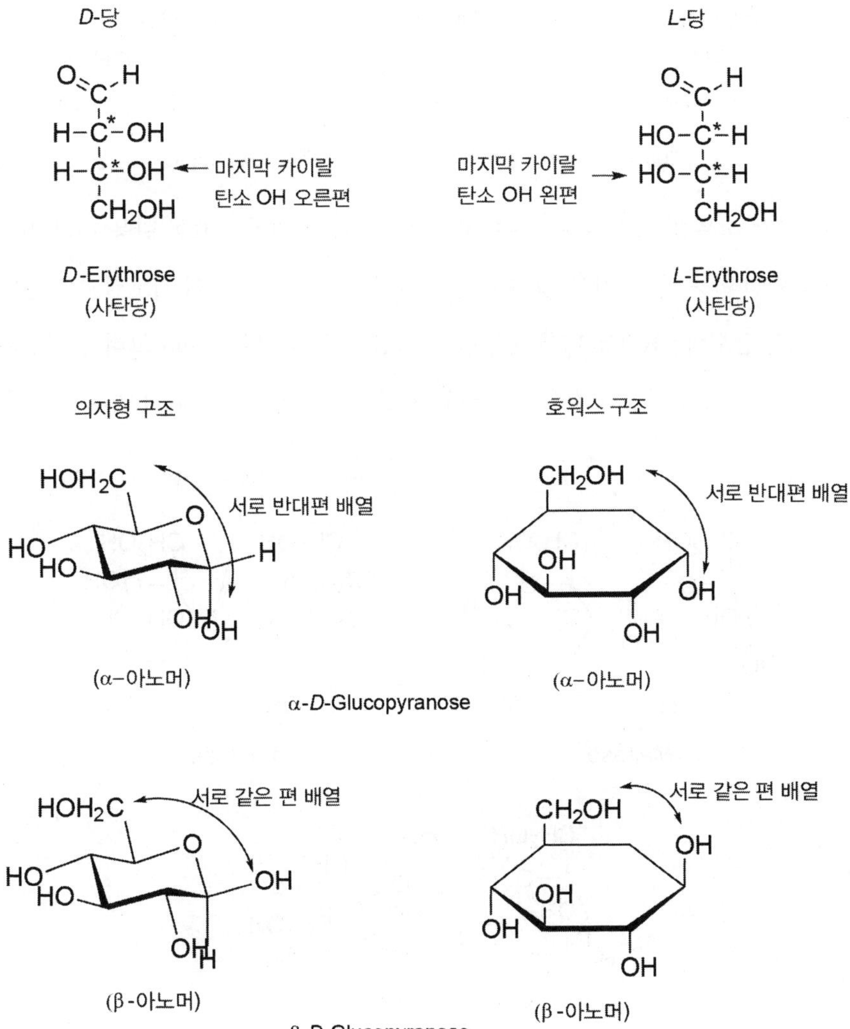

그림 7.16 당류의 *D*,*L*– 및 α,β–이성질체의 구분.

단당류(monosaccharide, simple sugar)는 하이드록시기(OH)와 카보닐기를 가지고 있다. 이 작용기의 화학을 이해하는 것이 곧 단당류의 화학을 이해하는 시작점이다. 단당류 반응은 이러한 작용기들의 반응부터 시작된다.

알도스(aldohexose)는 수용액에서 극소량(무시할 수 있을 만큼)의 알데하이드와 고리를 이룬 헤미아세탈의 평형 혼합물로 존재한다.

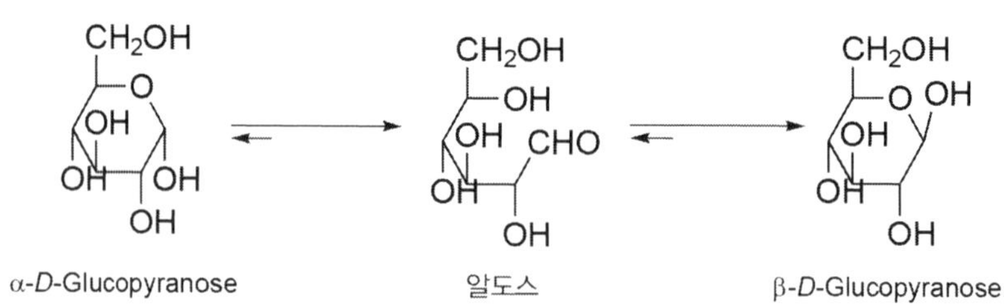

그림 7.17 α-D-글루코피라노스의 수용액에서의 평형.

수용액에서 적은 양으로 존재하는 이 알도스의 카보닐기가 중요한 반응 자리이다. 즉 알도스가 환원 반응, 첨가 반응 및 축합 반응을 할 수 있는 것은 이 카보닐기 때문이다. 만일 아노머 탄소의 OH기에 다른 단당류가 결합되어 아세탈(acetal) 고리가 형성되면, 이당류가 된다. 이때 형성된 결합을 **글리코사이드 결합**(glycoside bond)이라고 한다.

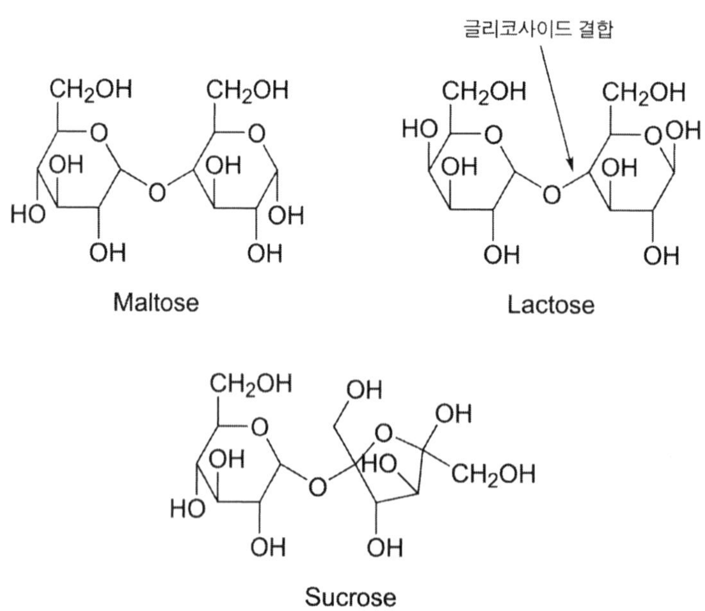

그림 7.18 말토스, 락토스 및 설탕의 구조.

말토스(maltose)와 락토스(lactose)는 두 개의 헥소스가 이루는 이당류(disaccharide)이다. 하나의 헥소스는 다른 헥소스와 글리코사이드 결합을 이룬다. 나머지 다른 하나의 헥소스는 헤미아세탈 고리를 이루고 있다. 따라서 이 헤미아세탈을 이루는 고리는 알데하이드(aldehyde) ⇌ 헤미아세탈(hemiacetal) 평형을 이룰 수 있다. 설탕(sucrose)은 하나의 헥소스와 하나의 펜토스가 글리코사이드 결합으로 연결되어 있다. 펜토스 고리의 아노머 탄소에서 알데하이드 ⇌ 헤미아세탈 평형을 이룰 수 있다.

7.4.2 환원 성질

'자유(free) 알데히드' 혹은 헤미아세탈기를 가진 글루코스(glucose)와 다른 당류들의 특이한 성질은 알칼리 용액 속에서 Cu(II) 이온에 의해 일어나는 산화 반응이다. 이 반응에서 청색의 Cu^{2+} 이온이 적색의 Cu_2O로 환원된다. 이 반응을 이용하는 다양한 방법들이 환원당(reducing sugar)의 정량 임상 분석(quantitative clinical analysis)과 검출 방법으로 이용된다. 정성적인 작업에 사용되는 표준 시약은 **베네딕트 용액**(Benedict solution)이다. 이 용액에는 Cu^{2+} 이온을 형성하기 위해 시트르산 이온(citrate)과 Na_2CO_3를 포함하고 있다.

$$RCHO + 2Cu^{++} + 3OH^{-} \rightarrow RCOO^{-} + Cu_2O + 2H_2O$$

1) 강산에서의 반응

말토스와 설탕 같은 이당류들은 산성 용액과 함께 가열하면 가수 분해된다. 단당류들은 산성 용액에서 비교적 안정하나, 강산 조건에서 가열하면 탈수 반응을 일으킨다. 이 반응 생성물은 푸르푸랄(furfural) 유도체들이다. 이 반응은 퓨라노스(furanose) 형태로 존재하는 설탕 등에서 가장 손쉽게 일어난다.

푸르푸랄과 페놀성 화합물(phenolic compound) 사이에서 일어나는 축합에서 특성적인 착색 생성물이 생성한다. 이러한 반응의 전형적인 예는 프럭토스(과당)와 염산과 레조시놀(resorcinol, Seliwanoff 시약이라 부름)과의 반응이다. 이 반응에서는 짙은 적색이 나타난다. 이 양을 비색계로 측정하면 용액 안에 존재하는 프럭토스의 양을 계산할 수 있다.

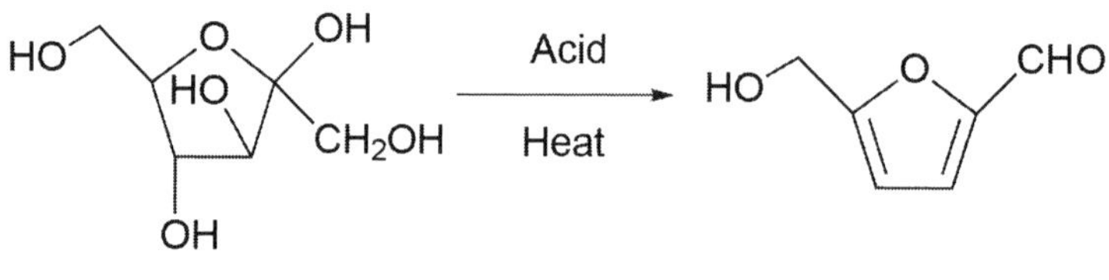

그림 7.19 β-*D*-프럭토퓨라노스와 산의 반응.

2) 염기에서의 반응

알도스와 케토스 당류들은 염기성 용액에서 엔디올(enediol) 중간체를 거쳐 평형을 이룬다. 글루코스를 묽은 염기와 함께 가열하면, 글루코스, 프럭토스 그리고 소량의 만노스의 혼합물이 된다. 어두운 조건에서 다음 단계의 반응을 진행 시키면 사카린산(saccharinic acid)과 함께 다른 당류의 복잡한 혼합물이 생성된다. 즉, 이러한 생성물들은 당의 엔올화(enolization)와 자리옮김 반응(rearrangement reaction)으로 인해 생성된다.

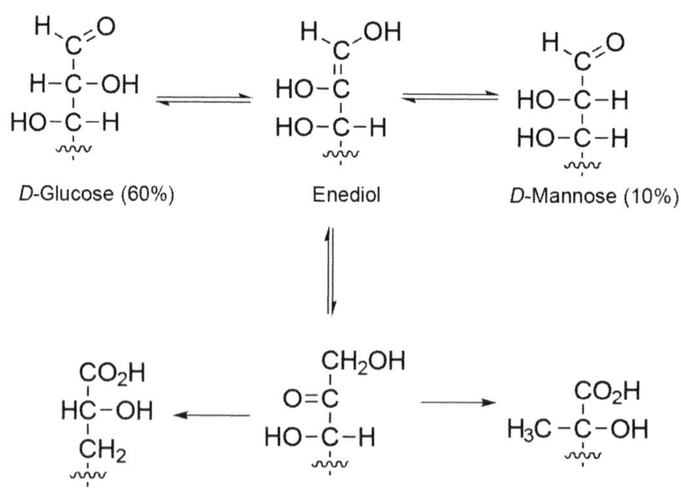

그림 7.20 *D*-글루코스의 엔올화 및 자리옮김 반응.

3) 아민과의 반응

당류와 암모니아(NH_3) 혹은 아민(RNH_2)을 반응시키면 헤미아세탈 - OH기가 질소로 교체되어 *N*-글리코실(*N*-glycosyl) 유도체가 된다. 이 유도체들은 뉴클레오사이드(nucleoside)와 핵산(nucleic acid)의 생합성 중간체들이다. 이 *N*-글리코사이드(*N*-glycoside)를 산으로 처리하면, 엔올화 반응을 일으켜 1-아미노-1-데옥시케토스(1-amino-1-deoxyketose)로 된다. 이 전체 반응을 **아마도리 자리옮김**(Amadori rearrangement)이라 한다.

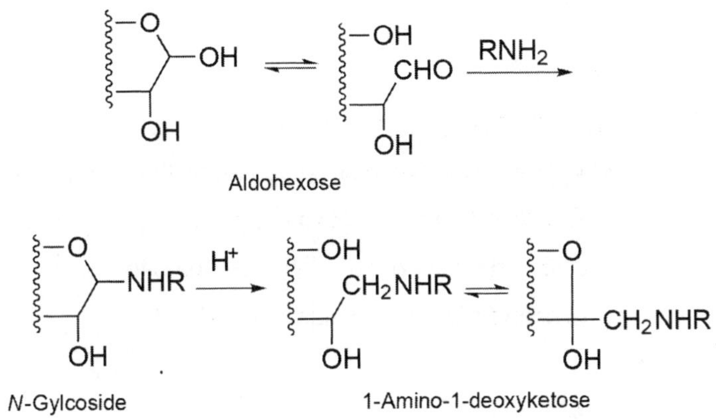

그림 7.21 *N*-글리코사이드 합성과 아마도리 자리옮김.

당류들의 특성 시험에서 전통적으로 사용되는 시약은 페닐하이드라진(phenylhydrazine)이다. 페닐하이드라진을 과량으로 사용하면 카보닐기에 이웃하고 있는 OH기를 선택적으로 산화시켜 노란색의 **오사존**(osazone)을 생성한다. 오사존은 두 분자의 알도스 혹은 케토스 당에서 생성된다. 2개의 방향족 고리가 존재하는 단당류들의 오사존 유도체는 물에 대한 용해도가 매우 낮다.

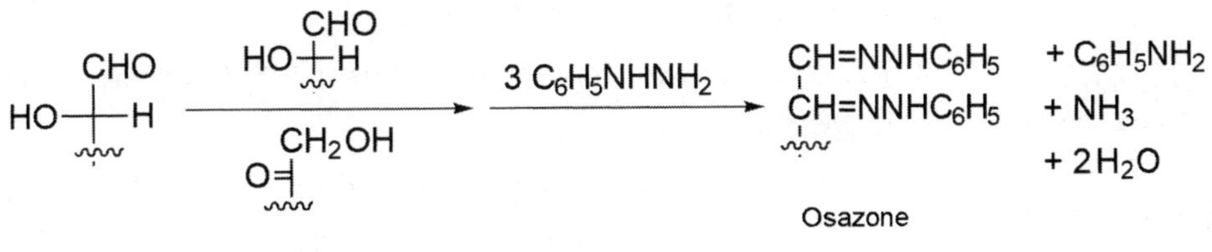

그림 7.22 오사존 형성 반응.

실험 7.10 당류의 얇은 막 크로마토그래피

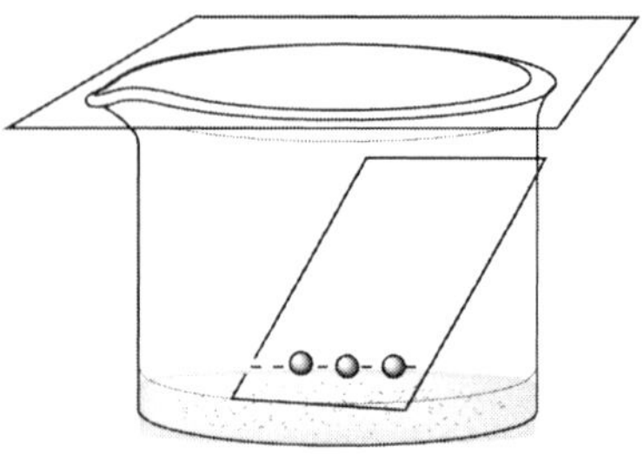

실험 장치

1) 이론

당류의 분리에 크로마토그래피 방법이 폭넓게 이용된다. 주로 종이 크로마토그래피 또는 얇은 막 크로마토그래피(TLC)를 이용한다.

극성 물질인 당류들의 크로마토그래피 전개 용매로 뷰탄올(butanol), 아세트산(acetic acid), 물(H_2O) 등의 혼합 용매가 사용된다. 전개된 크로마토그램(chromatogram) 위에 착색 시약(color-forming reagent)을 뿌려서 반점이나 띠를 확인한다.

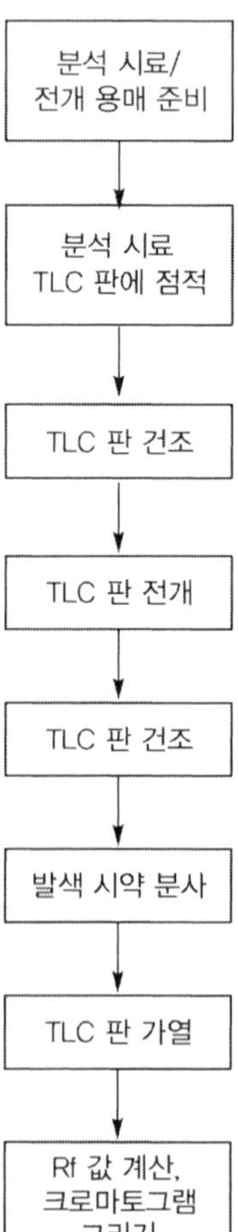

실험 흐름도 7.7 당류의 얇은 막 크로마토그래피.

2) 준비물

실험 기구: TLC 전개 장치, TLC 판, 모세관 또는 가는 스포이드, 시험관

시약: Arabinose, fructose, glucose, maltose, Karo (corn syrup) 혹은 벌꿀, ethanol, *p*-anisidine, phthalic acid, 1-butanol, acetic acid, diethyl ether, aniline-phthalic acid aerosol 또는 *p*-anisidine/phthalic acid의 에탄올 용액

3) 실험 방법

1. 분석 시료의 제조: 4개 시험관(10 × 75 mm)에 아라비노스(arabinose), 프럭토스(fructose), 글루코스(glucose), 말토스(maltose)와 카로(Karo, corn syrup) 혹은 벌꿀 같은 상업용 시럽을 10~20 mg씩 넣는다.
2. 각 시험관에 물 한 방울과 0.2 mL의 NaOH 용액을 가하여 흔들어 섞는다.
3. 전개 용매를 다음과 같이 제조한다.

1-Butanol: acetic acid: diethyl ether: water = 9:6:3:1(v/v)의 혼합 용액

주의: 전개 용매를 제조할 때 각 시료를 정확히 측량한 후에 잘 흔들어서 충분히 섞인 용액으로 전개해야 한다. 부피 비가 잘못되거나 충분히 섞이지 않으면 정확한 분리를 기대할 수 없다.

4. TLC 판의 밑 부분에서 2 cm 위에 지름이 1 mm 이하인 시료 용액을 2~3번씩 점적한다.
5. 시료를 점적한 TLC 판을 건조시킨 다음, TLC판을 전개 용기에 넣고 전개시킨다. 전개는 용매가 TLC 판 상단 90% 정도에 도달할 때까지 진행한다.

주의: 용매가 TLC 판 끝까지 전개되지 않도록 주의한다.

6. 전개된 TLC 판을 건조시킨 후, 후드 안에서 TLC 판에 발색 시약을 분사한다. 흠뻑 적셔지지 않도록 한다.

발색 시약: 에탄올에 *p*–아니시딘(*p*–anisidine)과 프탈산(phthalic acid)을 녹인 용액 또는 시판되는 아닐린–프탈산 에어로졸(aniline–phthalic acid aerosol)을 사용한다.

7. 80℃의 오븐 혹은 따뜻해진 가열 판 위에 TLC 판을 놓고 반점이 나타날 때까지 가열한다.
8. 실험 노트에 크로마토그램을 그리고, R_f 값을 계산한다.

실험 7.11 당의 특성 반응

1) 이론

당의 특성 실험으로, **베네딕트 시약법**, **셀리와노프 시약법** 및 **페닐하이드라진 시약법** 등이 자주 이용된다.

베네딕트(Benedict) 시약은 환원당 검출에 활용된다. 환원당이 베네딕트 시약과 반응하면 양에 따라 붉은색, 자주색 및 녹색을 띤다.

셀리와노프(Seliwanoff) 시약은 알도스와 케토스의 비교 실험을 통해 케토스 검출 반응에 사용된다. 케토스는 알도스보다 염산(HCl)에 의한 탈수가 더 빠르다. 케토스는 염산과 반응하여 푸르푸랄(furfural)을 형성하고, 다시 레조시놀(resorcinol)과 반응하여 적색 생성물을 형성한다.

한편 환원당과 페닐하이드라존(phenyl hydrazine)을 반응하면 오사존(oxazone)을 생성한다. α–케톨[α–ketol, C=O–CH(OH)]기를 가진 당과 페닐하이드라존이 반응하면 페닐오사존(phenylosazone) 결정이 생성된다.

이 실험에서는 이 3가지 반응을 시도한다.

2) 준비물

실험 기구: 시험관, 눈금 실린더, 스포이드, 저울

시약: Arabinose, fructose, glucose, maltose, sucrose, corn syrub(Karo), 벌꿀, sodium citrate, Benedict 시약(또는 아래 방법으로 제조), resorcinol, Seliwanoff 시약, Na_2CO_3, $CH_3COONa{\cdot}3H_2O$, $CuSO_4{\cdot}5H_2O$, phenyl hydrazine hydrochloride

3) 실험 방법

베네딕트 시약 반응

1. 시험하려는 당의 숫자만큼의 시험관(13 × 100 mm 혹은 18 × 150 mm)을 준비하고, 시험관에 라벨을 부착한다.

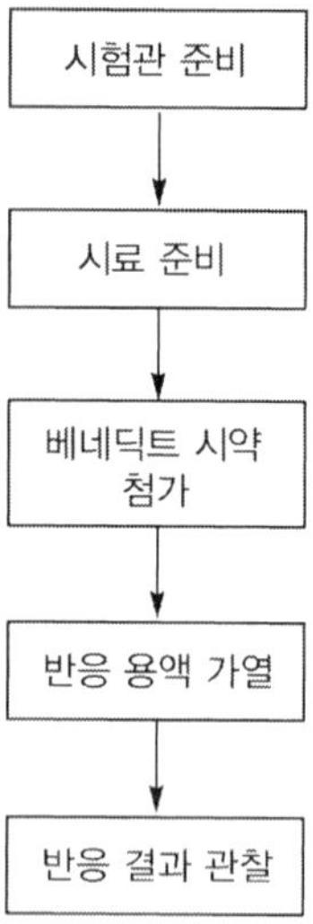

실험 흐름도 7.8
당의 특성 반응.

2. 각각 몇 방울씩의 물을 넣는다. 각 시험관에 10 mg의 당 시료를 녹이거나 2% 용액 5 방울*을 넣는다.

〈**참고**〉 콘 시럽 또는 벌꿀은 1 mL을 50 mL가 되도록 녹인 후, 5방울을 사용한다.

3. 각 시험관에 3 mL의 베네딕트(Benedict) 용액을 넣고, 교반하거나 흔들어 용액을 혼합시킨다.

베네딕트 시약 제조: 100 g의 Na_2CO_3, 175 g의 sodium citrate와 17.3 g의 $CuSO_4 \cdot 5H_2O$를 물에 녹여 전체를 1리터로 만든다.

4. 모든 시험관을 2분간 끓는 물중탕에 넣었다가 꺼낸다. 각 시험관에 존재하는 환원당의 양을 비교한다.

셀리와노프 시약 반응

1. 시험하려는 당의 숫자만큼의 시험관(13 × 100 mm 혹은 18 × 150 mm)을 준비하고, 시험관에 라벨을 부착한다. 각각 몇 방울씩의 물을 넣는다.
2. 각 시험관에 10 mg의 당류를 녹이거나 2% 용액 5방울*을 넣는다.

〈**참고**〉 콘 시럽 또는 벌꿀은 1 mL을 50 mL가 되도록 녹인 후, 5방울을 사용한다.

3. 셀리와노프 시약 제조: 50 mg의 레조시놀(resorcinol)을 33 mL의 진한 염산에 녹이고 전체가 100 mL가 되도록 물로 희석한다.
4. 당이 들어 있는 각 시험관에 2 mL의 셀리와노프 시약을 넣는다.
5. 시험관을 흔들어 잘 섞은 다음 끓는 물중탕에서 2분간 가열하고, 시험관의 변화를 비교 관찰한다. 이때 나타나는 붉은색의 세기는 케토스(예, fructose)의 함량과 비례한다.

페닐하이드라진 시약 반응

1. 시험하려는 당의 숫자만큼의 시험관(13 × 100 mm 혹은 18 × 150 mm)을 준비하고, 시험관에 라벨을 부착한다. 각각 몇 방울씩의 물을 넣는다.
2. 각 시험관에 10 mg의 당류를 녹이거나 2% 용액 5방울*을 넣는다.

〈**참고**〉 콘 시럽 또는 벌꿀은 1 mL을 50 mL가 되도록 녹인 후, 5방울을 사용한다.

3. 페닐하이드라진 시약 제조: 400 mL H_2O에 60 g의 $CH_3COONa \cdot 3H_2O$와 40 g의 페닐하이드라진 하이드로클로라이드(phenyl hydrazine hydrochloride)를 넣고 녹인다.
4. 페닐하이드라진(phenyl hydrazine) 용액 5 mL를 가하고 끓는 물중탕에서 약 15분간(즉 침전이 나타날 때까지) 방치한다.
5. 생성된 오사존 침전물을 여과하여 건조한다.
6. 오사존의 녹는점을 측정하고 비교한다.

7.5 녹말의 가수 분해

녹말과 셀룰로스는 글루코스(glucose) 단위가 1→4′ 글루코사이드(glucoside) 결합을 통해 만들어지는 생물 중합체이다. 이런 다당류들은 대부분의 식물이 갖고 있는 건조 질량의 60~80%를 차지한다.

녹말과 셀룰로스 구조의 기본적인 차이는 녹말은 1,4'-α-글루코사이드 결합의 배열을 갖고, 셀룰로스는 1,4'-β-글루코사이드 결합의 배열을 갖고 있다는 것이다. 셀룰로스는 구조가 규칙적이며 매우 큰 분자량을 가지고 있다. 또한 자연에서 생산되는 셀룰로스는 부분적으로 결정 상태이고 강한 섬유질들을 만든다.

곡류와 다른 식용 식물에 주로 저장된 다당류인 녹말은 아밀로스(amylose)와 아밀로펙틴(amylopectin) 두 가지 중합체의 혼합물이다. 녹말 전체의 약 20% 비율이 아밀로스이며, 이는 1,4'-α 글리코사이드 결합에 의해 형성된 사슬 구조이다. 아밀로스는 약 250~300개의 *D*-글루코스 단위로 구성되어 있다. 한편 녹말의 주된 요소인 아밀로펙틴은 25번째 글루코스 단위의 6번 탄소의 CH_2OH기에서 곁가지가 확장되어 관목 같은 구조(bush-like structure)를 이루고 있다. 아밀로스와 아밀로펙틴의 구조 차이가 이들의 특성이 차이 나게 한다. 아밀로스는 물에 잘 녹지 않지만, 아밀로펙틴은 무정형 구조로 물에 잘 녹는다.

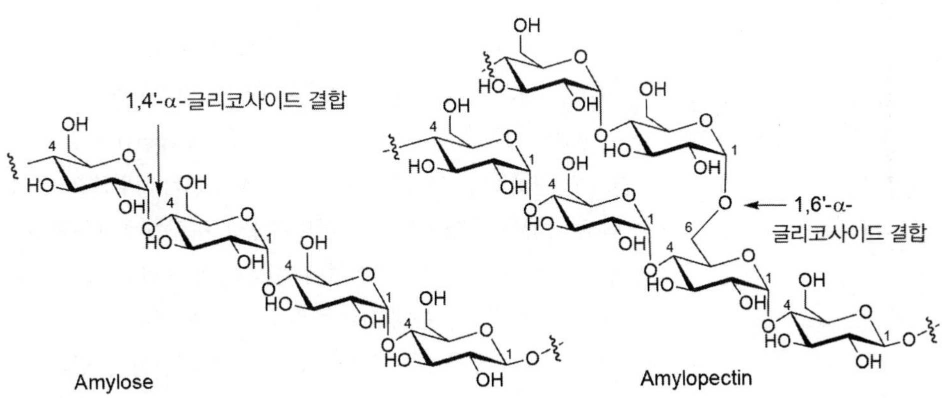

그림 7.23 아밀로스와 아밀로펙틴의 구조.

녹말을 발효(fermentation)시키면, α-글리코사이드 결합이 가수 분해되어 글루코사이드(glucoside) 단위로 분해된다. 이 반응은 침이나 효모의 아밀레이스(amylase) 효소에 의해 이루어진다. 아밀레이스 효소는 α-, β-, γ-아밀레이스 등 3종류가 있다. α-아밀레이스는 일반적인 동물 및 식물에서 쓰이며, β-아밀레이스는 고등식물 및 균류에 존재한다. 녹말의 가수 분해 과정에서는 주로 α- 및 β-아밀레이스가 관여하지만, 각기 다른 경로로 녹말 사슬을 공격한다. 즉, α-아밀레이스는 α-1,4' 글리코사이드 결합을 무작위로 분해하며, β-아밀레이스는 두 번째 β-1,4' 글리코사이드 결합을 분해한다. 또 γ-아밀레이스는 사슬의 마지막 γ-1,4' 글리코사이드 결합을 분해한다. α-아밀레이스는 녹말을 분해하여 말토스(maltose)를 생성한다. 아밀레이스는 물에 녹지 않으며, 아밀로펙틴은 물에 녹는다. 한편 아이오딘 용액에서 아밀레이스는 청색을 나타내지만, 아밀로펙틴은 청색을 띠지 않는다.

산 촉매 가수 분해에 의한 녹말의 분해는 무질서한 경로로 일어나며, 반응의 요인은 효소에 의한 가수 분해와는 전혀 다르다.

이 실험에서는 효소와 산 촉매 반응을 아이오딘 착물 형성, 환원력 그리고 TLC 실험 등 세 가지 방법으로 비교, 검토한다.

실험 7.12 녹말의 아이오딘 실험

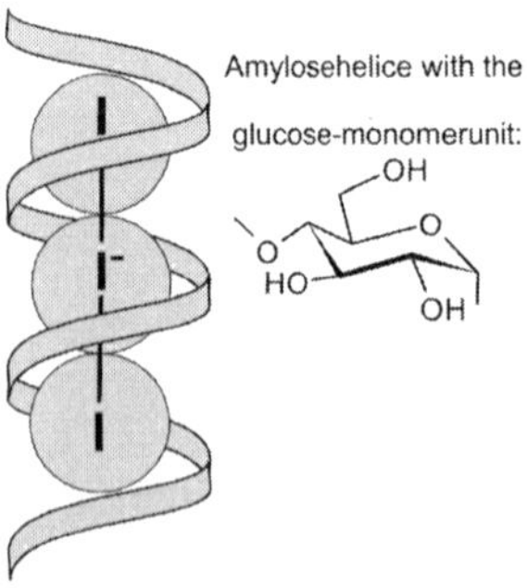

출처: *Angewandte Chemie International Edition*, 55 (28): 8032-8035.

그림 7.24 아밀로스-아이오딘 착물의 구조.

1) 이론

시료 중에 녹말의 존재 여부를 **아이오딘 실험**으로 알 수 있다. 아밀로스 용액에 아이오딘이 존재하면, 아밀로스 사슬에 아이오딘이 착물을 이루어 다중아이오딘 음이온(polyiodide ion, I_n^-)이 형성된다. 아이오딘 용액은 갈색이지만, 아밀로스-아이오딘 착물은 무색이다. 이 무색의 착물과 녹말이 존재하면, 녹말의 글로코스 단위와 작용하여 흑청색(blue-black color)를 띤다. 이런 변색을 통해 시료 중의 녹말 존재 여부, 단당류, 이당류 및 다당류 중에 존재하는 녹말 여부를 관찰할 수 있다. 나아가서 아이오딘 시험으로 녹말, 글리코젠(glycogen) 그리고 탄수화물들을 구별할 수도 있다. 의학적으로는 혈액 아이오딘 시험법으로 갑상선기능항진증(hyperthyroidism)과 갑상선기능저하증(hypothyroidism)을 검사한다.

한편, 이 아이오딘 시험법과 얇은 막 크로마토그래피(TLC)를 활용하면, 효소를 이용한 녹말의 가수 분해 여부도 알 수 있다.

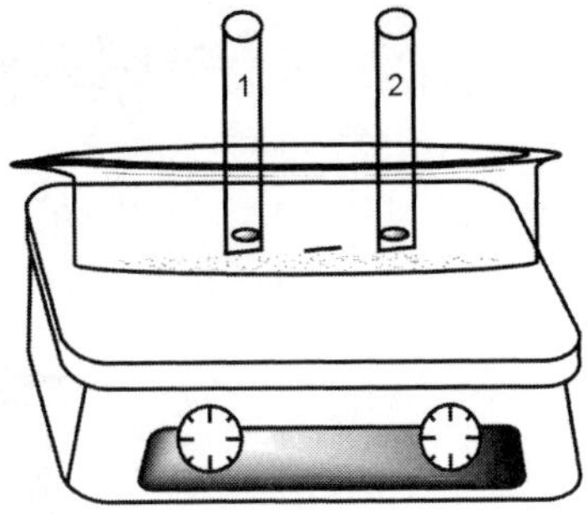

실험 장치

2) 준비물

실험 기구: 삼각 플라스크, 시험관, 눈금 실린더, 자석 가열 교반기, 자석 젓개,

시약: 0.002*M* 아이오딘 용액, 녹말

> **녹말 용액의 제조**
>
> 0.6 g의 용해 가능한 녹말을 125 mL 삼각 플라스크에 넣고 몇 mL의 H_2O를 넣어 얇은 가루 반죽을 만든다. 40 mL의 끓는 물을 플라스크에 가한 다음 모든 녹말 입자들이 사라질 때까지 용액을 서서히 가열한다. 입자들이 사라지면 냉각시켜서 젖빛 색을 가진 용액을 만든다.
>
> **아이오딘 용액(0.002 *M*)의 제조**
>
> I_2 0.05 g과 KI 0.15 g을 증류수 100 mL에 녹인다. 이 용액을 Lugol's 아이오딘 용액이라고 한다.

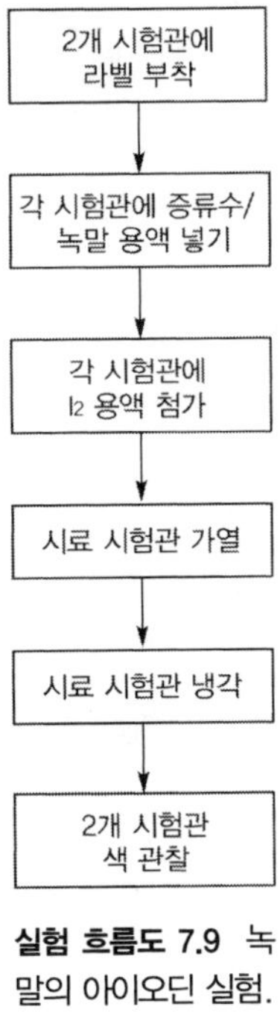

실험 흐름도 7.9 녹말의 아이오딘 실험.

3) 실험 방법

1. 2개 시험관에 시료용과 대조용의 라벨을 부착한다.
2. 시료용 시험관에 시료 녹말 용액 1 mL을 넣는다.
3. 대조용 시험관에 1 mL의 증류수를 넣는다.
4. 각 시험관에 0.002 *M* 아이오딘 용액을 몇 방울씩 넣고, 충분히 흔들어 섞는다.
5. 두 시험관의 색깔을 관찰한다.
6. 시료용 시험관을 색이 없어질 때까지 물중탕에서 가열한다.
7. 시료용 시험관이 완전히 식을 때까지 기다렸다 두 시험관의 색을 비교한다.
8. 녹말이 포함된 시험관의 색은 흑 청색이 나타나고, 대조 시험관은 적갈색이 나타난다.

실험 7.13 녹말의 효소 가수 분해

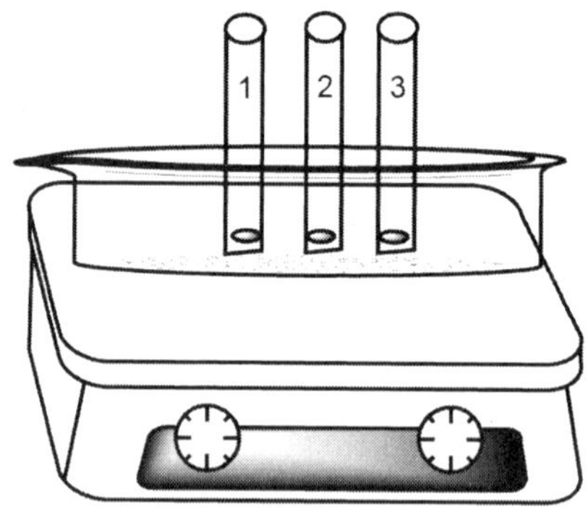

실험 장치

2) 준비물

실험 기구: 삼각 플라스크, 시험관, 눈금 실린더, 자석 가열 교반기, 자석 젓개, TLC 판, TLC 전개 장치, 모세관(TLC 점적용)

시약: 0.002 *M* 아이오딘 용액, 녹말, 녹말 용액(실험 7.12 참고), glucose, maltose

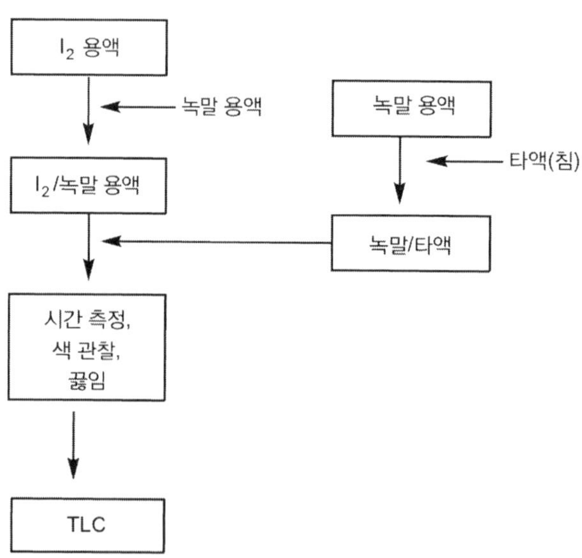

실험 흐름도 7.10 녹말의 효소 가수 분해.

3) 실험 방법

1. 시험관(10 × 75 mm) 2개(1번 시험관, 2번 시험관)에 0.002 *M* 아이오딘 용액을 4방울씩 넣는다.
2. 1번 시험관에 1.0 mL의 녹말 용액을 가한 후, 즉시 색깔 변화를 기록한다. 이것을 초기 시료(반응 시간, 0)라고 하자.
3. 2번 시험관에 1.0 mL의 녹말 용액과 약 0.4 mL의 타액(침)을 가하고 시간을 기록한다. 혼합 용액을 잘 섞는다.
4. 2번 시험관의 혼합 용액이 엷은 연보라 갈색이 될 때까지의 시간을 측정한다. 더 이상의 색 변화가 없으면, 혼합 용액 0.5 mL씩을 라벨이 부착된 시험관(18 × 150 mm) 3(3번, 4번, 5번)개에 혼합 용액을 옮긴다.
5. 혼합 용액을 옮긴 3개 시험관의 시료들을 15분(3번 시험관), 30분(4번 시험관), 60분(5번 시험관)씩 끓여서 효소를 변성시킨다. 가열한 시험관을 냉각시킨다.
6. 각 시험관 (1번 ~ 5번)의 색을 비교 관찰한다.
7. TLC판(3 × 8 cm, 실리카젤) 판을 준비하고, 연필로 시료 점적 선을 표시한다. 지름 1 mm 미만의 크기로 시료를 점적한다. 글루코스(glucose)와 말토스(maltose) 각 1% 수용액의 혼합물로 만든 기준 시료를 가장 왼편에 점적하고, 각각의 시료를 순서대로 점적한다. 시료에 함유된 수분 때문에 흰 점이 생긴다. 이 점이 사라질 때까지, 점 위에 조심스럽게 따뜻한 공기를 쬐어 건조시킨다.
   주의: TLC에 사용하는 용액이 진하면 성분들이 잘 전개되지 않는다.
8. TLC 판을 전개 병에서 전개시켜 실험을 완료한다(전개 용매: 실험 7.11 참고).

실험 7.14 녹말의 산 가수 분해

1) 이론

산 가수 분해 실험에 사용하는 녹말은 효소 가수 분해에 사용한 것과 동일한 시료를 사용한다. 이 실험에서는 앞의 실험 7.13의 효소 분해 결과와 염산을 이용한 가수 분해, 두 실험의 결과를 비교 검토한다.

녹말 시료 용액은 효소 가수 분해 실험에서 실시한 방법(실험 7.13)과 같은 방법으로 제조한다.

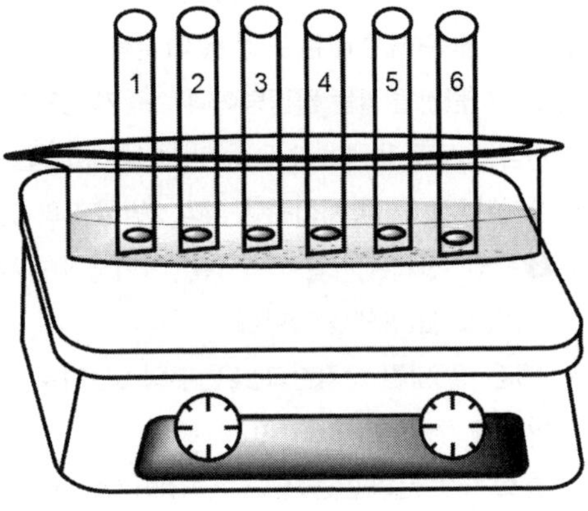

실험 장치

2) 준비물

실험 기구: 삼각 플라스크, 시험관, 눈금 실린더, 자석 가열 교반기, 자석 젓개, TLC 판, TLC 전개 장치, 모세관(TLC 점적용), 리트머스 시험지,

시약: 0.002 *M* 아이오딘 용액, 녹말, glucose, maltose, *conc*-HCl, 2*N* NaOH 용액, Benedict 용액

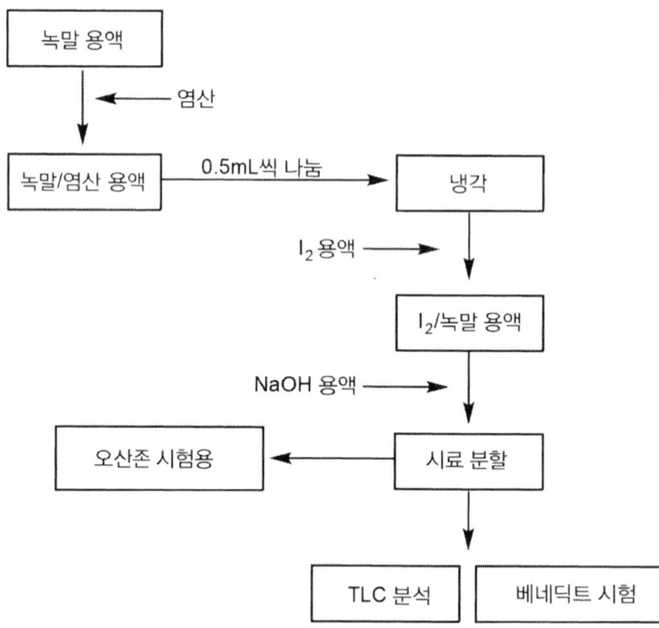

실험 흐름도 7.11 녹말의 산 가수 분해.

3) 실험 방법

1. 깨끗이 씻어 건조한 시험관(10 × 74 mm) 6개를 준비하여 1번부터 6번까지 라벨을 부착한다.
2. 1번 시험관에 준비된 녹말 용액(실험 7.13)에 3.0 mL를 넣고, 0.5 mL의 진한 염산을 가한다.
3. 1번 시험관을 끓는 물중탕이나 수증기 중탕에 둔다. 2번부터 6번 시험관 각각 5분 간격으로 1번 시험관 시료 용액을 0.5 mL씩을 옮기고 실온까지 냉각시킨다.
4. 2-번부터 6-번 시험관에 각각 2방울씩의 0.002 *M* 아이오딘 용액을 가한다.

   주의: 시료를 가열하면 녹말-아이오딘 착물이 해리되기 때문에 시료 용액을 우선 냉각시킨 후 아이오딘 용액을 가한다.
5. 15분, 30분간 방치한다. 2번부터 6번까지 각 시험관에 중성이 될 때까지 2*N* NaOH 용액을 한 방울씩 가한다.
6. 효소 가수 분해 반응(참고 7.13)에서와 같은 방법으로 TLC 분석을 실시하여 각 시료의 성분별

R_f 값을 계산한다. 가수 분해 후에 남은 용액은 냉각시켜 오사존 시험을 위해 보관하여 둔다.

7. 두 가수 분해 반응(실험 7.13과 7.14)에서 얻은 물질을 비교하고 확실한 결론을 얻기 위하여 동일한 TLC 판 위에서 전개시킨다.
8. 단계 6에서 남겨둔 시료들 각각에 5 mL씩의 베네딕트(Benedict) 용액을 가한다. 이 시험관들을 물중탕에서 2분 동안 가열한 다음 시료에 생긴 환원된 당의 양을 비교한다. 베네딕트 **시약**과 환원당이 반응하면 양에 따라 붉은색, 자주색 및 녹색을 띤다.

CHAPTER 08

고분자 및 배위 화합물의 합성

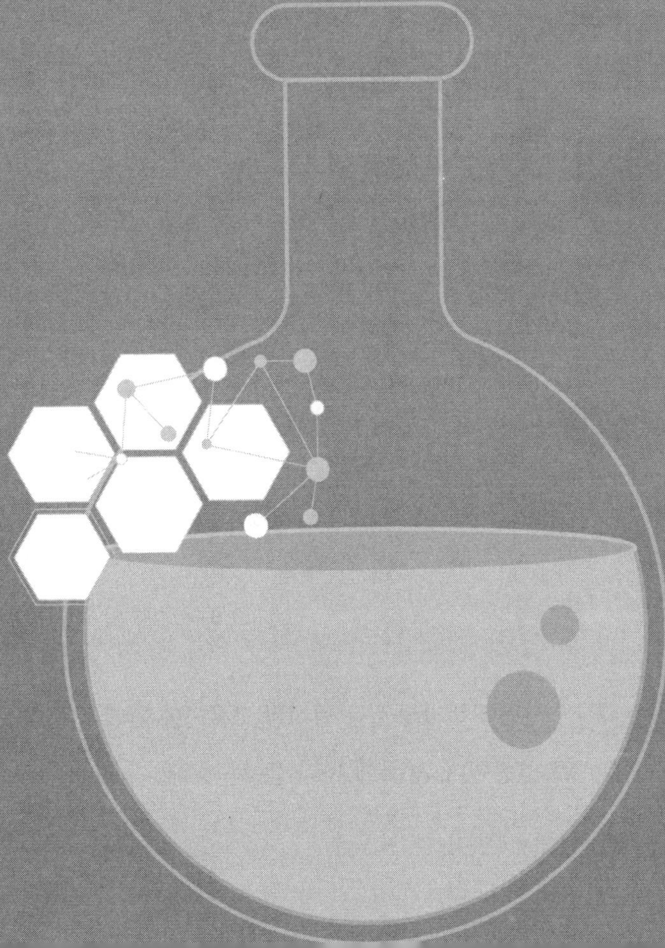

8.1 유기 고분자의 합성

오늘날 일상생활에서 다양한 종류와 용도의 고분자(polymer, 또는 중합체) 물질이 사용된다. 고분자로 인해 인류의 삶의 수준도 또한 더 높아졌다. 'Polymer'라는 단어는 '많다'를 뜻하는 그리스어 'poly'와, '부분'을 뜻하는 그리스어 'meros'로부터 유래되었다.

고분자는 '**단위체**(monomer)'라고 불리는 작은 분자로부터 만들어진다. 작은 분자들이 수천 또는 수만 개가 결합되어 고분자를 형성한다. **중합**(polymerization)은 단위체가 고분자로 전환되는 과정을 말한다.

지난 수십 년간 고분자 물질이 섬유, 접착제, 도료, 포장 용기와 필름, 구조 물질 등의 다양한 용도로 사용되어 왔다. 오늘날에는 전도성 고분자, 액정 고분자 등과 같은 특별한 성질을 갖는 다양한 고분자들이 계속해서 연구 개발되고 있다.

고분자는 **축합 고분자**(condensation polymer)와 **첨가 고분자**(addition polymer)로 구분된다. 첨가 고분자는 **첨가 중합 반응**(addition polymerization)으로 만들어진다. 반면에 축합 고분자는 **축합 중합 반응**(condensation polymerization)에 의해 만들어진다. 첨가 중합 반응에서는 형성된 고분자에 단위체 분자 모두가 포함된다. 그러나 축합 중합 반응에서는 고분자가 형성되는 과정에 단위체 일부가 잘려 나가 고분자에 포함되지 않는다.

$$A_1 + A_2 + A_3 \cdots\cdots A_n \xrightarrow{\text{첨가 중합 반응}} n(A)$$

단위체 → 첨가 고분자

$$n(A) + n(B) \xrightarrow{\text{축합 중합 반응}} n(A\text{-}B) + H_2O$$

단위체 → 축합 고분자

그림 8.1 첨가 및 축합 중합 반응.

한편 고분자 물질은 형성된 고분자에 어떤 종류의 단위체가 포함되는가에 따라 2가지로 구분된다. 종류에 따라 **동종중합체**(homopolymer)와 **공중합체**(copolymer)로 구분된다. 동종중합체는 한가지의 단위체가 반복적으로 결합되어 이루어진 고분자다. 공중합체는 2개 또는 그 이상의 다른 단위체가 규칙적 또는 불규칙적으로 결합되어 이루어진 고분자다.

8.1.1 축합 고분자

축합 고분자(중합체)는 사슬을 이루며, 결합하기에 적당한 조건(작용기)을 가지는 단위체로부터 합성한다. **나일론 66**(Nylon 66)은 사슬 끝에 2개의 NH_2기를 가진 1,6-다이아미노헥세인(1,6-diaminohexane)과 4개 탄소 사슬 양 끝에 COOH기를 가진 아디프산

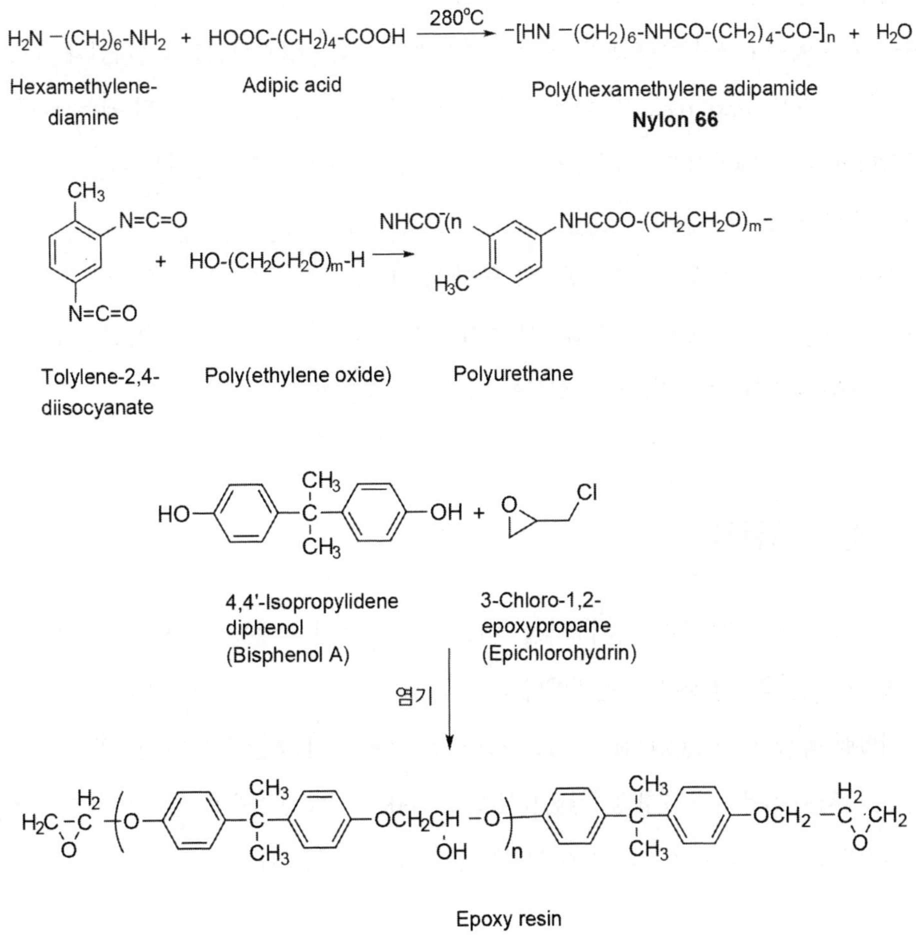

그림 8.2 나일론 66, 폴리유레테인, 에폭시 수지의 합성.

(adipic acid)을 가열하여 합성한다. 폴리유레테인(polyurethane)과 에폭시 수지(epoxyresin)도 축합 고분자이다.

폴리유레테인(polyurethane)은 고분자의 주 사슬에 유레테인 결합($RNHCO_2R'$)이 반복적으로 존재하는 고분자들을 일컫는 용어이며, 경질 부분(hard segment)과 연질 부분(soft segment)으로 이루어져 있다. 경질 부분은 분자 양 말단에 아이소사이아네이트(isocyanate, −N=C=O)를 가지며, 연질 부분은 분자 양 말단에 OH(hydroxyl)기를 가진다. 폴리유레테인은 경질 부분과 연질 부분의 비율 조절로 탄성이 있는 고무상 탄성제(elastomer)에서부터 강한 성질의 엔지니어링 플라스틱에까지 다양하게 응용될 수 있다.

폴리유레테인의 가장 중요한 특성 중 하나는 거품 모양이 형성될 수 있다는 것이다. 유레테인 발포제를 만들려면, 중합 과정에 동시에 기체 생성이 일어나야 한다. 따라서 반응 중에 아이소사이아네이트와 물과 반응시켜 이산화 탄소(CO_2)를 생성시킨다.

에폭시 수지(epoxy resin)의 중심 구조는 폴리에테르이지만, 2개 이상의 에폭시기를 포함하고 있다. 에폭시 수지라는 명칭은 에폭사이드를 원료로 합성한다는 이유에서 붙여진 명칭이다.

에폭시 수지의 특성은 중합 정도와 중합 수에 따라 차이가 난다. 수지의 중합도(degree of polymerization)는 수십에서 수십 만까지이지만, 실용적인 중합도는 단분자에 가까운 것부터 수십 정도의 중합도를 가지는 수지들이다.

8.1.2 첨가 고분자

첨가 고분자는 단위체가 가지고 있는 이중 결합(C=C)이나 에폭시(epoxy, ▷o) 고리에서 반응이 일어나 생성된다. 폴리에틸렌(polyethylene), 폴리스타이렌(polystyrene), 폴리에틸렌 옥사이드(polyethylene oxide) 등이 그 예이다. 이 중합 반응은 단위체에 의존하며, 단위체 작용기의 친핵성, 친전자성 또는 자유 라디칼 반응으로 일어난다. 아래에 상업적으로 중요한 몇 가지의 첨가 고분자 물질을 합성하는 화학 반응식을 나타냈다.

양이온 중합 반응

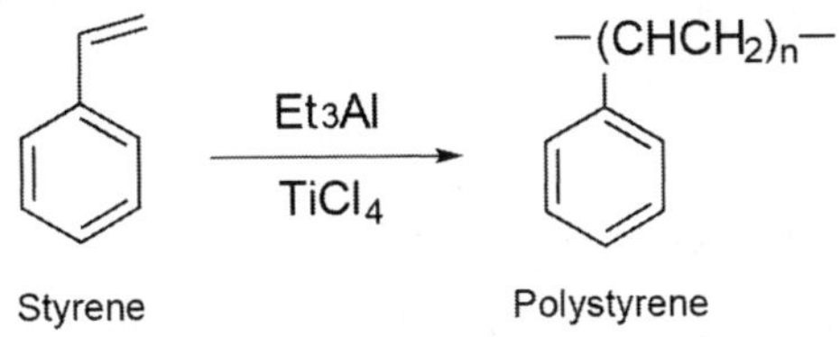

자유 라디칼 중합 반응

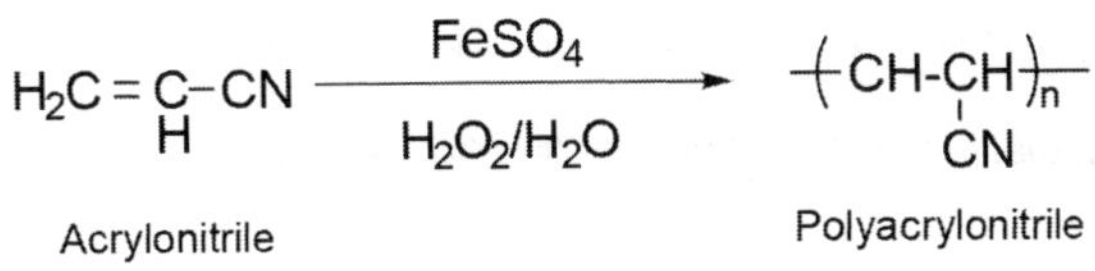

음이온 중합 반응

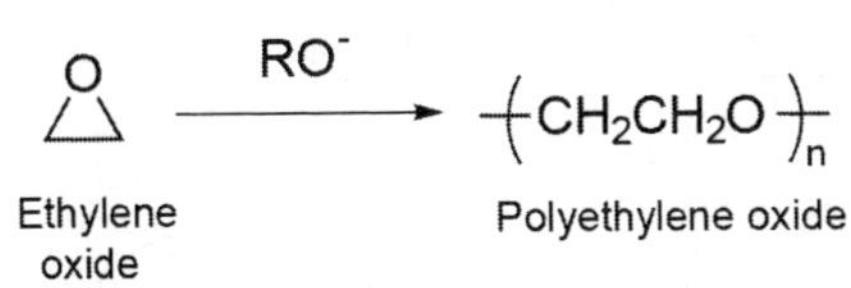

그림 8.3 상업적으로 중요한 몇 가지 첨가 고분자 물질의 합성.

실험실 규모의 고분자 합성은 다음 실험 부분에서 설명하는 과정들에 의하여 이루어지지만, 매일 톤 단위의 고분자를 생산하는 공업적 규모에서는 다른 방법으로 생산한다. 공업적 방법에서는 더 경제적인 방법들이 이용된다.

고분자(중합체)는 분자량이 일정하지 않아 녹는점과 끓는점이 일정하지 않으며, 액체 또는 고체로 존재한다. 즉 고분자는 **가소성**(plasticity)이 있다. 가소성은 어떤 힘(예, 열)을 받아 변형된 후에 그 힘을 제거해도 본래의 모형으로 되돌아가지 않는 성질을 말한다. 또한 작은 분자들처럼 반응을 잘 하지 않아 안정적이어서 유용하기도 하다. 합성 과정에서 반응 조건을 다양하게 조절하여 고분자가 원하는 성질을 가지도록 한다.

실험 8.1 폴리스타이렌의 합성

1) 이론

스타이렌(styrene)의 중합 반응은 양이온, 음이온 혹은 자유 라디칼 메커니즘으로 진행될 수 있다. 공업적으로는 개시제 없이 순수한 스타이렌을 약 180℃로 가열하여 폴리스타이렌(polystyrene)을 제조한다. 이 실험에서는 개시제로 과산화 벤조일(benzoyl peroxide)를 사용하여 중합 반응을 한다. 과산화 벤조일의 O−O 결합은 60℃ 이상에서 끊어져 2개의 벤조일옥시 라디칼(benzoyloxy radical, $C_6H_5CH_2O\cdot$)을 형성한다. 벤조일옥시 라디칼이 카복시 이탈 반응을 일으켜 생성되는 페닐 라디칼(phenyl radical, $C_6H_5\cdot$)이 실제적인 개시제로 작용한다.

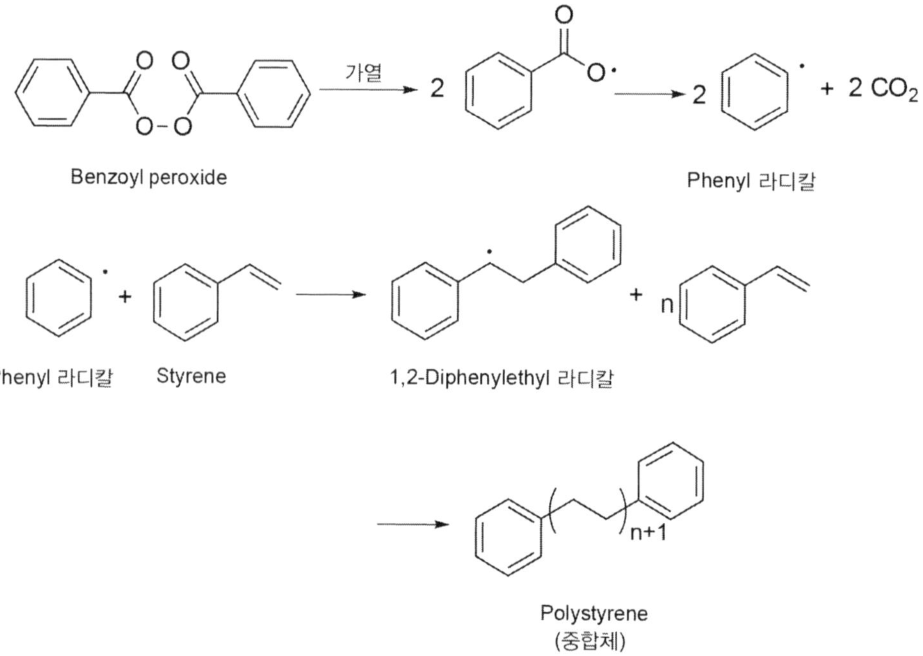

그림 8.4 폴리스타이렌의 합성.

2) 준비물

실험 기구: 시험관, 피펫, 자석 가열 교반기, 자석 젓개, 물중탕, 코르크 마개, 저울, Hirsch 다공성 깔때기, 온도계, 비커, 현미경 슬라이드

시약: Benzoyl peroxide, styrene, toluene, methanol, benzene

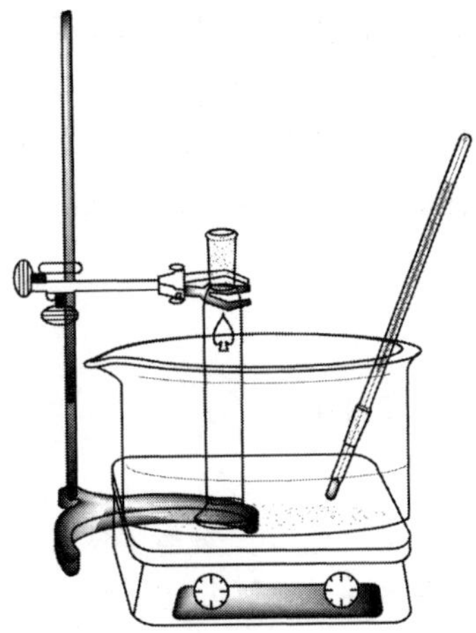

실험 장치

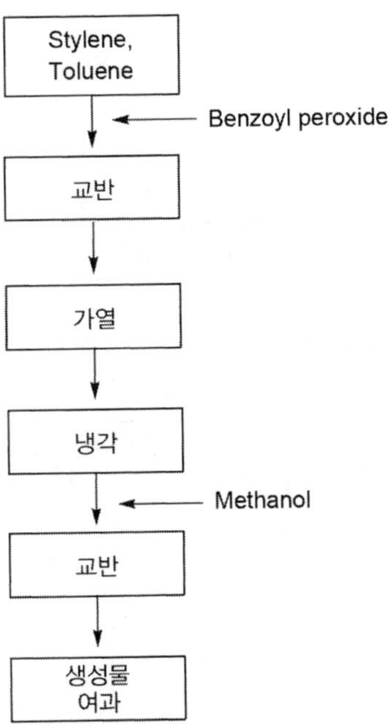

실험 흐름도 8.1 폴리스타이렌의 합성.

3) 실험 방법

1. 시험관(18 × 150 mm)에 피펫으로 스타이렌(styrene, d = 0.91) 1.0 mL를 넣고 톨루엔(toluene) 5 mL를 가하여 녹인다.
2. 준비된 시료의 양을 추정하여 대략 50 mg의 과산화벤조일(benzoyl peroxide)을 스타이렌 용액에 가하고, 잘 녹도록 혼합물을 저어준다.

   주의: 과산화 벤조일은 열과 충격에 대해서는 불안정하므로 조심하여 다루어야 한다. 금속으로 만든 약숟가락은 사용하지 않는다. 종이컵을 사용하여 필요한 양을 덜어내는 방법도 좋다.
3. 시험관을 코르크 마개로 느슨하게 막고, 시료 용액을 70~80℃의 물중탕에서 60~90분간 가열한다. 반응 용액을 가열하는 동안 다른 실험 하나를 더 시작한다.

   주의: 폭발 위험이 있으므로 마개를 완전히 막지 않는다. 모든 실험 장치는 열린계이어야 한다.
4. 시료 용액을 실온까지 냉각시키고, 메탄올 10 mL가 들어 있는 더 큰 시험관(25 × 100 mm)에 옮긴다.
5. 반응물을 옮긴 시험관에 5 mL의 메탄올을 더 가한다. 시험관을 조심스럽게 흔든다.
6. 감압 여과 장치로 생성물(polystyrene)을 여과한다. 또 시험관과 깔때기에 남아 있는 폴리스타이렌을 메탄올 5 mL로 씻는다. 얻어진 고분자 물질을 공기 중에서 건조시켜 무게를 측정하여 수율을 계산한다.

7. 소량(50~100 mg)의 폴리스타이렌 생성물을 현미경 슬라이드 위에 놓고 몇 방울의 벤젠(benzene)을 가하여 잘 섞어 녹인다. 벤젠이 모두 증발하면 슬라이드에 폴리스타이렌 필름이 만들어진다. 만들어진 필름의 투명도와 강도를 측정한다.
8. 만들어진 폴리스타이렌 필름을 회수하여, IR을 찍고 스펙트럼을 분석한다.

실험 8.2 에폭시 수지의 합성

가장 중요한 에폭시 수지(epoxy resin)는 비스페놀 A(bisphenol A)와 에피클로로하이드린(epichlorohydrin)의 축합 고분자 물질이다. 이들은 혼성 중합 반응에서 단위체로 사용되는 에폭시(epoxy) 말단기와 비스페놀이 반응하여 고분자 물질을 형성한다. 이 반응에서 비스페놀 A에 대한 에피클로로하이드린의 비율에 따라 분자량이 다른 고분자를 만들 수 있다.

저 분자량을 가진 직선 형태의 에폭시 수지를 합성하려면, 염기성 조건에서 비스페놀 A를 당량보다 약간 많은 양의 에피클로로하이드린을 반응시켜야 한다. 만일, 두 반응 물질의 비율이 정확히 1:1이 되면, 고분자량 고분자 물질이 얻어진다.

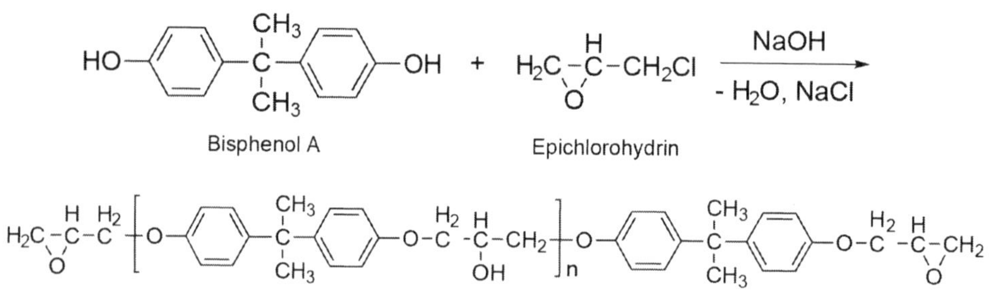

그림 8.5 에폭시 수지의 합성.

2) 준비물

실험 기구: 시험관, 피펫, 자석 가열 교반기, 자석 젓개, 물중탕, 코르크 마개, 저울, 온도계, 비커
참고: 이 실험의 실험 장치는 실험 8.1과 같다.
시약: 2 *N* sodium hydroxide 수용액, bisphenol A, epichlorohydrin

3) 실험 방법

1. 시험관에 2 *N* NaOH 수용액 5 mL와 1.14 g의 비스페놀 A(bisphenol A)를 넣는다.

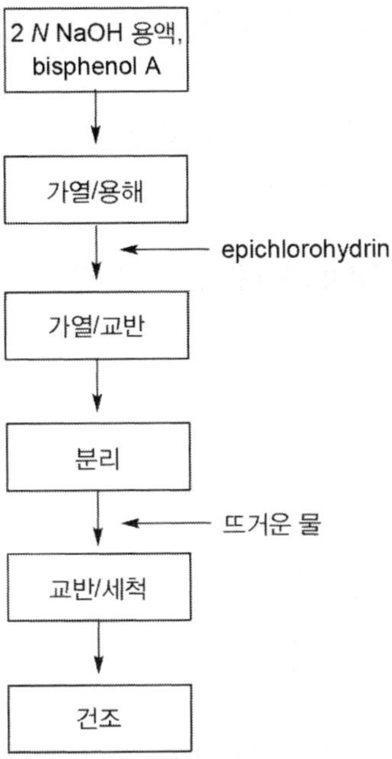

실험 흐름도 8.2 에폭시 수지의 합성.

2. 이 시험관을 수증기 중탕에 장치하고, 가열하여 녹인다.
3. 시험관 용액이 투명하게 되면 피펫(1 mL의 눈금)을 사용하여 에피클로로하이드린(epichlorohydrin) 0.60 mL (0.71 g)을 가한다.

주의: 에피클로로하이드린은 유독하고, 피부를 자극하며, 증기는 눈을 자극하므로 후드에서 필요한 양을 비스페놀 용액에 직접 옮긴다.

4. 시험관 내 성분들이 잘 섞이도록 조심스럽게 저어 준다. 시험관을 시계 접시나 코르크 마개로 느슨하게 막고 1시간 동안 계속 가열한다. 혼합물을 수시로 교반하면서 나타나는 변화를 기록한다.

주의: 폭발 위험이 있으므로 시험관을 완전히 막지 않아야 한다. 모든 실험 장치는 열린계이어야 한다.

5. 1시간 후에 시험관 내 수용액 층을 따라 내고, 10 mL의 뜨거운 물을 가한다. 가열된 혼합물 용액을 유리 막대로 저어 준다. 이 과정에서 수용성의 불순물들이 제거된다. 씻은 물은 따라 버리고 추가로 10 mL의 따뜻한 물로 한 번 더 씻어준다.
6. 시험관 내 수지를 냉각시키고, 종이 위에 꺼내어 놓고 잘게 부숴서 건조한다.
7. 생성물의 무게를 재어 수율을 계산하고, 녹는점 범위에서 **연화점**(softening temperature)을 측정한다. 연화점은 수지가 부드러워지는 온도를 말한다.

〈참고〉 만약 연화점을 측정할 수 없으면, 시료 수지를 시험관에 다시 넣고 시험관을 물이 든 비커에 고정시킨다. 비커에 온도계를 장치하고 물을 가열한다. 교반봉으로 수지를 저어주면서 수지 속에서 교반봉이 움직여질 때의 물의 온도를 연화점으로 결정한다.

실험 8.3 폴리유레테인의 합성

1) 이론

폴리유레테인은 일반적으로 다이아이소사이아네이트(diisocyanate)와 다이하이드록시(dihydroxy) 화합물로부터 합성한다. 이 원료 물질들은 각각 동일한 작용기를 2개씩 가지고 있다. 폴리유레테인(polyurethane)이라는 명칭은 고분자가 유레테인 결합을 가지고 있어 붙여진 것이지, 이 화합물이 유레테인(urethane, $CH_3CH_2OCONH_2$, ethyl carbamate)의 중합체는 아니다. 폴리유레테인은 아이소사이아네이트 중합체(isocyanate polymer)라고도 한다.

폴리유레테인의 특성은 반응에 관여되는 작용기(N=C=O기와 OH기)를 포함하고 있는 분자의 모체(R과 R')의 종류에 따라 다르다.

폴리유레테인 합성에 이용되는 다이아이소사이아네이트 유도체는 지방족 화합물(예, hexamethylene diisocyanate)이거나 또는 방향족 화합물(예, toluene diisocyanate)이다.

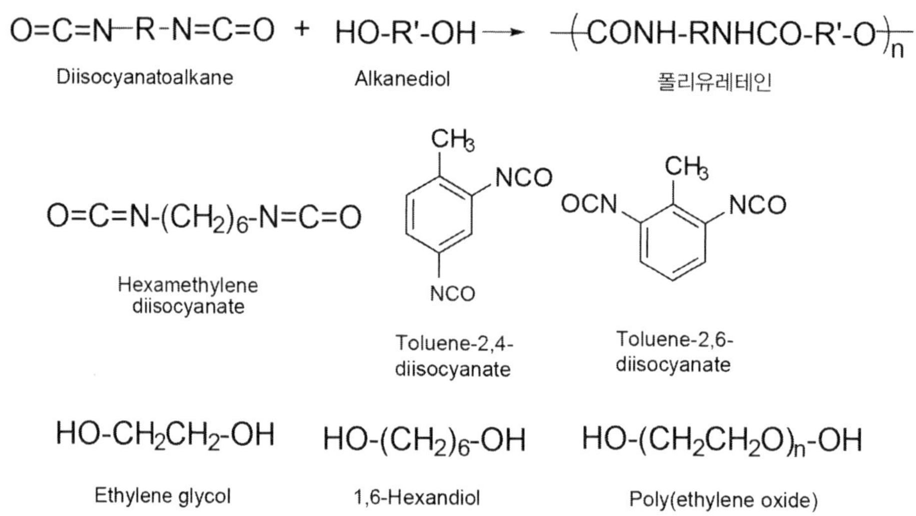

그림 8.6 폴리유레테인의 합성 및 합성에 이용되는 다이아이소사이아네이트와 다이하이드록시 유도체.

한편 폴리유레테인 합성에 이용되는 다이올(diol)은 대체로 에틸렌 글리콜(ethylene glycol)이나 1,6-헥세인다이올(1,6-hexanediol)처럼 단순한 화합물도 이용된다. 그러나 일반적으로 분자량이 큰 폴리올[polyol, 예 polyethylene glycol, polypropylene glycol, hydroxyl terminated polyester, poly(ethylene adipate)] 등이 많이 사용된다. 교차 결합된 폴리유레테인은 다이올 대신에 트라이올(triol, 3개 OH기를 가진 알코올)을 사용하여 합성할 수 있다.

폴리유레테인 거품(foam)은 폴리유레테인을 응용한 가장 중요한 제품이다. 일반적으로 다른 고분자 물질들은 해당 고분자 물질을 녹일 수 있고 증발이 가능한 휘발성 용매에 녹여 거품을 만든다. 그러나 폴리유레테인은 중합 반응이 일어나는 동안 거품이 생긴다. 반응 중에 물이 존재하면 아이소사이아네이트와 알코올이 반응할 때 경쟁 반응을 일으킨다. 이때 아이소사이아네이트와 물이 반응하면 불안정한 카밤산(carbamic acid)이 형성된다. 이 카밤산이 이산화 탄소(CO_2)와 아민(RNH_2)으로 분해된다. 이때 생성되는 이산화 탄소가 고밀도 거품(폼)이 되게 한다.

$$\underset{\text{Isocyanate}}{R\text{-}N{=}C{=}O} + H_2O \longrightarrow \underset{\text{Carbamic acid}}{R\text{-}NHCOOH} \longrightarrow \underset{\text{아민}}{RNH_2} + \underset{\text{이산화 탄소}}{CO_2}$$

그림 8.7. 아이소사이아네이트와 물의 반응.

사용되는 폴리올(polyol)의 종류에 따라 성질이 다른 고분자 거품 물질이 만들어진다. 한편, 반응물에 대한 적정 비율은 당량을 고려하여 결정한다. 여기서 말하는 당량은 분자량에 1개 분자가 가지는 작용기 수를 곱한 값이다.

(당량) = (분자량) × (1분자가 갖는 작용기의 수)

표 8.1에 톨루엔 2,4-다이아이소사이아네이트(toluene-2,4-diisocyanate, 분자량 = 174.2, 당량 = 47)와 함께 혼성 중합 반응에 사용하는 폴리올의 종류 및 분자량 그리고 당량을 나타냈다.

피마자유(caster oil)는 피마자 열매로부터 얻는다. 끓는점이 313℃이고, 밀도는 0.961 g/cm^{3}이다. 피마자유는 트라이글리세라이드(triglyceride)의 혼합물이며, 지방산의 약 90%가 리시놀레산(ricinoleic acid)이다. 그 외로 올레산(oleic acid)과 리놀레산(linoleic acid)도 포함되어 있다. 피마자유는 일종의 전통 의약품이기도 하며, 공업적으로는 비누, 왁스, 페인트, 잉크, 나이론 및 플라스틱 등의 제조에 사용된다.

표 8.1 공중합을 위한 폴리올 종류

알코올 화합물	분자량(g, mole)	당량 (g, eq)
Ethylene glycol 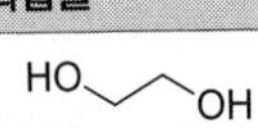	62.1	31
Diethylene glycol 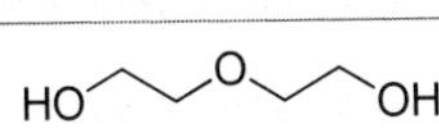	106	53
Triethylene glycol 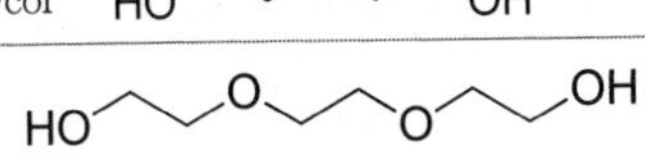	150	75
Glycerol 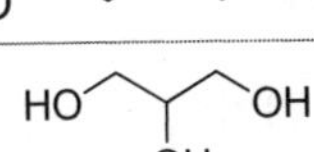	92	31
Castor oil	~930	~345
Water H_2O	18	9

2) 준비물

실험 기구: 종이컵(4온스 크기), 피펫, 스포이드, 교반용 유리 막대, 저울

시약: Castor oil(피마자유), glycerol, silicone oil, triethyl amine, toluene-2, 4-diisocyanate

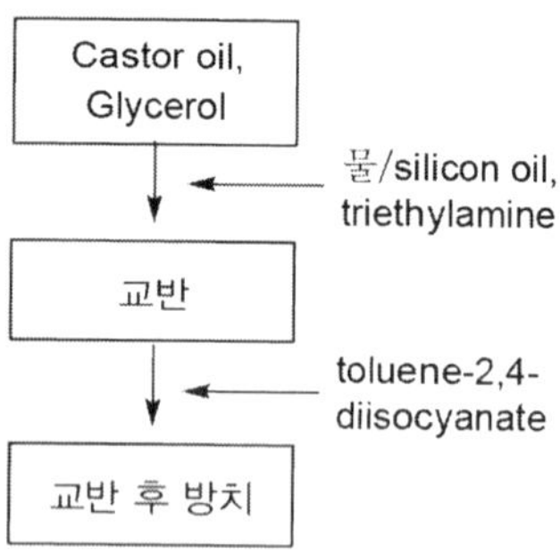

실험 흐름도 8.3
폴리유레테인의 합성.

3) 실험 방법

1. 종이컵에 피마자유 0.4 g과 글리세롤(glycerol) 0.1 g을 넣는다.
2. 여기에 물(H_2O), 실리콘 오일(silicone oil), 트라이에틸아민(triethyl amine)을 각각 2방울씩 가한다.
3. 크림 같은 에멀션이 잘 형성되도록 혼합물을 교반봉으로 저어 준다.
4. 후드 안에서 눈금 피펫을 사용하여 3.0 mL(3.66 g)의 톨루엔-2,4-다이아이소사이아네이트(toluene-2, 4- diisocyanate)을 가한다.

   ❶ 주의: Toluene-2,4-diisocyanate는 유독한 물질이므로 증기를 흡입하지 않도록 주의하고, 실험을 마친 후에는 손을 깨끗이 씻는다.
5. 부드러운 에멀션이 형성되고 거품이 생기기 시작할 때까지 혼합물을 조심스럽게 저어 준다. 거품이 발생하기 시작하면 중합 반응이 진행되도록 교반을 멈추고, 교반봉을 빼낸다. 종이컵을 후드의 한쪽에 방치한다.
6. 부피가 최대로 부풀면 종이컵에서 꺼내서 하루 동안 방치하여 경화시킨다.

8.2 배위 화합물의 합성

배위 화합물(coordination compound)은 '금속과 유기 분자가 배위 공유 결합(coordinate covalent bond)을 통해 형성'하는 물질이다. 옛날 무기 화학자들은 이를 '착물(complex)'이라고 불렀다.

배위 공유 결합은 '리간드(ligand)에 있는 특정 원자의 전자쌍이 빈 전자 오비탈을 가진 금속 원자에 제공되어 형성되는 공유 결합'이다. 리간드는 비결합 전자쌍을 가지고 있는 유기 분자이다. *d*-오비탈이 비어 있는 전이 금속들이 배위 화합물을 잘 형성한다.

전이 금속 원자들은 여러 원자와 강한 결합을 형성할 수 있고, 다양한 산화수를 가진다. 따라서 유기 화합물에서는 나타내지 않는 반응성을 보인다. 배위 화합물의 구조는 금속의 배위수(coordination number)에 따라 다르며, 성질도 또한 다양하다.

오늘날에는 전통적인 배위화학에서 더 나아가 초분자 화학(supramolecular chemistry)으로 확장 발전하고 있다. 초분자(supramolecle)는 분자나 화학종들이 비공유 결합적인 힘[수소 결합, 정전기적 힘, 반데르발스(van der Waals) 힘, 소수성 효과(hydrophobic effect), π–π 스태킹(π–π stacking) 및 금속–리간드 간의 결합]에 의해 질서 있게 응집된 분자 응집체로 정의한다(*Angew. Chem. Int. Ed.* Engl. 1988, 27, 90). 나노과학(nanoscience) 및 초분자 화학이 발전하면서, 유기 화학자들도 배위 화합물을 합성하고 다루는 이론과 기술이 필요해졌다. 따라서 이 실험에서는 간단한 배위 화합물의 합성을 다룬다.

실험 8.4 알루미늄 배위 화합물[Alq_3]의 합성

1) 이론

'Alq_3'라는 약기호로 표기하는 배위 공유 화합물은 $Al(C_9H_6NO)_3$의 화학식을 가지는 물질이다. 이 물질의 전체 이름은 트리스(8–하이드록시–퀴놀리네이토)알루미늄[tris(8–hydroxyquinoli–nato)aluminium]이다. Alq_3가 1987년에 탱(C.W.Tang)에 의해 처음으로 보고된 후에 발광 물질로 다양한 퀴놀린–금속 착물들이 연구되었다. Alq_3는 화학 발광(chemiluminescence) 성질 때문에 OLED 재료 물질로 이용되기 시작했다.

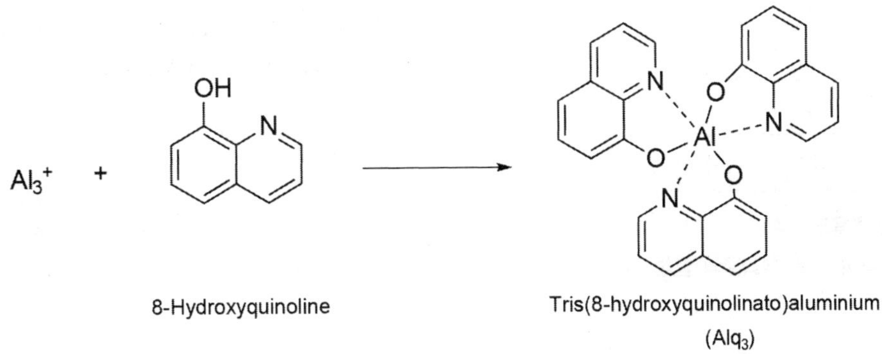

그림 8.8 Alq_3의 합성.

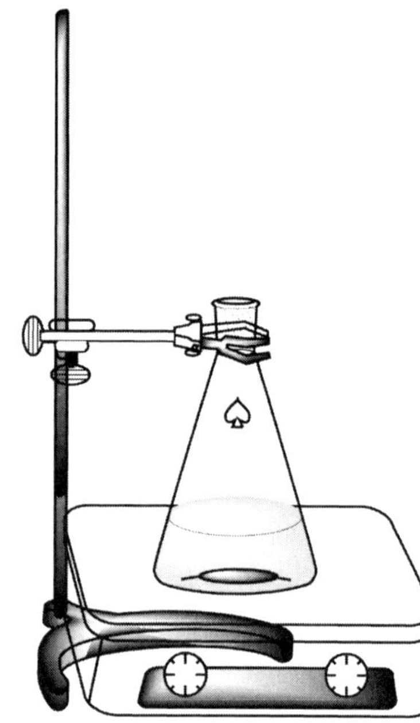

실험 장치

Alq_3는 구조적으로 보면, 3개의 리간드(8-hydroxy-quinoline)와 각각 두 자리에 결합한 알루미늄(Al)의 착물이다. 이 착물의 발광 특성은 리간드인 퀴놀린의 치환기에 의존한다. 즉 치환기가 다르면 발광하는 빛이 다르다. 이런 이유로 Alq_3가 OLED 소재로서의 가치가 높다.

Alq_3는 합성 과정이 간단하고, 수율이 높은 편이며, 반응 조건이 까다롭지 않아 쉽게 합성할 수 있다.

2) 준비물

실험 기구: 스탠드, 집게, 삼각 플라스크, 저울, 자석 가열 교반기, 자석 젓개, 피펫, 여과 장치

시약: 8-Hydroxyquinoline, ethanol, $Al_2(SO_4)_3$. $18H_2O$, ammonia 용액

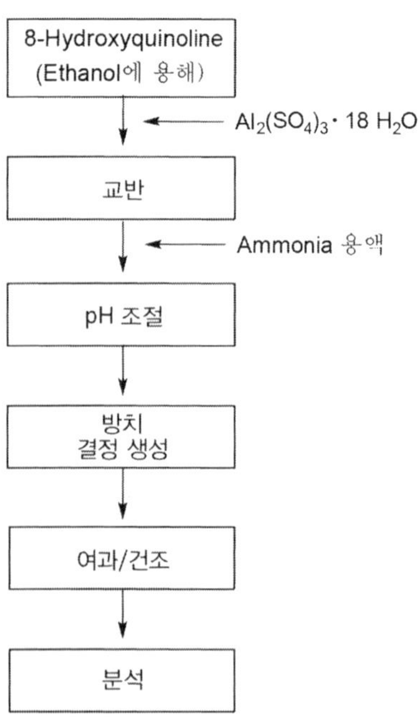

실험 흐름도 8.4
알루미늄 배위 화합물의 합성.

3) 실험 방법

1. 실온에서 8-하이드록시퀴놀린(8-hydroxy-quinoline) 1.45 g과 50 mL의 에탄올(ethanol)을 삼각 플라스크에 넣는다.
2. 증류수 20 mL에 $Al_2(SO_4)_3.18H_2O$(1.11 g)를 녹여서 반응 혼합물에 가한다.
3. 반응 혼합물을 10분간 잘 교반하고, 용액의 pH가 6~7이 될 때까지 암모니아 용액을 가하고 섞는다.
4. 녹색 결정이 생성될 때까지 용액을 실온에서 방치한다. 생성된 녹색 분말을 여과하여 건조한다.
5. 건조된 결정의 무게를 측정하여 수율을 계산하고, 자외선 분광기로 분석하여 흡광도를 관찰한다.

실험 8.5 철 배위 화합물[Fe(acac)$_3$]의 합성

1) 이론

철은 염기성 용액에서 아세틸아세톤(acetylacetone, pentane-2,4-dione)과 반응하여 배위 공유 결합 물질을 형성한다. 아세틸아세톤은 엔올화(enolation)를 일으키며, 염기성 용액에서는 음이온(acac)를 형성한다. 이 음이온이 금속과 M(acac)$_n$ 형태의 배위 화합물을 형성한다.

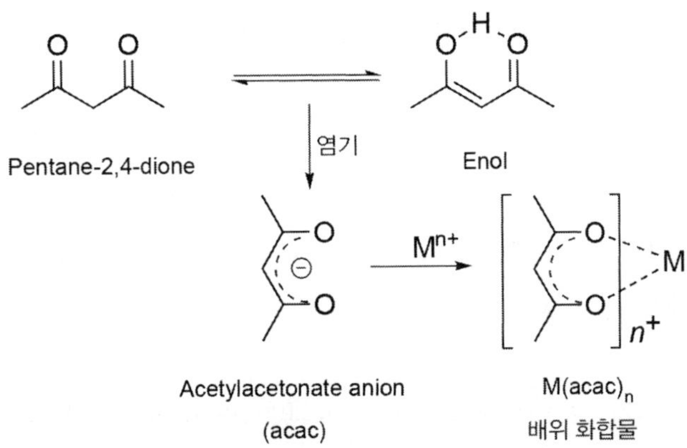

그림 8.9 아세틸아세톤을 이용한 배위 화합물의 합성.

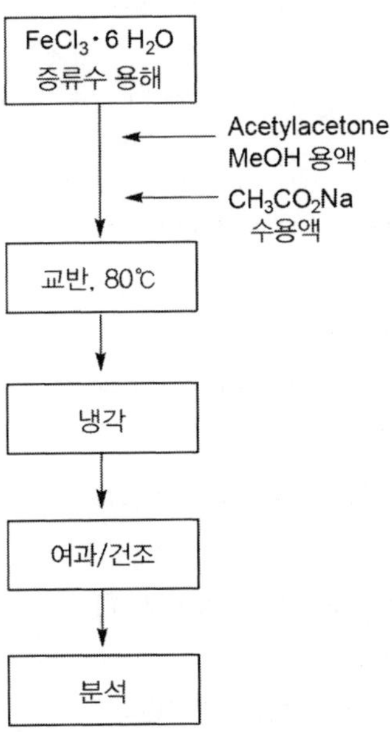

실험 흐름도 8.5
철 배위 화합물의 합성.

이 실험에서는 $FeCl_3$를 이용하여 Fe(acac)$_3$를 합성하여 관찰한다. 아울러 구리의 Cu(acac)$_2$ 형 배위 화합물도 합성한다.

2) 준비물

실험 기구: 스탠드, 집게, 삼각 플라스크 저울, 자석 가열 교반기, 자석 젓개, 피펫, 온도계, 여과 장치, 진공 건조기

참고: 이 실험의 실험 장치는 실험 8.4와 같다.

시약: $FeCl_3.6H_2O$, acetylacetone, Methanol, sodium acetate

3) 실험 방법

1. 삼각 플라스크에 $FeCl_3 \cdot 6H_2O$ 3.3 g(12 mmol)을 넣고, 증류수 25 mL를 첨가하여 15분간 교반하여 녹인다.
2. 아세틸아세톤(acetylacetone) 4 mL를 메탄올 10 mL에 녹여 반응물에 가한다.

3. 소듐 아세테이트(sodium acetate) 5.1 g을 증류수 15 mL에 녹여서 반응 혼합물에 가한다.
4. 반응물을 80℃로 15분간 교반하면서 가열한다.
5. 반응 용액을 냉각시키고, 여과한다. 얻어진 결정을 냉수로 씻고 진공 건조한다. 생성물의 색을 관찰하고 기록한다. $FeCl_3 \cdot 6H_2O$는 녹색이고, $Fe(acac)_3$ 결정은 커피색이다.
6. 무게를 측정하여 수율을 계산하고, 녹는점을 측정하여 문헌값(180~182℃)과 비교한다.
7. 일부 시료를 녹여서 지외선 분광기로 분석하여 흡광도를 측정한다.

실험 8.6 구리 배위 화합물[$Cu(acac)_2$]의 합성

1) 이론

구리 2가 이온(Cu^{2+})도 $Cu(acac)_2$ 형의 아세틸 아세테이트 착물을 형성한다. 이 실험에서 철 배위 화합물 제조 방법과 거의 동일한 조작으로 $Cu(acac)_2$ 형의 배위 화합물을 합성한다.

2) 준비물

실험 기구: 스탠드, 집게, 삼각 플라스크 저울, 자석 가열 교반기, 자석 젓개, 피펫, 온도계, 여과 장치, 진공 건조기

참고: 이 실험의 실험 장치는 실험 8.4와 같다.

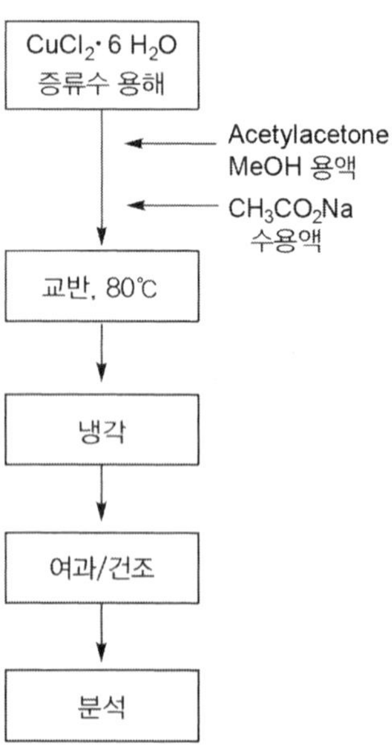

실험 흐름도 8.6
구리 배위 화합물의 합성.

시약: $CuCl_2 \cdot 6H_2O$, acetylacetone, Methanol, sodium acetate

3) 실험 방법

1. $CuCl_2 \cdot 6H_2O$ 4 g을 25 mL 증류수에 넣고 10분간 교반한다.
2. 아세틸아세톤 5 mL를 메탄올 10 mL에 녹여서 반응 용액에 가한다.
3. 소듐 아세테이트(sodium acetate) 6.8 g을 물 15 mL에 녹여서, 5분간에 걸쳐 반응 용액에 천천히 가한다.
4. 반응 용액을 80℃에서 15분간 교반하고, 얼음 중탕에서 냉각시킨다.
5. 생성된 청 녹색 결정을 여과하고, 냉수로 2~3번 씻는다. 얻어진 결정을 100℃ 오븐에서 건조한다.
6. 수율을 계산하고, 녹는점을 측정하여 문헌값과 비교한다.
7. 자외선 분광기로 분석하여 흡광도를 측정한다.

부록

1. 자주 사용되는 유기 반응 용매의 물리적 상수와 정제 방법 문헌

용 매	끓는점 (bp, ℃)	녹는점 (mp, ℃)	유전상수 (25℃)	정제 방법 참고 문헌
		양성자성, 극성 용매		
Ammonia	−33.4	−77.7	22.4	*Purification of Lab. Chemicals*, 7th ed. Elsevier, 2013 p557.
Methanol	65	−97.8	32.6	*J. Am. Chem. Soc.*, 1951, 73, 1739. *Pure & Appl. Chem.* 1985, 57, 855.
Ethanol	78.5	−117.3	24.3	*J. Am. Chem. Soc.*, 1941, 63, 3079. *Pure & Appl. Chem.* 1985, 57, 855.
2,2,2−Trifluoroethanol	77	−44	8.55	—
i−Propanol	82	−90	17.9	—
t−Butyl alcohol	82.3	25.5	11.5	*J. Am. Chem. Soc.*, 1941, 63, 3079. *Purification of Lab. Chemicals*, 7th ed. Elsevier, 2013 p124.
Water	100.0	0.0	78.5	—
1−Butanol	117	−89.5	17.1	*J. Am. Chem. Soc.*, 1929, 51, 3312, 3330. *Purification of Lab. Chemicals*, 7th ed. Elsevier, 2013 p173.
Acetic acid	118.5	16.6	6.2	*J. Am. Chem. Soc.*, 1931, 53, 2881. *Purification of Lab. Chemicals*, 7th ed. Elsevier, 2013 p105.
Methyl cellosolve[a]	125	−85.1	—	*Purification of Lab. Chemicals*, 7th ed. Elsevier, 2013 p177.
Methyl carbitol[b]	193	〈 −84	—	—
Ethylene glycol	198	−13.2	37	*J. Am. Chem. Soc.*, 1931, 53, 2115. *Purification of Lab. Chemicals*, 7th ed. Elsevier, 2013 p161.
Diethylene glycol	245	−10.5	—	*Purification of Lab. Chemicals*, 7th ed. Elsevier, 2013 p143. J. Am. Chem. Soc., 1951, 73, 4341.
Formamide	211	3	111	*Purification of Lab. Chemicals*, 7th ed. Elsevier, 2013 p165.
Diethylamine	56	−50	3.6	*Purification of Lab. Chemicals*, 7th ed. Elsevier, 2013 p142.
		비양성자성, 극성 용매		
Acetonitrile	80.0	−45.7	38	*J. Am. Chem. Soc.*, 1986,108, 2257. *Purification of Lab. Chemicals*, 7th ed. Elsevier, 2013 p107.

Acetone	56	−95	20.7	*Purification of Lab. Chemicals*, 7th ed. Elsevier, 2013 p105.
Pyridine	115.5	−42	12.3	*Angew. Chem.* 1956, 68, 61. *Purification of Lab. Chemicals*, 7th ed. Elsevier, 2013 p478.
Triethyl amine	90	−115	2.42	*Purification of Lab. Chemicals*, 7th ed. Elsevier, 2013 p212.
Nitromethane	101	−28	35.87	*Purification of Lab. Chemicals*, 7th ed. Elsevier, 2013 p190.
Nitrobenzene	211	6	34.8	—
Ethyl acetate	77	−84	6.02	—
Ethyl benzoate	213	−35	6.0	—
Dimethylformamide	153	−61	36.7	*Microchem. J.* 1963, 7, 194. *Purification of Lab. Chemicals*, 7th ed. Elsevier, 2013 p150.
Dimethylsulfoxide	189	18.5	45	*J. Org. Chem.* 1963, 28, 3376.
Quinoline	237.1	−15.9	9.0	*Chem. Zentr.*, 1955, 1378. *Purification of Lab. Chemicals*, 7th ed. Elsevier, 2013 p482.
Sulfolane[c]	285	28	—	*Purification of Lab. Chemicals*, 7th ed. Elsevier, 2013 p485. *Pure & Appl. Chem.* 1977, 49, 211.
Hexamethylphosphoramide	235	7	30	—

에터

Diethyl ether	34.6	−116.2	4.3	*Purification of Lab. Chemicals*, 7th ed. Elsevier, 2013 p203.
Tetrahydrofuran	65	−65	7.9	*Angew. Chem.* 1951, 63, 122.
Anisole	154	−3	4.33	*Purification of Lab. Chemicals*, 7th ed. Elsevier, 2013 p269.
Monoglyme[d]	83	−58		*Purification of Lab. Chemicals*, 7th ed. Elsevier, 2013 p147.
1,4-Dioxane	101	11.8	2.2	*J. Am. Chem. Soc.*, 1933, 55, 21. *Purification of Lab. Chemicals*, 7th ed. Elsevier, 2013 p434.
Diglyme[e]	161.5	−68	—	Reagents for Org. Synth. John Wiley & Sons, 1967. *Purification of Lab. Chemicals*, 7th ed. Elsevier, 2013 p146.
Triglyme[f]	216	−45	—	—
Tetraglyme[g]	275	−27	—	—

할로젠화 용매

Methylene chloride	41	−97	9.1	*J. Am. Chem. Soc.*, 1926, 48, 562.
Chloroform	61.2	−63.5	4.8	*J. Am. Chem. Soc.*, 1931, 53, 1744. *Lab. Tech.*

				in Org. Chem. I.K. International Pvt. Ltd. 2005, p189.
Carbon tetrachloride	76.8	−23.0	2.2	*J. Am. Chem. Soc.*, 1937, 59, 2726.
Tetrachloroethylene	121.2	−22.4	2.6	*Chem. Zentr.* 1931, 236.
Chlorobenzene	131.7	−45.6	5.6	*J. Am. Chem. Soc.*, 1937, 59, 2726.
o−Dichlorobenzene	181	−17	9.93	*Purification of Lab. Chemicals*, 7th ed. Elsevier, 2013 p312.

탄화수소 용매

Pentane	36	−129.7	1.8	Ber. 1926, 59, 523.
Benzene	80.1	5.5	2.3	*Purification of Lab. Chemicals*, 7th ed. Elsevier, 2013 p272.
Cyclohexane	81	6.5	2.0	*J. Am. Chem. Soc.*, 1951, 73, 5406. *Purification of Lab. Chemicals*, 7th ed. Elsevier, 2013 p229.
Toluene	110.6	−95	2.4	*Purification of Lab. Chemicals*, 7th ed. Elsevier, 2013 p386.
p−Xylene	138	14	2.3	*Purification of Lab. Chemicals*, 7th ed. Elsevier, 2013 p396.
Decalin(isomer mixture)	185−195	−124	2.0	*Z. Phys.* 1940, 116, 716. *Purification of Lab. Chemicals*, 7th ed. Elsevier, 2013 p241.
Biphenyl	255.3	69.2	2.5	*Anal. Chem.* 1957, 29, 361.

[a]Ethylene glycol monomethyl ether. [b]Diethylene glycol monomethyl ether. [c]Tetramethylene sulfone. [d]Ethylene glycol dimethyl ether. [e]Diethylene glycol dimethyl ether. [f]Triethylene glycol dimethyl ether. [g]Tetraethylene glycol dimethyl ether.

2. 실험실 온도에서 서로 혼합되지 않는 용매

용 매	혼합되지 않는 용매
Water	Aniline, Benzene, Benzyl alcohol, carbon disulfide, Carbon tetrachloride, Cyclohexane, Cyclohexanol, Cyclohexanone, Ethyl acetate, Diethyl ether, Isoamyl alcohol, Methyl ethyl ketone, Nitromethane, Toluene, Tributylphosphate
Acetonitrile	*n*–Hexane, Heptane, *iso*–octane, Cyclohexane
Benzene	Water, Brine, 수용액류
Butanol	Water, Brine, 수용액류
Carbon tetrachloride	Ethanolamine, Ethylene glycol, Formamide, Water, Brine
Chloroform	Glycerol, Ethylene glycol, Water, 수용액류
Cyclohexane	ROH, DMF, DMSO, Glycerol, Pyridine
DMF	Cyclohexane, *n*–Pentane, Petroleum ether, Xylene
DMSO	Cyclohexane, Ethyl ether, *n*–Pentane, Petroleum ether, Xylene
Ethyl acetate	Petroleum ether, 수용액류
Diethyl ether	Ethanolamine, DMSO, Ethylene glycol, Glycerol, Water, 수용액류
Ethanol	Carbon disulfide, Cyclohexane, Petroleum ether
Glycerol	Benzene, Ether, Chloroform, Carbon tetrachloride, Carbon disulfide, Petroleum ether
Methanol	Carbon disulfide, Cyclohexane, *n*–Hexane, *n*–Heptane, Petroleum ether
Phenol	Cyclohexane, Petroleum ether
Toluene	Water, Brine, 수용액류
Xylene	DMF, DMSO, Glycerol, Water, Brine, 수용액류

3. 실험실 온도에서 잘 혼합되는 용매

용 매	혼합되는 용매
Water	Acetic acid, Acetone, Ethanol, Methanol, Pyridine
Acetic acid	Chloroform, Ethanol, Acetonitrile, Water, Petroleum ether
Acetone	Benzene, Butyl acetate, Carbon tetrachloride, Chloroform, Cyclohexane, Ethanol, Ethyl acetate, Methyl acetate, Acetonitrile, Petroleum ether, Water
Ammonia	Ethanol, Methanol, Pyridine
Aniline	Acetone, Benzene, Carbon tetrachloride, Diethyl ether, *n*–Heptane, Methanol, Acetonitrile, Nitrobenzene
Benzene	Acetone, Butyl alcohol, Carbon tetrachloride, Chloroform, Cyclohexane, Ethanol, Acetonitrile, Pyridine
Carbon disulfide	Petroleum ether
Carbon tetrachloride	Cyclohexane
Chloroform	Acetic acid, Acetone, Benzene, Ethanol, Ethyl acetate, *n*–Hexane, Methanol, pyridine
Cyclohexane	Acetone, Benzene, Carbon tetrachloride, Ethanol, Diethyl ether
Diethyl ether	Acetone, Cyclohexane, Ethanol, Methanol, Dimethoxymethane, Acetonitrile, *n*–Pentane, Petroleum ether
1,4–Dioxane	Benzene, Carbon tetrachloride, Chloroform, Ethanol, Diethyl ether, Pyridine, Water, Petroleum ether
DMF	Benzene, Ethanol, Ether
DMSO	Acetone, Benzene, Chloroform, Ethanol, Diethyl ether, Water
Ethanol	Acetic acid, Acetone, Benzene, Chloroform, Cyclohexane, Dioxane, Diethyl ether, Petroleum ether, Toluene, Water, Xylene
Ethyl acetate	Acetic acid, Acetone, Butyl alcohol, Chloroform, Methanol
Glycerol	Ethanol, Methanol, Water
n–Hexane	Benzene, Chloroform, Ethanol
Methanol	Chloroform, Diethyl ether, Glycerol, Water
Methyl ethyl ketone	Acetic acid, Benzene, Ethanol, Methanol
Petroleum ether	Acetic acid, Acetone, Benzene, Carbon disulfide, Diethyl ether
Toluene	Ethanol, Diethyl ether, Pyridine
Xylene	Ethanol, Benzene

4. 산-염기 지시약

Solvent	pH range	color change
Thymolblue	1.2~2.8	red-yellow
m-Cresol purple	1.2~2.8	red-yellow
4-Dimethylaminoazobenzene	2.9~4.0	red-yellow orange
Bromophenol blue	3.0~4.6	yellow-red violet
Congo red	3.0~5.2	blue violet-red orange
Methyl orange	3.1~4.4	red-yellow orange
Bromocresol green	3.8~5.4	yellow-blue
Mixed indicator Merck	4.4~5.8	red violet-green
methyl red	4.4~6.2	red-orange yellow
Litmus	5.0~8.0	red-blue
Bromocresol purple	5.2~6.8	yellow-purple
Bromophenol red	5.2~6.8	orange yellow-purple
Bromothymol blue	6.0~7.6	yellow-blue
Phenol red	6.4~8.2	yellow=red
Neutral red	6.8~8.0	bluish red-orange yellow
Cresol red	7.0~8.8	yellow-purple
m-Cresol purpe	7.4~9.0	yellow-purple
Thymol blue	8.0~9.6	yellow-blue
Phenolphthalein	8.2~9.8	colorless-red violet
Thymolphthalein	9.3~10.5	colorless-blue
Alizarin yellow GG	10.0~12.1	light yellow-brownish yellow
Epsilon blue	11.6~13.0	orange-violet

5. 산화-환원 지시약

Solvent	pH range	color change
Neutral red	−0.32	red−colorless
Methylene blue	+0.01	blue−colorless
Thionine	+0.06	violet−colorless
2,6−Dichlorophenol/indophenol	−0.23	blue−colorless
Diphenylamine	+0.76	blue−colorless
Diphenylaminesulfonic acid barium salt	+0.83*	violet−colorless
Ferroin	+1.06**	red−colorless

* True potential (50% indicator reduced)

** in 1 M sulfuric acid

찾아보기

저자 소개

윤효재

서강대학교 화학과에서 이학사를 취득하고 미국 노스웨스턴대학교 화학과에서 박사학위를 취득하였다. 하버드대학교 화학과에서 박사후 연구를 진행한 후 2014년 고려대학교 화학과로 부임하여 현재 교수로 재직하고 있다. 합성화학에 기반하여 분자전자학 및 표면 화학, 분자에 의한 에너지 변환 연구를 주로 수행하고 있다. 화학에 대한 열정이 가득한 대학원생들이 훌륭한 과학자가 되는 데 도움을 주고자 노력하고 있다.

윤용진

성균관대학교 화학과를 졸업하고, 동 대학원에서 이학석 · 박사 학위를 취득하였다. 가톨릭대학교 생화학교실과 미시간대학(앤아버)에서 연구하였고, 35년 동안 국립경상대학교 화학과에서 일반화학을 비롯한 유기화학 분야 과목들과 자연과학발달사를 강의하였다. 재직 기간에 의약화학, 농약화학 및 특히 피리다진(pyridazine) 화학 분야에 대해 주로 연구하였다. 『한 권으로 끝내는 유기화학 기초 연습』, 『Yoon's 유기 합성 기초 이론 및 설계』, 『이공학도를 위한 Yoon's 핵심유기화학』, 『생명과학자를 위한 Yoon's 유기화학』 등의 저서를 집필하였으며, 일반인을 위한 도서로는 『도란도란 탄소 이야기』, 『도란도란 화학 이야기』, 『뉴턴, 음양오행설을 만나다』, 『자연의 소통기술』 등이 있다.

유기화학실험 제2판

저 자 윤효재 · 윤용진
발 행 인 김지영
발 행 처 자유아카데미
주 소 경기도 파주시 회동길 37-42 파주출판도시
전 화 031-955-1321
팩 스 031-955-1322
홈페이지 www.freeaca.com
전자우편 main@freeaca.com (대표)
editor@freeaca.com (편집)
crm@freeaca.com (영업)
등 록 제406-2003-017호, 1980. 7. 12
제2판1쇄 2023년 6월 27일 발행

저자와의 협의하에 인지생략

ISBN 979-11-5808-479-0 93430